国家科学技术学术著作出版基金资助出版

原始被子植物
起源与演化

路安民　汤彦承　著

科学出版社

北京

内 容 简 介

本书是一部论述被子植物起源与早期演化的专著。介绍了原始被子植物的概念和范畴；综合评论了被子植物的起源，重点讨论了心皮、双受精和花等关键创新性状起源的若干重大理论，对被子植物的祖先、起源时间和地点、起源生境也作了详细的阐述；论述了原始被子植物形态结构的分化和演化及其性状分析的方法；综合形态学、分子生物学和化石证据，对61 个原始被子植物科的形态演化、系统关系、地理分布作了全面综述，并配以反映形态演化的墨线图或彩色图片。

本书可供系统与进化生物学、生态学、遗传发育生物学、保护生物学等专业科研与技术人员、教师、大学生和研究生参考。

审图号：GS（2019）5328 号

图书在版编目（CIP）数据

原始被子植物：起源与演化/路安民，汤彦承著. —北京：科学出版社，
2020.10
ISBN 978-7-03-063961-5

Ⅰ. ①原… Ⅱ. ①路… ②汤… Ⅲ. ①被子植物–进化–研究 Ⅳ. ①Q914.88

中国版本图书馆 CIP 数据核字(2019)第 288138 号

责任编辑：王海光 闫小敏 / 责任校对：严 娜
责任印制：赵 博 / 版面设计：王美林 张晓霞 / 封面设计：无极书装

科学出版社 出版
北京东黄城根北街 16 号
邮政编码：100717
http://www.sciencep.com
北京建宏印刷有限公司印刷
科学出版社发行　　各地新华书店经销
*
2020 年 10 月第 一 版　　开本：787×1092 1/16
2025 年 1 月第三次印刷　　印张：26 3/4
字数：631 000
定价：358.00 元
(如有印装质量问题，我社负责调换)

THE ORIGIN AND EVOLUTION OF PRIMITIVE ANGIOSPERMS

By

LU Anmin   TANG Yancheng

Science Press

Beijing

谨 以 此 书 纪 念
匡可任教授

Dedicated to the memory of
Professor KUANG Kozen

前　言

    1962 年，导师匡可任教授引领我走上研究植物分类学与植物地理学的道路。在他的指导下，1965 年我在《植物分类学报》发表了以拉丁文和中文双语撰写的第一篇论文《茄科散血丹属的修订》。1974 年 8 月，植物分类学与植物地理学研究室宣布成立植物系统发育和进化研究组，我在完成所承担的《中国植物志》中胡桃科、杨梅科、茄科、葫芦科等三卷册编写任务后，将研究重点转向被子植物系统发育和进化的研究。研究组最先开展胡桃目和茄科天仙子族的研究，在《植物分类学报》发表了《马尾树科的形态及分类系统位置的讨论》（1981）、《论胡桃科植物的地理分布》（1982）、《胡桃目的分化、进化和系统关系》（1990）；1982 年在美国圣·路易斯举办的国际茄科植物生物学大会上报告了天仙子族的研究成果，两篇论文发表在《茄科生物学与系统学》（英文）中（1986）。与此同时，对被子植物进化理论和研究方法做了比较深入的探索。在《植物分类学报》发表了《对于被子植物进化问题的述评》（1978）、《现代有花植物分类系统初评》（1981）、《诺·达格瑞（R. Dahlgren）被子植物分类系统介绍和评注》（1984），在《植物学通报》发表了《被子植物系统学的方法论》（1985）等后，较系统地形成了我们的学术思想和研究方法。1983~1985 年，我在丹麦哥本哈根大学，对分别产于南非和新喀里多尼亚的两个百合类的特有科 Eriospermaceae 与 Campynemataceae 进行了胚胎学和系统位置的研究，两篇论文发表在 Nordic Journal of Botany（1985），并对被子植物最进化的类群——唇形超目（包括 23 个科）及外类群木樨科和茄科进行了分支系统学研究，论文发表在英国 Botanical Journal of the Linnean Society（1990）。1987 年在国家自然科学基金的资助下，研究组对中级演化水平的金缕梅类（包括 27 个科）开展了形态学、解剖学、孢粉学、细胞学、胚胎学、植物地理学、古植物学等多学科综合研究，发表了《金缕梅类科的系统发育分析》（1991）等一系列论文。1990~1994 年，我协助吴征镒院士主持国家自然科学基金重大项目——中国种子植物区系研究，并负责中国种子植物区系中重要科属的起源、分化和地理分布的研究，选择了不同演化水平的 56 个类群，用系统发育的观点进行世界性的植物地理分布分析，发表论文 70 篇，汇集了有代表性的 45 篇主编了《种子植物科属地理》（1999），在该书中系统地阐述了我们的研究原理和方法，提出中国种子植物区系来源的多元性等学术观点。1997~2005 年研究组得到国家自然科学基金重点项目的连续资助，开展了原始（基部）被子植物（包括 60 个科）的结构、分化和演化的研究，特别加强了胚胎学、花器官发生、分子系统学和古植物学等学科的实验研究和证据积累，发表了近百篇学术论文。2001 年研究组更名为植物系统发育重建创新组，陈之端研究员任组长，研究范围从被子植物扩展到整个高等植物（有胚植物），基于分子系统学方法，利用进化速率不同的基因或 DNA 片段的核苷酸序列探讨了植物的系统发育和演化，并将分子系统学和形态学、古植物学、植物地理学相结合，研究植物大类群的起源、分化和地理分布格局及其成因。近几年，研究组利用多基因序列重建维管植物的系统发育，创建了包括中国维管植物 78 目 312 科 3114

属的生命之树，发表了数十篇论文，编写了专刊 Tree of Life: China Project（2016）和专著《中国维管植物生命之树》（2020）。根据学科发展，2011 年适时地分建了进化发育与调控基因组学研究组，孔宏智研究员任组长，进行被子植物 A、B、C 和 E 类 MADS-box 基因的进化研究，将演化形态学从比较走向验证的新阶段，取得了瞩目的研究成果。随着学科的发展，国际上不断提出新理论、新假说、新方法，我们都及时地作了介绍和评论，编译了《植物系统学进展》(1998)；发表了《被子植物起源和早期演化研究的回顾和展望》（1997）、《被子植物起源研究中几种观点的思考》（2005）、《浅评当今植物系统学中争论的三个问题 —— 并系类群、谱系法则和系统发育种的概念》（2005）、《被子植物 APG 分类系统评论》（2017）；合作发表了《一个被子植物新分类系统》（1998, 2002）。上述研究为本书的撰写奠定了基础。

　　被子植物起源和演化是一个极为综合性的研究命题，自达尔文的《物种起源》发表后 100多年来，吸引了众多科学研究者的兴趣，涌现出各种各样的假说和对立的学术观点，目前仍然是生物学领域研究的前沿和热点。20 世纪 90 年代以来，分子系统学的兴起和深入发展，使得过去提出的一些形态学理论部分得到证明，同时也提出了新的挑战。2003 年 T. F. Stuessy 等编辑了一部国际学术会议论文集《深层形态学：通向植物系统学中的形态学复兴》（Deep Morphology: Toward a Renaissance of Morphology in Plant Systematics）。该论文集将形态学分为宏观形态学（Macromorphology）、微观形态学（Micromorphology）、代谢形态学 (Metabolicmorphology)和纳米形态学（Nanomorphology，此处纳米即指 DNA 和 RNA）；系统地介绍了各个层次的形态学研究对生物分类、系统发育和进化等学科，尤其是被子植物系统学的贡献、各种理论及存在的问题；回答了在分子生物学蓬勃发展的今天，形态学研究的未来方向。

　　当代国际上几位著名植物系统学家和形态学家的论著极大地增进了我们对被子植物起源与演化的理解，推动了该领域不断向前发展。这其中包括俄罗斯的 A. Takhtajan（1910~2010）院士，他在 1942 年发表了《一个初步的被子植物目级系统发育图》，之后修订了多个版本的被子植物系统学专著，他 2009 年的《有花植物》（Flowering Plants），吸收了分子证据，作出了全面修订，这是最后一版。除了分类系统，他在被子植物形态演化研究方面也颇有建树，编写了一系列专著，如 1954 年俄文版《植物演化形态学问题》（匡可任和石铸译, 1979），1991 年英文版《有花植物的演化趋势》（Evolutionary Trends in Flowering Plants）等。瑞士植物学家 P. K. Endress 教授，自 20 世纪 70 年代初陆续发表了大量论文，主要集中在热带分布的原始被子植物类群形态演化的研究，1994 年编写了《热带植物花的多样性和进化生物学》（Diversity and Evolutionary Biology of Tropical Flowers），21 世纪他结合 APG 系统，对被子植物的形态演化做了全面分析，同 J. A. Doyle 教授合作发表了《基部被子植物形态系统发育分析：与分子资料的比较和整合》[Int J Plant Sci, 2000, 161(6 suppl.): S121-S153] 和《祖先被子植物花的重建以及它所发生的特化》(Amer J Bot, 2009, 96: 22-66) 等。他们的论著为本书形态演化的分析提供了重要参考。应当指出，上述学者的学术观点基本上属于真花学派，这也是本书采用的分析依据。然而，基于分子系统学的研究结果，对于一些被子植物基部（原始）类群系统位置的确定，如无油樟科 Amborellaceae、独蕊草科 Hydatellaceae、金粟兰科 Chloranthaceae、金鱼藻科 Ceratophyllaceae 等，结合目前发现的最早被子植物化石，如古果科 Archaefructaceae、金粟兰科的花粉、雌花、雄花化石，我们认为：水生植物在被子植物演化早期就已分化，不都是从陆生植物演化而来；简单花和单性花在被子植物起源早期就分化出来了；简单花不都是从复杂花简化而来的，单性花也不都是从两性花退化来的，这就对长期人们普遍接受的真花或假花学派的观点提出了质疑。这些事实孕育着新的花起源理论，亟待在分子水平上利用进化发育生物学的实验证明。基于此，著者在采用传统观点的同时，对一些性状及类群的演化提出了自己的见解。

在科的系统位置和系统发育分析中，首先介绍了研究历史上的主要观点，特别是 20 世纪 80 年代国际上修订的四大分类系统（Cronquist, 1981, 1988; Dahlgren, 1983, 1991, 1995; Takhtajan, 1980a, 1997, 2009; Thorne, 1983, 2000a, b）和吴征镒等（Wu et al., 1998a, 2002, 2003）的系统，然后综合了 APG 系统（1998, 2003, 2009, 2016），以及《中国维管植物生命之树》（2016, 2020）的研究结果。在科内系统关系分析中，主要参考了由 K. Kubitzki 主编的 The Families and Genera of Vascular Plants Vol. II（1993）、吴征镒等的《中国被子植物科属综论》（2003）、A. Takhtajan 的 Diversity and Classification of Flowering Plants（1997）和 Flowering Plants（2009）等所引用的各科专家的分类系统。

在书稿将要出版之际，我特别感谢合作者汤彦承（1926~2016）教授，本书中他主笔撰写了第一篇被子植物的起源。他是著名的资深植物分类学家，在单子叶植物分类、植物命名法规以及植物分类学理论和实践方面都有很深的造诣。他曾长期担任研究室的组织领导工作，对学科的发展及植物标本馆的建设作出了重要贡献。他退休后，参与本研究组的工作，我们合作发表了多篇论文以及被子植物的一个新分类系统。我在此表达对他深切的怀念。

最后，我感谢国家自然科学基金委员会对本研究组的持续资助，感谢中国科学院植物研究所系统与进化植物学国家重点实验室历届领导为我们提供的研究实验条件，我还要特别感谢研究组的同仁和研究生作出的重要贡献。

本书撰写得到了中国科学院战略性先导科技专项（XDB31000000，XDA19050103）和国家自然科学基金重大项目（31590822）的资助；出版得到了国家科学技术学术著作出版基金和系统与进化植物学国家重点实验室的资助，在此一并致谢。

路安民

2020 年 6 月 6 日于北京香山

目　录

第一篇　被子植物的起源

第二篇　原始被子植物的形态结构及其演化

第三篇　原始被子植物的类群

CONTENTS

PART TWO MORPHOLOGICAL STRUCTURE AND EVOLUTION OF PRIMITIVE ANGIOSPERMS

绪　论

对现存被子植物原始类群的研究一直为植物学各分支学科所关注，在缺乏化石的情况下，研究被子植物及其各类器官的起源和演化，原始被子植物就成了研究的重点。达尔文将这些类群誉为活化石（living fossil）（Takhtajan, 1969）。

在当前植物系统学文献中，常出现原始类群或古老类群（primitive/archaic group）和基部类群或基出类群(basal group)的概念，前者是折衷学派(eclectics)的用语，后者是分支学派(cladistics)的用语。它们现在虽然都还没有确切的定义，但在文献中可见到如下的描述。Takhtajan（1991）写到：在原始类群中，其形态结构和功能通常较少地显示出特化与简化过程，因此更容易作进化的解释。换言之，在原始类群中保留了较多的祖先的形态和功能。20世纪50年代分支学派的兴起，尤其是近年来分支分析方法与分子资料相结合，在文献中出现了与原始类群概念相类似的另一用语：基部或基出类群。它的含义是这些类群处于分支图的基部分支，在系统位置上它虽处于基部类群，但并不意味着是其他类群的祖先类群（Bremer et al., 2000）。众所周知，分支学派是以共祖近度（recency of common ancestry）来表示类群之间的亲缘关系的（周明镇等，1983），基部类群虽不表示为其他类群的直接祖先，但它的祖先在系统发育上更接近于它与其他类群的共同祖先。从另一方面来说，分支分析是以共有衍征来聚类的，具共有衍征最多的类群最先结合，它们处于分支图最上部；相反，具共有祖征最多的类群最晚结合，它们处于分支图最基部，这意味着基部类群保留有最多的祖征。因此，我们认为原始类群和基部类群在概念上是基本相同的。两派所界定的类群往往也基本相同。当然，折衷学派的系统和分支学派的系统由于所依据的分类资料不同，对某一具体类群的评估也会有所不同。既然这些现存的原始类群和基部类群还保留着不少的原始性状和孑遗分布区，因此对它们进行研究，无论在研究被子植物起源、系统发育和演化还是在推导地球环境的变迁方面都有十分重要的意义。1999年的国际植物学大会专设两个讨论会，其共同议题就是关于被子植物基部类群研究的前瞻：一为讨论其分子和发育，另一为讨论其结构与古植物证据。直至现在，原始被子植物的起源与演化在植物系统学研究领域仍不失为一个热点（Zimmer et al., 2000）。

第一节　分子系统学对基部类群的界定

以被子植物系统发育组（APG, 1998）最早提出的系统为例（该系统发表后不少学者对原始类群提出各种说法），该系统是通过总结了以往应用 *rbc*L、*atp*B 和 18S rDNA 等序列进行分析的结果而得出的，将被子植物的科聚合成 40 个目，以及一些系统位置不确定的科，这些目间系统发育关系（图1），正像我们曾经介绍的（汤彦承等，1999）。根据该系统，被子植物可分为四大类：第一类包括 4 个目，金鱼藻目 Ceratophyllales、樟目 Laurales、木兰目 Magnoliales、胡椒目 Piperales，以及系统位置不确定的 11 个科，Savolainen 等（2000）称这一类群为古双子叶植物（palaeodicots）。林仙目 Winterales、樟目 Laurales、木兰目 Magnoliales、金粟兰目 Chloranthales、胡椒目 Piperales 5 个目再加上部分单子叶植物作为一类，Soltis 等（2000）将其

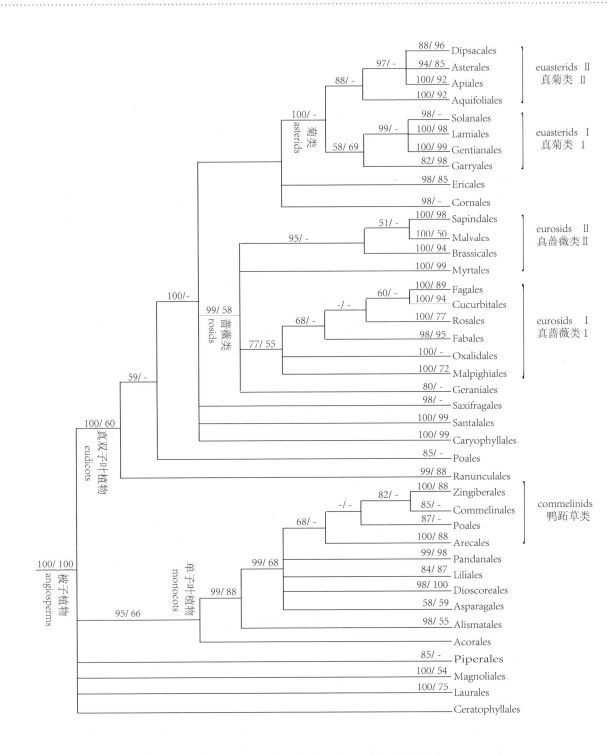

图1 被子植物APG系统（1998）的目间系统关系

各分支上的数字表示该分支的支持率（由 Jackknife 法检验所得），"－"示支持率小于50%，前一数字为分析 *rbc*L、*atp*B 和 18S rRNA 基因的 545 个序列所得结果，后一数字为分析 *rbc*L 的 2538 个序列所得的结果

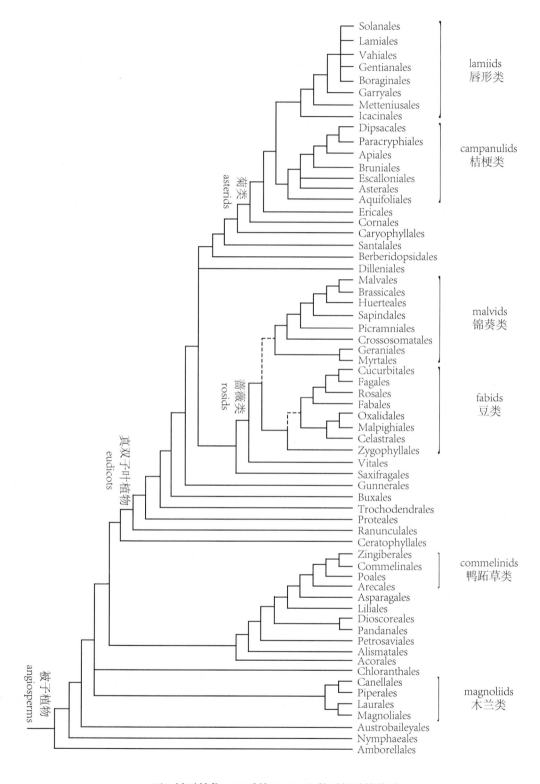

图2　被子植物APG系统（2016）的目间系统关系

虚线示核／线粒体树与叶绿体树间冲突

称为真木兰植物（eumagnoliids）。第二类为部分单子叶植物（monocots）和系统位置不确定的5个科。第三类为低等真双子叶植物（lower eudicots），包括2个目：山龙眼目 Proteales 和毛茛目 Ranunculales 及系统位置不确定的4个科，Savolainen 等（2000）称这一类群为早期分化真双子叶植物（early-diverging eudicots）。第四类为核心真双子叶植物（core eudicots），包括3个目：石竹目 Caryophyllales、檀香目 Santalales、虎耳草目 Saxifragales，和两个大类群（蔷薇类 rosids 和菊类 asterids）以及一些系统位置不确定的科。至于哪些分类群为被子植物的基部类群，大致有两种意见：① 狭义的，即古双子叶植物，以 K. Bremer 等为代表称它们为基部被子植物（basal angiosperms）（Bremer et al., 2000）；② 广义的，以 Qiu Yinlong（仇寅龙）、J. A. Doyle 和 P. K. Endress 等为代表，他们指的是上述第一类、第二类（鸭趾草类 commelinids 除外）和第三类（Qiu et al., 2000; Doyle and Endress, 2000）。Soltis 等（2000）的观点似乎介于两者之间，他们称第一类和第二类（包括全部单子叶植物）为非真双子叶植物（noneudicots），其花粉具单沟及单沟的派生类型，有别于另一大类真双子叶植物（eudicots），其花粉具3沟及3沟的派生类型。他们以非真双子叶植物为基部被子植物（Soltis et al., 2000）。关于狭义的被子植物基部类群，即所谓的古双子叶植物包括哪些科，我们将在第五节列出。

在这里我们必须提到 Qiu 等（1999）的工作，他们选取了105个分类单元（OUT），代表63科103属的被子植物的基部类群和一些裸子植物群，分析了5个基因（*atp*1、*mat*R、*atp*B、*rbc*L、18S rDNA）的序列，得出无油樟属 *Amborella*、睡莲目 Nymphaeales、八角目 Illiciales、早落瓣科 Trimeniaceae、木兰藤属 *Austrobaileya*（简称 ANITA，即前述5类植物拉丁学名首字母的缩写）为现存被子植物的最基部类群。有趣的是，这些类群在 APG 系统中，均属古双子叶植物中系统位置不确定的11个科中的5个科，可见它们在系统位置上很孤立，无疑是很古老的。因此，Qiu 等（1999）称它们为最早的被子植物（earliest angiosperms）。

随着分子数据的增加，APG 系统经历了三次修订（APG, 2003, 2009, 2016），APG Ⅳ 将被子植物分为64目416科，虽然同最初的系统在目、科的划分上有较大变化，但系统的框架仍相对稳定（图2）。

第二节　真花学派对原始类群的界定

我们以 Thorne（2000a, 2000b）、Takhtajan（1997）、G. Dahlgren（1989a, 1989b）和 Cronquist（1988）四个系统为例，因为他们均以真花学说为依据，视广义的毛茛–木兰类为被子植物的原始类群。正如 Cronquist（1988）写到：我们有可能这样说，木兰亚纲是一群基部复合群，其他所有被子植物均由它派生而来。Takhtajan（1997）也有同样的意见：木兰亚纲是一群相对极其原始的被子植物的'目'和'科'。虽然木兰目似乎是相对地最少特化，但木兰亚纲中没有一个'目'或一个'科'可视作最原始的或是祖先类群。我们列举 Takhtajan 系统的木兰亚纲 Magnoliidae、睡莲亚纲 Nymphaeidae、莲亚纲 Nelumbonidae、毛茛亚纲 Ranunculidae 4个亚纲的科作为四个系统比较的基础。木兰亚纲包括：单心木兰科 Degeneriaceae、瓣蕊花科 Himantandraceae、木兰科 Magnoliaceae、林仙科 Winteraceae、白樟科 Canellaceae、八角科 Illiciaceae、五味子科 Schisandraceae、木兰藤科 Austrobaileyaceae、帽花木科 Eupomatiaceae、番荔枝科 Annonaceae、肉豆蔻科 Myristicaceae、马兜铃科 Aristolochiaceae、囊粉花科 Lactoridaceae、三白草科 Saururaceae、胡椒科 Piperaceae、草胡椒科 Peperomiaceae、无油樟科 Amborella-ceae、早落瓣科 Trimeniaceae、杯轴花科 Monimiaceae、奎乐果科 Gomortegaceae、莲叶桐科 Hernandiaceae、樟科 Lauraceae、蜡梅科 Calycanthaceae、奇子树科 Idiospermaceae、金粟兰科 Chloranthaceae、腐臭草科 Hydnoraceae、无柄花科 Apodanthaceae、帽蕊草科 Mitrastemonaceae、大花草科 Rafflesiaceae、簇花科 Cytinaceae、锁阳科 Cynomoriaceae、宿苞蛇菰科 Mystropetalaceae、指苞蛇菰科 Dactylanthaceae、裸花蛇菰科 Lophophytaceae、锥序蛇菰科 Sarcophytaceae、覆苞蛇菰科 Scybaliaceae、双柱蛇菰科 Helosidaceae、管萼蛇菰科 Langsdorffiaceae 和蛇菰科 Balanophoraceae，共 39 科。睡莲亚纲包括：莼菜科 Hydropeltidaceae、竹节水松科 Cabombaceae、萍蓬草科 Nupharaceae、睡莲科 Nymphaeaceae、筒花睡莲科 Barclayaceae 和金鱼藻科 Ceratophyllaceae，共 6 科。莲亚纲仅 1 科：莲科 Nelumbonaceae。毛茛亚纲包括：木通科 Lardizabalaceae、大血藤科 Sargentodoxaceae、防己科 Menispermaceae、南天竹科 Nandinaceae、小檗科 Berberidaceae、兰山草科 Ranzaniaceae、鬼臼科 Podophyllaceae、毛茛科 Ranunculaceae、独叶草科 Kingdoniaceae、星叶草科 Circaeasteraceae、黄毛茛科 Hydrastidaceae、白根葵科 Glaucidiaceae、芍药科 Paeoniaceae、罂粟科 Papaveraceae、蕨叶草科 Pteridophyllaceae、角茴香科 Hypecoaceae 和紫堇科 Fumariaceae，共 17 科。

　　上述四个系统虽然对某些科的归属和划分有细分与归并的不同，但对原始类群的界定绝大部分是一致的，最大的差异要算 Takhtajan 把两类寄生植物：大花草超目 Rafflesianae 和蛇菰超目 Balanophoranae，即上述腐臭草科 Hydnoraceae 至蛇菰科 Balanophoraceae，共 14 科作为木兰亚纲的成员；Cronquist 认为它们都不是原始类群，G. Dahlgren 和 Thorne 只承认大花草超目、而否认蛇菰超目隶属于木兰亚纲。另外，Takhtajan、Thorne 和 G. Dahlgren 明确提出 Cronquist 不应将马桑科 Coriariaceae 和清风藤科 Sabiaceae 归入毛茛目 Ranunculales，其后 Cronquist 对自己所做的如此处理也抱着怀疑态度。

　　在这里，我们还应提到 Smith（1967, 1970, 1971）的工作，他相继发表了 3 篇论文，1967 年他界定原始被子植物为 39 科，1970 年和 1971 年他把 39 科细分为 60 科。值得一提的是，他虽然也是真花学说的拥护者，同意 Takhtajan 对绝大部分科的划分（两类寄生植物的超目除外），但他把金缕梅亚纲的部分科，如昆栏树科 Trochodendraceae、水青树科 Tetracentraceae、连香树科 Cercidiphyllaceae、领春木科 Eupteleaceae 和杜仲科 Eucommiaceae 也作为原始被子植物，这一点后来得到 Thorne（1999）的赞同（除杜仲科 Eucommiaceae 外）。他还把东亚、东南亚至斐济、澳大利亚和新西兰及西面包括斯里兰卡这一广大地区，都认为是被子植物起源地。该区不但集中了 60 科中的 53 科，而且许多原始类群均由此扩散至非洲和美洲。

第三节　假花学派对原始类群的界定

　　我们以 Engler 系统作为假花学派的代表，该系统在 19 世纪后期兴起，盛行于 20 世纪中期以前，它的主要论点是植物的结构是从简单到复杂，因此将单子叶植物纲置于双子叶植物纲之前，双子叶植物纲又分古生花被亚纲 Archichlamydeae（包括花瓣离生和无花瓣者）和后生花被亚纲 Metachlamydeae（合瓣亚纲 Sympetalae）（包括花瓣合生者），前者置于后者之前。其他论点有花被片两层者源于一层者，单性花较两性花原始，等等。由于 20 世纪植物学各分支学科的进展，基本否定了上述观点。但是，该系统的后继者 Melchior（1964）主编的 *A Engler's Syllabus der Pflanzenfamilien* 第 12 版第 2 卷（被子植物门）虽然抛弃了将单子叶植物纲置于双子叶植物纲之前的排列，以及将个别一些科（如三白草科 Saururaceae、胡椒科 Piperaceae、金粟兰科 Chloranthaceae、水穗草科 Hydrostachyaceae、川苔草科 Podostemonaceae、乳椿科 Julianiaceae、丝缨花科 Garryaceae）后移外，仍然把一些无花被或单花被、以风媒为主的植物置于最前，如木麻黄目 Casuarinales（仅木麻黄科 Casuarinaceae）、胡桃目 Juglandales（包括杨梅科 Myricaceae、胡桃科 Juglandaceae）、橡实目 Balanopales（仅橡实科 Balanopaceae 科）、塞子木目 Leitneriales（包括塞子木科 Leitneriaceae、双蕊花科 Didymelaceae）、杨柳目 Salicales（仅杨柳科 Salicaceae 科）、壳斗目 Fagales（包括桦木科 Betulaceae、壳斗科 Fagaceae）、荨麻目 Urticales（包括马尾树科 Rhoipteleaceae、榆科 Ulmaceae、杜仲科 Eucommiaceae、桑科 Moraceae、荨麻科 Urticaceae）。但由于近年来发现了晚白垩世胡桃类和近山毛榉类植物的化石，它们具有小型两性花，并且在现存的这两类植物中也发现具有两性花，否定了两性花由单性花演化而来，因此这个系统现在被大多数系统学家所冷落。

第四节　胡先骕系统对原始类群的界定

胡先骕是我国第一位全面提出一个被子植物系统的学者，他接受了 G. R. Wieland 的主张，认为被子植物出自多元，有多数支系（polyphyletic），彼此不相关联，各自从臆想的半被子植物（hemiangiosperms）演化而成。他同时仔细考察了诸多学者，如 I. W. Bailey、B. C. Swamy、C. G. Nast、A. C. Smith 等的研究结果，提出被子植物的一个多元的新分类系统（Hu, 1950）。被子植物中双子叶植物和单子叶植物为独立发生的两大支系，双子叶植物从半被子植物演化成 12 个独立平行的目，他认为它们都是原始类群或基部类群，现列述如下：木兰目 Magnoliales（包括木兰科 Magnoliaceae、瓣蕊花科 Himantandraceae、单心木兰科 Degeneriaceae）、胡椒目 Piperales（包括胡椒科 Piperaceae、三白草科 Saururaceae、金粟兰科 Chloranthaceae、Lacistemnaceae）、林仙目 Winterales（仅林仙科 Winteraceae）、八角目 Illiciales（包括八角科 Illiciaceae、五味子科 Schisandraceae）、昆栏树目 Trochodendrales（包括昆栏树科 Trochodendraceae、水青树科 Tetracentraceae）、领春木目 Eupteleales（仅领春木科 Eupteleaceae）、连香树目 Cercidiphyllales（仅连香树科 Cercidiphyllaceae）、金缕梅目 Hamamelidales（包括 Bruniaceae、旌节花科 Stachyuraceae、金缕梅科 Hamamelidaceae、折扇叶科 Myrothamnaceae、黄杨科 Buxaceae、悬铃木科 Platanaceae、十齿花科 Dipentodontaceae）、五桠果目 Dilleniales（包括五桠果科 Dilleniaceae、芍药科 Paeoniaceae、穗子目科 Crossosomataceae）、芸香目 Rutales（包括芸香科 Rutaceae、苦木科 Simaroubaceae、橄榄科 Burseraceae）、毛茛目 Ranunculales（包括毛茛科 Ranunculaceae、竹节水松科 Cabombaceae、金鱼藻科 Ceratophyllaceae、睡莲科 Nymphaeaceae）、石竹目 Caryophyllales（包括沟繁缕科 Elatinaceae、石竹科 Caryophyllaceae）。另外，他在《种子植物分类学讲义》（胡先骕，1951）一书中，还提及杨柳目 Salicales（仅 1 科杨柳科 Salicaceae）、山茱萸目 Cornales（包括蓝果树科 Nyssaceae、山茱萸科 Cornaceae、鞘柄木科 Torricelliaceae、八角枫科 Alangiaceae、五加科 Araliaceae）、胡桃目 Juglandales（包括胡桃科 Juglandaceae、Julianiaceae）都是古老类群。单子叶植物亦来自多元，

有三条种系发生线（phyletic line），以此分为三区，第一区为沼生区（helobiae），其中花蔺目 Butomales（包括花蔺科 Butomaceae、水鳖科 Hydrocharitaceae）和泽泻目 Alismatales（包括泽泻科 Alismataceae、芝菜科 Scheuchzeriaceae、无叶莲科 Petrosaviaceae）为原始类群。第二区为百合花区（liliiflorae），其原始类群为鸭跖草目 Commelinales（包括鸭跖草科 Commelinaceae、须叶藤科 Flagellariaceae、花水藓科 Mayacaceae）。第三区为肉穗花区（spadiciflorae），包括棕榈目 Arecales（仅棕榈科 Arecaceae）、露兜树目 Pandanales（仅露兜树科 Pandanaceae）和巴拿马草目 Cyclanthales（仅巴拿马草科 Cyclanthaceae），它们出自苏铁类之髓木类（medullosae），以棕榈科和露兜树科为古老类群。同时，《种子植物分类学讲义》一书中也提及水麦冬目 Juncaginales（包括水麦冬科 Juncaginaceae、异柱草科 Lilaeaceae、波喜荡草科 Posidoniaceae）、百合目 Liliales（包括百合科 Liliaceae、异蕊花科 Tecophilaceae、重楼科 Trilliaceae、雨久花科 Pontederiaceae、菝葜科 Smilacaceae、假叶树科 Ruscaceae）都为古老类群或基部类群。

第五节　古双子叶植物的科

我们在第一节讨论了分子系统学对原始类群的界定，有狭义和广义之分，在这里我们列举 Bremer 等（2000）所代表的狭义概念，即 Savolainen 等（2000）所称的古双子叶植物，共32 科：木兰科 Magnoliaceae、单心木兰科 Degeneriaceae、帽花木科 Eupomatiaceae、瓣蕊花科 Himantandraceae、林仙科 Winteraceae、木兰藤科 Austrobaileyaceae、白樟科 Canellaceae、囊粉花科 Lactoridaceae、番荔枝科 Annonaceae、肉豆蔻科 Myristicaceae、八角科 Illiciaceae、五味子科 Schisandraceae、金鱼藻科 Ceratophyllaceae、莼菜科 Hydropeltidaceae、竹节水松科 Cabombaceae、睡莲科 Nymphaeaceae、芡科 Euryaceae、樟科 Lauraceae、莲叶桐科 Hernandiaceae、奎乐果科 Gomortegaceae、奇子树科 Idiospermaceae、杯轴花科 Monimiaceae（广义包括香皮檫科 Atherospermataceae 和坛罐花科 Siparunaceae）、无油樟科 Amborellaceae、早落瓣科 Trimeniaceae、蜡梅科 Calycanthaceae、金粟兰科 Chloranthaceae、马兜铃科 Aristolochiaceae、三白草科 Saururaceae、胡椒科 Piperaceae、腐臭草科 Hydnoraceae、帽蕊草科 Mitrastemonaceae、大花草科 Rafflesiaceae。

第六节　八纲系统对原始类群的界定

我们吸取前述各学派的观点和研究成果，根据吴征镒等的八纲系统（吴征镒等，1998; Wu et al., 2002），确定了界定原始类群的如下原则：① 分类群的进化程度是不同步的（heterobathmy），若一个纲的最进化的科尚属原始类群，则全纲的科均作为原始类群，如木兰纲 Magnoliopsida（但腐臭草科 Hydnoraceae、帽蕊草科 Mitrastemonaceae 和大花草科 Rafflesiaceae 除外）、樟纲 Lauropsida、胡椒纲 Piperopsida 和毛茛纲 Ranunculopsida；② 若一个纲其中大部分科已经十分专化，则我们仅选其基部的某些科作为原始类群，如在石竹纲 Caryophyllopsida、百合纲 Liliopsida、金缕梅纲 Hamamelidopsida 和蔷薇纲 Rosopsida 中。如此总计，界定了 60 个科为原始类群：木兰科 Magnoliaceae、单心木兰科 Degeneriaceae、帽花木科 Eupomatiaceae、瓣蕊花科 Himantandraceae、林仙科 Winteraceae、木兰藤科 Austrobaileyaceae、白樟科 Canellaceae、囊粉花科 Lactoridaceae、番荔枝科 Annonaceae、肉豆蔻科 Myristicaceae、八角科 Illiciaceae、五味子科 Schisandraceae、金鱼藻科 Ceratophyllaceae、莼菜科 Hydropeltidaceae、竹节水松科 Cabombaceae、睡莲科 Nymphaeaceae（广义包括萍蓬草科 Nupharaceae、筒花睡莲科 Barclayaceae）、芡科 Euryalaceae、樟科 Lauraceae、莲叶桐科 Hernandiaceae、奎乐果科 Gomortegaceae、奇子树科 Idiospermaceae、杯轴花科 Monimiaceae（广义包括 Atherospermataceae、Siparunaceae）、无油樟科 Amborellaceae、早落瓣科 Trimeniaceae、蜡梅科 Calycanthaceae、金粟兰科 Chloranthaceae、马兜铃科 Aristolochiaceae、三白草科 Saururaceae、胡椒科 Piperaceae（包括 Peperomiaceae）、商陆科 Phytolaccaceae（包括 Petiveriaceae）、菖蒲科 Acoraceae、泽泻科 Alismataceae、黄花蔺科 Limnocharitaceae、水鳖科 Hydrocharitaceae、花蔺科 Butomaceae、无叶莲科 Petrosaviaceae（Tofieldiaceae）、莲科 Nelumbonaceae、木通科 Lardizabalaceae、大血藤科 Sargentodoxaceae、防己科 Menispermaceae、毛茛科 Ranunculaceae（包括 Kingdoniaceae）、星叶草科 Circaeasteraceae、南天竹科 Nandinaceae、小檗科 Berberidaceae（含 3 属：*Ranzania*、*Mahonia* 和 *Berberis*）、狮足草科 Leontiaceae（含 3 属：*Caulophyllum*、*Gymnospermium*、*Leontice*）、鬼臼科 Podophyllaceae（包括 Epimedioideae 和 Podophylloideae）、黄毛茛科 Hydrastidaceae、芍药科 Paeoniaceae、白根葵科 Glaucidiaceae、罂粟科 Papaveraceae、角茴香科 Hypecoaceae、紫堇科 Fumariaceae、蕨叶草科 Pteridophyllaceae、昆栏树科 Trochodendraceae、水青树科 Tetracentraceae、连香树科 Cercidiphyllaceae、领春木科 Eupteleaceae、金缕梅科 Hama-melidaceae（包括 Altingiaceae）、悬铃木科 Platanaceae 和五桠果科 Dilleniaceae。

　　根据近 20 年的研究结果，我们对八纲系统作了一些修订，例如，将樟纲排在木兰纲之前，木兰纲中增加了独蕊草目（科）Hydatellales（-aceae）。因此，本书的原始被子植物类群总计 61 科。

第 一 篇
被子植物的起源

第一章 心皮的起源

雌蕊是花的主要器官，闭合的心皮不但可减少外界环境对胚珠的直接影响，并且保护它免受细菌、真菌和昆虫的侵扰。由于柱头和花柱的形成，花粉不直接落于珠心，而精子必须通过花粉管经柱头、花柱穿入珠心而进行双受精。如此看来，心皮的闭合是被子植物起源的最基本事件（Endress，1994），也可能是由其最近共同祖先得来的一个真正的自征。何谓心皮？Brückner（2000）罗列了前人对心皮性质的 10 种观点，如心皮是一个独特的器官（Grégore，1931，1938；转引自 Brückner，2000）、心皮是造孢轴的突出体（emergence of sporogenous axis；Croizat，1964）等，这些观点和被子植物起源于哪一类群，关系并不十分密切，在此简而不谈。本章仅就有关心皮起源与被子植物的祖先问题加以探讨，至于被子植物起源的其他学说则另辟章节讨论。

第一节　心皮来源于托斗

Thomas（1931，1936）提出，被子植物的心皮是由开通目 Caytonales 的两个托斗（cupule）合生而来，并不是一个简单的叶片结构，但他并没有说明被子植物胚珠的外珠被的来源，这一点后来被 Stebbins 所阐明。Stebbins（1974）认为被子植物的胚珠和其他种子植物的直生、具单珠被的胚珠并非同源，但同源于种子蕨植物（Pteridosperms）的托斗，特别是开通目（包括盔籽科 Corystospermaceae 和开通科 Caytoniaceae；泰勒，1992）。这些托斗很像被子植物具柄、倒生的胚珠，开通科的托斗是开裂的，有多个胚珠，但盔籽科的托斗是不开裂的，仅具一个胚珠，他设想盔籽科托斗的壁同源于被子植物胚珠的外珠被，而它的托斗同源于被子植物的胚珠（图1.1）。

Stebbins 认为以下三个方面支持这一学说：① 若接受这一学说，则可将现存被子植物和其灭绝的祖先联系起来，否则两者之间的间隙（gap）总是一个谜；② 被子植物的有些原始类群或者进化类群中的原始者，它们的内、外珠被在形态上和结构上都显得不同，外珠被一般较厚于内珠被，且具一些特化的细胞，有时还具气孔；内、外珠被所形成的珠孔的形状也有所不同，有少数属的外珠被顶端开裂（lobed），以上种种都说明内、外珠被的来源是不同的；③ 在山柑科 Capparidaceae 的山柑属 Capparis 和 Isomeris 中，偶然可见到一个胚珠中会有两个珠心，每个珠心均只有内珠被，而两个胚珠被一层共同的外珠被所包围，这样的结构似乎说明一个托斗内含有两个胚珠，可佐证心皮可由开通科的托斗演化而来，Stebbins 声称他本人并不相信畸形现象可作为一般性的证据，但这一畸形现象多少支持心皮由托斗演化而来的学说。

Meeuse（1979，1990；转引自 Brückner，2000）也赞成被子植物的雌性器官由种子蕨植物的托斗演化而来，但他称被子植物的雌性器官为单雌器官（monogynon；复数 monogyna），而不称为心皮。他指出单雌器官不具叶性器官性质，和孢子叶完全无关。一个具几枚单雌器官的雌性生殖枝（female gynocladium），紧缩后可能演化成具离生心皮的雌花（图 1.2）。关于他的生殖茎节学说（anthocorm theory），我们会在下一章提及。

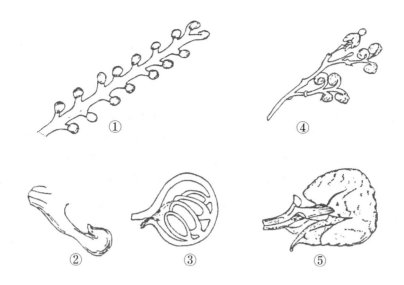

图1.1 开通目托斗示意图

①~③*Caytonia nathorstii*，隶属于开通科：① 具托斗的生殖枝，② 具柄的托斗，③ 示托斗内的多粒胚珠；
④ 和 ⑤*Umkomasia macleanii*，隶属于盔籽科；④ 具托斗的生殖枝，⑤ 托斗。源自 Stebbins, 1974: 232

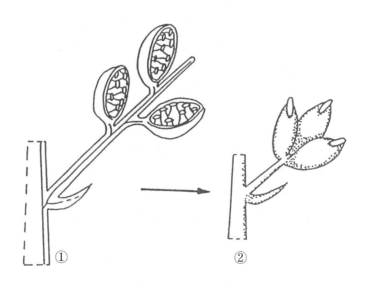

图1.2 一个着生单雌器官生殖枝的示意图

① 具开放、带有胚珠的托斗（单雌器官）的生殖枝，② 具闭合托斗的紧缩生殖枝。源自 Brückner, 2000: fig. 9.2 A,
B

Doweld（1996）研究了林仙科 Winteraceae 的 *Bubbia*、*Drimys* 和 *Bellilum* 各属心皮的维管束系统，发现它们一个心皮有两套维管束系统可为胎座提供营养，一部分胚珠由腹束提供，而另一部分胚珠由背束提供。假如人们把上述各属的蓇葖果沿背、腹缝一切为二，则成相对称的两爿，每爿有一套各自独立的背、腹维管束系统。因此他质疑心皮是由一个托斗对折而成，而推测一个心皮由两个托斗对合而成。在寻找相似的化石中，他发现薄孢球属 *Leptostrobus*（隶属线银杏目 Czekanowskiales）的托斗在外形上很吻合他所设想的托斗，当然化石不可能保存完好的维管束系统。他认为心皮不是起源于开通目而是薄孢球属（图 1.3，图 1.4）。

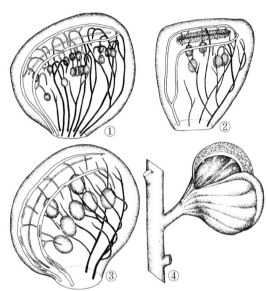

图1.3　几种植物心皮维管束系统图解

①*Bubbia howeana* 心皮的维管束系统，②*Exospermum stipitatum* 心皮的维管束系统，③*Drimys lanceolata* 心皮的维管束系统，墨色线条表示背束，白色线条表示腹束，胚珠由背束和腹束共同提供营养；④薄孢球属 *Leptostrobus* 心皮复原图（根据 Krassilov, 1972, 1989 的绘图标本），显示心皮开裂时，在圆形柱头的边缘，有时还发现有花粉。源自 Doweld, 1966: fig. 1

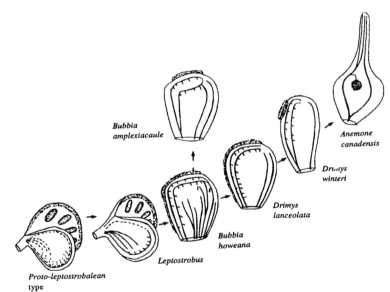

图1.4　Doweld假设的心皮演化的阶段

由薄孢球属至 *Bubbia* 和 *Drimys* 心皮的演化系列，然后演化至银莲花属 *Anemone* 型的蓇葖果。源自 Doweld,1966: 392, fig. 2

　　至于薄孢球属的系统位置问题，在古植物学家之间是有争论的，如泰勒（1992）将包含薄孢球属的线银杏目置于银杏植物门，而科利尔和托马斯（2003）将包含薄孢球属的薄孢球目（Leptostrobales）置于未命名纲的种子蕨植物中。

　　Retallack 和 Dilcher（1981）基于舌羊齿类（glossopterids）的 *Dictyopteridium*、*Jambadostrobus*、*Lidgettonia* 与 *Denkania* 诸属的托斗化石，其胚珠只具一层珠被，生于一个叶状器官的下面，后者多少贴生于一个叶片的向轴面，认为叶片同源于被子植物的心皮，而着生胚珠的叶状器官同源于外珠被。他们推断这些螺旋状排列的托斗演化成早期被子植物螺旋状排列的蓇葖，因此认为舌羊齿目 Glossopteridales 是被子植物的祖先（图 1.5）。

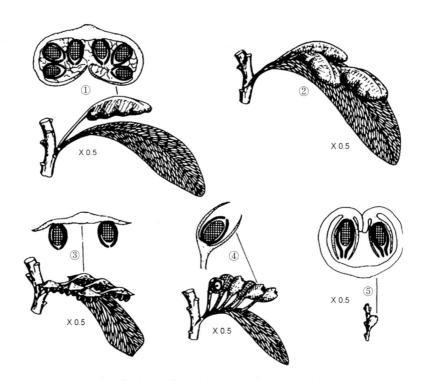

图1.5　一些舌羊齿类和早期被子植物结实标本复原图

①*Dictyopteridium* sp.，②*Jambadostrobus pretiosus* Chandra et Surange，③*Lidgettonia mucronata* Surange et Chandra，④*Denkania indica* Surange et Chandra，⑤早期被子植物结实标本（产于美国 Kansas，早白垩世）；大孢子和珠心用交错线条表示，珠被用实心线表示。源自 Retallack and Dilcher, 1981: fig. 4. A~E

第二节　雌蕊来源于生殖叶

　　Melville（1960, 1962, 1983）认为雌蕊来源于一个叶状器官，在其中脉或叶柄上贴生有一个两歧分叉的生殖枝，这个基本单位称为生殖叶（gonophyll），由这样的基本单位或其衍生构造演化成现存被子植物的雌蕊。他又将雄性、雌性和两性生殖叶分别称为雄性生殖叶（androphyll）、雌性生殖叶（gynophyll）和两性生殖叶（androgynophyll），而位于生殖叶以下的一轮不育叶称为不育叶（tegophyll）。作者给出一张生殖叶及其衍生构造的演化图，展示了被子植物的花、蓇葖果、瘦果及蒴果等的演化构想（图 1.6）。

图1.6 生殖叶的演化及其衍生构造

① 一个两歧分叉的生殖枝；② 生殖叶：两歧分叉的生殖枝的一大分枝与叶融合，而另一分枝与一孕性分枝相融合；从 ② 到 ⑤ 示被子植物花的演化：③ 简化成一单轴分枝系统，其下部较小的生殖叶为雄性，上部者为雌性，④ 下部较小的生殖叶不育而演化成萼片和花瓣，⑤ 中轴短缩以及雌性生殖叶卷起来演化成蓇葖，成为被子植物的离瓣花；⑥ 同 ② 均属舌羊齿属 *Glossopteris*（*Scutum*），两个较大的生殖枝紧缩成两个叶状器官，背轴属雄性的一个仍具苞片，向轴属雌性的一个变成不具苞片且无柄的胚珠；⑦ 同 ③ 均属科达属 *Cordaites*，雌性分枝，生殖枝变成腋生，较下部的生殖叶不育，上部生殖叶属雌性而不具苞片，退化成一个胚珠；从 ② 到 ⑧、⑨ 和 ⑩ 示具简单生殖叶结构的子房的演化：⑧ 顶生分枝不育，⑨ 胚珠的数目减少，到 ⑩ 只剩一个胚珠；从 ② 到 ⑪、⑫ 和 ⑬ 示腋生带有胚珠分枝的子房的演化；从 ② 到 ⑪、⑯ 和 ⑰ 示成对腋生带有胚珠分枝的子房的演化；从 ② 经 ⑪ 到 ⑭ 以及由 ⑮ 到 ⑱ 示由互生不育叶和无苞片、具胚珠的分枝，演化成子房的过程；⑨、⑫ 和 ⑯ 被包裹起来而成为蓇葖；⑩、⑬ 和 ⑰ 被包裹起来成为瘦果；⑱ 被包裹起来成为一轮蓇葖（离生心皮），或者成为蒴果（合生心皮）；② 到 ⑲ 或 ⑪ 到 ⑲ 示腋生芽的演化，是由于在营养时期压制了生殖枝的生成。
源自 Melville, 1962: fig. 2

　　Melville（1962）认为真蕨类的 *Botryopteris* 和 *Ankyropteris* 的分枝系统经过一系列变化，可能成为生殖叶结构。南半球舌羊齿目 Glossopteridales 的 *Scutum* 的一些种，如 *S. ieslium* 和 *S. rubidgum* 的生殖枝以短柄贴生于叶状器官的中脉上，而 *S. dutotides* 的生殖枝近于无柄贴生于叶状器官的中脉。虽然这些化石都是印痕化石，某些详细结构有待证明，但其主要事实毋庸置疑。故 Melville（1983）认为舌羊齿亚纲 Glossopteridae 是被子植物的祖先。

　　最后需要说明一点，Melville 所采用的生殖叶（gonophyll）一词的含义与 Neumayer（1924；转引自 Brückner, 2000）的 gonophyll 有所不同，后者指叶－枝系统（leaf-branch system）中叶的部分。Melville 所指的为一两歧分叉的生殖枝和一叶状器官的融合，为避免与心皮混淆，故他采用生殖叶一词（Brückner, 2000）。

第三节　心皮来源于瓶尔小草科的能育叶

　　Kato（1988, 1990, 1991）对瓶尔小草科 Ophioglossaceae 做了形态和解剖学研究，认为不应按照传统的观点，将它归于真蕨类。实际上，它与真蕨类除具有游离孢子这一相同特征外，其余许多性状反而与前裸子植物（progymnosperms）或种子植物相同（表 1.1）。因此，Kato 赞成 Wagner 等（1964；转引自 Kato, 1998）的意见，将瓶尔小草科视为前裸子植物－种子植物祖传系中的一员。

表1.1　瓶尔小草科与真蕨纲和早期蕨类、前裸子植物和种子植物的性状比较

性状	真蕨纲和早期蕨类	瓶尔小草科	前裸子植物和种子植物
真中柱	-	+	+
维管形成层	-	+	+
周皮	-	+	+
圆形具缘纹孔的管胞	-	+	+
腋生分枝具双枝迹	-	+	+
单生或简单的孢子囊群	-	+	+
幼叶拳卷式	+	-	+
游离孢子	+	+	+

注：+表示有或是；-表示无或否；轭蕨属（*Zygopteris*，隶属轭蕨目 Zygopteridales）具有维管形成层，Kato认为它具有这种性状，因此与瓶尔小草科不同源。源自Kato, 1988

　　瓶尔小草科一般包含三个属，阴地蕨属 *Botrychium*、瓶尔小草属 *Ophioglossum* 和七指蕨属 *Helminthostachys*。它们的能育叶分两部分，一部分为营养部分（trophophore），另一部分为分生孢子囊部分（sporophore），后者贴生于前者的向轴面上。基于瓶尔小草科与前裸子植物和种子植物有亲缘关系，而它的能育叶很像中生代舌羊齿类叶面着生的胚珠结构，因此 Kato 推测瓶尔小草科的能育叶与舌羊齿类具托斗的叶状器官同源，并进一步推断前者是被子植物心皮的祖型（archetype）（图 1.7）。

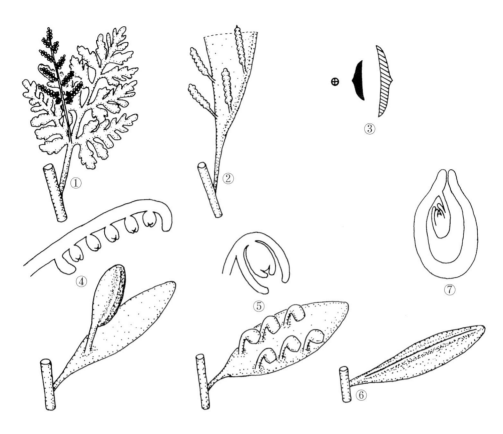

图1.7 以瓶尔小草模型作为被子植物心皮的祖型

①阴地蕨属的叶，孢子囊部分着生于营养部分的向轴面上；②瓶尔小草属的部分叶，两行孢子囊部分生于叶的边缘；③示上述两属的叶的朝向，分别为带有孢子囊部分（黑色）的背轴面，向着营养部分（用斜线画出）的向轴面；④和⑤舌羊齿状的裸子植物：④雌性生殖器官，具内卷边的孢子囊部分着生于营养部分的向轴面上（其上，孢子囊部分的中间剖面，示具单珠被的胚珠生于向轴面上），⑤两行近边缘生托斗状胚珠，生于营养叶部分的向轴面上（其上，示托斗状胚珠纵切面）；⑥和⑦被子植物：⑥类似古花属（*Archaeanthus*）的心皮，⑦心皮的横切面，示一个具两层珠被的倒生胚珠，生于柱头边缘。源自Kato, 1991

第四节　心皮由本内苏铁目小孢子叶演化而来

欧洲学者常称拟苏铁目 Cycadeoidales 为本内苏铁目 Bennettitales，是三叠纪到白垩纪植物群中的重要部分，分两科：拟苏铁科 Cycadeoidaceae 和威廉森科 Williamsoniaceae（泰勒，1992；Delevoryas, 1962）。人们对威廉森科的生殖器官了解得并不是很透彻。采自英国的约克郡侏罗系的 *Weltrichia sol* 是一个大型雄性球果，由一个开口、壶头或杯状的托组成，从杯边伸出将近30 片小孢子叶，后者顶端变尖，里面着生大量花粉囊。小威廉森属 *Williamsoniella* 是本科的侏罗纪属，具两性孢子叶球，外有具毛的不育苞片，球果中央为胚珠托，托内除具退化成柄状的大孢子叶，顶端有一直立的胚珠外，还有紧挤的种子间鳞片（interseminal scale），珠托基部着生 2~14 片小孢子叶，小孢子叶上生长一些短柄，其末端有一花粉蒴，可能为聚合囊结构（图1.8；泰勒，1992）。

图1.8　本内苏铁目的两性、雄性和雌性生殖器官

①和②*Williamsoniella coronata* Thomas的生殖器官的图解：①外形和小孢子叶的纵切面，②仿Harris（1969），经修改；③*Weltrichia setosa*（Nath.）Harris（自Harris, 1969）；④*Wel. santalensis*（Sitholey et Bose）Harris（经Sitholey and Bose, 1971修改）；⑤*Wel. sol* Harris, 甚多的小圆圈表示蜜腺（经Harris, 1969修改）；⑥*Wel. whitbiensis*（Nathorst）Harris的小孢子叶；⑦*Wel. spectabilis*（Nathorst）Harris的小孢子叶（经Schwitzer, 1977修改）；⑧*Wel. santalensis*不同类型的小孢子叶，取自④（经Sitholey and Bose, 1971修改）；⑨*Wel. hirsuta* Schweitzer（经Schweitzer, 1977修改）；⑩*Vardekloeftia conica* Harris具2层珠被的胚珠和种子间鳞片（经Harris, 1932修改）。图中的小点示聚合囊和孢子囊；源自Meyen, 1988: fig. 1

　　Meyen 基于生物（特别是动物）具有生殖异位（gamoheterotopy）的特性，设想胚珠通过生殖异位，由大孢子叶转移至小孢子叶的近轴面，小孢子叶的两侧边缘向近轴面内卷包裹胚珠而形成心皮。本内苏铁目的珠被可能是一层，也可能是两层（图1.9）。

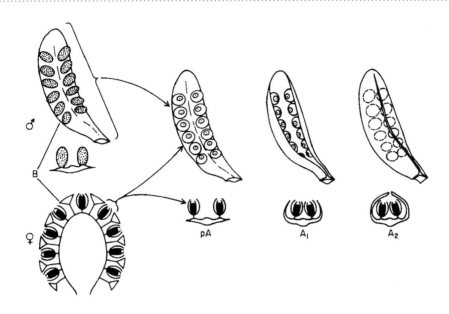

图1.9 基于生殖异位的被子植物心皮起源图解

本内苏铁目的生殖器官（B），箭头指示性状遗传，本内苏铁目的小孢子叶自*Weltrichia setosa*（见图1.8③）脱胎而来；pA. 假设的前被子植物，开放的孢子叶其向轴面具有两层珠被的胚珠，它的生长位置和祖先本内苏铁目型的聚合囊的生长位置相同；A1. 部分开放的被子植物祖型孢子叶；A2. 闭合的、蜀葵状心皮。源自Meyen，1988: fig. 2

第五节　心皮的封闭

在前 4 节，主要在化石的基础上，我们讨论了心皮的来源，仅仅是推测被子植物雌性器官起源的祖型，但真正的被子植物化（angiospermy），胚珠必须完全包裹于心皮之中。这才是被子植物在进化中的一个主要创新事件。要探索这个过程，欲依靠化石，在化石中寻找中间类型，等于缘木求鱼。在当前进化发育生物学尚未对这一热点问题有突破之前，人们只能研究现存的基部类群，以了解心皮闭合的情况。Endress 及其合作者在 20 世纪 70 年代开始研究基部类群的花的结构，他们认为被子植物基部类群心皮的封闭式样，大致可归为 4 种类型（图 1.10；Endress and Igersheim, 2000a）。

（1）心皮完全由心皮分泌的黏液所封闭。属于本类型的有无油樟科 Amborellaceae、木兰藤科 Austrobaileyaceae、竹节水松科 Cabombaceae、大部分的金粟兰科、五味子科和早落瓣科 Trimeniaceae。

（2）在周边为后生融合与分泌黏液联合封闭，但直至柱头的中心沟由分泌黏液所封闭。属于本类型的有八角科、番荔枝科、肉豆蔻科和白樟科 Canellaceae。

（3）与（2）所不同的是本类型花柱中心沟在柱头以下部分由分泌黏液所封闭，其他部分为后生融合所封闭。属于本类型的有木兰科和睡莲科。

（4）心皮完全由后生融合所封闭。属于本类型的有单心木兰科 Degeneraceae 和林仙科。所谓后生融合（postgenital fusion），是指一个器官的各部分在发育中开始时是相互分离的，到以后才融合，它与同生融合（congenital fusion）相对，后者又称先天融合，在发育开始时，各部分就相互融合了。

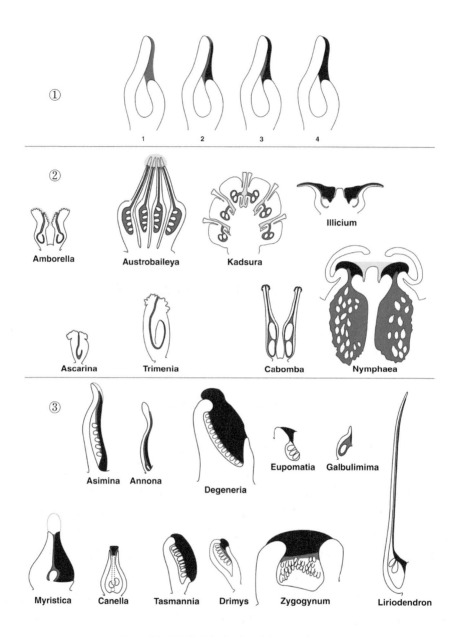

图1.10 被子植物基部类群心皮的4种封闭式样

①被子植物化（即心皮封闭）的类型，心皮的正中纵切面：蓝区. 腹裂缝为黏液所封闭；红区.腹裂缝为后生融合所封闭；类型1. 全部由分泌黏液所封闭；类型2. 有一连续的分泌黏液沟和周边由部分后生融合所封闭；类型3. 有部分泌黏液沟和周边全部由后生融合所封闭；类型4. 全部由后生融合所封闭；②ANITA和金粟兰科雌蕊的正中纵切面，示心皮和雌蕊结构：深蓝区. 心皮内部的分泌液，浅蓝区. 心皮外面的分泌液，红区. 后生融合；③木兰目心皮的正中纵切面，腹面在右侧（白樟科 *Canella*的图示整个雌蕊，这是由于它的心皮是全部合生的）：蓝区. 心皮内部的分泌液，红区. 后生融合，心皮外面的分泌液没有显示；*Eupomatia*和鹅掌楸属*Liriodendron*的切片没能显示出心皮内有分泌液。源自Endress and Igersheim, 2000a: fig. 1

他们的研究改变了一些旧的观点，如 Eames（1961）和 Takhtajan（1969）认为某些类群如单心木兰科和林仙科的心皮，直到开花时尚未完全闭合，可能属于不完全闭合类型。实际上，这些类群的心皮是完全闭合的，属于后生融合。现在了解到心皮闭合的方式有两种；一种为心皮分泌黏液所封闭；另一种为后生融合，其闭合情况是心皮两侧边缘的表皮细胞的拉链样锁齿互相交错。凡心皮由分泌黏液封闭者，已达到完全闭合的目的，花粉绝不会落到胚珠上。而只有落到柱头上的花粉，其花粉管才能通过柱头进入心皮到达胚珠。

第六节　讨　论

（1）心皮可来源于开通目（包括盔籽科和开通科）、薄孢穗目（包括薄孢穗科）、舌羊齿目、瓶尔小草科和本内苏铁目。瓶尔小草科至今未发现其化石（福斯特和小吉福德，1983），因此我们不考虑其为被子植物的祖先。至于本内苏铁目，我们同意 Takhtajan（1969）的意见，也不能作为被子植物的祖先。由于被子植物以具两性花为主，因此很容易想到具两性孢子叶球的本内苏铁目为其祖先。但仔细考虑，本内苏铁目如此特化的大孢子叶，即退化成一柄状结构，顶端仅具一直立的胚珠，大孢子叶间还有紧挤的种子间鳞片相隔，鳞片可能由大孢子叶退化而来，鳞片顶端膨大似盾，以保护胚珠，要从这样特化的大孢子叶演化成心皮是不可想象的。尽管如此，种子间鳞片虽没有将胚珠包裹起来，但从保护胚珠的角度视之，已迈进了一大步。Meyen 借助生殖异位的假说，认为胚珠由大孢子叶异位生长至小孢子叶，再由小孢子叶的两侧边内卷包裹胚珠而演化成心皮，这似乎和生物界演化的简约原则相违背。根据科利尔和托马斯（2003）的意见，薄孢穗科与开通目和舌羊齿目同属于种子蕨类植物。基于心皮的来源，我们推论种子蕨类植物可能为被子植物的祖先，但这三类植物中哪一类最有可能呢，看来舌羊齿目是最佳入选者。该类植物在二叠纪至三叠纪时期，曾一度繁盛于冈瓦纳古陆（澳大利亚、南非、南美、南极洲和印度半岛；泰勒，1992），与我们根据其他推测的，被子植物起源时间和地点较为吻合，在后文当会更多地陈述。薄孢穗科和开通科的化石产于北半球，在三叠纪至白垩纪。盔籽科的化石虽也产于冈瓦纳古陆，但出现于三叠纪。将这三类植物作为被子植物祖先来说，恐北半球并非被子植物起源地，而三叠纪恐时间过晚。虽然我们认为舌羊齿目可能是被子植物的祖先，但并不同意 Melville 所做的种种推测。

（2）心皮封闭的方式，我们同意 Endress 和 Igersheim（2000a）的意见，将缺乏后生融合而全部由分泌黏液所封闭的心皮视为祖型。

第二章 被子植物的双受精

双受精（double fertilization）通常是指被子植物的受精事件。双受精和花器官被认为是被子植物区别于其近缘植物类群的两个特有的性状。不言而喻，研究双受精是探讨被子植物起源的重要方面。被子植物的双受精，即花粉（雄配子体）中的一个精子（雄配子）与胚囊（雌配子体）中的卵融合，产生二倍体的合子，后发育成胚，称第一次受精；花粉中的另一个精子与胚囊中的两个极核融合，产生三倍体的胚乳，称第二次受精。当今在被子植物受精生物学研究方面开展了许多工作，但本书讨论的仅限于形态学范畴，特别是雌配子体的结构与被子植物起源的探讨。

自20世纪人们发现裸子植物中买麻藤目（或称盖子植物亚纲 Chlamydospermidae）有类似双受精现象存在，在这里我们不得不从该类植物谈起。买麻藤目含三个科，它们均为单属科，即麻黄科 Ephedraceae，含麻黄属 *Ephedra*；买麻藤科 Gnetaceae，含买麻藤属 *Gnetum*；百岁兰科 Welwitschiaceae，含百岁兰属 *Welwitschia*。

第一节　买麻藤目的受精过程

一、麻黄属　Friedman（1990a, 1990b, 1991）先后对粗麻黄 *Ephedra nevadensis* 和长叶麻黄 *E. trifurca* 进行了研究，结果可概括如下：麻黄属的雌配子体的发育和其他大多数裸子植物的相似，它是单孢子型，最初形成于游离核时期，中间有个大液泡，接着形成细胞壁，中央液泡随之减小，最后细胞在雌配子体的中央会合，形成雌配子体。在雌配子体的珠孔端有些细胞生成一个初生颈细胞（primary neck cell）和一个中央细胞，初生颈细胞经横向分裂产生具多层细胞的颈，在授粉期，胚珠具一个雌配子体，后者有1~6个颈卵器，每个颈卵器为一具多层细胞的套（jacket）所包围。中央细胞分裂成一个腹沟核和卵核。如此，每个颈卵器有一个卵核和一个腹沟核。当精子进入卵细胞时，或稍前一些时间，腹沟核留于原位，即卵细胞珠孔端的顶端。卵核向颈卵器中央移动，留于中部富含线粒体和质体的细胞质内。

随着花粉粒的萌发，产生一花粉管，精原细胞有丝分裂，产生一个具二核的精细胞，两个精核均进入卵细胞。第一个精核与卵核接触，并移动至原先卵细胞的基部，即合点端，融合而产生合子核，为第一次受精的产物。当第一精核与卵核接触后不久，腹沟核与第二精核一前一后开始向合点端移动并彼此接触，在距原先卵细胞顶端1/4至1/3处进行融合，产生第二次受精的产物。这就是麻黄属所谓的双受精，也称颈卵器内的双受精（intraarchegonial double fertilization; Friedman, 1992a, 1994; 杨永等, 2000; 胡适宜, 2002）（图2.1）。

Friedman（1991）应用显微荧光光度测量技术（microspectrophotometric technique）对长叶麻黄第一受精和第二受精产物的核 DNA 测定，证明都是二倍体和具 4C DNA 量。第一受精和第二受精产物的核都进行两次有丝分裂，形成 8 个游离核。第一受精产物的 4 个核处于原先卵细胞的基部，第二受精产物的 4 个核处于原先卵细胞的上半部。接着，形成成膜体（phragmoplast）包围每一个细胞核，在成膜体基础上形成细胞壁，每一个球形细胞壁将每一个二倍体的核连同其周围细胞质与原先卵细胞的细胞质分开。这样，通常一个受精的颈卵器形成一核一细胞的 8

个原胚。虽然 8 个原胚中有 4 个是第一受精产物的衍生物，而另 4 个是第二受精产物，但由于腹沟核与卵核均是由卵细胞的前细胞，即中央细胞核有丝分裂产生的姐妹核，加上两个精核也是姐妹核，因此，每个原胚在遗传性质上是等同的。原胚发生分隔事件，基部细胞稍伸长成为初生胚柄，将顶端细胞推向雌配子体的营养组织。顶端细胞将不断分裂形成胚的本体，而初生胚柄形成胚柄。在种子中，原来 8 个原胚最终只有一个胚发育至成熟（图 2.2）。

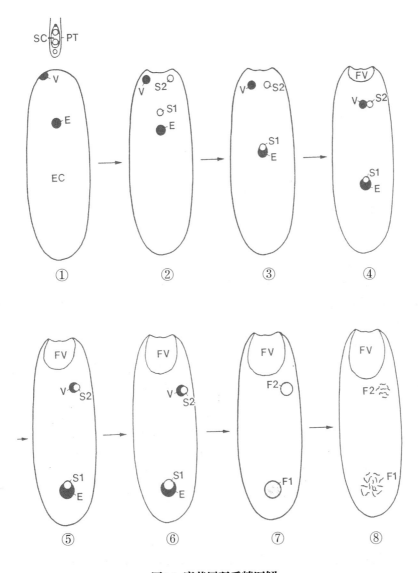

图2.1 麻黄属双受精图解

①花粉管（PT）（具一个二核的精细胞，SC）接近一个二核的卵细胞（EC），E. 卵核；V. 腹沟核；②两个精核进入卵细胞；③第一精核（S1）与卵核接触，腹沟核离开它原先顶端的位置；　④~⑥每对雄核和雌核的位移过程，在此时，每一个核保持它各自的本质，并进行DNA合成，FV. 精细胞液泡；⑦第一精核和卵核融合，第二精核（S2）和腹沟核融合，两者各产生一个二倍体的核（F1和F2），两者均具4C的DNA量；⑧第一受精产物（F1）和第二受精产物（F2）的有丝分裂。源自Friedman, 1992a: fig. 1

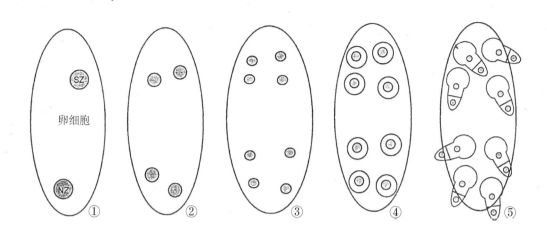

图2.2 麻黄属早期原胚发育图解

①配子融合形成两个二倍体的双受精产物：一个为正常合子核（NZ，产自卵核与第一精核），另一个为超数合子核（SZ，产自腹沟核与第二精核）；②每一次受精产物经有丝分裂产生两个游离核；③游离核再经一次有丝分裂，产生两套4个二倍体核；④每一核被一分离的细胞壁所包围，形成两套具4个单细胞/单核的原胚；⑤每个原胚开始发育为细胞的形态。源自Friedman, 1994: fig. 11

二、买麻藤属 Carmichael 和 Friedman（1995，1996）对显轴买麻藤（*Gnetum gnemon*）受精过程进行了研究，可概括如下：买麻藤属雌配子体发育与麻黄属不同，是四孢子型。每个胚珠有 2~8 个大孢子母细胞，这些细胞以其形大且明显的核可与周围的细胞相区别，大多数能进行有丝分裂，结果形成多个多核的大孢子，直至授粉时尚保持游离核状态。虽然每个胚珠有 2~8 个雌配子体，但位于合点端者较大于位于近珠孔端者，后来近珠孔端者都退化而最终只有合点端者发育而参与受精。在受精过程中，花粉管带二核的精细胞，穿过败育的雌配子体，直接进入功能性的雌配子体的珠孔端。起初只有很少雌配子体的细胞质包围花粉管，不久雌配子体的细胞质和游离核移动至花粉管末端的周围。从结构来看，虽然雌配子体中似乎没有一个雌性核能分化为一个具特定功能的卵，但珠孔域的雌性核均可表现出潜在的雌配子功能。当精细胞的两个核释放于围着花粉管的含游离核的雌性细胞质中时，每个精核与一雌核相融合而形成两个合子核。这两个合子核体积较大并具两个明显的核仁，与未受精的雌核很易区别。

应用显微荧光光度测量技术，测定两个合子核都是二倍体及含 4C DNA 量，而不受精的雌配子核为单倍体，其所含 DNA 量为 2C。

最初，合子核占据新形成细胞的大部分，随后合子高度液泡化。同时，雌配子体的合点区全部细胞化，以后该区大规模生长形成多倍体组织，以营养正在发育的胚。

显轴买麻藤经双受精形成的两个合子都可启动原胚发生。合子核进行有丝分裂伴随胞质分裂，结果形成 2 细胞原胚。显轴买麻藤的雌配子体的形成是四孢子型的；无颈卵器，虽然雌配子体中似乎没有一个雌性核能分化为一具特定功能的卵，但珠孔域的雌性核均可成为潜在的雌配子体。胚胎发生缺少游离核时期。这三个特征都和麻黄属不同，而后一特征反而和苏铁类、松柏类、银杏属相同。至于在一个胚珠中虽有两个原胚，但最终仅一胚存活，这和麻黄属相似（图2.3）。

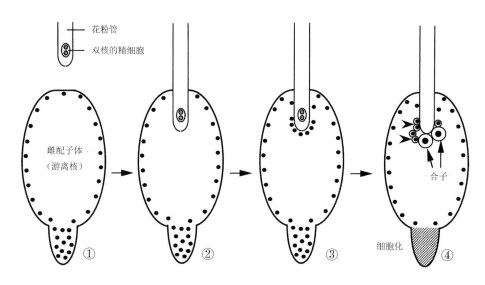

图2.3　显轴买麻藤双受精图解

①受精前的一个花粉管和雌配子体；②一个花粉管经珠孔端进入多核的雌配子体；③雌配子体的游离核位移及环绕着花粉管的末端；④花粉管释放出的两个精核分别与邻近的雌核融合，形成两个合子（箭头），附近不受精的雌核可细胞化（箭头），与此同时，合点域的雌配子体也细胞化。源自Carmichael and Friedman, 1996: fig. 33; 胡适宜, 2002: fig. 1.4

三、百岁兰属　福斯特和小吉福德（1983）及Singh（1978）总结前人工作，将百岁兰属的受精过程概述如下：百岁兰属的雌配子体不具颈卵器，起源的方式是四孢子型的，这两点和买麻藤属相同。百岁兰属的雌配子体由于细胞壁的形成，成为多细胞组织，可分成二区。在珠孔端有些细胞形似细管，穿透大孢子膜而进入珠心组织，管内含胞质和2~8核，这些管称为胚囊管（embryo sac tube）或更适当地称为原叶管（prothallial tube）。在雌配子体下部细胞核常融合成多核的多倍体组织（图2.4）。这些胚囊管都是直立生长的，每条管有一膨大的顶端，称为受精球（fertilization bulb）。管内的核在初期互相靠近，后排成一列，这些核小而相似，都是具潜能的雌核。Marten和Waterkeyn（1974；转引自Singh, 1978）的工作，否定了Pearson（1929；转引自Singh, 1978）的观点，认为花粉管释放两个雄配子于受精球，卵与雄配子的核融合仍发生在母体细胞质中，不像Pearson所描述的那样，雌、雄配子的核融合发生于父体细胞质内。合子分裂形成一个2细胞原胚，和买麻藤属一样，但在胚胎发育时没有游离核时期，这和麻黄属不同（图2.5）。Carmichael和Friedman（1996）、Friedman（1998）先后认为百岁兰属是否存在双受精事件至今不明。

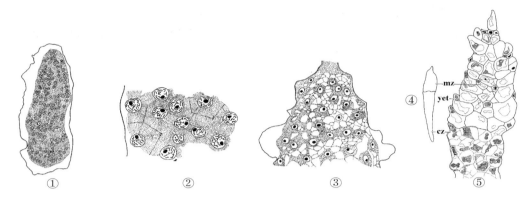

图2.4　百岁兰属雌配子体

①雌配子体的纵切面，游离核时期，核分散于稠密、同质的细胞质中；②后期雌配子体上部的纵切面，细胞质具液泡；③部分雌配子体，示细胞壁的发育；④细胞壁形成之后，雌配子体很快能分化成珠孔域和合点域；⑤雌配子体上部的纵切面，示珠孔域和合点域的详细结构（cz示雌配子体的合点域；mz示雌配子体的珠孔域；yet示早期胚囊管）。源自Singh, 1978: 121, fig. 76

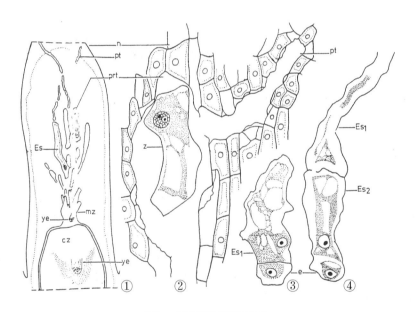

图2.5　百岁兰属原胚发生

①部分珠心和雌配子体的纵切面，示花粉管、原叶管和延伸胚柄的位置，　在雌配子体的合点域已可观察到一个幼胚；②一个伸长的合子位于原叶管的顶端，管的周围是珠心细胞，在右边可见到花粉管；③2细胞时期的胚；④稍晚时期的胚，示两个胚柄；cz. 雌配子体的合点域；e. 胚细胞；Es, Es1, Es2. 胚柄；mz. 雌配子体的珠孔域；n. 珠心；prt. 原叶管（即胚囊管）；pt. 花粉管；ye. 幼胚；z. 合子。源自 Singh, 1978: fig. 129

第二节　买麻藤目（除百岁兰属外）和被子植物的双受精是否为同源性状

在讨论这一问题之前，必须明确两个问题。其一，什么是双受精？假如双受精的定义主要从遗传物质角度出发，则为凡出自同一花粉管、来自一个精细胞的两个核，分别与同一雌配子体的卵以及和卵有相同遗传物质的核相融合，前者形成胚，后者成为可以为胚提供营养的组织。这样的定义既适用于麻黄属、买麻藤属，也适用于被子植物。若双受精的定义从形态角度出发，则为同一花粉管释放出两个精子，一个精子和胚囊（雌配子体）中的卵相融合，另一个与中央细胞的两个极核融合（三核并合，triple fusion），前者发育成胚，后者发育成三倍体的胚乳，这样的双受精为被子植物所特有。其二，何为同源（homology）器官（或性状）？根据 Davis 和 Heywood（1963）总结以往对同源性的认识，如 Simpson（1961）的定义凡相似性来源于一个共同祖先的性状，可以作为同源性状，则未免失之于宽，因为没有说明这个祖先是近祖还是远祖，很难操作。Davis 和 Heywood（1963）也总结得出达尔文在确定同源性状时，必须要对这一器官形成具备一定的知识，同时要对相比较类群的系统发育有所了解。根据以上两点，我们认为仅仅限于现有资料，尚不足以说明这两类植物的双受精是同源性状，只能说是平行发展而来的同型异源或同塑（homoplasy）性状，理由如下：被子植物和买麻藤目虽同隶属于种子植物，有一个共同的远祖，但两者并不是近缘类群，更不是姐妹群而是有一个最近的共同祖先（汤彦承等，2004）。

双受精可能起源于两个类群的远祖，在两条祖传系中各自发展，获得相类似的性状。例如，在买麻藤目祖传系中，出现买麻藤属和百岁兰属的无颈卵器的雌配子体，无疑是该祖传系的衍征（apomorphy），虽然在被子植物祖传系中雌配子体也无颈卵器，但失去颈卵器官这一性状不能视作买麻藤目和被子植物的共近裔性状或共同衍征（synapomorphy）。又如，被子植物的雌配子体大多数是单孢子蓼型胚囊，虽然麻黄属雌配子体的形成方式也属于单孢子型，但单孢子型这一性状不是两类植物的共同衍征。三倍体胚乳的出现完全可视为被子植物祖传系的自征（automorphy）。我们这些观点和杨永等（2000）的观点有许多相似之处，但他们引用的 Chamberlain（1935）列举在球果类中一些种类已有双受精的报道，现据 Friedman（1992）对这些种类仔细核查，有些已被否定，有些还存疑虑。

第三节　被子植物基部类群的雌配子体发育过程

已于前述，广义的双受精性状虽为裸子植物的麻黄属、买麻藤属与被子植物所共有，但并非同源性状。因此比较它们的雌配子体，很难推导出被子植物胚囊（雌配子体）的雏形，进而讨论双受精的起源和演化，而化石又难以保存这种脆弱的组织，目前只能研究被子植物基部类群的胚囊，或许有一点希望能实现上述的愿望。

Friedman 及其同事对萍蓬草属 *Nuphar*（睡莲科 Nymphaeaceae）、八角属 *Illicium*（八角科 Illiciaceae）和南五味子属 *Kadsura*（五味子科 Schisandraceae）做了研究，发现它们的雌配子体均为 4 核 - 4 细胞型（即具 1 个卵细胞、2 个助细胞和 1 个单核中央细胞），和大多数被子植物的雌配子体为 8 核 - 7 细胞型不同。因此，上述三属植物在双受精后，除产生二倍体的胚外，其胚乳也是二倍体，并受之于双亲。现将这三种植物胚囊分别叙述如下。

一、红骨蛇（日本南五味子）*Kadsura japonica*　　根据 Friedman 等（2003）的研究，概述如下：雌配子体的形成为单孢子型，大孢子四分体（tetrad of megaspores）呈直线排列，靠近合点的一个为功能性大孢子。当发育成一核时期的雌配子体时，经第一次有丝分裂，形成 2 个游离核，它们位于珠孔端或位于离珠孔 1/4 处。经第二次（也是最后一次）有丝分裂，在雌配子体内有 4

个游离核，所有的核均位于珠孔域（micropylar domain），这是一个过渡时期。细胞化之后，成熟的雌配子体有4个单核的细胞，即2个助细胞、1个卵细胞和1个中央细胞。卵与2个助细胞为邻，开始时中央细胞核与卵器官十分接近，随着细胞化进程，它移至配子体的中央。观察了300个以上的细胞化的雌配子体，其中无一有反足细胞或者合点端无任何核的存在。为了证明这种4细胞成熟的胚囊不是由蓼型胚囊退化而来，作者采用显微荧光光度测量技术，测得中央细胞核在未受精前，其DNA相对含量为1C，是单倍体。在受精后，胚乳为二倍体，来自双亲各半。

但在检查303个成熟胚珠时，发现有2个例外，雌配子体含有6个核，多出的2个核均在中央细胞中，其中有一例3个核聚簇在一起，另外一例2个核聚簇在一起而另一个核在别处。这2个雌配子体从未受过精（没有于珠孔处见到花粉管，也没有见到退化的助细胞），说明这2个多出的核不是来自精子。同样，也无证据显示这2个雌配子体曾经存在过反足细胞。作者发现其中有一个6核者，除一个显著的（dominate）雌配子体外，还有一个从属的（subordinate）雌配子体，但在后者中没有见到核。作者推测，一旦从属的雌配子体退化，可能其中有2个核进入显著的雌配子体的中央细胞。至于多余的核是否参与第二次受精，一无所知。

二、墨西哥八角 *Illicium mexicanum*　　根据 Williams 和 Friedman（2004）对墨西哥八角的研究，概述如下：每一个胚珠由1~8个（至少3个）大孢子母细胞开始，大孢子母细胞形成一个小区，位于珠心约4个细胞之下。当每一个大孢子母细胞长大时，它便获得珠孔-合点端的极性，核位于珠孔域，而合点域具浓稠的细胞质带。第一次减数分裂产生2个具一核的细胞。在第2次减数分裂后，4个具一核的大孢子排成一列或呈T形排列。其后，合点端的大孢子具一大核和浓的细胞质带（zone），它逐渐液泡化并成长，而其他大孢子退化。因此，本种的雌配子体的形成方式是单孢子型，由合点端的一个大孢子发育而成。

随着具一核的雌配子体的成长，经第一次有丝分裂，成为二核的雌配子体，这2个核仍留于珠孔域（micropylar domain）。由于配子体的珠孔区（micropylar region）和合点区（chalazal region）大小不同，可能今后发育为不同的类型，因此作者称它们为域（domain），以区别平常所用的区（region）。在第二次有丝分裂之后，4个游离核仍留于珠孔域，之后立刻进行细胞化，其中含一核的3个细胞处于珠孔端，而另一核被间隔于其他部分，成为中央细胞。如此，成熟的雌配子体为4核-4细胞结构，中间区域具单核中央细胞。

虽然有多个大孢子母细胞同时形成于一个胚珠中，但其以后的发育是明显不同的，随机抽样观察45个成熟胚珠，其中3个含有2个成熟的4细胞雌配子体，25个含1个成熟的4细胞雌配子体另加一个或多个较小但仍处于二核或更早期的雌配子体，其余17个只含1个成熟的4细胞雌配子体。

随着细胞化，雌配子体中的4个细胞，位于珠孔端的3个小细胞组成卵器，含一个卵和2个助细胞，另一个含一核的中央细胞，位于雌配子体的中间区域。在许多被子植物中，中央细胞核（或称第二核 secondary nueleus，若它是由2个或更多极核的融合），在受精时前移至接近卵器处，但在八角属的成熟雌配子体中，从未观察到这种现象。

作者采用显微荧光光度测量技术，测得墨西哥八角的中央细胞核在未受精前为单倍体，在受精后产生二倍体的胚乳。

三、多萼萍蓬草 *Nuphar polysepalum*

根据 Williams 和 Friedman（2002）、Friedman 和 Williams（2003）对 *Nuphar polysepalum* 的研究，概述如下：单个（稀 2 个）大孢子母细胞形成于珠心表皮 4~5 个细胞之下，在第 1 次有丝分裂初期/中期，核位于珠孔域，而浓稠的细胞质位于合点域时，大孢子母细胞才获得珠孔-合点端的极性。在第一次有丝分裂之后，大孢子母细胞形成二分体（dyad），位于珠孔的细胞要小于合点的细胞，后者的核的内含物通常重组。二分体的合点细胞仍留于浓稠的细胞质区。二分体的珠孔细胞的第二次有丝分裂通常丧失或严重滞后，而合点细胞照常进行并产生 2 个子细胞。大孢子发生的结果是形成呈一直线排列的三分体（稀四分体），其中最靠近合点的、含浓稠细胞质的细胞成为功能性大孢子。因此多萼萍蓬草的雌配子体的形成方式是单孢子型的，由合点大孢子发育而成。

当功能性大孢子变大时，它的核便处于细胞的珠孔部分。在一核的雌配子体期间，珠孔域变宽而合点域变得狭长，这样棍棒形的雌配子体一直要保持到受精期。整个合点域（domain）液泡化而大量的细胞质紧密包围珠孔域的核，这时候不再能看到浓稠的细胞质区域。珠孔域的核进行第一次减数分裂后，其产生的 2 个子核并不向雌配子体的另一端移动，而是仍互相靠近留于珠孔域，经第二次减数分裂，每一对子核仍相互靠近留于珠孔域。在四核时期往后，最靠近合点的核移向雌配子体的中央部分。

在四核时期，珠孔端的 3 个小细胞形成卵器（卵与 2 个助细胞），其余的雌配子体部分为一大液泡所占。中央细胞的核位于变大的珠孔腔和收缩变狭窄的下部分之间，它从未接近卵器，但有一纤细的细胞质带连着卵器。以后雌配子体的发育是中央细胞核和卵配子体的结构扩大成为 4 细胞-4 核，它们都集中于珠孔域。

Williams 和 Friedman（2002）还观察到在双受精过程中，花粉管中的一个精核与卵核融合，而另一个精核接近并与中央细胞核融合形成初生胚乳核（primary endosperm nucleus）。他们应用显微荧光光度测量技术等，测得卵核和中央细胞核在未受精前均是单倍体，受精后，两者的核 DNA 相对含量为 2C。这肯定了多萼萍蓬草进行了双受精。

四、基部类群单孢子 4 细胞-4 核型和 7 细胞-8 核型的比较

在被子植物的雌配子体（胚囊）中，大多数人认为合点端单孢子、7 细胞-8 核的蓼型是原始类型（Friedman and Williams, 2003）。但在近年（2000 年以后）发现一些被子植物基部类群（如上述的南五味子属、八角属和萍蓬草属）的雌配子体是由合点端单孢子所产生 4 细胞-4 核型（和由珠孔端单孢子产生的 4 细胞-4 核的月见草型不同），这些原始类群具有 4 细胞-4 核型的发现，显然对人们认为 7 细胞-8 核是原始类型的认识是一个沉重的打击。为了说明哪一种类型是原始的，Friedman 和 Williams（2003，2004）提出了三个假说，即后期修饰（late modification）说、早期修饰（early modification）说和模块假说（modular hypothesis）。

我们暂且不论在发育过程中核的位置，根据图 2.6 可知，萍蓬草型（Nuphar type）和蓼型（Polygonum type）的不同仅仅发生在第二次有丝分裂之后，萍蓬草型丢失了第三次有丝分裂，或者蓼型获得了第三次有丝分裂，因为该修饰发生在雌配子体发育的后期，所以称为后期修饰说。

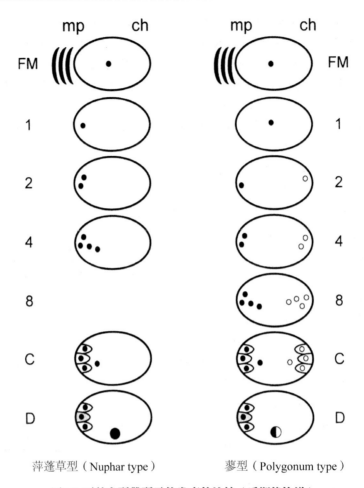

萍蓬草型（Nuphar type）　　　蓼型（Polygonum type）

图2.6 两种类型雌配子体发育的比较（后期修饰说）

FM. 功能性大孢子期，三条长缝表示三个退化大孢子，在 ANITA 类群中常常只有两个；1、2、4、8 相当于 1~8 个细胞的发育时期；C. 细胞化时期；D. 分化时期，雌配子体的每个细胞发育成熟；mp. 珠孔端；ch. 合点端。源自 Friedman and Williams, 2003: fig. 5

　　根据图 2.7 可知，两种类型的不同开始于第一次有丝分裂，蓼型的核经第一次有丝分裂，它的子核便移向珠孔端和合点端，因该修饰发生于雌配子体发育的早期，所以称为早期修饰说。

　　看来这两种假设都不能成立。假如后期修饰说是对的话，那么萍蓬草型要增加第三次有丝分裂，在珠孔端要有 8 个核；或者蓼型要丢失第三次有丝分裂，则在两极端各留有 2 个核；这种现象在单孢子型雌配子体个体发育过程中从未见过。假如早期修饰说是对的话，7 细胞－8 核型的雌配子体在个体发育过程中也未见到过 4 细胞－4 核型的发育过程。最近对 7 细胞－8 核型的突变体研究，在雌配子体的二核时期，核的移动和定位是获得极性细胞骨架排列（polarized cytoskele array）的直接结果，它依靠的是单倍体雌配子体基因的表达。这种核移动事件的存在或缺少决定以后合点域（chalazal domain）的核和细胞化的发育类型，所以蓼型在一核时期的修饰也不能决定哪一种类型是原始类型。

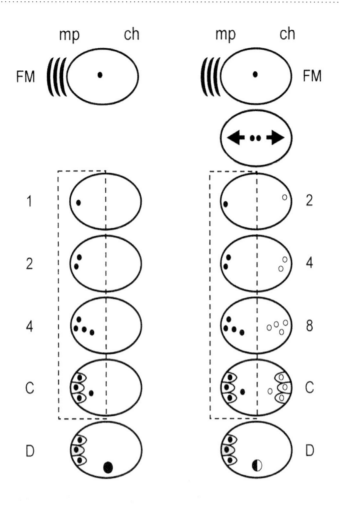

图2.7　两个类型雌配子体发育图（早期修饰说）

萍蓬草型的珠孔域，自一核至细胞化期，可直接与蓼型的珠孔域自二核至细胞化时期作比较（用长划等符号的方框绘出）；蓼型的一核期是创新事件，一核经有丝分裂向两个相对的极区移动。FM. 功能性大孢子期；1、2、4、8 相当于 1~8 个细胞的发育时期；C. 细胞化时期；D. 分化时期；mp. 珠孔端；ch. 合点端。源自 Friedman and Williams, 2003: fig. 7

　　模块假说（modular hypothesis）认为，南五味子属、八角属和萍蓬草属的 4 细胞－4 核型是其他雌配子体的共同发育模块（common developmental module）。意思是其他雌配子体均由共同发育模块组合和变异而成（图 2.8）。例如，在被子植物中为数最多的蓼型雌配子体（蓼型胚囊）由两个模块组合而成，其中合点端模块提供一核，成为二极核的中央细胞，其他三细胞变异成反足细胞。别的少数类型，如皮耐亚型（Penaea type）由 4 个模块组成，每一模块提供一核成为 4 核的中央细胞。又如白花丹型（Plumbago type）虽也由 4 个模块组成，但每一模块只经过一次有丝分裂，细胞化之后，只留下一个细胞，没有助细胞，每一模块的一核提供给中央细胞，因此成为 4 核的中央细胞。这个模块假说，基于已获得的基本发育过程中的异位表达（ectopic expression）。这种异位表达在植物中是屡见不鲜的。

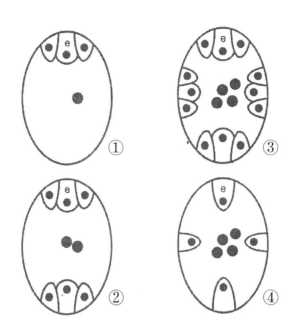

图2.8 被子植物雌配子体多样性的模块基础

① 一个模块，见于睡莲目（Nymphaeales）和木兰藤目（Austrobaileyales）者为祖征，见于柳叶菜科（Onagraceae）和禾本科（Poaceae）的无融合生殖者为衍征；② 两个模块，见于蓼型雌配子体；③ 4个模块，见于皮耐亚属（*Penaea*）雌配子体；④ 见于白花丹属（*Plumbago*）雌配子体，每一模块在细胞化之前，经一次有丝分裂，这种类型的雌配子体是没有助细胞的；e. 卵。源自 Friedman and Williams, 2004: fig. 9

对于上述三个假说，我们比较同意模块假说，因为它比较简约。有人可能会提出无油樟属 *Amborella*，人们认为它不仅是基部类群，并且是所有被子植物分支的姐妹群（Qiu et al., 1999），但它具单孢子蓼型的雌配子体（Tobe et al., 2000）。我们的意见是无油樟属虽为基部类群，但也有不少衍征（Friedman and Williams, 2003），即使它比南五味子属、八角属和萍蓬草属更为原始，也无妨认为4细胞－4核型是被子植物胚囊的原始类型。众所周知，在植物界中性状演化是不同步的（heterobathmy）或称镶嵌进化（mosaic evolution）（Takhtajan, 1980a），意思是说在一条祖传系中的各分类群，它们所具有的性状呈镶嵌状，一个演化水平较低的类群，不但可以具演化水平较低的性状，也可以具演化水平较高的性状，相反亦然。总之，我们认为南五味子属、八角属、萍蓬草属所具的4细胞－4核型胚囊是被子植物的祖征，这是不容怀疑的。

第四节　双受精的起源

由于在19世纪末至20世纪初，相继发现和肯定裸子植物中麻黄属与买麻藤属也有双受精事件的存在，和被子植物基部类群如南五味子属、八角属和萍蓬草属的4细胞－4核型胚囊是被子植物胚囊的祖征，与之相关联的是它们的胚乳从遗传物质角度来讲，也受之于双亲，并且都为二倍体，由此打破了人们固有的信念，即双受精是被子植物特有的性状。

根据图 2.9 我们可以得出如下结论：被子植物雌配子体的四核或八核时期相当于裸子植物雌配子体的游离核时期。① 被子植物的雌配子体 3 细胞－ 4 核或 7 细胞－ 8 核时期相当于裸子植物的细胞化并产生颈卵器时期；② 被子植物发育的每一阶段，在时间上都要比裸子植物相应的阶段缩短或提前。

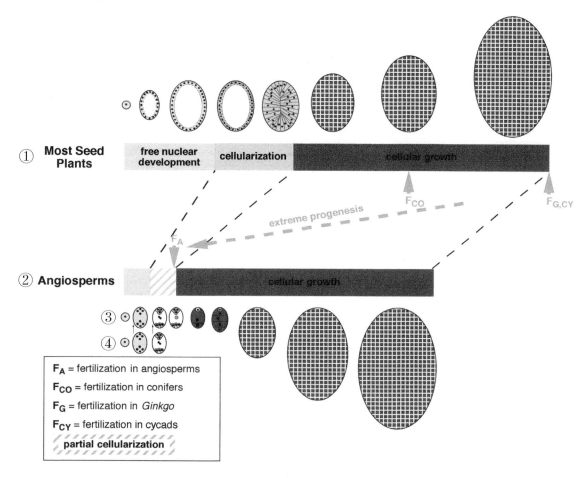

图2.9　裸子植物和被子植物雌配子发育过程与受精事件发生时间的比较图解

① 大多数种子植物；② 被子植物；③ 蓼型；④ 萍蓬草属、八角属、南五味子属。F_A. 被子植物受精；F_{CO}. 松柏类受精；F_G. 银杏属受精；F_{CY}. 苏铁类受精。partial cellularization 部分细胞化；extreme progenesis 极度提前产生；free nucleus development 游离核发育时期；cellularization 细胞化时期；cellular growth 细胞生长时期。源自 Friedman, 2001: fig. 2, 稍作修改

如何来解释这种现象，我们认为 Takhtajan（1980a）应用幼态成熟（neoteny）学说来解释被子植物双受精是雌配子体幼态成熟和简化的结果，是现阶段各种学说中比较合理的。所谓幼态成熟，在广义上讲，是指早期发育阶段提前发育并成熟，原先接下来的成年阶段在生活周期中常常消失。其他书籍中所谓的胎期化（fetalization）、幼年化（juvenilization）、幼年性（juvenilism）和幼态形态（paedomorphosis）诸多术语，其意义大致相同，都是指一个个体（或器官）的部分

阶段被极端压缩。它在进化上的意义，可用来解释一个特化了的类群，即其成年是和某些特殊环境相适应并随之特化的。但这个类群中的个别成员，在其幼年就从这特化的死胡同中逃了出来，而进入到另一新的环境，由于幼年阶段具有进化的可塑性，很可能向另一方向发展，因此产生一种新的形态系列，所以说幼态成熟很可能导致一个新类群（如目、纲、门）的产生。Takhtajan举例说明了被子植物的无颈卵器的雌配子体起源于幼态成熟，裸子植物和被子植物的共同祖先在大孢子转变成雌配子体时均有游离核时期，在两者分歧时，被子植物的游离核时期缩短，在大孢子细胞化之前，只经过 2~3 次有丝分裂，卵子的分化不能晚于大孢子核的最后一次有丝分裂，要完成这样一个早而短的阶段，并要在颈卵器内完成分化是不可能的，所以颈卵器的消失，是卵子幼态成熟的必然结果（图 2.9）。随之被子植物获得双受精，获得从双亲得来的胚乳，这种胚乳保证幼胚的成长大大胜于裸子植物由单亲组织形成的胚乳，结果被子植物在地球上代替了盛极一时的裸子植物，成为当今植物界的优势者。

　　我们深知这种学说还保留于宏观，仅仅是对其表象的解说。我们期待着进化发育遗传学的发展，将细胞形态结构与分子水平基因的表达联系起来（胡适宜，1998；黄炳权，2002），以能更深一层了解双受精的起源。

第三章 花的起源

花是被子植物特有的繁殖器官，也是被子植物区别于其他类植物（特别是与被子植物近缘的裸子植物）的最根本特征。在现存被子植物中，花的形态和结构可谓多种多样、多姿多彩。但是化石资料表明，在白垩纪早期（距今 1.3 亿~0.9 亿年），被子植物及其形态和结构各异的花几乎是暴发性地突然出现的。连达尔文都对这个现象迷惑不解，称其为令人讨厌的谜（abominable mystery）（Darwin and Seward, 1903；转引自 Frohlich and Parker, 2000）。因此，花的起源就成了解决被子植物起源问题的关键。

自达尔文时代以来，花的起源问题一直是植物学家争论的焦点之一。通过运用不同的研究方法，不同学者从不同的角度对这一问题进行了研究，提出了多种理论。其中，比较有代表性的理论包括真花学说（euanthium theory）、假花学说（pseudanthium theory）和生花植物学说（anthophyte theory）（Arber and Parkin, 1907; Meeuse, 1972; Doyle and Donoghue, 1986）。对于这些建立在形态学研究基础之上的理论，本书的第五章有详细的介绍。

近年来，进化发育遗传学（evolutionary developmental genetics，又称进化发育生物学 evolutionary developmental biology，Evo-Devo）的兴起和快速发展为花起源及演化问题的研究带来了新的思路与方法，极大地促进了人们对花部结构发育和演化分子机制的认识。特别是一些基于进化发育遗传学研究的理论和假说被提了出来，其中最著名的当属主雄性理论（the mostly male theory）和雄性来源/雌性来源模型（out of male/out of female model）。本章将介绍近年来在花的进化发育遗传学研究领域所取得的成果，以及建立在这些成果基础之上的相关理论。

第一节 花进化发育遗传学研究

进化发育遗传学是一门新兴的交叉学科，是进化生物学、发育生物学和遗传学的综合。在过去的 30 年中，通过运用正向遗传学和反向遗传学的研究方法，人们在花部结构发生和发育的遗传与分子机制研究方面取得了突破性的进展。著名的花发育 ABC 模型（ABC model）和四聚体模型（quartet model）就是在这期间提出的。

ABC 模型是在对模式植物拟南芥（*Arabidopsis thaliana*）和金鱼草（*Antirrhinum majus*）花器官突变体研究的基础上提出的（Coen and Meyerowitz, 1991）。拟南芥和金鱼草均为核心真双子叶植物，分别属于蔷薇类（rosids）和菊类（asterids）。与大多数核心真双子叶植物一样，拟南芥和金鱼草的花具有 4 类器官，从外到内依次是萼片（sepal）、花瓣（petal）、雄蕊（stamen）和心皮（carpel），它们是构成花萼（calyx）、花冠（corolla）、雄蕊群（androecium）和雌蕊群（gynoecium）的基本单位。根据 ABC 模型，花的 4 类器官在遗传上是由三类功能基因决定的：A 功能基因单独决定萼片的发育，A 和 B 功能基因决定花瓣的发育，B 和 C 功能基因决定雄蕊的发育，C 功能基因单独决定心皮的发育。此外，根据 ABC 模型，A 功能基因与 C 功能基因能够相互拮抗，也就是说，A 功能基因的表达能够抑制 C 功能基因的表达，反之亦然（Coen and Meyerowitz, 1991; Bowman et al., 1991）。此后，人们又发现了控制胚珠发育的 D 功能基因（Angent et al., 1995; Colombo et al., 1995）以及参与调控各类花器官发育的 E 功能基因（Pelaz et al., 2000; Honma and Goto, 2001; Ditta et al., 2004）。ABC 模型也因此扩展为 ABCD 模型和 ABCDE 模型（Theissen, 2001; Theissen and Saedler, 2001）。

在模式植物拟南芥中，A 功能基因包括 *APETALA1*（*AP1*）和 *APETALA2*（*AP2*），B 功能基因包括 *APETALA3*（*AP3*）和 *PISTILLATA*（*PI*），C 功能基因包括 *AGAMO-US*（*AG*），D 功能基因包括 *SEEDSTICK*（*STK*），E 功能基因包括 *SEPALLATA1/2/3*（*SEP1/2/3*）。除 *AP2* 之外，上述几类基因都属于 MADS-box 转录因子家族成员。进一步的研究发现，这些 MADS-box 基因编码的蛋白质通过形成不同组合的蛋白质复合体来决定各类花器官的身份。AP1-SEP-AP1-SEP 复合体决定萼片的身份，AP3-PI-AP1-SEP 复合体决定花瓣的身份，AP3-PI-AG-SEP 复合体决定雄蕊的身份，AG-SEP-AG-SEP 复合体决定心皮的身份，这就是花发育的"四聚体模型"（Theissen, 2001; Theissen and Saedler, 2001；图 3.1）。

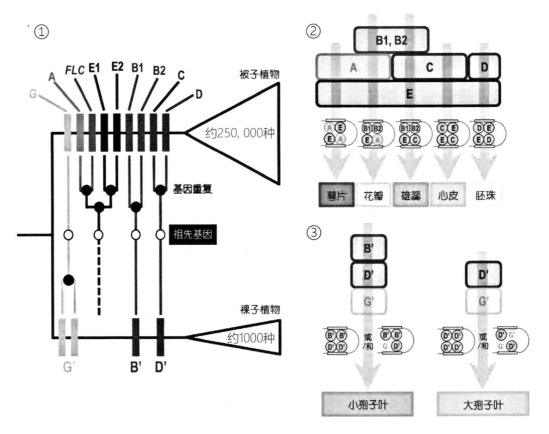

图3.1 花发育MADS-box基因的进化与花的起源

① 花发育 MADS-box 基因的进化简史：A. *FLC*（*FLOWERING LOCUS C*）、E1 和 E2 类基因仅具 MADS-box 基因的功能；② 根据 ABCDE 模型和四聚体模型，花发育 MADS-box 基因在不同的花器官中表达，它们所编码的蛋白质通过形成不同组合的四聚体决定萼片、花瓣、雄蕊、心皮和胚珠的形成与发育；③ 裸子植物中花发育 MADS-box 基因的功能：B′、D′ 和 G′ 类基因在小孢子叶中表达，可能通过形成四聚体 B′ -B′ -D′ -D′ 或 / 和 B′ -B′ -D′ -G′ 决定小孢子叶的形成和发育，D′ 和 G′ 类基因在大孢子叶中表达，可能通过形成 D′ 同源四聚体或 / 和 G′ -D′ -G′ -D′ 异源四聚体决定大孢子叶的形成和发育；在 ② 和 ③ 中，带有阴影的方框表示花发育 MADS-box 基因的表达范围，圆圈表示它们所编码的蛋白质。源自山红艳和孔宏智 , 2017

　　ABC 模型和四聚体模型只是对模式植物中花器官身份决定机制的概括。实际上，在植物演化过程中，大多数花器官身份决定基因都经历过基因重复（gene duplication）事件。例如，B 功能基因中的 *AP3* 和 *PI* 类基因，C 和 D 类 MADS-box 基因以及 E 功能基因中的 *SEP1/2/4* 和 *SEP3* 类基因都是由被子植物分化之前的基因重复事件（Kramer et al., 1998; Zahn et al., 2005, 2006）。而且，这些基因重复事件很可能来源于同一次基因组加倍（genome doubling）事件产生的（Jiao et al., 2011）。此外，花发育 MADS-box 基因的重复还发生在被子植物演化的其他一些关键节点，如核心真双子叶植物分化之前和禾本科植物分化之前（Shan et al., 2009）。这些基因重复事件的发生不仅使得被子植物各类群中花发育 MADS-box 基因的拷贝数目增加，而且由于重复基因功能的分化，MADS-box 蛋白之间的互作方式也并非总是像 ABC 模型和四聚体模型描述的那么简单（Liu et al., 2010; Li et al., 2015）。因此，对 MADS-box 基因家族进化的研究有助于揭示花起源和多样化的分子机制。

　　一般来说，花的形成和发育包括从营养生长向生殖生长的转变、花分生组织的形成以及花器官原基的形成和发育三个步骤。调控该过程的基因构成了一个复杂的调控网络。前面谈到的各类 MADS-box 基因大多属于花器官身份基因（floral organ identity gene），它们决定花器官的身份。在这些基因的上游，还有许多其他开花早期所需要的基因，如开花时间基因 *FLOWERING LOCUS T*（*FT*）、花序原基决定基因 *TERMI-NAL FLOWER 1*（*TFL1*）、控制开花时间以及花分生组织决定基因 *LEAFY*（*LFY*）等。这些基因之间存在级联式的调控关系（regulatory cascade）。也就是说，对于大多数基因而言，它们的表达受上游信号或转录因子的调控，而它们的转录产物又能够调控下游基因的表达。其中，LFY 基因在整个花发育调控网络中具有非常关键的作用，它是联系上游基因与花器官身份基因之间的桥梁和纽带（Kaufmann et al., 2005）。

　　LFY 基因属于 *LFY* 基因家族，能够控制开花的时间和花原基的形成。在外界环境信号（如光周期、温度等）和内源激素信号（如赤霉素等）的刺激下，*LFY* 基因在分生组织中的表达量迅速上升，使得这些分生组织完成从营养生长向生殖生长的转变（Weigel et al., 1992; Blazquez et al., 1998）。当 *LFY* 基因突变时，植株延迟开花，花原基变成花序原基（Huala and Sussex, 1992; Weigel et al., 1992）。*LFY* 基因能够激活下游 *AP1* 基因的表达，进而决定花原基的形成。*LFY* 基因也促进其他花器官身份基因（如 *AP2*、*AP3*、*PI* 和 *AG* 等）的表达（Busch et al., 1999; Parcy et al., 1998; Wagner et al., 1999; Lamb et al., 2002）。对其他植物的研究也表明，*LFY* 基因不仅在被子植物中有非常保守的功能，而且在裸子植物中也有类似的表达模式和功能（Mellerowicz et al., 1998; Vazquez-Lobo et al., 2007; Mouradov et al., 1998; Shindo et al., 2001; Moyroud et al., 2017）。裸子植物中的 *LFY* 基因甚至能够恢复拟南芥 *lfy* 突变体的表型（Mouradov et al., 1998; Dornelas and Rodriguez, 2005）。在蕨类植物中，*LFY* 基因也主要在生殖结构中高表达，而在营养结构中表达量相对较低（Himi et al., 2001）。在苔藓植物中，*LFY* 基因的功能似乎有较大不同，它能够影响合子的分裂、胚的形成以及孢子体的发育（Tanahashi et al., 2005）。

　　花的发育是一个复杂的过程，受一系列相关基因的调控。利用进化发育遗传学的方法，对花发育相关基因的起源和进化进行研究，有助于理解花起源和进化的机制。本章介绍的主雄性理论以及其他花起源理论正是基于进化发育遗传学的研究成果提出来的。其中，主雄性理论是第一个建立在这些研究基础之上的分子理论，它对花的起源问题进行了多方面的探讨，是一个完整的、可以验证的理论。

第二节　主雄性理论

一、主要内容　我们知道，被子植物与裸子植物的繁殖器官之间存在同源性。例如，雄蕊与小孢子叶同源，而胚珠（不包括外珠被）则与裸子植物的胚珠同源。那么，花的其余结构是与裸子植物的雄性生殖结构同源，还是与其雌性生殖结构同源呢？主雄性理论认为，被子植物花的大部分结构来源于已灭绝的裸子植物雄性生殖结构，仅胚珠来源于已灭绝的裸子植物雌性生殖结构。对种子植物中 *LFY* 基因的研究是提出该理论的基础。Frohlich 和 Parker（2000）通过分析种子植物 *LFY* 基因家族的进化历史，发现被子植物中的 *LFY* 基因为单拷贝（少数多倍体种类除外），而裸子植物中的 *LFY* 基因有两个拷贝：*LFY* 和 *NEEDLY*（*NLY*）。其中，被子植物中的单拷贝 *LFY* 基因与裸子植物的 *LFY* 基因聚为一支，该分支与裸子植物的 *NLY* 互为姐妹群。这表明，现存裸子植物和被子植物的共同祖先拥有 *LFY* 和 *NLY* 两个基因，而 *NLY* 在被子植物起源之前丢失了。不仅如此，Mellerowicz 等（1998）和 Mouradov 等（1998）发现，在松科植物 *Pinus radiata* 中，*LFY* 基因主要在雄性生殖结构中表达，而 *NLY* 主要在雌性生殖结构中表达。根据这些证据，并且考虑 *LFY* 基因的功能重要性，Frohlich 和 Parker（2000）推测在被子植物和现存裸子植物的共同祖先中，*LFY* 基因决定雄性生殖结构的形成，而 *NLY* 基因决定雌性生殖结构的形成；被子植物花中表达的 *LFY* 基因来源于裸子植物的雄性生殖结构决定基因。因此，他们认为被子植物花的大部分结构，来源于裸子植物的雄性生殖结构。裸子植物的胚珠异位着生到小孢子叶上，从而形成了原始的两性生殖结构即花。由于雌性生殖结构决定基因 *NLY* 的丢失，因此受它调控的下游基因也发生了大量的丢失，所以，他们认为被子植物花中表达的基因绝大部分应该与裸子植物雄性生殖结构中表达的基因同源。

　　主雄性理论不仅阐述了两性花的形成过程和机制，而且解释了花器官的来源。该理论认为被子植物的心皮由裸子植物的小孢子叶演化而来。当胚珠异位着生到雄性生殖结构的小孢子叶上时，这些小孢子叶失去小孢子囊（microsporangia）并反卷包裹胚珠，最终演化成了被子植物的心皮。至于被子植物胚珠特有的外珠被，Frohlich 和 Parker（2000）继承了 Gaussen（1946）的观点，认为该结构来源于已灭绝的裸子植物类群所具有的托斗（cupule）结构。托斗能够包裹胚珠，与被子植物胚珠的外珠被极为相似。然而，在已灭绝的裸子植物类群中，开通目（Caytoniales）、盔籽目（Corystospermales）和本内苏铁目（Bennettitales）等都有托斗结构。那么，被子植物的外珠被来源于哪个类群的托斗呢？通过比较这些类群之间生殖结构的差异，Frohlich 和 Parker（2000）发现开通目和盔籽目倒生的托斗与多数被子植物的胚珠着生方式相似。但是，开通目具有分裂的小孢子叶，其托斗中至少着生两个胚珠，这与被子植物的雄蕊和胚珠结构差异很大。相比之下，盔籽目具有螺旋状排列的不分裂的小孢子叶，其托斗中只有一个胚珠，这些特征均与被子植物类似。因此，Frohlich 和 Parker（2000）认为，盔籽目中最有可能含有被子植物的祖先。被子植物的其他特有器官或性状（如花被）可能是在花起源之后逐渐获得的（Frohlich and Parker, 2000; Frohlich, 2001, 2002）。

二、形态证据　在主雄性理论中，胚珠异位发生是两性花形成的关键。Frohlich（2006）列举了支持胚珠异位发生的证据：① 在矮牵牛（*Petunia hybrida*）中，*FLORAL BINDING PROTEIN11*（*FBP11*）基因过量表达时，萼片和花瓣上能够长出异位胚珠（Colombo et al., 1995）；② 在拟南芥中，*ARGONAUTE1*（*AGO1*）基因突变能够导致茎生叶（cauline leaf）上长出异位胚珠（Kidner and Martienssen, 2005）；③ 在拟南芥中，*LFY* 基因突变使植株不能形成雄性生殖结构，但是心皮和胚珠能够形成，表明 *LFY* 基因直接影响雄性器官的发育（Weigel et al., 1992）；④ 可育的胚珠有时在某些野生银杏的叶片上异位长出（Fujii, 1896；转引自 Frohlich, 2006）；⑤ 买麻藤类的雄性生殖结构中有能够分泌传粉滴（pollination droplet）的不育胚珠，吸引昆虫传粉；⑥ 被子植物的胚珠在数目和着生方式上有很大差异，而雄蕊的式样则比较单一。以上的证据均表明，胚珠的位置比较多变，它们可以通过多种机制异位着生到不同的结构上；雄蕊的位置则比较稳定，异位着生的情况鲜有报道，仅在银杏中观察到小孢子囊的异位着生（Fujii, 1896；转引自 Frohlich, 2006）。这说明如果两性结构的形成是由异位着生引起的，那么很可能是由胚珠的异位，而不是雄蕊的异位所引起的。也就是说，被子植物的花更可能来源于裸子植物的雄性生殖结构。胚珠能够脱离心皮存在说明其可能是独立于心皮之外的另一种花部器官。

Frohlich（2001）对花的起源和演化过程做了如下预测：① 原本是位于大孢子叶上的胚珠异位着生到小孢子叶的腹面，该过程很短，可能不会留下化石证据。② 胚珠异位着生的植株受到某些选择压力，形态发生改变。此时，同一个植株上可能存在两性生殖结构和单一的雌性生殖结构。两性生殖结构的小孢子叶开始特化，着生胚珠的小孢子叶变成类似心皮的结构。在这一过程中植株的形态变化与昆虫传粉密切相关，它可能经历较长的时间，或许能够留下化石。③ 异位着生的胚珠变得可育，能够形成种子。④ 单独的雌性生殖结构丢失。⑤ 原花（preflower）继续演化，变成真花（true flower），花的基本结构形成。花的其他结构特征（如双珠被厚珠心的倒生胚珠，心皮顶端形成柱头等）是在后来的演化过程中逐渐获得的（Frohlich, 2001）。

花的起源和早期演化可能经历了一个比较长的时间。或许，上述中间过程的化石能够保留下来。如果能找到这些化石，无疑是对主雄性理论的有力支持。也有可能花的起源是在一个较短的时期内完成，或者受当时的自然地理条件、植物本身特征性质等方面的因素所限，可能化石难以形成。这或许是裸子植物和被子植物的生殖结构之间存在巨大形态差异的原因之一。

三、分子证据 由于主雄性理论所依赖的分子证据主要来自于 *LFY* 类基因，因此对其进行进化研究有助于验证该理论是否正确。近年来，对 *LFY* 基因家族的研究结果主要包括以下三个方面。首先，系统发育分析结果表明，*LFY* 基因在被子植物中只有一个拷贝，在裸子植物中有两个拷贝（买麻藤属除外），在蕨类植物和苔藓植物中有多个类群特异的拷贝，而在更加低等的植物类群中则没有发现 *LFY* 基因（Himi et al., 2001; Tanahashi et al., 2005; Frohlich, 2006）。Shindo 等（2001）证实买麻藤属植物中只有一个 *LFY* 基因，因此他不认同主雄性理论。对于这一现象，Frohlich（2003）的观点则刚好相反，他认为：一方面，买麻藤属的其他裸子植物外类群都具有 *NLY* 基因，所以该基因在买麻藤属中的丢失是独立发生的；另一方面，买麻藤属的两性生殖结构或许与 *NLY* 基因的丢失有关，这与被子植物中该基因的丢失类似。其次，基因表达方面的证据表明，松科植物 *Pinus radiata* 中的 *LFY* 基因在雄性生殖结构中高表达，而 *NLY* 在雌性生殖结构中高表达（Mellerowicz et al., 1998; Mouradov et al., 1998）。然而，在主雄性理论提出之后，越来越多的证据表明，裸子植物其他类群中的 *LFY* 和 *NLY* 基因并非在雄性或雌性生殖结构中专一表达。Dornelas 和 Rodriguez（2005）发现 *LFY* 基因在松科另一种植物 *Pinus caribaea* 的雌性生殖结构中强表达，而在雄性生殖结构中弱表达。郭长禄等（2005）发现银杏中的 *LFY* 基因在植物体的根、茎、叶、雌性和雄性幼芽以及幼果中表达，而 *NLY* 基因在雌性和雄性幼芽以及叶中表达。Vazquez-Lobo（2007）对松柏类植物 3 个属 *Picea*、*Podocarpus* 和 *Taxus* 的研究表明，*LFY* 和 *NLY* 基因的表达并没有性别特异性，这两个基因既在雄性生殖结构中表达，也在雌性生殖结构中表达。最近，Moyroud 等（2017）发现百岁兰（*Welwitschia mirabilis*）中的 *LFY* 与 *NLY* 在营养和生殖结构中广泛表达，而且无性别特异性。显然，这些表达结果都不支持主雄性理论。最后，基因功能的研究结果表明，*LFY* 类基因在种子植物中的功能非常保守。在被子植物中，*LFY* 类基因通常只有一个拷贝，其表达量改变会影响植物的开花时间，所以基因重复产生的新拷贝不能保存下来（Albert, 2002）。例如，Baum 等（2005）的研究表明，在十字花科的多倍体植物中，*LFY* 基因有两个拷贝，其中一个拷贝有假基因化（nonfunctionalization）趋势。在裸子植物的大多数成员中，*LFY* 类基因有两个拷贝。最新的研究结果表明，百岁兰中的 LFY 和 NLY 蛋白能够差异性地结合到 B 类 MADS-box 基因的调控区。进一步的研究发现，*LFY* 与 B 类基因之间的调控关系可能在种子植物起源之前已经建立了，暗示了 *LFY* 基因功能的保守性（Moyroud et al., 2017）。在蕨类植物和苔藓植物中，*LFY* 基因的拷贝数较多，但其功能与种子植物截然不同。因此，很有可能 *LFY* 与花器官身份基因之间的调控关系是从种子植物的祖先中获得的。从这一点看，*LFY* 基因的功能证据好像并不支持主雄性理论。然而，值得注意的是，对裸子植物中 *LFY* 类基因的功能研究主要是通过体外实验实现的，这对于全面揭示 *LFY* 类基因的功能还很不充分。如果能够抑制裸子植物中 *LFY* 和 *NLY* 基因的表达，或者对这些基因的突变体进行研究，或许将获得更加可靠的证据来验证主雄性理论（Frohlich, 2006; Frohlich and Chase, 2007）。

　　除了 *LFY* 基因之外，其他基因也可以用来检验主雄性理论。例如，YABBY 转录因子家族的 *CRABS CLAW*（*CRC*）和 *INNER NO OUTER*（*INO*）基因被认为可能与心皮或外珠被的起源有关。在拟南芥中，*CRC* 基因对于心皮的发育至关重要（Bowman and Smyth, 1999; Siegfried et al., 1999; Sessions and Yanofsky, 1999）；在基部被子植物无油樟（*Amborella trichopoda*）和 *Cabomba aquatica* 中，*CRC* 的直系同源基因 *AmCRC* 和 *CaCRC* 也在心皮中表达，暗示其功能保守性（Fourquin et al., 2005）。*INO* 基因在拟南芥外珠被的发育过程中具有重要作用（Villanueva et al., 1999）；在基部被子植物白睡莲（*Nymphaea alba*）中，*INO* 的直系同源基因可能也有类似的功能，因为其主要在胚珠外珠被的外层表达（Yamada et al., 2003）。系统发育分析结果表明，*CRC* 和 *INO* 基因都是通过被子植物起源之前的基因重复事件产生的（Finet et al., 2016; Pfannebecker et al., 2017）。因此，二者很可能在心皮或外珠被的起源过程中具有重要作用。

　　虽然关于主雄性理论是否正确还有待证明，但它是基于花的进化发育遗传学研究成果提出的第一个关于花起源的分子理论。该理论还综合了形态学、解剖学、古植物学等多学科观点，具有广泛的理论基础。可以说，主雄性理论为花的起源和演化研究提供了新思路。除了主雄性理论之外，还有其他一些建立在进化发育遗传学研究基础之上的关于花起源的理论。它们有的是对主雄性理论的补充，有的则提出了不同的观点。下面将简单对比介绍这些理论。

第三节　其他观点

　　继主雄性理论之后，人们又提出了其他理论去解释花起源的成因。

一、Albert 等（2002）　　对主雄性理论进行了补充。根据裸子植物 *LFYm*（即 *LFY*）和 *LFYf*（即 *NLY*）在拟南芥中过表达后表型相似的结果（Mouradov et al., 1998; Shindo et al., 2001），Albert 等认为 *LFY* 和 *NLY* 基因编码的蛋白质具有几乎相同的功能，二者在表达模式上的分化是由调控区存在差异导致的。当控制雄性生殖结构的 *LFY* 基因上游调控区发生改变后，其获得了同时调控雌、雄生殖结构下游基因的能力，这使得两类生殖结构在同一个原基中形成。结果，*NLY* 在决定雌性生殖结构形成方面的功能与 *LFY* 冗余，因而 *NLY* 在进化过程中丢失了（Albert et al., 2002）。然而，Maizel 等（2005）通过转基因互补实验发现，裸子植物的 *LFY* 和 *NLY* 基因恢复拟南芥 *lfy* 突变体表型的能力不同，表明二者的功能实际上是存在差异的。该结果并不支持 Albert 的观点。

二、Theissen 等（2002）　认为 B 功能基因在两性花的起源过程中起到了关键的作用。在裸子植物中，雌、雄生殖结构通常以单性的形式存在。其中，C 功能基因决定雌性生殖结构的身份，B 和 C 功能基因共同决定雄性生殖结构的身份。Theissen 等假设，当 B 功能基因在雌性生殖结构的基部异位表达时，基部的大孢子叶就会同源转变成小孢子叶，从而形成两性生殖结构，这就是雌性来源模型（out of female model）；当 B 功能基因的表达量在雄性生殖结构顶部降低时，顶部的小孢子叶就会同源转变成大孢子叶，从而形成两性生殖结构，这就是雄性来源模型（out of male model）（Theissen et al., 2002; Theissen and Becker, 2004）。

　　雌性来源和雄性来源模型只是强调了 B 功能基因的表达变化对于两性花的形成至关重要，并没有解释 B 功能基因表达模式的变化时如何发生的。Baum 和 Hileman（2006）对雄性来源模型进行了补充，认为在花的发育过程中，*LFY* 基因表达量沿着生殖轴持续升高，导致其编码的蛋白质差异性地调控 B 和 C 功能基因的表达，结果使得 B 功能基因在生殖轴基部表达量较高，C 功能基因有一定量的表达，形成的四聚体以 B-B-C-E 为主，决定雄性生殖结构的形成；C 功能基因在生殖轴顶部表达量较高，而 B 功能基因的表达量沿着生殖轴则逐渐降低，形成的四聚体以 C-C-C-E 为主，决定雌性生殖结构的发育。他们的假说不仅解释了两性花起源的原因，而且推测了花轴缩短和花被起源的可能机制。该假说指出：C 功能基因与分生组织决定基因 *WUSCHEL*（*WUS*）之间负调控反馈环的建立一方面使得顶端分生组织失去了持续分化的能力，导致花轴缩短，另一方面使得 C 功能基因的表达限制在雄蕊和心皮所在的区域，进而促进了未分化花被片的出现；B 功能基因与 *UNUSUAL FLORAL ORGANS*（*UFO*）基因之间调控关系的建立则是分化的花被片（即萼片和花瓣）产生的原因（Baum and Hileman, 2006）。

三、Theissen 和 Melzer（2007）　进一步结合 E 功能基因的进化历史和功能，对 Baum 和 Hileman 的假说进行了修正与补充，并重点解释了两性花生殖轴缩短的原因。他们认为：在原始的两性花中，决定雌、雄生殖器官发育的蛋白质复合体是二聚体，而在被子植物的最近共同祖先中，由于 E 类蛋白的出现，决定雌、雄生殖器官发育的蛋白质复合体转变为四聚体。四聚体的出现不仅大大提高了蛋白质与 DNA 之间的结合效率，而且减少了调控下游基因所需的蛋白质量以及雌、雄生殖器官形成所需的时间，从而使得两性花的生殖轴明显缩短。目前，我们虽然还无法确定 E 类蛋白在花起源过程中究竟参与了哪个具体的过程，但是最新的研究结果表明，该类蛋白质被整合到四聚体中的确与两性花的起源密切相关（Li et al., 2015; Ruelens et al., 2017）。

四、Sauquet 等（2017）　发表《被子植物的祖先花及其早期分化》一文，构建了一朵所有现存被子植物共同祖先的花：两性，花被不分化，具多于 10 枚的花被片，雄蕊群多于 10 枚，雌蕊群多于 5 枚心皮；花被和雄蕊群可能是轮生，每轮 3 枚。文中进一步描述：花被辐射对称，雄蕊花药内向（即花粉向花中心释放），心皮上位，极像螺旋状排列，所有花器官彼此分离。根据上述性状，其构建了一朵被子植物祖先花的三维结构（图 3.2）。这样的花在现存的被子植物类群中没有类似的。它不同于真花学说的是花被和雄蕊轮生而不是螺旋状排列。该文发表后，Sokoloff 等（2018）在发表《祖先被子植物的花都是轮生吗？》一文中提出了不同的观点。我们认为 Sauquet 等所构建的花可能是早白垩世被子植物大暴发时其冠群强烈分化之前花的一种类型，可看作被子植物冠群祖先花的类型之一，但不可能是被子植物干群祖先的花，即不是严格意义上的被子植物祖先花。

图3.2 Sauquet 等(2017) 构建的被子植物祖先花的三维结构

第四节　总　结

　　本章介绍的有关花起源的分子理论都是在进化发育遗传学研究的基础之上建立的。与以往建立在形态学研究基础之上的理论不同，这些分子理论都是可验证的假说。近年来，通过对花发育 MADS-box 基因在序列、结构、表达、蛋白质互作和功能等方面的进化研究，人们已经发现：① 花器官身份基因的功能在被子植物中是相对保守的；② 它们在类型和数目上的增加与花的起源密切相关（Shan et al., 2009; Yu et al., 2016）；③ 花器官身份基因编码蛋白质互作方式的改变（包括 B 类蛋白与 C 类蛋白之间互作能力的丢失以及 E 类蛋白介导的四聚体形成）可能直接导致了两性花的起源（Li et al., 2015; Ruelens et al., 2017）。显然，这些发现以及前面提到的对 *LFY* 基因的研究成果极大提升了人们对花起源分子机制的认识，也促使人们对花起源假说不断有了修正。但是，花发育的分子机制非常复杂，花的起源过程极有可能还有其他基因参与。因此，要揭示花起源的分子机制，我们还有必要对其他参与花发育过程的重要基因以及花发育调控网络的进化进行研究。随着进化发育遗传学的快速发展、高通量测序技术的不断升级以及新模式体系的开发，人们有望鉴定出更多与花起源相关的候选基因，揭示花发育调控网络的进化模式，绘制出从裸子植物生殖结构到被子植物花进化的分子蓝图，最终破解花的起源之谜。

第四章 单源论还是多源论

在承认被子植物是一个自然类群时，人们必然会提出，它是从一个类群起源抑或从多个类群起源的，即单源论还是多源论？其重要性是不言而喻的，日本学者浅间一男（1988）认为研究被子植物演化，首先应抓住被子植物是单源起源抑或是多源起源这样重大的问题，并自认为因当初没有抓住这一关键问题，白白浪费了十年之久。

第一节 对一些术语的讨论

一、系统发育及其形容词 phylogeny 这一术语是 1866 年由 E. Häckel 创造出来的。达尔文的《物种起源》第 1 版（1859）中并没有 phylogeny 一词，而到第六版的第 422 页才提及它，达尔文赞许道：Häckel 教授在他的 *Generelle Morphologie der Organismen* 一书及其他著作中，以他的丰富知识和才华，讨论他所谓的 phylogeny，即所有生物的祖传线……，他大胆地开了一个好头，向我们展示了未来将如何进行分类（Professor Häckel in his *Generelle Morphologie der Organismen*, and in other works, has recently brought his great knowledges and abilities to bear on what he calls phylogeny, or the lines of descent of all organic beings……He has thus boldly made a great beginning, and shows us how classification will in the future be treated）（Darwin, 1872）。这样看来，达尔文把自己的 genealogy 和 Häckel 的 phylogeny 赋予了相同的意义。因此 Takhtajan 提出，我们追随达尔文是有足够理由，我们用的是谱系的或者系统发育方法的，并提出 Häckel 于 1866 年出版的 *Generelle Morphologie der Organismen* 一书里，这两个术语他都有用到（Therefore, following Darwin we have all reason to speak of genealogy or phylogeny after E. Häckel's "Generelle Morphologie der Organismen" was published in 1866 he used both terms）（Takhtajan, 1980）。我们也认为在研究生物演化时，genealogy 和 phylogeny 是同义词。

在说明了 phylogeny 之后，下面简要介绍与之相关的两个形容词 phylogenetic 和 phyletic 的用法。Davis 和 Heywood（1963）说得很简要：phylogeny 是指分类群的起源和演化，不严格时也可指对一个生物类群中各演化线的历史发展的研究。phylogenetic 强调各个祖先之间的亲缘关系；而 phyletic 则强调分类群在某一特定的祖裔谱系线（即系统发育线 phyletic line）上的关系。二者都是研究演化的过程，实际上它们可互换使用，主要取决于作者的偏好和对发音和谐的考虑（Phylogeny is the origin and evolution of taxa; also (loosely) the study of the historical development of evolutionary lines in a group of organisms. Phylogenetic stresses the ancestral relationship of taxa to one another. Phyletic emphasizes belonging to a particular line of descent (phyletic line). Both phyletic and phylogenetic refer to the course of evolution and are virtually interchangeable: with term is used is largely a matter of preference and euphony）。所以我们认为它们在系统学上是同义词。这里所说的系统发育线（phyletic line），即指祖裔祖传线（line of ancestral-descent）或谱系祖传系（genealogical lineage）或祖传系（lineage）。

二、源和流　　凡用英语书写的有关文献中，不管作者是否是英国人，在描述一个类群的起源时，大都将起源（origin）一词明确写出（Arber and Parkin, 1907; Harris, 1960; Stebbins, 1958; 转引自 Meeuse, 1962 所列参考文献; Krassilov, 1977; Nemejc, 1956; 转引自 Doyle, 1978 所列参考文献; Doyle, 1978; Doyle and Donoghue, 1986; Endress, 1993; Friedman and Eloyd, 2001; Hughes, 1994; Leory, 1983; Ren, 1998; Taylor and Hickey, 1992, 1996; Thomas, 1936; Troisky et al., 1991; 转引自 Stuessy, 2004）所列参考文献。我们认为 Takhtajan（1997）对 monophyly 的解释比 Simpson 和 Heslop-Harrison 说得更清楚些，故不吝惜笔墨，仅做些摘录：我是按其严格的和其原来的含义来使用 monophyletic 一词的，该词的意思是指所有的自然类群，即任何分类群，这些类群来源于单个最近的祖先种。当分类学家说双子叶植物演化出单子叶植物，他们的意思是说单子叶植物起源于一些古老的双子叶植物的种（I am using the word monophyletic in its strict and original sense, which means that every natural group (i.e., every taxon) is descended from a single, immediately ancestral species,……when taxonomists say that dicots gave rise to monocots, they mean that monocots originated from some ancient dicotyledonous species）。Takhtajan（1997）认为：Hennig（1966）及其许多追随者改变了 Häckel 对 monophyly 一词的原来含义，按照他们（指分支学派者——作者注）的定义，monophyletic group 必须要包括一个共同祖先的全部后裔，而所谓的 paraphyletic group（Hennig 的术语）则不包括全部后裔。因此，Hennig 及其追随者对 monophyletic 这一概念的定义相对于该词原来定义的唯一变化是他们认为一个 monophyletic group 必须包括其共同祖先所有后裔，所以爬虫纲若不包括鸟纲和哺乳纲则被认为是 paraphyletic。正如 Mayr（1988）所指出的，改变像 monophyletic 这样一个已广为接受的术语成为完全不同的概念，就像重新定义质量、能量或重力这些术语，赋予它们全新的含义一样，是不科学的和不能接受的。Hennig 关于 monophyly 和 paraphyly 的概念会引起误导，正如 Cronquist（1988）指出的：会对分类系统造成破坏（Hennig and his numerous followers changed the meaning of the word from the original Haeckelian sense: according to their definition, a monophyletic group must include all the known descendants of a common ancestor, while so-called paraphyletic groups do not include all descendants. Thus the only change in the concept is the requirement of the inclusion of the common ancestor. Therefore Reptilia alone, without birds and mammals, are considered paraphyletic. As Mayr states: The transfer of such a well-established term as monophyletic to an entirely different concept is as unscientific and unacceptable as if someone were to mass, energy, or gravity by attaching these terms to entirely new concepts. The Hennigian concept of monophyly and paraphyly is misleading and, as Cronquist pointed out: is destructive to taxonomic system）。

　　但现在许多作者，特别是应用分子资料和分支分析的工作者都应用 monophyletic group 来指一个单源起源的类群，用 polyphyletic group 来指两个至多个起源的类群。这大概是受了 Hennig 的影响。这里所用的 phyletic 容易和上述的 phyletic line 相混淆，若一个类群是单源起源的，但含有多条系统发育线，若用 polyphyletic group 一词来描述它，必然会引起误解，误认为它是多源起源的（汤彦承和路安民, 2003）。

为避免上述误解，我们想起了 Meeuse（1962）的意见：人们愿意称具有多条系统发育线的类群为 polyphyletic，和其相对的具单条系统发育线者为 monophyletic。Lam（1959）提出这些术语只能应用于植物界中的整个划分部分（如门一级）的演化，若同样概念用于较低级的分类群，则宜用 poly- 和 monorheithric（One has been wont to call any form of multiple descent polyphyletic as opposed to the single monophyletic one. Lam has proposed to use these terms only if they refer to the evolution of whole division or phyla of the plant kingdom and employ the terms poly- and monorheithric for exactly the same concept if they apply to smaller taxonomic groups）。但 Lam 的建议至今未被人们采用，可能由忽略所致。现在我们重新提出 Lam 的建议，若一个类群是单源起源，且具二至多条系统发育线者，可描述为单源、2 至多流（The group is of monophyletic origin and 2-polytheiry）。虽然这样比较累赘一些，但较为明确，源和流的意思，也很形象，与演化事实也较为贴切。

关于元和源的问题，钟补求在《新系统学》（1964）一书的校后记中写得很清楚：在遇到 monophyletic system 与 polyphyletic system 的时候，如照样译过来，就会得到单系统发生系统与多系统发生系统这样的术语，虽然一般靠改用元字来代表 phyletic 得以避免这种情况，如胡先骕（1950）称自己的系统为被子植物的一个多元的新系统（a polyphyletic system of classification of angiosperms）。但是这样一来，不但 phyletic 的同一意义有两种译法，而且元字所代表的意义也是有问题的……当然，为了方便，我们可以分别简称它们为……单系系统、多系系统。我们认为：凡涉及生物分类群的起源（origin）时，不应该用元字来补救，宜用源字，因为单元、多元容易和哲学上的一元论、二元论和多元论相混淆，这是在两个领域有不同含义的术语。

三、单系和多系　monophyly 有时被 Doyle（1978）和 Stebbins（1974）称为 monophylesis；polyphyly 有时被 Doyle（1978）和 Stebbins（1974）称为 polyphylesis，被 Heywood（1984）称为 pleiophyly。对于这两个术语，正如 Davis 和 Heywood（1963）所说，在分类学和演化学文献中，很少有像 monophyly 和 polyphyly 这样让人困惑的术语，对它们简单地下一个定义是不够的（Few terms have so bedeviled taxonomic and evolutionary literature as monophyly and polyphyly. Simple definitions are inadequate），他们列举了实例予以说明。例如，动物学家 Simpson（1961）对 monophyly 的定义：单系是指从一个直接祖先分类群通过一条或多条祖传系演化而来（所谓祖传系即祖先－后裔居群在时间上的延续）的分类群，其直接祖先分类群和该分类群是同等级的或者是较低等级的。而对 polyphyly 的定义是：多系是指从两个或两个以上最高等级的直接祖先分类群演化而来的分类群。这样的定义虽然比较严谨，但由于它有层次性，因此每次都要说明所研究类群直接祖先类群的等级和个数（Monophyly is the derivation of a taxon through one or more lineages (temporal successions of ancestral-descendant populations) from one immediately ancestral taxon of the same or lower rank. There are different degrees of levels of monophyly under this definition, and as a rule the level should be specified or evident in each case. The level of monophyly is specified by the category of the lowest ranking single taxon immediately ancestral to the taxon in question. The level of polyphyly is specified by the category of the highest ranking taxa，two or more of which were immediately ancestral to the taxon in question）。根 据 Simpson 的 定 义，我 们 对

monophyly 和 polyphyly 用图 4.1 和图 4.2 予以解释。又如植物学家 Heslop-Harrison（1958；转引自 Davis and Heywood，1963）对单系和多系的定义是：所研究的分类群若是单系的，则该分类群起源于一个祖先类型，并且这一祖先类型应归属于该分类群；若所研究的分类群是多系

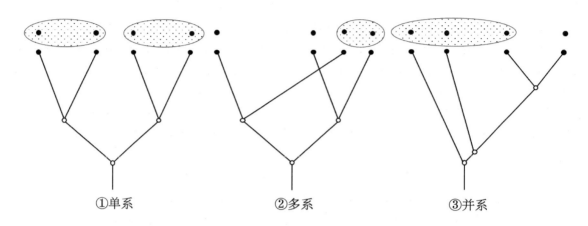

图4.1　与相似性类型相对应的三种不同系统学类群

① 相似性依据是近裔共性的为单系类群；② 相似性依据是趋同的为多系类群；③ 相似性依据是近祖共性的为并系类群。源自陈宜瑜，1983

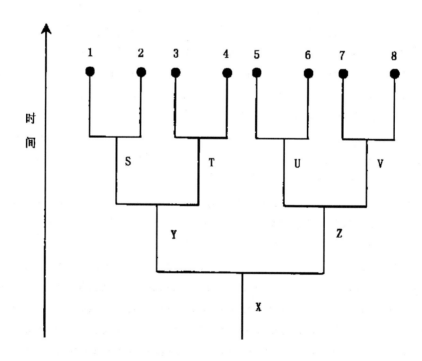

图4.2　试解Simpson有关单系（monophyly）和多系（polyphyly）定义的示意图

若所研究的类群 1~8 是单系的，则在其直接祖先类群中，最低等级的类群只有一个类群（即 X）；若所研究的类群 1~8 是多系的，则其直接祖先类群是最高等级类群（即 S、T、U 和 V），是由两个或两个以上类群（Y、Z）演化而来的。源自汤彦承和路安民，2003

的，则该分类群起源于两个或更多个祖先类型，这些祖先类型不应归属于该分类群。根据这个定义，单系和多系的区别取决于时间断面的不同（following Wernham（1912），Heslop-Harrison（1958）defines a monophyletic group as one derived from an ancestral form which would be regarded as belonging to the taxon in question.……Polyphyletic, according to Heslop-Harrison, means the derivation of a taxonomic group from two or more ancestral forms which are not regarded as belonging to the taxon in question. By this definition, the distinction between monophyly and polyphyly rests upon a difference in time level）。

　　Davis 和 Heywood（1963）还以玄参科的毛蕊花属 Verbascum 和 Celsia 为实例，说明如何应用上述两位作者的定义。Verbascum 具有 5 枚发育雄蕊，林奈当时很重视雄蕊的数目，故将具 4 枚发育雄蕊和 1 枚败育或退化雄蕊的近缘类群建立为另 1 属 Celsia。由于这两个属都是林奈建立的，在相当长的时期内被大家所接受。后来发现这两个属无论在属内或属间都产生了许多虽然通常不育但有活力的杂种，看来 Celsia 无疑是一个进化级属(grade genus)。钟补求和汤彦承(1979)在撰写《中国植物志》时将 Celsia 归并于 Verbascum。若按 Simpson 的定义，Celsia 在属级水平上可视为单系，因为它起源于另一个属 Verbascum；若在种级水平上，它则是多系的，因为它起源于 Verbascum 的不同种的祖传系（species lineage）。若按 Heslop-Harrison 的定义，无论是属级抑或是种级水平，Celsia 都是多系的。Davis 和 Heywood（1963）还提及了 Hutchinson 系统。Hutchinson 认为双子叶植物是单系的，木兰目和毛茛目（草本）是从一群假想的前被子植物独立地演化而来的。若按 Heslop-Harrison 的定义，双子叶植物是多系的，这种情况应该说是二系的）（Hutchinson has claimed that the Dicotyledons are monophyletic, the Magnoliales and Ranales being derived independently from a group of hypothetical pro-Angiosperms. By Heslop-Harrison's definition they would be polyphyletic or diphyletic）。同时我们查考了 Hutchinson 的 The Families of Flowering Plants 一书的第一版（1926, 双子叶植物）和第二版（1959），两本书各附有一张系统树图，但两张图的基部类群不同。第一版的基部类群为古生花被亚纲（Archichlamydeae），有两个箭头，一个指以木本为主的木兰目，另一个指以草本为主的毛茛目。图注为：本图表示双子叶植物可能的演化途径，理论上双子叶植物分为两个主要类群，一个以木本为主，另一个多为草本，分别起始于木兰目和毛茛目（Diagram showing the probable course of evolution of the Dicotyledons. This group is theoretically divided into two main phyla, the one mostly woody, the other mostly herbaceous, starting with the Magnoliales and Ranales respectively……）。第二版的附图，其基部类群为假想的前被子植物（hypothetical proangiosperms），以一直线向上指双子叶植物，由双子叶植物分为两支：一支以木本为主，命名为 Lignosae (fundamentally woody)，木兰目 Magnoliales 为其起始类群；另一支以草本为主，命名为 Herbaceae (fundamentally herbaceous)，毛茛目 Ranales 为其起始类群。图注仅写：本图表示被子植物各目间可能的系统发育和亲缘关系（Diagram showing the probable phylogeny and relationships of the Orders of Angiosperms）。我们在全书的文字中找不到对假想的前被子植物的描述和说明。依据 Hutchinson 的图以及他对自己系统的叙述，我们认为他的系统是一个单源、二流系统，被子植物起源于一个假想的前被子植物，所以是单源的，演化成被子植物后，向两条系统发育线（phyletic lines）（Hutchinson 自己称其为两个 phyla）发展，因此是二流的（dirheithric）。

第二节　单源起源

直至现在，我们还未确认哪一类裸子植物是被子植物的直接祖先，有人抱怨是两者之间缺乏化石之故。Krassilov（1973；转引自 Cronquist, 1988）认为假如被子植物起源仍是一个谜的话，那么不应去寻找裸子植物和被子植物之间已经遗失的纽带，而应寻找我们当今在研究进化概念上的缺点。Cronquist 风趣地说，我至今还想不出一个较好的方法。

我们很同意 Stebbins（1974）的意见，被子植物并不是严格的单源起源，即起源于单个的共同祖先，但它们几乎也不可能是多源起源的。拒绝后一种观点，并不等于要求接受大多数被子植物的共有衍征，如两性花、2~3 核的花粉粒、心皮闭合、8 核胚囊、双受精、三倍体胚乳等，同时起源于一个祖先类群。后一种思想，在 30 年之后，被 Stuessy（2004）所接受，提出被子植物起源的过渡－组合学说（transitional-combinational theory）。这个学说的要点是：被子植物三个主要特征（心皮、双受精和花）并不是同时起源，而是通过一个过渡演化过程（transition），心皮起源最早，然后是双受精，最后才是花，当这三个主要特征组合（combination）在一起时，现代被子植物才是真正起源。之后，它得到长足、成功的进化。

鉴于上述观点，我们将单源学说分为严格的单源学说和不严格的单源学说。前者，作者明确指出被子植物起源于何类植物；后者，作者虽在行文上已明确为单源起源，但指出的是起源于一类松散的或者是一群亲缘关系还不十分明了的类群。

一、严格的单源学说

（1）真花学说　在前一章已有所述，在此不赘述。Arber 和 Parkin（1907）虽然承认本内苏铁目的两性孢子叶球和被子植物的花之间的间隙是巨大的，但现在还找不到两者之间性器官演化的不同阶段，故其在它们之间假设了一个半被子植物，由半被子植物的前两性孢子叶球演化成被子植物的花，我们可以认为 Arber 和 Parkin 已明确指出本内苏铁目可能是被子植物的祖先。

（2）假花学说　在前一章已有所述，此处不赘述。Wettstein 认为被子植物的花是从一个裸子植物复合孢子叶球演化而来的，在主轴上着生许多具苞片的次生轴，这样的复合孢子叶球被认为同源于裸子植物整个花序。这个学说可解释买麻藤类的花是极度退化的花（Harder et al.,1965），故在 Wettstein 的心目中无疑将买麻藤类作为被子植物的祖先。

二、不严格的单源学说

（1）Stebbins 系统　Stebbins 虽然怀疑被子植物不可能是严格的单源起源，但坚信其不是多源起源的。他提出的系统（图 4.3），是一个系统发育树的横剖面示意图，表示高级分类单元（目级以上）之间的亲缘关系，中心为祖先复合群（ancestral complex）。

根据他对被子植物祖先的意见，其认为舌羊齿目（Glossopteridales）与开通目（Caytoniales）与被子植物接近，而与现存裸子植物的目关系较远。虽然舌羊齿目和开通目同属于种子蕨植物（科利尔和托马斯，2003），但不明确哪一目为其祖先。故将 Stebbins 系统隶属于此类。该系统将被子植物先分为两纲：双子叶植物纲和单子叶植物纲，按照我们的术语体系，该系统为单源、二流系统。

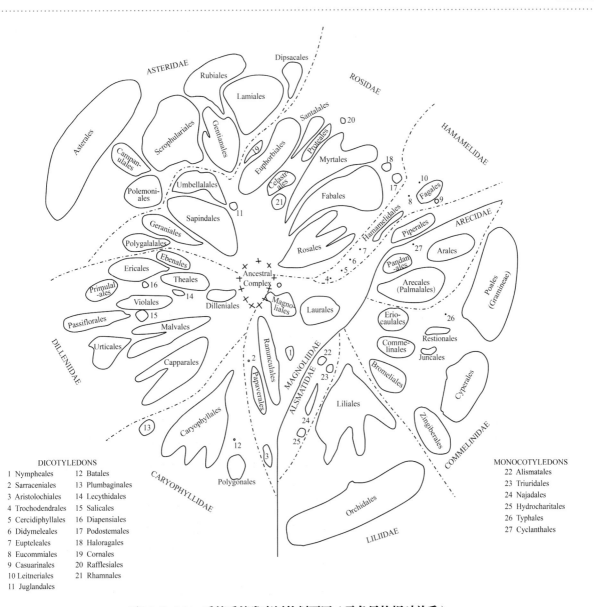

图4.3　Stebbins系统系统发育树的剖面图（示各目的相对关系）

中心为祖先复合群，图4.3~4.8中的现存类群的纲、亚纲、目、种的学名，为分类学工作者所周知，故不注出中文名。
源自 Stebbins, 1974

（2）**Cronquist 系统**　根据 Cronquist 等（1966）的分类，裸子植物门分为三亚门：松亚门（Pinicae）、买麻藤亚门（Gneticae）和苏铁亚门（Cycadicae）。他以排除法，认为被子植物的祖先不可能出自前两类，最有希望的是在苏铁亚门（包括种子蕨植物）中，尤其是其中的舌羊齿目和开通目，他还认为假如舌羊齿目和开通目被排除于种子蕨植物之外，那么被子植物祖先也不能说起源于苏铁亚门。该系统分两纲（图4.4），双子叶植物纲以木兰亚纲（Magnoliidae）为最基础的类群，该纲的其他亚纲均出自木兰亚纲。根据化石花粉资料，单子叶植物纲和双子叶植物纲在 Aptian-Albian 时期已相互分歧，现存双子叶植物中的睡莲目很可能像单子叶植物的祖先，但这并不意味着单子叶植物从该目演化而来，只能推断单子叶植物出自原始的双子叶植物。

泽泻亚纲具较多的原始性状，但单子叶植物纲中的其他亚纲并不是从它演化而来。根据我们的术语体系，该系统是单源、二流系统。

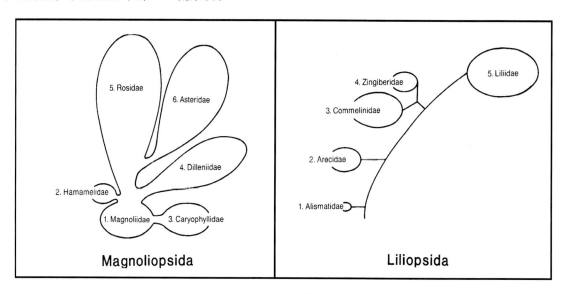

图4.4 Cronquist系统示意图

球状泡的大小，显示各亚纲含种数量。源自 Cronquist, 1988 改绘

（3）Dahlgren 系统 Dahlgren 于 1975 年发表了他的第一版系统，并设想了一个现存被子植物系统树的示意图，以横切面表示目级分类单元之间的近缘关系（图 4.5）。 直至最后一版由

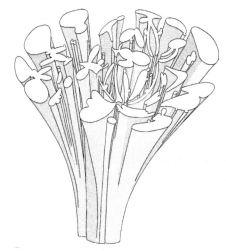

图4.5 Dahlgren现存被子植物系统树示意图。源自Dahlgren, 1975

其夫人（G. Dahlgren, 1995）予以修正，共有五版之多，但其基本思想是一贯的。路安民曾用中、英文分别给予介绍（路安民，1984; Lu, 1989）。关于被子植物起源问题，Dahlgren 曾提到由 Retallack 介绍的一种理论，即被子植物的心皮相当于舌羊齿科植物附着胚珠的叶状体，其托斗（cupule）相当于被子植物的外珠被。他同时提出已灭绝的开通科、盔籽科（Corystospermaceae）和线银杏科（Czekanowskiaceae）等植物可能既同早期舌羊齿科植物有联系，又和被子植物的祖先有关联。他认为被子植物是在裸子植物的一条单独的演化线上发展的，它是单源发生的。他虽然承认单子叶和双子叶植物之间有某些类群是相互接近的，如睡莲目和泽泻目、泽泻超目和天南星超目、天南星目和胡椒目、胡椒目和睡莲目，以及木兰超目中的某些类群同百合超目有密切联系，但他对这些类群仔细研究后，仍然得出如同一般分类学家的结论，单子叶植物是早期双子叶植物祖先的一个演化分支，虽然没有像 APG 系统（1998, 2003）那样处理，但在他的系统演化树的横切面图上，留有两个缺口（gap）（图 4.6）。根据我们的理解，被子植物起源后，在早期单、双子叶植物还是相联系的，到晚期这两分支虽然出现分歧，但还是藕断丝连。根据我们的术语体系，该系统是单源、二流系统。

图4.6 Dahlgren系统（1989）演化树的横切面示意图

球状泡的大小显示各目所含种类数量，距离远近表示它们的相对亲缘关系；单子叶植物和双子叶植物之间的分割线留有两个缺口

（4）**Takhtajan 系统**　本系统也历经多次修改，最后一版发表于 2009 年。根据他的思想，我们认为他是真花学说的拥护者，他（1969）认为本内苏铁目不是被子植物的祖先，但并不意味着它们没有系统联系，很可能它们有联系是通过一个共同祖先，但这个共同祖先是什么，他说至今还不知道。他还认为被子植物起源于裸子植物很古老的某些类群，这些类群具有原始的次生木质部，至少早期的木材由梯状管胞组成，并具两性孢子叶球。由这样的原始两性孢子叶球，一方面演化成原始的木内苏铁目的孢子叶球，另一方面演化成原始被子植物的花。由此我们可以推断，他可能认为本内苏铁目和被子植物两者的祖先是姐妹群。他发表的系统（1969, 1980, 1987, 1997, 2009）均以木兰亚纲为最基部类群，由它演化出双子植物的其他亚纲和单子叶植物（图4.7）。根据我们的术语系统，该系统为单源、单流系统。

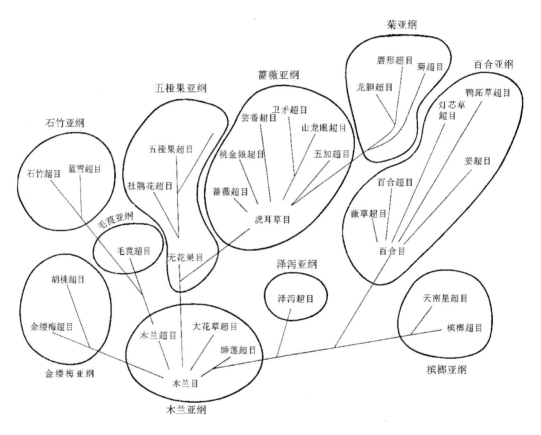

图4.7 Takhtajan 系统示意图

源自路安民（1981），据 Takhtajan（1980）改绘

（5）**吴征镒等系统**　其要点如下：① 在被子植物门下，不再以传统的双子叶植物和单子叶植物作为门下的第一级分类群，因为这样的分类不能反映谱系关系；② 在早白垩世之前，明确为被子植物的化石至今尚未发现；③ 根据化石资料，在早白垩世被子植物有一次大辐射；④ 根据化石和现存类群形态资料，结合分支分析和分子系统学的结果，认为在早白垩世存在 8 条主祖传系（principal lineage），每一条祖传系以林奈阶层系统的纲一级予以命名：木兰纲、樟纲、胡椒纲、石竹纲、百合纲、毛茛纲、金缕梅纲、蔷薇纲；⑤ 各主祖传系分化之后，在缺乏化石

资料的情况下，只能依靠现存类群的各个方面资料，并以多系－多期－多域（图4.8）的观点，来推断祖传系内各类群之间的系统关系，所以本系统命名为被子植物八纲系统或多系－多期－多域系统。该系统强调被子植物是单源起源类群，同意现代学者赞成起源于种子蕨植物，但未指明起源于种子蕨植物的何类植物，并推断起源于晚三叠世至早侏罗世。根据我们的术语体系，该系统为单源、八流系统。

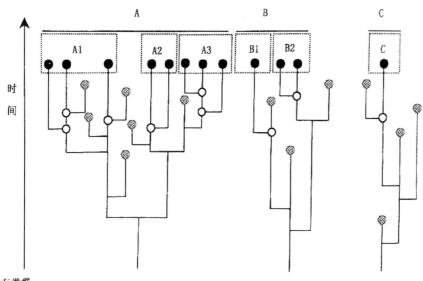

图4.8 现存被子植物中一些类群的系统发育类型示意图

A类群：8系－6期－3域，B类群：3系－2期－2域，C类群：单系－单期－单域；A1分布于热带美洲，A2分布于热带非洲，A3分布于热带亚洲，B1分布于热带非洲，B2分布于澳大利亚，C类群分布于东亚。源自汤彦承和路安民，2003

（6）Thorne 系统 自1968年发表其第一版系统后，至今已修订四次，最近一版是2000年发表的。他（1992）认为被子植物的真正祖先至今仍未能肯定，但从被子植物祖先遗留下来的性状看，其很可能在中生代种子蕨植物中。他坚信被子植物是单源起源的。在他的一张系统图（Thorne, 2000b）中，虽然他将双子叶植物和单子叶植物分开，但在叙述中并未给它们一个林奈阶层的正式名称，并声称他（2000b）试图将被子植物纲分成10个有望成为单源起源的亚纲。这样，他无疑抛弃了传统的将被子植物分为单子叶植物和双子叶植物的二歧分类法，将被子植物直接分为10个亚纲。根据我们的术语体系，该系统为单源、十流系统。

第三节　多源起源

由于现行的维管束植物系统主要是以生殖器官为中心建立的，把生殖器官处于孢子阶段者称蕨类植物，胚珠处于裸露阶段者称裸子植物，胚珠处于为心皮所包裹阶段者称被子植物。被子植物的分类也主要依靠生殖器官，但成为化石的被子植物绝大部分为叶痕，据不完全统计，所采到的化石中叶占 99%（浅间一男，1988），故持单源论者大都是以现代植物为研究对象的工作者，以推断被子植物的共同祖先的生殖器官如何演化成早期被子植物的生殖器官为主要研究方法。众所周知，被子植物具有不少的共同衍征，如药室具内壁层、闭合心皮、雄蕊和雌蕊在花轴上具有相对固定的位置、8 核胚囊、双受精和三倍体胚乳等，若这些特征在裸子植物内各自出现于不同祖传系上，并且可能会重复出现，还要求它们组合在一起，在数学上这些性状同时出现在被子植物中的概率是很低的（Takhtajan, 1969）。从 20 世纪 50 年代开始，不断有植物学家向单源论者发起挑战，如 Lam（1952, 1962）、Emberger（1950, 1960）、Melville（1960, 1963）、Gaussen（1958）、Meeuse（1965, 1966, 1970, 1975）、Krassilov（1977, 1991）和 Hughes（1994）等（转引自 Stebbins, 1974; Stuessy, 2004）。持多源论者多为古植物学者，批评单源论者忽视营养器官演化在系统学上的意义，他们认为正是营养器官叶及支持叶的茎以及生殖器官为三位一体，才使植物绵延不断。若不把三者联系起来，则永远不可能找到真正的系统。

一、Lam 系统　　在前一章，我们已较详细介绍过他的二源论，他认为出现轴生孢子和叶生孢子的性状远较子叶分化为 1 或 2 枚为早，若将前一性状作为分类依据，较之于后者在系统意义上更为深远。在他的系统中（1948），双子叶植物的多心皮类及其衍生类群和单子叶植物的百合类及其近缘类群属于叶生孢子类；双子叶植物的部分单瓣类和单子叶植物的沼生目及其近缘目以及另一部分单瓣类，以及前被子植物（protoangiospermae）的盖子植物目（Chlamydospermales）及木麻黄目（Verticillatae），属于轴生孢子类。因此他对被子植物起源持二源的观点，见图 4.9。

二、Meeuse 系统　　从图 4.10 我们可大致了解 Meeuse 对被子植物起源的观点。前裸子植物在石炭纪时分化为三群，即舌羊齿目、种子蕨目以及后来发展为现存松柏纲的类群。舌羊齿目在三叠纪时演化出前苏铁目（Protocycadopsidales）等类群，后者在侏罗纪又发展成三支：拟苏铁属（Cycadeoidea）支，在白垩纪时绝灭；五柱木目（Pentoxyales），后来可能发展成现存的部分单子叶植物；广义的本内苏铁目，后来可能发展成盖子植物类（chlamydospermae）和被子植物的胡椒目、柔荑花序类、多心皮类、中央种子目、其他单瓣类以及其他类群。由此可见，Meeuse 是二源论者，认为在白垩纪时已经有多条祖传系。根据我们的术语体系，该系统是二源、多流系统。

三、胡先骕系统　　在《被子植物的一个多元的新分类系统》一文中（图见胡先骕，1950)，自称深受 Wieland（1929）的《被子植物之远古性》一文影响。胡先骕认为单子叶植物的棕榈目、露兜树目和轮花棕榈目出自苏铁蕨目（Cycadoficales），即泰勒系统（1981）中种子蕨植物门的髓木类（medullosae），其他单子叶植物和双子叶植物均出自半被子植物。如此说来，就单子叶植物起源而论，是二流的。他还认为种子蕨植物演化成半苏铁类（hemi-cycades，文中未指明为何种植物），由其演化成原始被子植物或半被子植物（pro- or hemi- angiosperms），而后由开通属 Caytonia、小威廉森属 Williamsoniella、小维兰德属 Wielandiella 等演化为木兰、毛茛目等植物（Wieland, 1929）。开通属（据泰勒，1981）隶属于种子蕨植物门，小威廉森属和小维兰德属二者均隶属于威廉森科（据 Delevoryas, 1962），而该科据泰勒（1981）隶属于拟苏铁门 Cycadeoidophyta，隶属于不同的门，因此胡先骕在系统图中注明半被子植物为多源，可惜的是他在文中未说明开通属、小威廉森属和小维兰德属各自演化出被子植物哪些类群。该文后半部分讨论被子植物起源后分化出双子叶植物的 12 个基部目和单子叶植物的 2 个基部目（除棕榈目以外），这些不在本书讨论范围之内。根据我们的术语体系，该系统为二源（即种子蕨植物门和拟苏铁门）、三流（双子叶植物纲、棕榈目等和单子叶植物纲其他目）系统。

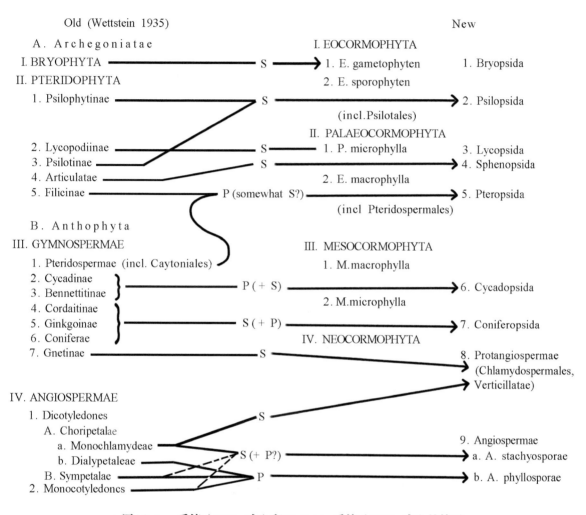

图4.9 Lam系统（1948，右）和Wettsteim系统（1935，左）比较图

A. phyllosporae 叶生孢子植物；A. stachyosporae 轴生被子植物；**ANGIOSPERMAE** 被子植物门；Anthophyta 生花植物；Archegoniatae 颈卵器植物；Articulatae 木贼纲；Bennettitinae 本内苏铁纲；**BRYOPHYTA** 苔藓植物门；Bryopsida 苔藓植物纲；Caytoniales 开通目；Chlamydospermales 盖子植物目；Choripetalae 离瓣类；Coniferae 松柏纲；Coniferopsida 松柏纲；Cordaitinae 达科纲；Cycadinae 苏铁纲；Cycadopsida 苏铁纲；Dialypetaleae 双瓣类；Dicotyledones 双子叶植物纲；E. sporophyten 具孢子体的始生茎叶植物；E. gametophyten 具配子体的始生茎叶植物；**EOCORMOPHYTA** 始生茎叶植物；Filicinae 真蕨纲；Ginkgoinae 银杏纲；Gnetinae 买麻藤纲；**GYMNOSPERMAE** 裸子植物门，Lycopodiinae 石松纲；Lycopsida 石松纲；M. macrophylla 具大叶的中生茎叶植物；**MESOCORMOPHYTA** 中生茎叶植物；Monochlamydeae 单瓣类；Monocotyledones 单子叶植物；**NEOCORMOPHYTA** 新生茎叶植物；P. macrophylla 具大叶的古生茎叶植物；P. microphylla 具小叶的古生茎叶植物；**PALAEOCORMOPHYTA** 古生茎叶植物；Protangiospermae 前被子植物；Psilophytinae 裸蕨纲；Psilopsida 裸蕨纲；Psilotales 裸蕨目；Psilotinae 裸蕨纲；Pteridospermales 种子蕨目；**PTERIDOPHYTA** 蕨类植物门；Pteridospermae 种子蕨纲；Pteropsida 蕨纲；P 叶生孢子的缩写，Sphenopsida 楔叶纲；Sympetalae 合瓣类；S 轴生孢子的缩写；Verticillatae 木麻黄目。源自 Lam, 1948

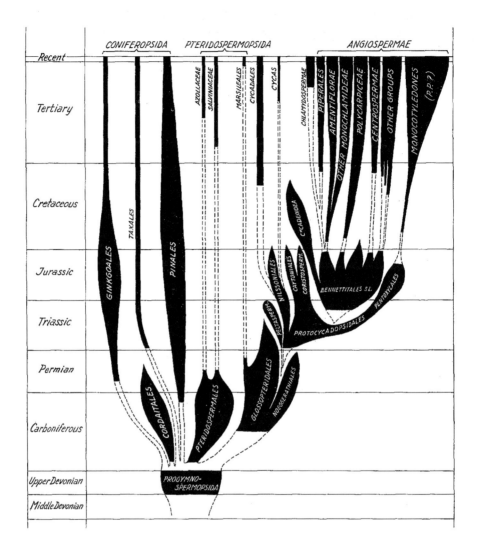

图4.10 Meeuse系统（1963）的系统发育示意图

Amentiflorae 柔荑花序类；ANGIOSPERMAE 被子植物；Azollaceae 满江红科；Bennettitales s.l. 广义本内苏铁目；Carboniferous 石炭纪；Caytoniales 开通目；Centrospermales 中央种子目；Chlamydospermae 盖子植物类；CONIFEROPSIDA 松柏纲；Cordaitales 科达目；Coristosperm（Corystosperm.）盔籽目；Cretaceous 白垩纪；Cycadales 苏铁目；Cycadeoidea 拟苏铁目；Cycas 苏铁属；Ginkgoales 银杏目；Glossopteridales 舌羊齿目；Jurassic 侏罗纪；Marsileales 苹目；Middle Devonian 中泥盆世；Monocotyledones p. p. 部分单子叶植物；Nilssoniales 蕉羽叶目；Noeggerathiales 瓢叶目；Other groups 其他类群；Other monochlamideae 其他单瓣类；Peltasperm. 盾籽目；Pentoxyales 五柱目；Permian 二叠纪；Pinales 松目；Piperales 胡椒目；Polycarpicae 多心皮类；Progymnospermopsida 前裸子植物纲；Protocycadopsidales 前苏铁目；Pteridospermales 种子蕨目；PTERIDOSPERMOPSIDA 种子蕨纲；Recent 现在；Salviniaceae 槐叶苹科；Taxales 红豆杉目；Tertiary 第三纪；Triassic 三叠纪；Upper Devonian 晚泥盆世。源自 Meeuse, 1961

四、Krassilov 系统 Krassilov 是一位古植物学家，他（1977）主要根据白垩纪时的叶、果实和表皮化石特征，认为早期双子叶植物有 8 条祖传系，Takhtajan（1966）和 Cronquist（1968）系统中的金缕梅亚纲、木兰亚纲和蔷薇亚纲就可在这 8 条祖传系中找到。白垩纪时期的主要双子叶植物隶属于金缕梅亚纲，拟昆栏树属、悬铃木叶类和樟目的祖先，它们那时彼此之间已有明显的区别，其区别点也不差于现在，这可能是它们独立起源的证据。白垩纪时期第三位主要类群是山龙眼叶类（proteophylls），它可能演化成水生的睡莲叶类（nymphaephylls）的 quereuxin 类型和前蔷薇亚纲（prorosidae）植物。这些祖传系之间既无可信的联系线，也不和棕榈叶类（palmophylls）有关联。他认为这些祖传系起源于前被子植物（proangiosperms），见图 4.11。

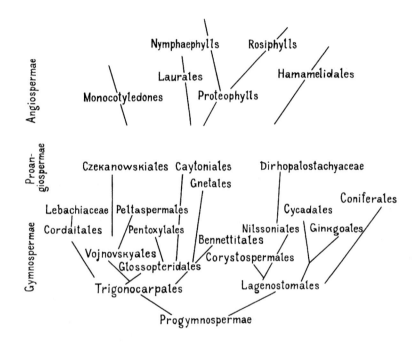

图4.11 Krassilov系统示意图（由前裸子植物至裸子植物和被子植物）

Angiospermae 被子植物；Bennettitales 本内苏铁目；Caytoniales 开通目；Coniferales 松柏目；Cordaitales 科达目；Corystospermales 盔籽目；Cycadales 苏铁目；Czekanowskiales 线银杏目；Dirhopalostachyaceae 孛斗树科；Ginkgoales 银杏目；Glossopteridales 舌羊齿目；Gnetales 买麻藤目；Gymnospermae 裸子植物；Hamamelidales 金缕梅目；Lagenostomales 瓶籽目；Laurales 樟目；Lebachiaceae 歧杉科；Monocotyledones 单子叶植物；Nilssoniales 蕉羽叶目；Nymphaephylls 睡莲叶类；Peltaspermales 盾籽目；Pentoxylales 五柱目；Proangiospermae 前被子植物；Protophylls 山龙眼叶类；Rosiphylls 蔷薇叶类；Trigonocarpales 三棱籽目；Vojnovskyales 费伊诺夫斯基目。源自 Krassilov, 1977

前被子植物一词是由 D. H. Scott 和 J. Hutchinson 创造的，作为被子植物的祖先，明确指出其为中生代的开通目、线银杏目（Czekanowskiales）和孛斗树科（Dirhopalostschyaceae）。1991年，Krassilov 比较详细地绘出了早期被子植物和前被子植物的可能关系图（图 4.12）。

图4.12 Krassilov系统的早期被子植物和前被子植物的系统关系图解

早期被子植物：Dillen 五桠果目；Hamam 金缕梅目；Jugl 胡桃目；Magn 木兰目；Myric 杨梅目；Nymph 睡莲目；Paeon 芍药目；Piper 胡椒目；Plat 悬铃木目；Ranunc 毛茛目；Ros 蔷薇目；Monocot 单子叶植物；前被子植物：*Baisia* 巴斯属（暂拟）；Bennet 本内苏铁目；*Cayt* 开通属；*Dirh* 孕斗树属；*Eoantha* 始花属（暂拟）；Gnet 买麻藤目；*Irania* 伊朗属（暂拟）；*Lept* 薄孢球属。源自 Krassilov, 1991

五、浅间一男系　浅间一男也是一位古植物学家，他（1988）认为植物生活和繁衍后代必须依靠生殖器官、茎和叶，三者既相互关联，在进化途径上又各有自己的发展阶段。对生殖器官来说，有孢子阶段、裸子阶段和被子阶段；对输导组织的导管来说，可分无导管和有导管阶段；对叶来说，有无叶、复叶和单叶阶段。人们总希望有一个既可以表示系统发育又可以表示演化阶段的分类法，这就是系统分类的立场。他根据这种思想，提出维管束植物三系列及其演化阶段的分类（表4.1）。他把被子植物分成两个亚门：大叶被子植物亚门和有节被子植物亚门，同时认为，被视为被子植物特征的叶，出现于二叠纪，被子植物的生殖器官和输导组织的导管分别出现于白垩纪和中侏罗世。问题在于单叶、生殖器官和导管这些特征是同时获得的，还是不同时间获得的？这是研究被子植物是单源起源抑或是多源起源时必然会遇到的问题。他推测这三种特征不是同时获得的，植物最先感受环境变化的部分是叶，因此被子植物的叶可能首先发生变化而形成单叶，然后促使输导组织发达而形成导管，最后产生被子植物特征的生殖器官。他的结论如下：被子植物是在二叠纪末到三叠纪于华夏地区北部内陆或高地因低温或干旱从 Gigantopteris 类、带羊齿属 *Taeniopteris* 等种子蕨类以及裂鞘叶属 *Schizoneura*、*Phyllotheca* 等有节类演化而来的，并于第三纪末气候变暖时广布于世界各地内陆。根据我们的术语体系，该系统是二源、四流系统。

表4.1　浅间一男系统（1988）

三系列及其演化阶段的分类		
小叶植物门	大叶植物门	有节植物门
小叶孢子植物亚门 石松纲 卷柏纲	大叶孢子植物亚门 蕨纲	有节孢子植物亚门 木贼纲
小叶裸子植物亚门 科达纲 针叶树纲 （球果纲）	大叶裸子植物亚门 种子蕨纲 本内苏铁纲 苏铁纲 银杏纲	有节裸子植物亚门 有节种子纲 *Carpannularia* *Caramocarpon*
小叶被子植物亚门	大叶被子植物亚门 单子叶植物纲 双子叶植物纲	有节被子植物亚门 禾本目 木麻黄目

第四节　讨　论

（1）自 Hennig 的分支学派（cladistics）采用单系类群、并系类群和多系类群等术语后，其单系类群不但与进化学派（phyletics）所采用的单系类群的含义有所不同，并且多系类群这一术语会与描述一个类群含有多条系统发育线者相混淆，如 polyphyletic group 是指多源起源类群还是含有多条系统发育线的类群呢？作者提倡按 Lam 的建议，对门下等级类群，在描述系统发育线的数目时，以流（-rheithric）一词代替系。对流数目的计算是有时间尺度的，因此是相对的，如吴征镒等系统中所谓八流，是指被子植物在白垩纪早期有 8 条系统发育线，而 Stebbins、Cronquist 系统中的二流，是指被子植物起源后，分化为双子叶植物和单子叶植物，它们的分歧时间可能早于白垩纪早期。

（2）被子植物多源论者，大都是古植物学家，即使胡先骕的系统也深受古植物家 Wieland 的影响。古植物学家大概很难得到生殖器官的化石，要把裸子植物和被子植物的生殖器官联系起来十分困难，故多采用营养器官对孢子植物直至被子植物进行分类，从而忽视了苔藓、蕨类、裸子和被子植物类群的分类，使植物界中不同的系统发育线在演化过程中达到不同的分类级（grade）。对这些不同等级的演化类群分类，要采取不同分类特征，才会符合演化历史的分类。不能像 Lam 那样，只采用孢子着生位置（叶生孢子和轴生孢子）这一特征将苔藓直至被子植物进行分类；又如浅间一男主要采取大叶、小叶和有节三个特征对所有维管束植物进行分类，必然会导致一些自然类群的分裂，很难想象把禾本目从单子叶植物纲分割出来，反而和木麻黄目联系在一起，我们是不同意的。

（3）我们是单源论者，同意 Stebbins 和 Stuessy 的意见，被子植物的一些主要特征，如心皮的形成、雌配子体演化为 7 细胞的胚囊、双受精而出现三倍体的胚乳、花的出现等并非同时获得的。

第五章 被子植物起源的几种主要学说

本章是第一章心皮的起源的续篇，凡有关心皮起源的学说都置于前一章；凡推测被子植物的祖先具有什么特征，其目的多半是推断现存被子植物类群中哪些是原始类群，哪些是进化类群，以解决它们在系统中排列的位置，都放在本章。虽然两章中的各种学说不能决然分开，但为了叙述方便，并且凸显心皮形成对被子植物起源的重要性，特此分别作两章撰写。

第一节　真花学说和假花学说

Arber 和 Parkin（1907）认为被子植物的花是一种特殊类型的孢子叶球，典型的被子植物的孢子叶球和中生代的本内苏铁目的孢子叶球有相似之处，故通称为两性孢子叶球（anthostrobilus）。被子植物的两性孢子叶球是两性孢子叶球果（amphi-sporangiate cone），除具上、下大小孢子叶外，还可能有花被。小孢子叶演化成一种特殊形态，称为雄蕊；大孢子叶演化成闭合的心皮。这两种两性孢子叶球最重要的区别在于本内苏铁目的两性孢子叶球的小孢子直接落于胚珠上，而被子植物的大孢子叶已闭合成心皮，因此花粉只能落于心皮柱头面上。基于这些重要差别，被子植物的两性孢子叶球被命名为真两性孢子叶球（euanthostrobilus，即花），而本内苏铁目的两性孢子叶球称为前两性孢子叶球（proanthostrobilus）。

Arber 和 Parkin 承认本内苏铁目的两性孢子叶球与被子植物的两性孢子叶球之间的间隙是巨大的，现在还找不到两者性器官演化的不同阶段，故在两者之间假设了一个半被子植物（hemiangiospermae）（图 5.1）。

图5.1 假想半被子植物的前两性孢子叶球

此图为纵切面图，示花被、小孢子叶和大孢子叶。源自 Arber 和 Parkin, 1907: fig. 4

　　半被子植物的前两性孢子叶球和本内苏铁目的前两性孢子叶球相像，各种器官是螺旋状排列的，演化趋势是中轴缩短，使各种器官成为轮状排列。由半被子植物的前两性孢子叶球演化成被子植物的花，第一步是收集花粉的方式发生改变，由花粉直接落于胚珠上演化成落于心皮的柱头面上。半被子植物的前两性孢子叶球中的胚珠，在原始状态时无疑是直生的，可能具一显著的珠柄，后者不能肯定是否同源于本内苏铁目的种柄。关于胚珠第二层珠被起源问题，他们认为并不困难，因为在现在被子植物的合瓣花类中胚珠也有只具一层珠被的。本内苏铁目和半被子植物都是风媒的，被子植物因具闭合心皮而适应于虫媒。前者的种子间鳞片源于半被子植物有缺刻的大孢子叶，可能是高度退化的结果。本内苏铁目的小孢子叶像真蕨类的二回羽状复叶，与被子植物的雄蕊在外形上有很大的区别。他们的结论是：被子植物是一群单源起源的类群，单子叶植物在很早时期可能起源于双子叶植物的毛茛目复合群（Ranalian plexus），见图5.2。

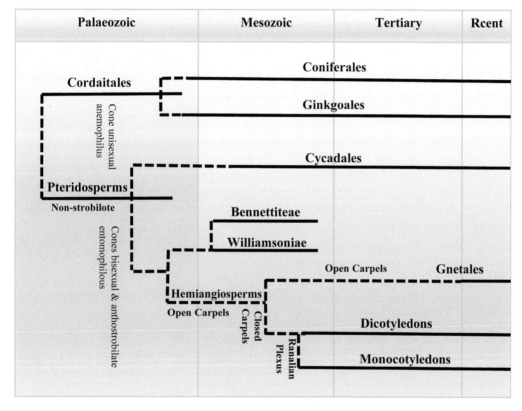

图5.2 被子植物与其他各类群的关系

Bennettiteae 本内苏铁类；Closed Carpels 闭合心皮；Cone unisexual anemophilus 风媒单性球果；Cones bisexual & anthostrobilate entomophilous 虫媒的两性球果和两性孢子叶球；Cordaitales 科达目；Coniferales 松柏目；Cycadales 苏铁目；Dicotyledons 双子叶植物；Ginkgoales 银杏目；Gnetales 买麻藤目；Hemiangiosperms 半被子植物；Mesozoic 中生代；Monocotyledons 单子叶植物；Non-strobilate 不具球果；Open Carpels 开放心皮；Palaeozoic 古生代；Pteridosperms 种子蕨植物；Ranalian Plexus 毛茛目复合群；Recent 现代；Tertiary 第三纪；Williamsoniae 威廉森类。源自 Parkin, 1923

最后，著者还说明他们的半被子植物和 Saporta 的前被子植物（proangiosperm）不同。Saporta 的前被子植物的概念是指一群化石，指的是原始被子植物（primitive angiosperm），而半被子植物是一个假想的类群，是原始被子植物的假想祖先，即裸子植物。他们自称其学说为两性孢子叶球学说（strobilus theory），也被后人称作真花学说（euanthium theory）。真花学说深刻地影响了脱胎于 Bentham 和 Hooker 系统的 Bessey 系统（1915）。Bessey 系统视毛茛类复合群为被子植物的起点，所以也被称作毛茛类学说（Ranalian hypothesis）。所谓毛茛类复合群，在 Bessey 系统中是以围绕木兰科、番荔枝科和毛茛科三个科为中心的 24 个科，见图 5.3。这种思想深远影响到当今流行的 Hutchinson 系统（1973，只列出最后或最近一版的年份，下同）、Takhtajan 系统（1997, 2009）、Cronquist 系统（1988）、Thorne 系统（2000）、Dahlgren 系统（1995）和 Kubitzki 系统（1997）等。

图5.3 Bessey系统图解（示各目间的亲缘关系）

各目所处位置以示彼此之间的亲缘关系，其图形面积的大小显示各目所含物种数量之间的差异。源自 Bessey, 1915: fig. 1

　　与真花学说相对的是假花学说（pseudanthium theory），由 Wettstein（1901，1935）所创。他认为被子植物的花是从一个裸子植物复合孢子叶球演化而来的，主轴着生许多具苞片的次生轴。这样的复合孢子叶球同源于松柏类、买麻藤类、科达目（Cordaitales）的孢子叶球，从结构上来讲被子植物的花似为一个紧缩花序。根据这样的观点，原始被子植物的花由小而简单、两侧对称的单性基本单位，着生于多级序列的轴上所组成。这个单性基本单位，具一轮小而呈苞片状的被片结构和小而简单的具 1 至少数个胚珠的子房，见图 5.4。Wettstein 的假花学说很吻合 Engler 和 Prantl（1897~1909）系统的观点，认为木麻黄目（Casuarinales）、壳斗目（Fagales）、杨梅目（Myricales）和胡桃目（Juglandales）是被子植物原始类群。Wettstein（1907）后来认为除上述目外，三白草科（Saururaceae）和胡椒科（Piperaceae）也是被子植物的原始科（本段所引文献均转引自 Hickey and Taylor，1996）。

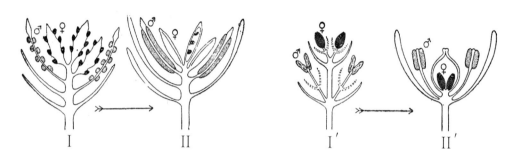

图5.4　真花学说（Ⅰ→Ⅱ）和假花学说（Ⅰ'→Ⅱ'）

　　除了 Melchior（1964）之外，假花学说在现今多为被子植物系统学家所放弃（路安民，1981），当然也不排除一些地方植物志，如《欧洲植物志》和《中国植物志》仍按 Engler 和 Prantl 系统排列各地区科目的次序，这是为了方便而已，不致遗漏科属，并非接受他们的观点。

第二节　轴生孢子和叶生孢子学说

　　轴生和叶生这一特征最先由 Sahni（1921；转引自 Lam，1950）应用于裸子植物，他将裸子植物分成两类，种子生于轴上者称轴生种子植物（stachyospermae），包含银杏目（Ginkgoales）和松柏目（Coniferales）；种子生于叶上者称叶生种子植物（phyllospermae），包含种子蕨植物门（Pteridospermae）和苏铁植物门（Cycadophyta）。Lam（1950）扩大了 Sahni 的概念，将种子扩大为孢子囊（sporangia），使这一特征可以用于区分茎叶植物（cormophyta），即指藻类等级以上的全部植物，也就是我们平常所称的高等植物（Takhtajan，1963）（中译本也称为顶枝植物 telomorphyta）。凡孢子生于轴上者称轴生孢子（stachyospory），生于叶上者称叶生孢子（phyllospory）。从表 5.1 中我们可见到轴生孢子和叶生孢子的特征在茎叶植物中的分布情况。

表5.1　轴生孢子和叶生孢子的特征在茎叶植物中的分布情况

Main groups ± chronologically arranged		Stachyospory	Phyllospory
Eo- and *Palaeocormophyta*			
	Bryopsida	———————	
	Psilopsida	———————	
	Lycopsida	———————	
	Sphenopsida	———————	
Pteropsida	*Protofilicales*	———————————	
	Pteridospermales . . .		———————
	Filicales		———————
Mesocormophyta			
Coniferopsida	*Cordaitales*	———————	? ♂
	Coniferales	♀	*Tax.* / ♂ *Pod.* / ♂ rest
	Ginkyoales	♀	
Cycadopsida	*Cycadales*		
	Bennettitales	♀	♂
Neocormophyta			
Protangiospermae	*Chlamydospermales* .	———————	
	Verticillatales	———————	
Angiospermae	*Monocotyledoneae* . . .	*Helobiae* etc.	*Liliifl.* etc.
	Dicotyledoneae	*Monochl.* { herb. / woody }	*Polycarp.* etc.

注：Angiospermae 被子植物；Bennettitales 本内苏铁目；Bryopsida 苔藓纲；Chlamydospermales 盖子植物目；Coniferales 松柏目；Coniferopsida 松柏纲；Cordaitales 科达目；Cycadales 苏铁目；Cycadopsida 苏铁纲；Dicotyledoneae 双子叶植物；Eo- and Palaeocormophyta 始生和古生茎叶植物；Filicales 真蕨目；Ginkgoales 银杏目；Lycopsida 石松纲；Main groups ± chronologically arranged 大致按年代排列的主要类群；Mesocormophyta 中生茎叶植物；Monocotyledoneae 单子叶植物；Neocormophyta 新生茎叶植物；Phyllospory 叶生孢子的；Pod.（Podocarpaceae）罗汉松科；rest 其余的；Helobiae 沼生目；Liliifl.（Lilliflorae）百合目；herb.（herbaceous）草本的；woody 木本的；Monochl.（Monochlamydae）单被花亚纲；Polycarp.（Polycarpicae）多心皮类；Protangiospermae 前被子植物；Protofilicales 原始蕨目；Psilopsida 裸蕨纲；Pteridospermales 种子蕨目；Pteropsida 羽叶植物纲；Sphenopsida 楔叶植物纲；Stachyospory 轴生孢子的；Tax.（Taxaceae）紫杉科；Verticillatales 木麻黄目（Engler 系统，隶属于双子叶植物，只含木麻黄科 Casuarinaceae——本书作者注）。源自 Lam，1950

　　Lam（1950）应用轴生孢子和叶生孢子这一特征，把被子植物分成两类（图5.5）。第一类为轴生（孢子的）被子植物（angiospermae stachyosporae），包含单子叶植物中的沼生目（Helobiae）、佛焰花目（Spadiciflorae）和露兜树目（Pandanales）（据 Wettstein 概念）；双子叶植物中的草本类，如远志目（Polygonales）、中央种子目（Centrospermae）、白花丹目（Plumbaginales）、报春花目（Primulales），有可能还包括旋花目（Convolvulales）和柿目（Ebenales）；双子叶植物中的木本类和一些单花被类，如壳斗目（Fagales）、杨梅目（Myricales）、杨柳目（Salicales）、荨麻目（Urticales）、胡椒目（Piperales）和大戟目（Euphorbiales）；下面的一些目也可能属于轴生（孢子的）被子植物：锦葵目（Malvales）、牻牛儿苗目（Geraniales）、卫矛目（Celastrales）、鼠李目（Rhamnales）、桃金娘目（Myrtales），

其中至少有小二仙草科（Haloragaceae）和杉叶藻科（Hippuridaceae）。第二类为叶生（孢子的）被子植物（angiospermae phyllosporae），包含单子叶植物中的百合超目（Liliiflorae）及其 衍生类群，如莎草目（Cyperales）、颖花目（Glumiflorae）、芭蕉目（Scitaminaeae）、兰亚目（Gynadrae）、帚灯草亚目（Enantioblarsae, 可能有点疑问）；双子叶植物的多心皮目（Polycarpicae）及其衍生类群，如罂粟目（Rhoeales）、蔷薇目（Rosales）；也可能包括藤黄目（Guttiferales）、木 樨 目（Contortae）、管花目（Tubiflorae）、侧膜胎座目（Parietales）、茜草目（Rubiales）、葫芦目（Cucurbitales）和桔梗目（Campanulales）；至于山龙眼目（Proteales）、檀香目（Santalales）和金缕梅目（Hamamelidales）是否属于此类，颇多疑惑。第二类植物是两类中年轻的、最大的一类，有很多目显示其快速分化，以致它们之间的界限很不明确。

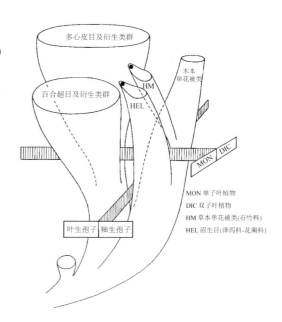

图5.5 被子植物系统发育拓扑图
源自Lam, 1950: fig. 2

由于轴生孢子和叶生孢子的性状远较子叶数目（1~2 枚）的性状起源要早，因此这两类被子植物很早就分开了，所以无法确定这两支从何演化而来，故 Lam 认为被子植物起源是二源的（biphyletic）。至于被子植物起源是单源的抑或是多源的，涉及的问题较多，我们已在第四章讨论。

第三节　生殖茎节学说

生殖茎节（anthocorm）一词为 Neumayer 首创，但 Meeuse 定义的概念与 Neumayer 不同，同 Melville 的生殖叶学说（已在前一章有介绍）也有异（Meeuse, 1966），如图 5.6 所示。

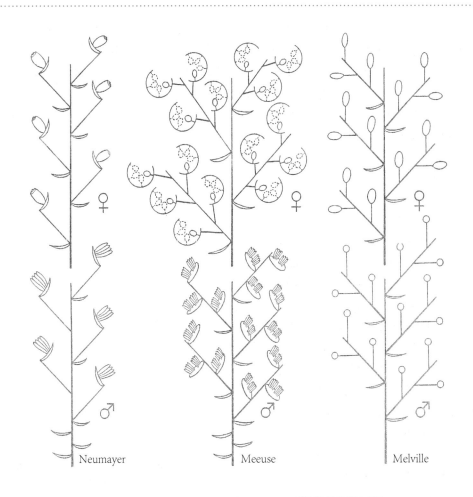

图5.6 Neumayer、Meeuse 和 Melville三学说的比较图解

Neumayer 的生殖茎节（上，雌性；下，雄性；上、下间中轴相连则为两性），中轴上着生具有苞片的生殖枝（雄性生殖枝或雌性生殖枝），每一生殖枝具单一的孢子叶和一个胚珠或一个花药。Meeuse 的原始生殖茎节，其中轴上着生具有苞片的生殖枝，雌性生殖枝着生若干具胚珠的托斗，雄性生殖枝着生若干雄性聚合囊（androsynangium），其下托为扁平器官，雄性生殖器官类似于托斗。由 Melville 概念的生殖叶组成的复合结构，每一个生殖叶包括一个苞片和造孢轴（sporogenous axis）；在 Melville 学说中，造孢轴是两歧分叉的；为了和其他图解比较，在此绘成单轴，对本学说的主要非议是针对珠被、托斗（假种皮）和雄性聚合囊的出现，未予解释。源自 Meeuse, 1966: fig. 4

　　Meeuse 认为被子植物的花器官原型是生殖茎节，它包括一个中轴，其上螺旋状排列着具苞片的生殖枝（gonoclade）。生殖枝为雄性的称雄性生殖枝（androclade），为雌性的称雌性生殖枝（gynoclade），两性的（ambisexual）又可分为雌、雄生殖枝（gynoandroclade 雌性器官在上，雄性器官在下）和雄、雌生殖枝（androgynoclade 雄性器官在上，雌性器官在下），见图 5.7。

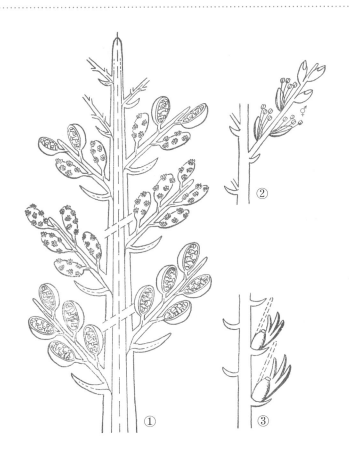

图5.7 生殖茎节、雄雌生殖枝和退化生殖枝

① 部分原始的生殖茎节，显示三种不同情况，下部为具胚珠的雌性生殖茎节，中部为具花粉囊的雄性生殖茎节，顶部为一个两性生殖茎节（有时其性别可以倒置，雄性器官可能生于雌性之上）；② 雄雌生殖枝，每一雄性器官已分化成一个有望演化成为花被的结构和一群联合的雄蕊；③ 退化生殖枝，可退化为一个雌性和一个雄性结构，在胡椒目和柔荑花序类及其他一些少数类群中，也同样存在数目减少、主轴退化以及只留存一个单性或一个两性生殖茎节的情况。源自 Meeuse, 1957b: fig. 1

生殖茎节演化，可成为两性的全花（holanthocormoid）。生殖枝演化，可成为单性的类花（anthoid），如出现于金缕梅亚纲的柔荑花序中（Meeuse, 1975a）。由于全花和类花不断演化，如短缩（condensation）、组成部分数目的增减、生殖枝贴生于中轴（adnation of gonoclade to the axis）等，演化出被子植物 7 个亚纲，即木兰亚纲、毛茛亚纲、金缕梅亚纲、蔷薇亚纲、五桠果亚纲、石竹亚纲、百合亚纲。

Meeuse（1975b）认为被子植物的祖先无疑隶属于裸子植物的苏铁门（Cycadophyta），但他曾在 1966 年认为侏罗纪的五柱木目（Pentoxylales）是单子叶植物的祖先，并认为五柱木目和现在单子叶的露兜树目（Pandanales）之间有着亲缘关系是毫无疑问的。因此，Meeuse（1966）认为被子植物的起源是多源的（polyphyletic 或 polyrheithrical）。

该学说与 Neumayer 学说和 Melveille 学说虽有不同，但相互交叉，加之 Meeuse 又创造了许多概念，生殖茎节演化至被子植物花的过程颇多又令人费解，以及他的被子植物多源学说，正如杨永等（2004）认为，这个学说现在很少被人关注。

第四节　古草本学说

Taylor 和 Hickey（1992）认为，古草本学说（paleoherb hypothesis）最早由 Doyle 和 Hickey（1976）提出，它们是一群具单沟花粉的草本被子植物，像木兰类植物一样，是很早就起源的类群。Taylor 和 Hickey（1992）选择一般被置于被子植物基部的类群或很像木兰类或很像古草本类的祖型植物共 15 科，即金粟兰科、胡椒科、马兜铃科、三白草科、木通科、筒花睡莲科（Barclayaceae）、无油樟科（Amborellaceae）、肉豆蔻科、林仙科（Winteraceae）、木兰藤科（Austrobaileyaceae）、木兰科、囊粉花科（Lactoridaceae）、薯蓣科、单心木兰科（Degeneriaceae）和菝葜科作为内类群，以舌羊齿类（glossopterids）、开通属（*Caytonia*）、盔籽类（corystosperms）、本内苏铁目（Bennettitales）、五柱木属（*Pentoxylon*）和买麻藤目（Gnetales）作为外类群，选取 29 个性状（因其中第 24~29 个性状无信息，故计算时排除在外），应用 Paup 2、4 作分支分析。得出 4 个步长（76 步）最短的分支图，图 5.8 就是其中之一。

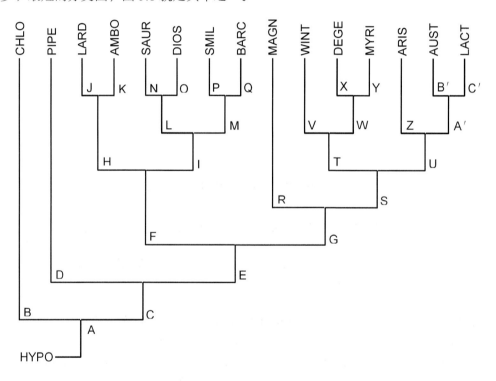

图5.8 简约、4个步长最短的分支图之一

步长 76，一致性指数 = 0.487；AMBO 无油樟科，ARIS 马兜铃科，AUST 木兰藤科，BARC 筒花睡莲科，CHLO 金粟兰科，DEGE 单心木兰科，DIOS 薯蓣科，HYPO 假想的外类群，LACT 囊粉花科，LARD 木通科，MAGN 木兰科，MYRI 肉豆蔻科，PIPE 胡椒科，SAUR 三白草科，SMIL 菝葜科，WINT 林仙科，下同。源自 Taylor and Hickey, 1992: fig. 2

在图 5.8 中，金粟兰科位于最基部，其次是胡椒科，另外的类群分成两支。一支基本上为具简单花（simple-flowered）的类群，另一支除具简单花类群外，还杂以木兰目分类群，Taylor 和 Hickey（1992）分析认为下列 6 个类群：金粟兰科、胡椒科、三白草科、筒花睡莲科、木通科和无油樟科是位于最基部的原始类群。因此，推断下列性状在被子植物中为原始性状：习性为小而多年生、具根状茎至攀缘草本；叶为单叶，具网状脉和不完全的网隙（areoles）；花为叶片或苞片所托，呈聚伞至总状花序；雄蕊基着，有延伸附属物，具 4 个小孢子囊，后具 2 个药室；花粉粒有穿孔至网状纹饰，外壁外层为覆盖层 - 柱状层结构；心皮发育为囊状型（ascidate）。

Taylor 和 Hickey（1992）又以 15 个科和 1 个假想的外类群，作性状相似性比较。传统上人们认为原始性状的百分比愈高者，愈为原始类群。表 5.2 显示金粟兰科（相似性为 0.90，下同）、胡椒科（0.86）、马兜铃科（0.76）、木通科（0.69）、筒花睡莲科（0.69）和无油樟科（0.66）的相似性最高，相比之下，木兰目植物较低，在 0.62 和 0.41 之间，单子叶植物只有 0.48 和 0.38，尽管马兜铃科的相似性达 0.76，但因它在拓扑图上位于木兰目一支，故未被选入原始类群。他们推测被子植物祖先的性状如下：小而具根状茎至攀缘草本，全身具挥发油细胞和砂质结晶体；染色体基数为 12~18；叶为单叶，具网状脉，基脉至少有一对从中脉近基部分出，产生不同的羽状至掌状脉，第二次脉作两歧分叉，具不完全网隙，至少在上面有一层表皮，具金粟兰状的叶齿，叶基有鞘，鞘有时变成托叶；节具多迹 - 多隙，中隙具 2 迹；维管束系统仅限于次生生长；筛管质体为 S 型，直径至少 2μm，具 20 个或更多的各种形状的淀粉粒；次生木质部的管状分子长形；具圆的具缘纹孔和梯状纹孔，端壁十分倾斜；花为叶片、苞片或小苞片所托，呈聚伞至总状花序；

表5.2　15个科的性状相似性

被子植物分类群	被子植物数据矩阵		相似性
	11111111112222	222222	
	12345678901234567890123	456789	
Hypothetical (HYPO)	00000000000000000000000	000000	
Chloranthaceae (CHLO)	0?000000000000101000000	000000	0.90
Piperaceae (PIPE)	00000100001200100000000	000000	0.86
Aristolochiaceae (ARIS)	00000000000000210110111	000000	0.76
Lardizabalaceae (LARD)	210000?0001?00110000001	03?000	0.69
Barclayaceae (BARC)	11000000100101000100002	323000	0.69
Amborellaceae (AMBO)	01010011?0120001000000?	002000	0.66
Myristicaceae (MYRI)	01001011000000111010211	000000	0.62
Winteraceae (WINT)	01000011000000011120211	010000	0.62
Austrobaileyaceae (AUST)	00110001100000110221217	000000	0.59
Magnoliaceae (MAGN)	00001010001200101122212	000000	0.59
Lactoridaceae (LACT)	0111020010220021012021?	000000	0.52
Dioscoreaceae (DIOS)	0?00021001231110001121 2	000000	0.48
Degeneriaceae (DEGE)	0?01?111002110111220212	000000	0.41
Smilacaceae (SMIL)	1?000110?1142112010?00?	50?001	0.38

注：源自 Taylor and Hickey, 1992: 140

雄蕊基着，顶端延伸成附属物，有4个小孢子囊后成2室；花粉粒小而具单槽，有穿孔至网状纹饰，在孔膜上有颗粒状纹筛，外壁外层由覆盖层－柱状层构成；心皮分离，发育为囊状型，在近封闭缝线具1或2个胚珠；胚珠直生，有2层珠被，厚珠心，胚具2子叶。

　　当然，不同的作者对于古草本的概念和范围不尽相同，除 Taylor 和 Hickey（1992）选择的6科外，有的作者加上了囊粉花科、马兜铃科、睡莲目（狭义）、金鱼藻科、胡椒目甚至单子叶植物（Taylor and Hickey, 1996）。

　　1996 年 Taylor 和 Hickey 进一步讨论了被子植物起源及环境与竞争者的关系。看来，最初的被子植物为多年生矮小草本，生于河流不稳定生境的岸上，以这种习性与生长于空旷地方的蕨类作竞争。之后，被子植物在营养体和生殖方面进行种种进化，使多年生草本获得灌木和乔木的习性，在与灌木的种子植物以及乔木的松柏类植物竞争中，它的种苗有显著的竞争优势。他们还用图形象地显示了当时的情景（图 5.9）。

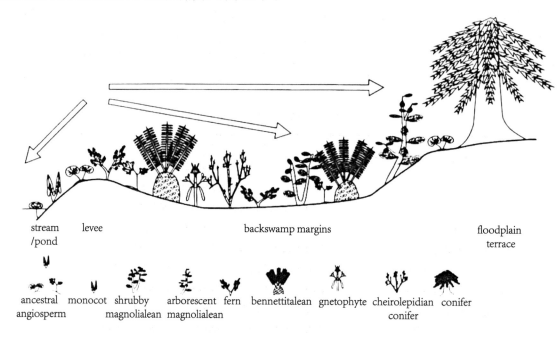

图5.9　被子植物辐射于河流系统

ancestral angiosperm 祖先被子植物；arborescent magnolialean 乔木状木兰植物；backswamp margins 河漫滩沼泽边缘；bennettitalean 本内苏铁类植物；cheirolepidian conifer 鳞掌球果类的松柏类植物；conifer 松柏类植物；fern 蕨类植物；floodplain terrace 泛滥平原阶地；gnetophyte 买麻藤类植物；levee 河岸冲积堤；monocot 单子叶植物；shrubby magnolialean 灌木状的木兰植物；stream/pond 河流 / 湖泊。源自 Taylor and Hickey, 1996: fig. 9.2

　　最初，被子植物进化为草本习性和具有一套简化而有效的生殖系统，它们生活于河岸冲积堤，和蕨类以及其他多年生孢子植物作竞争。从那里，它辐射至水生环境、河漫滩沼泽边缘和泛滥平原阶地。当此时，被子植物获得新的适应性状，包括木本习性，与其他种子植物竞争而作为适者生存下来。除去松柏类，其他多数种子植物成为灭绝类群。

第五节 生花植物学说和新假花学说

关于生花植物学说(anthophyte theory),汤彦承等(2004)已有专文介绍,在此仅作简要概述。1985 年,Crane 利用 38 个性状对 1 个前裸子植物(progymnosperms)(古羊齿属 *Archaeopteris*)和 19 个灭绝的和现存的种子植物类群(髓木类 medullosae、苏铁类 cycads、皱羊齿属 *Lyginopteris*、科达木属 *Cordaixylon*、中始木属 *Mesoxylon*、歧杉属 *Lebachia*、现存的松柏类 extant conifers、银杏属 *Ginkgo*、华丽木属 *Callistophyton*、盾籽类 peltasperms、舌羊齿类 glossopterids、开通属 *Caytonia*、盔籽类 corystosperms、本内苏铁目 Bennettitales、五柱木属 *Pentoxylon*、买麻藤属 *Gnetum*、百岁兰属 *Welwitschia*、麻黄属 *Ephedra* 和被子植物 angiosperms)作了分支分析,企图探讨种子植物的系统发育和被子植物起源。虽然 Crane 对性

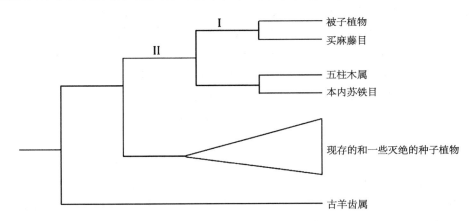

图5.10 种子植物各大类群之间亲缘关系的简化分支图

I. 粉管受精;II. 小孢子叶形成花和大孢子膜薄。源自 Crane, 1985, 简化并改绘

状矩阵有两种陈述,但所产生的两个简约分支图都显示买麻藤目(Gnetales)是被子植物的姐妹群而成为一支,本内苏铁目和五柱木属组成另一支,而这两支又成为姐妹群;其他现存的种子植物和一些灭绝的种子植物集合成为一大支,古羊齿属是上述所有类群的姐妹群。我们选择其中一个分支图,并简化示意如下(图 5.10)。

Crane 还指出,这个结果与 Arber 和 Parkin(1908)早年的结论相似,已明确说明买麻藤目虽是裸子植物的一个成员,但它密切接近于被子植物,二者共同起源于一个假想的半被子植物(hemiangiosperms)。本内苏铁目近缘于半被子植物,在形成被子植物花的过程中扮演着重要角色,它的孢子叶球被认为是前两性孢子叶球(proanthostobilus),这就是 Arbor 和 Parkin 的两性孢子叶球学说(strobilus theory)的主要论点之一(Arber and Parkin, 1907, 1908)。

最早提出生花植物概念的是 Doyle 和 Donoghue(1986)。他们应用 62 个性状,对 20 个分类群作分支分析:广义的载枝木属 *Aneuroplyton s.l.*、广义的古羊齿属 *Archaeopteris s.l.*、石炭纪早期具有多胚珠托斗和原生中柱的皱羊齿类(early carboniferous protostelic lygiopterids with multiovulate cupule)、高等皱羊齿类(higher lyginopterids)、髓木属 *Medullosa*、华丽木属

Callistophyton、舌羊齿目 Glossopteridales、盾籽属 *Peltaspermum*、盔籽科 Corystospermaceae、开通属 *Caytonia*、苏铁目 Cycadales、本内苏铁目 Bennettitales、五柱木属 *Pentoxylon*、欧美科达类（Euramerican cordaites）、银杏目 Ginkgoales、松柏目 Coniferales、麻黄属 *Ephedra*、百岁兰属 *Welwitschia*、买麻藤属 *Gnetum*、被子植物 angiosperms，也是通过研究种子植物的系统发育来探索被子植物的起源。在他们所得到的不少分支图中，有一些分支十分稳定。例如，以孢子叶紧密集合成花样结构（strong aggregation of sporophylls into flower-like structure）的 4 个类群（即被子植物、本内苏铁目、五柱木属和买麻藤目）就是其中的一支，他们称这一支为生花植物支（anthophyte clade）。换言之，被子植物、本内苏铁目、五柱木属和买麻藤目合称为生花植物。他们发现有时在同样简约的或仅增加一个步长的分支图中，生花植物处于不同的位置；或者将生花植物中的某一个类群移出，置于另一位置，则所产生的分支图要比移动整个生花植物的位置需要增加更多的步长；这些现象和处理，都强有力地说明生花植物是一个不可分割的自然类群（natural group）。他们也知道，应用生花植物这一名称来命名 4 类植物，可能会遭到人们反对，因为生花植物这一术语早被前人作为被子植物的一个异名。但他们有意广延生花植物名称的含义，认为花并不是被子植物特有的，它是被子植物及其近缘类群所共有的一个古老特征。他们尝试推测被子植物的起源，为了清晰起见，将五柱木属从生花植物中删去。如此，最简约的分支图显示被子植物是生花植物的其他类群的姐妹群。被子植物起源于开通属的某些种类，或者起源于本内苏铁目中的某些类群。其后，Doyle（1994, 1998）、Doyle 和 Donoghue（1987, 1992, 1993）发表了一系列论文，都申述生花植物支的存在。还有，Rothwell 和 Serbet（1994）应用 65 个性状，对现存的和已灭绝的 27 个木本植物类群（lignophyte，即前裸子植物加上种子植物）作了分支分析，也同意他们的意见。生花植物概念对研究被子植物起源是颇具影响的。Crane 等（1995）不但确认了生花植物支的存在，而且将它作为被子植物起源的假说之一。该假说的提出对被子植物系统学研究影响很大，表现在：第一，掀起了讨论被子植物起源于白垩纪之前的热潮，古植物学家不但要寻找侏罗纪晚期以前地层中可能出现的被子植物化石，还应对以前被认为是其他种子植物的化石重新鉴定。例如，Crane（1993）、Doyle 和 Donoghue（1993）认为根据生花植物假说，被子植物的近缘类群是本内苏铁目（生长于晚三叠世至白垩纪的种子植物，现已灭绝）、五柱木属（生长于早侏罗世至早白垩世的种子植物，现已灭绝）和买麻藤目，那么被子植物祖传系和上述的种子植物祖传系至少 2.3 亿年（中三叠世和晚三叠世之间）前已分离开来了。根据 rRNA 基因序列分析，被子植物和裸子植物分歧时间距今约 3.6 亿年，即泥盆纪和石炭纪之间（Troitsky et al., 1991；转引自 Stuessy, 2004）。根据 18S 和 *rbc*L DNA 序列分析，被子植物起源于距今 1.9 亿~1.4 亿年（Sanderson and Doyle, 2001；转引自 Stuessy, 2004）。第二，它既支持被子植物起源的真花学说，又提出新恩格勒学说（Neo-Englerian theory）。Doyle（1994）概括了 Doyle 和 Donoghue（1989, 1992）、Doyle 等（1994）的一系列种子植物系统的分支图，最简约的分支图的步长为 192，比其多一步长的图有三，其一显示生花植物是开通科的姐妹群，而核心木兰目（包括木兰科 Magnoliaceae、单心木兰科 Degeneriaceae、肉豆蔻科 Myristicaceae 和番荔枝科 Annonaceae）是被子植物的基部类群，这无异支持真花学说（图 5.11）；其二显示生花植物近缘于松柏纲，生花植物的基部类群是买麻藤目，被子植物是通过买麻藤目而起源于松柏类，这与 Wettstein 提出的假花学说相似，但被子植物的基部类群是核心木兰目，并非柔荑花序类，因此 Doyle 称之为新恩格勒学说或新假花学说（图 5.12）。

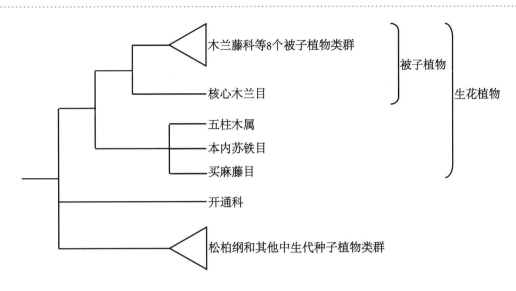

图5.11　支持生花学说的简化分支图

核心木兰目（包括木兰科、单心木兰科、肉豆蔻科和番荔枝科）——被子植物的基部类群。源自 Doyle, 1994, 简化并改绘

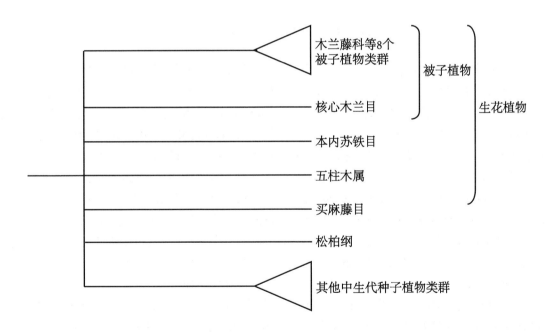

图5.12　表示支持新恩格勒学说的简化分支图

源自 Doyle, 1994, 简化并改绘

　　Doyle（1994）用图 5.13 显示其新假花学说 (Neo-Englerian theory)，设想被子植物的生殖结构是从松柏类，通过压缩买麻藤目原型的苞片和它的腋生生育枝演化而来。在百岁兰属的雄花中，用点线构绘出其退化的胚珠。

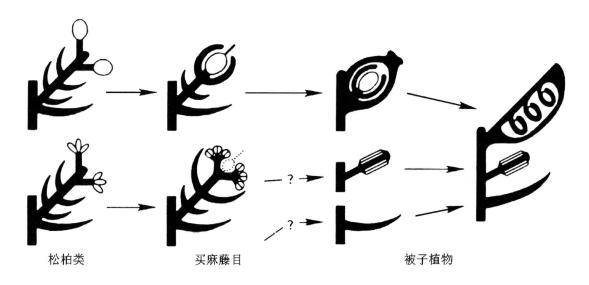

松柏类　　　　　　　买麻藤目　　　　　　　被子植物

图5.13 新假花学说

源自 Doyle, 1994: fig. 5

第六节　ANITA（ANA）学说

　　随着 20 世纪 80 年代分子系统学的兴起，从分子资料得出被子植物系统的分支图，人们以其最初分歧出的类群作为基部类群，并从它们推导出被子植物祖先具有哪些特征。最初轰动一时的最基部类群为金鱼藻科（Chase et al., 1993; Nandi et al., 1998），这一结论现已销声匿迹。目前为多数植物系统学家所接受的是仇寅龙等所得的结果（Qiu et al., 1999, 2000, 2005），见图 5.14。Qiu 等（1999, 2000）最初选用被子植物 55 科 95 属 97 种作为内类群，选用代表大部分裸子植物的 8 科 8 属 8 种作外类群，以 5 个基因代表三种基因组（线粒体 *atp*I、*mat*R，质体 *atp*B、*rbc*L，核 18S rDNA），采用简约法（parsimony method）分析，得出 5 个被子植物的基部类群：无油樟科（Amborellaceae）、睡莲目（Nymphaeales, 包括 Nymphaeaceae 和 Cabombaceae）、八角目（Illiciales, 包括 Illiciaceae 和 Schisandraceae）、早落瓣科（Trimeniaceae）和木兰藤科（Austrobaileyaceae）。人们常以这 5 个类群的拉丁名称的第 1 个字母相连，组合成一个首字母缩写词（acronym）——ANITA 来称呼它们，这就是 ANITA 学说。

　　后来，Qiu 等（2005）以同样 8 科 8 属 8 种裸子植物作为外类群，但内类群增加 3 属 3 种为 98 属 100 种，并增加 4 个基因：即线粒体 SSU（小亚单位）、LSU（大亚单位），质体 *mat*K 和核 26S rDNA，采用简约法、贝叶斯分析法（Bayesian analysis）、最大似然法（maximum likelihood analysis）作分析，所得结果和 1999 年的结果相同，由于 APG II 系统（2003）将木兰藤科、五味子科（Schisandraceae）、八角科和早落瓣科 4 科成立为木兰藤目（Austrobaileyales），因此将首字母缩写词 ANITA 简化为 ANA。

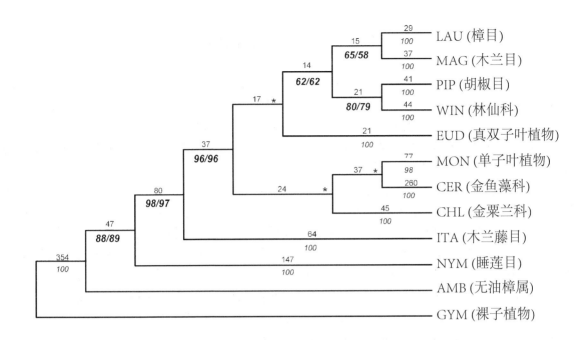

图5.14 基于5个基因DNA序列应用最简约分析所得18个最短步长的分支图之一

分支上面的数字是分支长度（加速转变法）；分支下面斜粗体数字（只标出对 ANITA 和真木兰类群者）在斜线以前为自展值（bootstrap value）（超过 50% 者才给予显示），在斜线以后为折刀值（jackknife value）；星号表示在 18 个最短步长的严格一致图中倒塌的节点。改绘自 Qiu et al., 2000: fig. 1

我们同意 Qiu 等（1999）的理解，若以分子系统学来探求最早的被子植物，存在着三个缺陷，也可说目前的三个难题：① 裸子植物和被子植物之间分歧巨大，很难得出它们性状之间的同源性；② 两类植物之间都存在着灭绝类群，这是出现如此巨大分歧的部分原因，因此要多取分析样品以包含尽量丰富的多样性；③ 化石证据表明早期被子植物曾历经了一次暴发式的辐射。要解决性状之间的关系，需要分析更多的性状。分子分析虽然取得一定的成果，但其结果有时仅得到微弱的支持，甚至更糟的可能还会出现相互矛盾的结果。这些情况的出现，主要是由于每条祖传系的进化速度不同，而分析方法仅采取单个基因或不足够的样品。

Endress（2001c）概括的 ANITA 特征如下：7 科中有 6 个科只含 1 或 2 属，其中 2 个科只含 1 种，所以均是寡属、寡种的科。多数科散生于热带地区，其中 Amborellaceae 局限于新喀里多尼亚和 Austrobaileyaceae 局限于澳大利亚的昆士兰北部，都近于濒危。它们是木本或草本，决非大树。花常常是小的，各部分成员为数不多，螺旋状排列（Nymphaeales 为轮状），雌蕊先成熟，心皮分离，无花柱，发育为囊状型（ascidate），具 1 至少数个胚珠，心皮由分泌的黏液所封闭（Endress and Igersheim, 2000a），柱头湿润并具多细胞的突起，由小的昆虫传粉，特别是双翅目。Friedman 和 Williams（2003, 2004）的工作显示大多数 ANITA 类群（Amborella 除外）的胚囊为 4 细胞型，胚乳是两倍体。以上特征无疑不乏为祖征，在推断被子植物的祖先时颇有参考价值。

第七节　过渡－组合学说

Stuessy（2004）综合以往各种学说，在吸取它们优点的基础上，提出过渡－组合学说（transitional-combinational theory）。该学说的要点如下：① 一种植物必须同时具备三个特征（即心皮、双受精和花）才能称为被子植物；② 这三个特征并非同时获得，各自均有其过渡（transition）过程，心皮演化成功在先，其次是双受精，最后才是花；③ 这三个特征成功地组合（combination）在一起，才能视作被子植物真正的起源。

作者认为被子植物祖先的心皮，可能从三叠纪或侏罗纪早期（约2亿年前）的种子蕨植物演化而来，像许多植物学家（Stebbins, 1974）所强调那样，是植物适应生存环境的结果，心皮包裹胚珠，不但使胚珠不受干燥和细菌、真菌以及昆虫的侵犯，还能使花粉通过花粉管直达胚珠。总之，心皮在被子植物生存和物种形成过程中均具有非常强的适应能力，大大超过了具裸露胚珠的裸子植物。关于被子植物胚珠的第二层珠被的来源，目前仍不清楚。在一些被子植物（如毛茛科、蔷薇科、杨柳科）中，只有单层珠被，但可能是次生的，是双层珠被在两侧融合的结果。进化发育生物学研究表明，外珠被的来源可能不同于内珠被，因为 INO 基因（YABBY 家族）只在外珠被表达（Meister et al., 2002；转引自 Stuessy, 2004）。

双受精性状的获得，可能经过了一个长期的演变过程。从一个分化得很好、具多细胞的颈卵器，演化到只剩一个具7细胞－8核胚囊的雌配子体，决非一次演变能达到；第二精细胞和两个极核相融合而发育成三倍体的胚乳，为合子和胚的发育提供更丰富的营养物质，这个演变过程以及受何种选择因素影响，至今也完全不清楚。Friedman 等在这方面做了很多出色的工作，已在第二章介绍。Friedman 和 Williams（2003, 2004）发现大多数 ANITA 类群（Amborella 除外）的胚囊为4细胞型，胚乳为二倍体，表明这些性状可能都是被子植物祖先遗留下来的祖征。

花的演化成功可能是进入被子植物的最后一道门槛。Stuessy 认为古果属 Archaefructus（Sun et al., 1998）的花 * 至少是早期被子植物的花演化至今较常见典型花的一个中间阶段。古果属的花有一个生殖长轴，在远端具心皮，在基部着生一对雄蕊，若其节间缩短，则演变成心皮生于稍延伸的花托上，其下托以具两枚雄蕊的花。花的演化成功是被子植物进行快速辐射进化最关键的一步。多数学者认为辐射进化的选择压力主要来自昆虫，现知能给被子植物固定传粉的昆虫是膜翅目（Hymenoptera）和鳞翅目（Lepidoptera），这两类昆虫在中生代就开始分化，到新生代已达到非常高的多样性。尽管化石记录并不支持昆虫是被子植物起源的唯一推动力的观点，但昆虫的多样性增加至少能说明两者之间存在着协同进化关系。花演化的最后一步是将保护、传粉、生殖、散布等多种机制集一身，使得花对选择压力的适应能力，大大超过了裸子植物的孢子叶球。裸子植物显然有别于被子植物，是属于适应风媒传粉的另一条种子植物的祖传系，它也曾是地球上植物界的优势类群，由于其风媒传粉与被子植物的虫媒以及其他丰富多样的传粉机制相比，后者更能适应后来的环境，因此裸子植物的优势地位不得不让位于被子植物。

---

* 古果属的生殖结构是花抑或是花序，以致推导古果科（Archaefructaceae）是所有被子植物的姐妹群，抑或是被子植物冠群（crown group of angiosperms）中的一员，古果科的建立者（Sun et al., 2002）与其他古植物学家（Friis et al., 2003）有不同意见——本书作者附注。

第六章 被子植物起源时间和地点

在前几章的讨论中，我们深知目前还不知道被子植物的祖先，那么要探讨它的起源时间和地点，只能从两个方面分析：一是被认为与它的祖先有渊源关系、现已灭绝的类群；二是被子植物现存的一些原始类群。根据上述两类植物群的起源时间、分布区域，结合地史和有关传粉等外界因素来推断，现试分析如下。

第一节 与被子植物祖先有渊源关系而备受关注的几个化石类群

一、开通目 Caytoniales 该目由 Thomas（1925；转引自 Taylor TN and Taylor EL, 1993）首先描述，当时它被认为是一个被子植物新类群，现在看来与被子植物心皮起源有密切的关联，后一观点为胡先骕（1950）、Stebbins（1974）、Crane（1985）、Cronquist（1988）所赞成，并得到Doyle 和 Donoghue（1986）用分支方法分析种子植物的系统关系的结果而支持。本目仅具一科开通科 Caytoniaceae，生存于三叠纪晚期至白垩纪晚期，现知化石出现地仅限于格陵兰东部、俄罗斯东部、波兰、意大利撒丁岛、英格兰。各化石器官在发现时并不连结在一起，但它们的角质层是相同的，尤其是发现其花粉存在于胚珠的珠孔中，更肯定它们是同一类植物。叶（属名 *Sagenopteris*）生于突起的叶座上，具长柄，在顶端有 4 个椭圆形的小叶，形似掌状着生，但两两成对，小叶具一条中脉和网状脉。大孢子叶（属名 *Caytonia*）具羽状排列、侧生的托斗（cupule），托斗具短柄，有一小唇反转而接近柄，内有数个胚珠，胚珠的珠孔都朝向托斗的口，两侧压扁，具单珠被，有一条细的珠孔隙。小孢子叶（属名 *Caytonanthus*）为羽状，具不规则且短的侧生枝，侧枝下面具辐射状对称、长形的聚合囊（synangia），聚合囊有 4（稀 3 或 5）个药室，药室纵裂。花粉（属名 *Vitreisporites*）有二个气囊和一条远极槽（Crane, 1985）（图 6.1）。

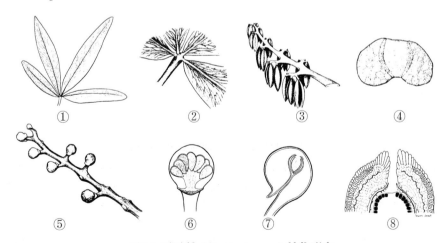

图6.1 开通科（Caytoniaceae）植物形态

① *Sagenopteris colopodes* 叶；② *S. colopodes* 叶，示小叶着生和脉序；③ *Caytonanthus arberi* 小孢子叶；④ *C. arberi* 花粉；⑤ *Caytonia nathorstii* 大孢子叶；⑥ *Caytonia* 托斗内含种子；⑦ *Caytonia* 托斗纵切面；⑧ *C. nathorstii* 胚珠纵切。源自 Crane, 1985

本目被提出与被子植物祖先有亲缘关系，主要由于它的胚珠为反转的托斗所包围，设想胚珠由数个退化成仅1个，托斗演化成外珠被，这样一个结构似典型的被子植物具两层珠被的胚珠。但反对者认为：① 从未找到本目植物具有1个胚珠的托斗；② 很难想象一个大孢子叶的中轴演化成心皮，以包裹全部胚珠；③ 小孢子叶高度分裂，在形态上和被子植物的雄蕊有很大的不同（Soltis et al., 2005）。

二、盔籽目 Corystospermales　　本目仅含一个小科 Corystospermaceae，在南非纳塔尔于三叠纪中期第一次发现了它，描述了叶、小孢子叶和大孢子叶。其后，别的作者在津巴布韦、澳大利亚塔斯马尼亚和新南威尔士、印度、阿根廷、英格兰也有发现，时间三叠纪，最晚至侏罗纪早期。各化石器官不连结在一起，还是依据其相同的角质层结构和其花粉存在于胚珠的珠孔中，才得以确认它们是同一类植物。其茎（属名 *Pachypteris* 和 *Rhexoxylon*）所知甚少，内部具一大髓心，髓心为一圈维管束裂片所包围，裂片中的次生木质部相对于初生木质部朝离心和向心两个方向生长，这种多体中柱（polystele）的排列，可能是真中柱（eustele）的一种变型。叶轴（如 *Dicroidium*、*Xylopteris*、*Pachypteris*）一般两分叉，羽片成一回或二回羽状排列，气孔为无规则型。大孢子叶有一主轴，具不规则的侧生枝，枝上生数枚反转的托斗，基于大孢子叶的分枝类型、托斗的形状和内面是否具毛，Thomas 命名了三个属（*Umkomasia*、*Pilophorosperma*、*Spermatocodon*），后来其他作者又命名了一个属（*Karibacarpon*），4个属的托斗均只含有一个胚珠。胚珠的顶端具二细长的珠孔裂片（micropylar lobes），后者伸出托斗背对托斗柄，胚珠假定为单珠被。小孢子叶（如 *Pteruchus*）不规则分枝，分枝远端的叶片膨大，着生一群下垂的花粉囊，花粉囊椭圆形，具一室，单缝直线开裂，花粉具二气囊和一条远极槽（Crane, 1985）（图6.2）。

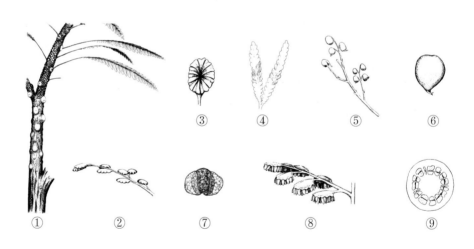

图6.2　盔籽科Corystospermaceae植物形态

① *Pachypteris papillosa* 茎和叶；② *Pteroma thomasii* 聚合囊的远轴面观；③ *P. thomasii* 聚合囊的侧面观；④ *Dicroidium odontopteroides* 小叶；⑤ *Umkomasia macleanii* 大孢子叶；⑥ 盔籽属 *Corystosperma* 胚珠；⑦ *Pteruchus africanus* 花粉；⑧ *P. africanus* 小孢子叶；⑨ *Rhexoxylon* 茎横切。源自 Crane, 1985 改绘

盔籽目被认为与被子植物祖先具有亲缘关系的原因如同开通目，弯曲、反转的托斗被解说成是被子植物倒生胚珠的起源，并且比开通目更进一步，每个托斗退化仅存一胚珠。但不同意者认为盔籽目的胚珠着生于叶或托斗的背轴面，而非向轴面（Soltis et al., 2005）。

三、舌羊齿目 Glossopteridales　　本目是一个十分庞杂的类群，在二叠纪至三叠纪时期曾一度主宰过冈瓦纳古陆的植物区系（澳大利亚、非洲、南美、南极洲和印度）。因其多样性极为丰富，我们仅择主要性状作简单介绍。植物为高大树木，具有长枝和短枝，从叶的化石推测其为落叶树种，因其化石多发现于夏季至冬季的沉积岩层中，而不存在于春季至夏季的层位中，叶为单叶，狭椭圆形，有中脉和十分发达的网状侧脉。生殖器官多为印痕化石，仅有 3 个属被详细研究过，即 *Glossopteris*（?*Dictyopteridium*）、*Lidgettonia* 和 *Ottokaria*。Gould 和 Delevoryas（1977）描述的大孢子叶（产自澳大利亚昆士兰，二叠纪晚期）为一单叶（属名"*Glossopteris*"），狭椭圆形，具内卷的边缘，边缘内生胚珠。而 Pant（1977）于印度二叠纪所描述的大孢子叶（属名 *Ottokaria*）贴生于一个叶片的上面，叶片顶端匙形，胚珠生于头状物的凹面。*Lidgettonia africana* 为 Thomas（1958）所描述，产自南非二叠纪晚期的大孢子叶。*Lidgettonia* 是一复合性的雌性结构，包括一个叶片，其上贴生 4~8（~14）个带有种子的结构，后者（大孢子叶）似盘状，直径约 7mm。小孢子叶（属名 *Eretmonia* 或 *Glossotheca*）具 1 个分叉的主轴，贴生于一叶片上，叉端有一簇长形的花粉囊。花粉（属名 *Protohaploxypinus*）有二个气囊，表面具明显的条纹，有1 条远极槽（Crane, 1985; Taylor TN and Taylor EL, 1993）（图 6.3a, b）。

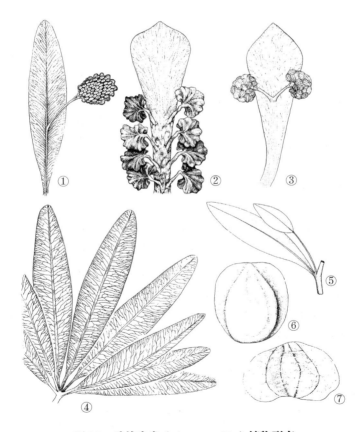

图6.3a　舌羊齿类（glossopterids）植物形态

①*Ottokaria* 大孢子叶及其连生叶片；②*Lidgettonia africana* 大孢子叶；③*Eretmonia* 大孢子叶；④ 营养叶叶腋中 *Glossopteris*（?　*Dictyopteridium*）的大孢子叶；⑤ 生于枝上 *Glossopteris sastrii* 的叶；⑥*Pterygospermum raniganjense* 具翼胚珠；⑦ 从 *P. raniganjense* 珠孔中取出的花粉。源自 Crane, 1985

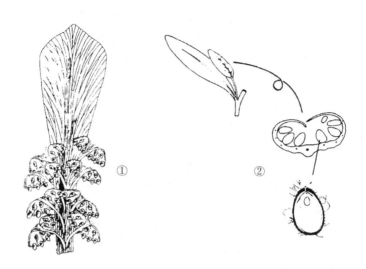

图6.3b 舌羊齿类植物的形态

①*Lidgettonia mucronata* 大孢子叶；②*Glossopteris* 大孢子叶内卷的边缘、包裹着胚珠。源自 Taylor TN and Taylor EL, 1993

　　视本目与被子植物祖先有亲缘关系者主要是 Stebbins（1974），他提出舌羊齿目－开通目学说（Glossopteridalean-Caytonialean hypothesis），认为研究被子植物起源主要是寻找其雌蕊的同源器官，最有希望的是高级的种子蕨类的大孢子叶，尤其是舌羊齿目或开通目，这里开通目包括盔籽科和开通科，他倾向于舌羊齿目。由于舌羊齿目的 *Lidgettonia* 大孢子叶有 4~8（~14）个胚珠，贴生于一叶片上，如此一个复合性结构，在进化成子房过程中，比开通目的大孢子叶的主轴先要扁化包裹所有胚珠而形成子房，似乎要简易得多。Doyle（1996）利用形态特征作分支分析，企图探索种子植物间的系统关系，其结果也支持舌羊齿类植物和被子植物有较近的亲缘关系。

四、本内苏铁目 Bennettitales（= Cycadeoidales）　　在前面的章节中，我们曾介绍过 Arber 和 Parkin（1907）关于花的两性孢子叶球学说（anthostrobilus theory），他们认为球果状的生殖结构在演化成被子植物花的过程中起了重要作用。Crane（1985）利用 38 个形态性状对已灭绝的和现存的种子植物作分支分析，得出被子植物买麻藤目为一支，五柱木属和本内苏铁目为一支，这两支成为姐妹群。后来，Doyle 和 Donoghue（1986）利用 62 个形态性状对 20 个种子植物类群作分支分析，发现上述 4 个类群是一个得到强烈支持的自然类群，称为生花植物支（anthophyte clade），形成了被子植物起源的生花植物学说（anthophyte theory），这个学说直到 20 世纪末才退出历史舞台（汤彦承等，2004）。无论两性孢子叶球学说，还是生花植物学说无疑都认为本内苏铁目和被子植物祖先有着较近的渊源关系。

　　本目植物生活于三叠纪晚期至白垩纪晚期，南、北半球都有分布。其叶在外形上很像苏铁类植物，但本目的气孔为复唇型（syndetocheilic type）和平列型（paracyctic type），而苏铁类植物为单唇型（haplocheilic type）和无规则型（anomocytic type）。

　　本目传统上分为两科：Cycadeoidaceae 和 Williamsoniaceae。前者含广为人知的 *Cycadeoidea*（图 6.4），它的茎短而粗壮，外形像现存的某些苏铁，有一簇羽状复叶生于茎端，两性孢子叶球埋生于叶丛中，外轮小孢子叶紧密围生于一个钟形花托，多数胚珠直生于花托上，胚珠为间生种鳞（interseminal scale）所隔开，整个孢子叶球外面具花被状的苞片，是所有其他种子植物所没有的。Williamsoniaceae 通常含 *Williamsonia* 和 *Williamsoniella* 两个属，前者的孢子叶球为单性，后者为两性（图 6.4）。

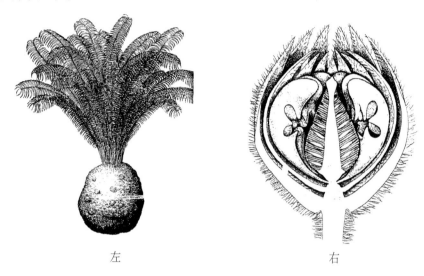

左　　　　　　　　　　　　右

图6.4　本内苏铁目植物复原图

左：*Cycadeoidea* 植株；**右**：*Williamsoniella coronata* 两性孢子叶球纵切。左源自 Taylor TN and Taylor EL, 1993；右源自 Soltis et al., 2005

　　一般认为本内苏铁类和被子植物的最主要区别是前者的胚珠具一层珠被，但 Crane（1986；转引自 Taylor TN and Taylor EL, 1993）认为它也可能具二层珠被，在某些类群（如 *Vardekloeftia*）中外珠被与托斗同源，间生种鳞被认为是高度退化的大孢子叶，设想间生种鳞包裹胚珠，即演化成似心皮状的结构（Taylor TN and Taylor EL, 1993）。另一种假说由 Meyen（1988；转引自 Taylor TN and Taylor EL, 1993）提出：认为被子植物心皮是另一生殖器官移位生长（gamoheterotropy）的结果，如本内苏铁类小孢子叶的向轴面原应生长合生雄孢子囊却产生了胚珠，由于小孢子叶边缘内卷而形成子房。

　　目前一般的观点是，本内苏铁目的托斗是直生的，并不像上述开通目、盔籽目和舌羊齿目的托斗那样反转，这和大多数被子植物的胚珠弯生不同，甚至本内苏铁目的有些成员不具托斗（Rothwell and Stockey, 2002；转引自 Soltis et al., 2005），所以认为本内苏铁目可能处于另一条进化路线，虽和舌羊齿类与被子植物有一共同祖先，但并不和被子植物近缘。

五、五柱目 Pentoxylales　　五柱目是侏罗纪末期至白垩纪最早期的一个种子蕨类的小类群，最初由印度古植物学家 Sahni 在印度东北部采到化石，此后其他古植物学家在新西兰和澳大利亚发现。其茎（属名 *Pentoxylon*）的横剖面有 5~6 个（个别多达 16 个）圆状三角形的维管束裂片，埋藏于薄壁细胞的髓中。叶（属名 *Nipaniophyllum*）带状，长达 20cm，具短柄，中脉明显，侧脉多数，与中脉呈直角分出，少数有分枝。雄性器官（属名 *Sahnia*）包括一个花托和许多生于花托的衣领状边缘的小孢子叶，小孢子叶具柄，柄的上部具侧枝，侧枝顶端生数个有短柄的花粉囊，花粉具单槽。雌性器官（属名 *Carnoconites*）的胚珠无柄，螺旋状排列成头状，再集成紧密或开展的花序，胚珠有二层珠被，除合点域外珠被与珠心分离，外珠被可能与托斗同源（图 6.5）。

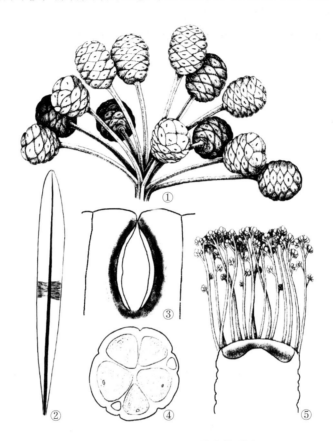

图6.5 五柱目Pentoxylales植物的形态

①*Carnoconites cranwelliae* 头状雌性器官；②*Nipaniophyllum rao* 叶；③*Carnoconites* 胚珠纵切；④*Pentoxylon sahnii* 茎横切，可见维管束裂片；⑤*Sahnia* 雄性器官。源自 Crane, 1985

Crane（1985）以及 Doyle 和 Donoghue（1986）认为五柱目是生花植物支的一个成员，Meeuse（1963）认为它演化出部分单子叶植物，但 Soltis 等（2005）考虑到它的胚珠直生，并引用 Nixon 等（1994）、Rothwell 和 Serbet（1994）的观点，不承认它有托斗。因此，它和本内苏铁目相同，可能和被子植物处于不同的进化祖传系上，Taylor TN 和 Taylor EL（1993）也认为该目的关系并不清楚。

根据上述对 5 类已灭绝的种子植物的讨论，可以得出下列三点初步结论：

（1）这些类群被认为与被子植物祖先有亲缘关系，实则为它们的雌性器官（尤其是具托斗者）与心皮形成有关。既有赞成者，也有反对者。

（2）这些类群大都生存于三叠纪至侏罗纪，只有个别类群的化石最早出现于二叠纪，它们灭绝的时间最晚也不晚于白垩纪末，由于明确为被子植物的化石已在白垩纪早期发现，所以我们视三叠纪至侏罗纪、是它们之中的某些器官演化成现存被子植物所特有器官的时期，也可认为是被子植物化(angiospermy)时期，即 Stuessy(2004)的过渡 – 组合学说(transitional-combinational theory) 的过渡 – 组合时期（ transitional-combinational period ），为 2.5 亿 ~1.5 亿年前（图 6.6）。

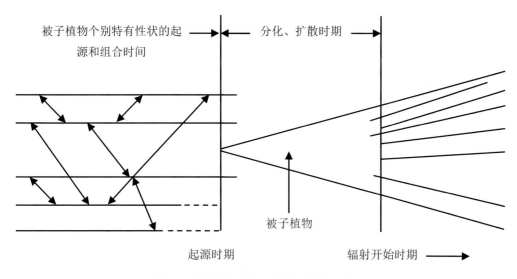

图6.6 被子植物起源、扩散和辐射示意图

被子植物个别特有性状的起源和组合（8 条祖传系，——— 祖传系，－－－ 祖传系灭绝）

（3）Stuessy 的过渡－组合学说的确很诱人，他认为被子植物三个重要特征（心皮、双受精和花）并非同时形成，每个性状亦非从一条进化祖传系获得，这些性状有许多转化阶段，某些转化阶段的祖传系灭绝了，某些转化阶段的祖传系和另一些转化阶段的祖传系相互组合，经过这样不断的灭绝和不同的组合，逐渐向被子植物进化，因此形成被子植物需要很长的一段时间，作者认为可能需要多于 1 亿年，我们所找到的化石若不是被子植物，就是其某些性状的转化阶段。这个学说诱人之处是，它调和了以上介绍过的被子植物起源是单源论抑或是多源论之争。从狭义来讲，被子植物可视为多源起源，因为其三个主要性状并非由一条祖传系而来；从广义来讲，被子植物可视为单源起源，因其三个主要性状均由种子蕨植物演化而来，而并非来源于现存的裸子植物。

第二节　起源时间

任何现存类群都有两种年龄，一为干群年龄（stem group age），即干群祖传系（stem lineage）与其现存姐妹群分裂的时间；二为冠群年龄（crown group age），即所有冠群的现存成员的最近共同祖先的年龄。冠群是一个近祖的单系类群，包括一个分支所有成员，但其中有些成员可能已灭绝。干群是一个远祖的单系类群，包括一个分支的所有成员及导向冠群的所有灭绝的祖传系（Wikström et al., 2003）（图 6.7）。

区分这两种类群和两种年龄是十分重要的，冠群年龄对应于在冠群内第一次系统发育的分裂年龄，由于冠群中可能包含灭绝成员，这些成员是在冠群起源后灭绝的，因此冠群中的化石记录只能估计冠群的最小年龄。例如，我们要探求被子植物的年龄，若在白垩纪早期找到被子植物化石，只能说明白垩纪早期已存在被子植物，故单独以化石来推测被子植物年龄是不可能的。想要推测被子植物干群年龄，必须要找到其姐妹群，其困难程度是不言而喻的。

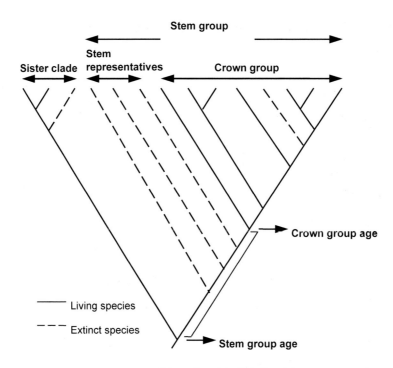

图6.7 冠群和干群及它们的年龄图解

我们的概念来自 Magallón 和 Sanderson（2001），冠群年龄对应于在冠群内第一次系统发育的分裂时间，网结于冠群的化石只能估计这个类群的最小年龄；干群年龄可能十分古老，相当于所研究冠群和其现存的姐妹群的分裂时间；任何一个干群祖传系的代表，只能给出干群的一个最小年龄的估计；对姐妹群分支最小年龄的估计，可能是对干群最有价值的年龄的估计。Crown group 冠群，Crown group age 冠群年龄；Sister clade 姐妹分支；Stem group 干群；Stem group age 干群年龄；Stem representatives 干群祖传系的代表；—— Living species 现存的种；------ Extinct species 灭绝的种。源自 Wikström et al., 2003

　　近 30 年，基于严格的分子钟假说，用基因的分子序列来推测被子植物的年龄，结果显示被子植物的起源时间要早于化石记录 2~3 倍（Ramshaw et al., 1972）。后来不同作者对同样的对象，采用不同的方法得到不同的结果（Chaw et al., 2004）。这些有冲突的计算结果引起人们注意，开始着手改进方法。Sanderson 等（2004）回顾了各种方法及其引起错误的原因。众所周知，两个类群总的分子序列差异是两个类群分子进化速率和分歧时间的函数，原先所谓的分子钟方法，简单说来就是以某一类群的化石为时间标定点（即作为某一分支出现的绝对时间），计算出该分支的分子替换速率，基于分子替换速率恒定的假说，这一速率被作为所研究类群分子进化的平均速率，用来估算其他类群的分化年龄。显然，由于不同基因或不同类群的分子进化速率并不一定相同，基于上述假说的方法得出的结果往往是错误的。近年来，分子进化速率恒定的假说被许多研究所否定，一些新的允许分子替换速率变化的不严格分子钟（relax clock）计算方法被提出并应用到实际工作中，如局部钟方法（local clock method）、贝叶斯方法（Bayesian method）、非参数速率平滑法（PL-penalized likelihood）等。据 Sanderson 等（2004）和 Rutschmann（2006）的意见，这些方法各有缺点。Wikström 等（2001, 2003）基于 560 种被子植物、7 个外类群和三个基因序列（*rbc*L、*atp*B、18S rDNA）作系统发育树，采用 NPRS 方法，并基于最大似然法和简约法（parsimony）估计枝长，计算出被子植物冠群年龄是 1.58 亿 ~1.79 亿年（侏罗纪）。这一推算年龄与最早出现的被子植物化石相比，如花粉在 1.33 亿 ~1.25 亿年前（Valanginian-Hauterivian；Sanderson and Doyle, 2001）和我国辽西出现的古果科的年龄（早白垩世中期），相差不远。Sanderson（2003）用 27 个蛋白质序列和 penalized likelihood 法推测陆地植物的起源，估计被子植物冠群的年龄大概在 2 亿年。Aoki 等（2004）使用线性树（linearized tree）和局部钟方法，基于 MADS-box 基因序列推测现存被子植物最近祖先的年龄为 1.4 亿 ~2.1 亿年，所推测年代依据树的拓扑结构和对序列变化速率的假设不同而不同。Chaw 等（2004）用 Li-Tanimura 方法和 61 个蛋白质编码基因，估算现存裸子植物和被子植物的分歧时间大概在 3 亿 1 千万年到 2 亿 8 千万年前。Bell 等（2005）用来自 71 个类群的 4 个基因序列（18S rDNA、*rbc*L、*atp*B、*mat*R）及 penalized likelihood 和 Bayesian 法估计了被子植物起源时间，基于不同方法或不同数据矩阵的结果差异很大，多数推测结果在 1.8 亿 ~1.4 亿年前。

第三节　起源地点

一、北极起源说　本学说由 Heer（1868）草创，其后被 Saporta（1877）推行，盛行于 20 世纪。其主要论点认为植物起源于泛北极地区（holarctic），后来向南广布于全球，其主要根据是古北区（palaearctic）植物和新北区（nearctic）植物具有很多的相似性，在北极地区还存在白垩纪初期的被子植物化石。这个学说也为著名动物学家 Mathew（1939）所支持，认为北温带是陆生脊椎动物的演化和传播中心。但后来愈来愈多的事实证明这个学说是错误的，如北极地区在第三纪时不存在热带和亚热带植物的化石；Asa Gray 证明白令海峡在第三纪时存在丰富的亚热带植物区系是错误的；Edwards（1955）认为两极地区具一个长而又较黑暗的冬季，是很不可能成为发生新类型的地区；Axelrod（1959）认为早白垩世的被子植物化石仅发现于 45°N 以南和 45°S 以北地区；Darlington（1957）也发表长篇巨论，批驳 Mathew 的意见，否认了北温带地区是陆生脊椎动物的演化和传播中心。在被子植物北极起源学说被彻底否定后，人们才转向热带和亚热带地区去寻找其发源地（以上文献均转引自 Takhtajan, 1969）。

二、东冈瓦纳古陆起源说　Bailey 首先发现澳大利亚北部、新几内亚、新喀里多尼亚、斐济及邻近区域，向北一直到中国南部，存在着被子植物系统中的许多缺失环节（missing link）。例如现知 10 个无导管的双子叶植物，5 个生长于新喀里多尼亚，其中 3 个还是其特有的。Bailey 在晚年以父辈的口吻，号召对被子植物有兴趣的青年一代说：向西看吧，冈瓦纳古陆是一些残留陆块！（Takhtajan, 1969）。

　　Smith（1967）提出，在被子植物中有 39 科为原始科，后（1970, 1971）又细分为 60 科，它们集中分布于三个区：一为东亚、东南亚直至澳大利亚；二为南、北美；三为非洲。这 60 科如下：林仙科 Winteraceae、木兰科 Magnoliaceae、单心木兰科 Degeneriaceae、帽花木科 Eupomatiaceae、瓣蕊花科 Himantandraceae、番荔枝科 Annonaceae、肉豆蔻科 Myristicaceae、白樟科 Canellaceae、马兜铃科 Aristolochiaceae、三白草科 Saururaceae、胡椒科 Piperaceae、草胡椒科 Peperomiaceae、木兰藤科 Austrobaileyaceae、无油樟科 Amborellaceae、早落瓣科 Trimeniaceae、杯轴花科 Monimiaceae、Hortoniaceae、莲叶桐科 Hernandiaceae、蜡梅科 Calycanthaceae、金粟兰科 Chloranthaceae、囊粉花科 Lactoridaceae、Atherospermataceae、Siparunaceae、奎乐果科 Gomortegaceae、

樟科 Lauraceae、无根藤科 Cassythaceae、Gyrocarpaceae、竹节水松科 Cabombaceae、睡莲科 Nymphaeaceae、芡科 Euryalaceae、筒花睡莲科 Barclayaceae、金鱼藻科 Ceratophyllaceae、八角科 Illiciaceae、五味子科 Schisandraceae、莲科 Nelumbonaceae、星叶草科 Circaeasteraceae、独叶草科 Kingdoniaceae、木通科 Lardizabalaceae、大血藤科 Sargentodoxaceae、防己科 Menispermaceae、铁筷子科 Helleboraceae、毛茛科 Ranunculaceae、白根葵科 Glaucidiaceae、黄毛茛科 Hydrastidiaceae、鬼臼科 Podophyllaceae、南天竹科 Nandinaceae、小檗科 Berberidaceae、狮足草科 Leontiaceae、白屈菜科 Chelidoniaceae、罂粟科 Papaveraceae、花菱草科 Eschoscholziaceae、Platystemonaceae、蕨叶草科 Pteridophyllaceae、角茴香科 Hypecoaceae、紫堇科 Fumariaceae、昆栏树科 Trochodendraceae、水青树科 Tetracentraceae、连香树科 Cercidiphyllaceae、领春木科 Eupteleaceae、杜仲科 Eucommiaceae。在第一区集中了60科中的53科，他称之为原始中心（center of primitiveness）或多样性中心（center of diversity），当然原始中心未必是起源中心。他认为植物的传播路线是由原始类群向进化类群方向进行，因此看出有三条主要传播路线，均由第一区出发：一为向北到欧亚北部和经白令海峡到新大陆；二为向西到达马达加斯加和非洲；三为向南经澳大利亚和南极地区到新大陆（图6.8）。

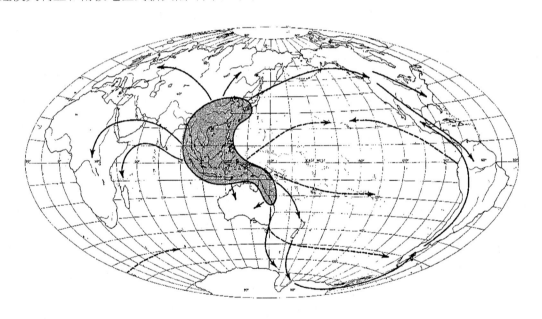

图6.8 早期被子植物以东亚、东南亚、马来西亚和澳大利亚东北部为中心向四周扩散的示意图

源自 Smith, 1970

　　Takhtajan（1969）指出东南亚是许多原始被子植物的集中地，这里东南亚的地理范围是指印度阿萨姆、中国南部热带地区、中南半岛、印度尼西亚和新几内亚岛屿。他还指出要研究一个类群的分布区，必须要研究这个类群哪些是原始系列和哪些是进化系列，这样才能了解其进化历史和空间分布的动向，若研究这个类群中的祖传系愈多，对这个类群的起源中心或传播中心所下结论的可信度愈高，这就是柯马洛夫格言（Komarov dictum）。他较详细分析了木兰科、单心木兰科、瓣蕊花科、林仙科、帽花木科、番荔枝科、肉豆蔻科、白樟科、木兰藤科、无油樟科、杯轴花科、金粟兰科、胡椒目 Piperales、马兜铃目 Aristolochiales、八角目 Illiciales、毛茛目 Ranunculales、昆栏树目 Trochodendrales、金缕梅目 Hamamelidales、壳斗目 Fagales、蛇菰目 Balanopales、杨梅目 Myricales、胡桃目 Juglandales、五桠果目 Dilleniales、芍药目 Paeoniales，这些科、目中的原始类群，莫不集中（或特产）于从印度阿萨姆经澳大利亚北部到斐济这一区域，因此他认为这一地区是被子植物的摇篮（cradle of angiosperms），若不是起源中心，至少可以称为被子植物在白垩纪时期的扩散中心，他预测这个地区距离被子植物起源中心不会太远。

他还阐述这个地区并非是被子植物第三纪时的避难所，即残存中心（center of survival）。在中生代和新生代，东亚和东南亚以及美拉尼西亚（Melanesia——澳大利亚东北部及西南太平洋诸岛屿的集合名称）的气候、地理地质条件与热带美洲、热带非洲同样的不稳定，但为什么甚为丰富的热带美洲区系比上述地区更缺乏原始类群呢？即使美洲有木兰科 Magnoliaceae 和林仙科 Winteraceae 的成员，但均非它们原始类型的代表。热带非洲几乎没有原始类群，也很难解释在热带非洲区系中不存在木兰科 Magnoliaceae、林仙科 Winteraceae、瓣蕊花科 Himantandraceae、单心木兰科 Degeneriaceae 以及某些原始科的成员，且仅仅存在木兰目 Magnoliales 的白樟科 Canellaceae 和番荔枝科 Annonaceae。马达加斯加区系中的原始类群要比非洲稍多一些，除存在白樟科 Canellaceae 和番荔枝科 Annonaceae 外，还可找到 Bubbia perrieri（林仙科 Winteraceae）和 Ascarina coursii（金粟兰科 Chloranthaceae）以及双蕊花科 Didymelaceae。从这些现象来看，很难说明东亚、东南亚和美拉尼西亚地区是最为合适保留原始类群的地区。

1987 年 Takhtajan 应用上述系统发育植物地理学方法（phylogenetic geography method，即应用柯马洛夫格言的方法），再次对一些原始类群作分析，重申东南亚至美拉尼西亚地区是被子植物的摇篮。西冈瓦纳古陆比东冈瓦纳古陆的气候变迁要大，且至今还有一个丰富的区系，但为什么缺乏像木兰亚纲 Magnoliidae、毛茛亚纲 Ranunculidae 和金缕梅亚纲 Hamamelidae 等原始类群的成员，所以他不能考虑将前一地区作为被子植物的起源地。他企图应用幼态成熟学说（neotenic theory）来解释被子植物的起源。在马来半岛和澳大利亚之间具较多的小岛群，这些小岛群具更丰富的生态环境，而分裂的植物居群容易发生生态辐射，产生暴发性进化，换言之，容易保留由幼态成熟的大变异体（neotenic macromutant），继而产生新的类群。他推测在晚侏罗世牛津期 Oxfordian 时，在东冈瓦纳古陆有一块裂片，破碎后嵌入东南亚和澳大利亚板块之间，这些抬升起的小岛群，正是被子植物的发生和分化之地。

反对 Smith 和 Takhtajan 观点的有 Schuster（1976）、Thorne（1999）和 Morley（2001）等，现分别简述如下。

Schuster 以板块学说为基础，认为一个存在诸多孑遗类群的分布区，并不能证明这一地区就是这些类群的起源地，同时指出一个类群的现代分布区并不一定是它过去的分布区。他绘出劳亚古陆（古北大陆）松柏类 9 个属的现在和过去的分布区：红杉属 Sequoia、水杉属 Metasequoia、水松属 Glyptostrobus、柳杉属 Cryptomeria、杉木属 Cuminghamia、金松属 Sciadopitys、油松属 Keteleeria、铁杉属 Tsuga 和金钱松属 Pseudolarix，在过去有三个分布中心，现在高度集中于喜马拉雅－东南亚－东亚残留中心。若加上粗榧属 Cephalotaxus、穗花杉属 Amentotaxus、榧属 Torreya 和黄杉属 Pseudotsuga 的现代分布区，过去它们也有一个较广的分布区，更增强人们对喜马拉雅－东南亚－东亚是这 13 个属的残留中心（Sequoia 除外）的认识。他又绘出冈瓦纳古陆的松柏类 7 个属：贝壳杉属 *Agathis*、*Microstrobos*、*Microcachrys*、*Phyllocladus*、*Acmophyle*、陆均松 *Dacrydium*、罗汉松属 *Podocarpus* sect. *Polypodiopsis* 的现代和过去分布图，现代的分布图显示其分布区缩小集中于澳大利亚东部塔斯马尼亚、新西兰、喀里多尼亚至斐济，现在分布于劳亚古陆的贝壳杉属、*Phyllocladus* 和陆均松属的化石只在冈瓦纳古陆发现，说明它们延伸至劳亚古陆是后来的事。他又绘出 34 个被子植物原始科的分布（图 6.9），整个地区即 Takhtajan 所谓的被子植物摇篮，但大致以华莱士线（Wallace's line）为界，每边各有 16~18 个科，显然由两个区域组成。这些原始科极大多数是木本，它们大都是古老类群，有一个孑遗分布区，传播能力比较局限，因此可大致分为两个数目相等的类群。一个基本上属于劳亚古陆，另一个是冈瓦纳古陆，有时称为南、北的两个对应科，如蜡梅科 Calycanthaceae 属于劳亚古陆，而奇子树科 Idiospermaceae 属于冈瓦纳古陆。由此看来，原始的被子植物复合群各自在两个超级大陆（劳亚占陆和冈瓦纳古陆）发展。据地质资料，印度板块北移于 4000 千万 ~5000 万年始新世前到达劳亚古陆，而大洋洲板块在 4500 万 ~5000 万年前还和南极洲相连，直至中新世至上新世才和马来西亚有联系，因此 Schuster 认为上述摇篮地区的原始被子植物复合群是二源的，所以人们不能准确推断被子植物起源于哪一个超级大陆（Schuster, 1976）。

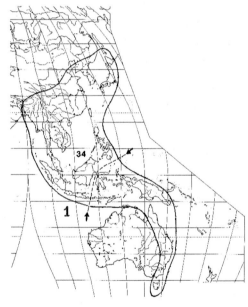

图6.9 被子植物34个原始科的分布区图

在华莱士线(以箭头和虚线表示)两边各存在 16~18 个科；Takhtajan 所谓的被子植物摇篮（从印度阿萨姆到斐济）有二个相邻的原始区系，一为巽他陆架以西和以北地区的区系（是劳亚古陆区系衍生的），另一为巽他陆架以东和以东南地区的区系（是冈瓦纳古陆区系衍生的）。

源自 Schuster, 1976

　　曾经赞成被子植物起源于东南亚及其邻近区域的 Thorne（1963；转引自 Thorne, 1999），由于近年古植物资料的增加和板块学说被普遍接受，其重新考虑从前的观点。他（1999）认为东亚和东南亚是种子植物的活博物馆（living museum）而非起源地，在这里仅列举木兰亚纲和毛茛亚纲植物，他系统（2000a, 2000b）中的 41 个原始科，其中 27 科分布于东亚和东南亚，如八角科、五味子科、肉豆蔻科、木兰科、番荔枝科、马兜铃科、金粟兰科、蜡梅科、樟科、莲叶桐科、三白草科、胡椒科、芍药科、白根葵科、防己科、木通科（包含大血藤属 *Sargentodoxa*）、小檗科、毛茛科、星叶草科、蕨叶草科、罂粟科、莼菜科、睡莲科和大花草科 Rafflesiaceae。其中不乏有些科和亚科仅局限或几乎局限于东亚或东南亚，如八角科、五味子科、Hortonioideae（隶属于林仙科）、白根葵科、木通科、南天竹科（隶属于小檗科）、星叶草科、蕨叶草科、Barclayoideae（隶属于睡莲科）、大花草亚科 Rafflesioideae（隶属于大花草科）。他还指出其中多于 7 个科，是在 1500 万年前，即澳大利亚板块和亚洲相接的前后，由东南亚传播至马来西亚和澳大利亚东北部的。

Morley（2001）不同意 Takhtajan 观点的主要理由有二：一为，Takhtajan 所谓的被子植物摇篮是一个复合区，由澳大利亚板块和亚洲板块融合而成，该区年龄比被子植物的起源时间要晚得多。二为，环绕大西洋沿岸的化石花粉，其多样性远比亚洲－大洋洲的化石花粉要多。

为什么有如此多的原始科集中于东亚至珊瑚海地区呢？Morley 从分析第三纪植物区系着手，认为这种集中现象是第三纪历史的产物，与白垩纪被子植物开始辐射无关。他认为现代被子植物的原始科可分成三个类型：①北方型有木兰科、蜡梅科、昆栏树科、水青树科、五味子科和八角科；②赤道型有番荔枝科、金粟兰科、肉豆蔻科和白樟科；③南方型有无油樟科、木兰藤科、单心木兰科、帽花木科、瓣蕊花科、杉叶藻科、杯轴花科和林仙科。在第三纪始新世时，地球上有五个热带区系省：即北热带省（Boreotropical province）、南高温省（Southern megathermal province）、前印度省（Proto-Indian province）、非洲省（African province）和新热带省（Neotropical province）（图 6.10）。北热带省植物区系起源于白垩纪中期或晚期，于古新世晚期 / 始新世早期广泛传播横跨北半球达到顶峰。当渐新世至上新世气候世界性变恶劣时，它的许多成员灭绝了，由于该处赤道和北方中纬度地区还有陆地相连，植物类群可无阻碍地通过，其中有些成员在中国南部和其他群岛的雨林中找到避难所。至于欧洲的北热带省植物区系，由于地中海、撒哈拉沙漠和阿尔卑斯山的升高，阻挡了它的南迁，因此在今日非洲雨林中很难找到其踪迹，仅在加那利群岛（Canaries）和黑海的 Colchic 地区还残留一些。在美洲，北

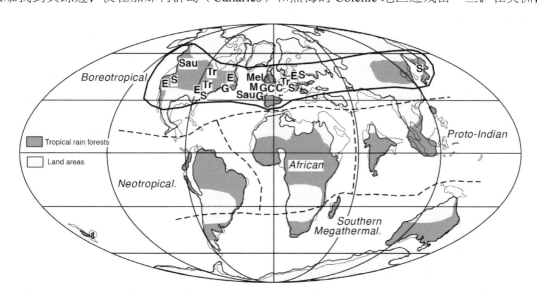

图6.10 始新世早期热带雨林分布情况

当时有五个热带区系省：北热带省（Boreotropical province）、南高温省（Southern megathermal province）、前印度省（Proto-Indian province）、非洲省（African province）和新热带省（Neotropical province）；Tropical rain forests 热带雨林，Land areas 陆地；C 樟属 *Cinnamomum*，E 黄杞属 *Engelhardia*，G 大头茶属 *Gordonia*，M 假卫矛属 *Microtropis*，Tr 三棱栎属 *Trigonobalanus*，S 山矾属 *Symplocos*，Sau. 水东哥属 *Saurauia*，Mel. 泡花树属 *Meliosma*。源自 Morley, 2001: 193

热带省植物区系成员可能在渐新世寒冷期来临的前期，沿北美板块南岸找到一些避难所，但不能传播至赤道，直至形成巴拿马地峡之后，得以在中美和南美找到避难所，这些残存分子被 van Steenis 称为环太平洋成分（amphiPacific element）。赤道地区分布的原始科，如 Annonaceae 和 Myristicaceae，起源于白垩纪中期，虽然在第三纪早期气候最适宜的时候，它们也能分布到北热带省和南美，但在整个第三纪显得只能生存于低纬度处。其在赤道区的潮湿热带森林起源较晚(于白垩纪坎佩尼期 Campanian），可能较晚于中纬度地区（白垩纪赛诺曼期 Cenomanian 到土伦期 Turonian），因此赤道区系具较少数目的原始被子植物。南高温省雨林中的原始成员在大洋洲和马达加斯加岛能保留，Morley 又认为大概有三个原因：① 这些森林从白垩纪晚期开始后一直未受到干旱气候的威胁（这种威胁使非洲大陆雨林中的原始成员灭绝），以及更具侵入性的高温成员的入侵，以及这些地区的板块是分裂性的而不是联合性的，因此阻止了外来成员传播到本区；② 在第三纪，澳大利亚和马达加斯加岛板块的北移，以及新喀里多尼亚从澳大利亚板块的脱离，使它们的雨林进入较暖和的地区而与第三纪全球气候变冷保持同步变化；③ 上述分离出来的南高温省区系，孤立生存于海洋岛屿，如新喀里多尼亚等，虽然处于南半球亚热带高压区，但仍为海洋性气候，远离其他更具入侵性的区系，因此特别适宜保留原始被子植物的祖传系。从以上简要的叙述，我们了解到第三纪原始被子植物有两个聚集中心，北方中心处于我国南方沿东南亚雨林北缘，南方中心处于珊瑚海（coral sea）沿岸，这两个中心在华莱士线及其邻近区域重叠（图 6.11）。化石资料也显示这两个中心的植物自白垩纪中期被子植物辐射之后，几乎是独立发展的，直至第三纪澳大利亚板块北移，在新近纪（Neogene）与亚洲板块和菲律宾相联合。因此，印度阿萨姆与斐济实是两个不同区系，在第三纪时的合并，不能说是被子植物的摇篮。

三、西冈瓦纳古陆起源说　这里的西冈瓦纳古陆相当于现今的非洲和南美。积极主张这一学说的是 Raven 和 Axelrod（1974），他们首先否认上述 Smith（1967, 1970, 1971）和 Takhtajan（1969）的观点，认为从印度阿萨姆到斐济从地质上来说，是一个复合区，不可能是被子植物起源地。他们认为被子植物开始辐射时，南美、非洲、印度、南极洲、澳大利亚之间还能直接传播，并通过非洲到达古北大陆（劳亚古陆）。根据现有知识北美不可能是被子植物早期分化的地区，因为从地质历史上它很少接触到热带地区。在非洲和南美联合古陆的广大内陆腹地曾经有环境恶劣的沙漠和不同类型的半干旱过渡区，这些干旱和半干旱过渡区是被子植物起源与进化的重要中心，因为心皮的闭合、昆虫传粉系统的发生、导管的产生和大量次生物质的产生都与地区的生境有关。但当这些地区变得湿润时，使很多原始的祖传系遭到灭绝，另外产生了许多中生的祖传系。在第三纪非洲不少山脉抬升，又再次大面积的干旱，使新产生的适应中生环境的祖传系遭到灭绝，因此在那里很少有原始类型的代表。在南美也较少有原始类型的代表，这也是由于在新近纪（Neogene）南美遭遇了气候的变化。

他们几乎分析了被子植物各个类群的地理分布，认为这种分析虽不能知道其起源地点，但大多数能推断出它们的早期分化地。他们指出，有许多证据能说明番荔枝目的一些科，在非洲和南美洲的区系中，残存着许多近缘类群。单子叶植物起源于西冈瓦纳古陆，几乎它的所有类群都从这里辐射。金缕梅目很早就在劳亚古陆分化，但在非洲有金缕梅科的两个属，由此看出在劳亚古陆分化的科、目，似乎和西冈瓦纳古陆早就有着悠久的联系。他们的结论是：非洲－南美洲似乎是被子植物的家乡（homeland），但这个地区的区系被以后的地质和气候事件破坏了，并且在白垩纪和第三纪通向温带地区的通道被中断。原始被子植物可能早已扩散到气候均匀的

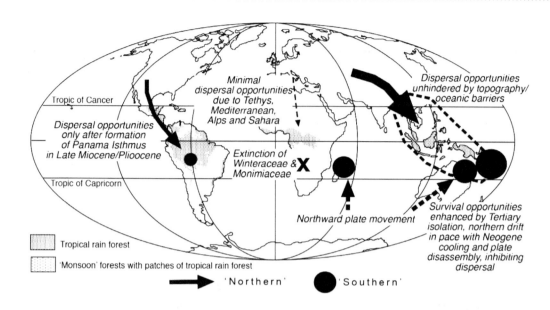

图6.11　形成原始被子植物集中于热带亚洲 – 大洋洲的背景

Tropical rain forest 赤道雨林，Monsoon forests with patches of tropical rain forest 季风林内兼有赤道雨林，Dispersal opportunities only after formation of Panama Isthmus in Late Miocene/Plioocene 在中新世晚期 / 上新世时，形成巴拿马地峡之后，才有传播的机会，Minimal dispersal opportunities due to Tethys, Mediterranean, Alps and Sahara 由于提特斯海、地中海、阿尔卑斯山和撒哈拉沙漠的阻隔，只有极少的传播机会，Dispersal opportunities unhindered by topography/oceanic barriers 不被地形或海洋阻隔的传播机会，Survival opportunities enhanced by Tertiary isolation, northern drift in pace with Neogene cooling and plate disassembly, inhibiting dispersal 由于第三纪的隔离、板块北移并和新近纪变冷同步，以及板块的分离而阻止植物的传播，致使残存的机会变大，Tropic of Cancer 北回归线热带，Tropic of Capricon 南回归线热带，Extinction of Winteraceae & Monimiaceae 林仙科和杯轴花科的灭绝，Northward plate movement 板块向北移动。源自 Morley, 2001

亚热带高地，只有两个地区，它们的生境和古代地质时期相似，并能相对地保存外来物种，这两个地区就是东南亚和大洋洲（Raven and Axelrod, 1974）。

四、植物地理学分析

　　（1）根据汤彦承等（2002）对原始类群进行的植物地理学分析，这里列出了八纲系统中原始类群在不同植物区系区的分布情况。① 各区的科数（表 6.1）；② 各区的科数排序（表 6.2）。

　　（2）八纲系统的原始类群的 UPGMA 分析　　植物区系的各单元等级的划分，主要是以特有分类群的分布为依据。概括地说，特有科、亚科和族等较高层次分类阶元的分布及其区系所具有的多样性与特殊性是界定界或域（kingdom 或 realm）的标志，而区（region）的界定主要是根据特有种和特有属的数量，有时也根据较高的分类阶元（如科或目）来确定的。Takhtajan（1986）以维管束植物（被子植物为主）为依据，把全球划分为 35 个区，归于 6 个界，有些界间插入亚界，区以下分成若干省。本书以区为基本单位作为 OTU，将原始类群的科当作性状（表 6.1，表 6.2），凡该区有原始类群的编码为 1，没有的编码为 0，采用平均距离（average distance）为系数，作 UPGMA 分类。图 6.12 为原始被子植物区系区的树谱图。

表6.1　被子植物原始类群在各植物区系的区科数

区系及"区"号		科的总数	区系及"区"号		科的总数
1	环北区	17	19	斐济区	18
2	东亚区	42	20	波利尼西亚区	15
3	北美大西洋区	28	21	夏威夷区	5
4	落基山区	10	22	新喀里多尼亚区	12
5	马卡罗尼西亚区	7	23	加勒比区	28
6	地中海区	17	24	圭亚那高原区	22
7	撒哈拉－阿拉伯区	9	25	亚马孙区	21
8	伊朗－土兰区	16	26	巴西区	20
9	马德雷区	30	27	安第斯区	24
10	几内亚－刚果区	16	28	开普区	12
11	Uzambara－Zuzulan区	14	29	澳大利亚东北区	27
12	苏丹－赞比亚区	20	30	澳大利亚西南区	8
13	卡罗－纳米比区	12	31	澳大利亚中部区	8
14	圣赫勒拿岛和阿森松区	2	32	胡安－费尔南德斯区	4
15	马达加斯加区	20	33	智利－巴塔哥尼亚区	17
16	印度区	18	34	亚南极南部群岛区	1
17	印度支那区	31	35	新西兰区	7
18	马来西亚区	28			

表6.2　被子植物原始类群在各植物区系的区科总数排序

区号	科的总数	区号	科的总数
2	42	20	15
17	31	11	14
9	30	13，22，28	12
3，18，23	28	4	10
29	27	7	9
27	24	30，31	8
24	22	5，35	7
25	21	21	5
12，15，26	20	32	4
16，19	18	14	2
1，6，33	17	34	1
8，10	16		

注：区号同表1

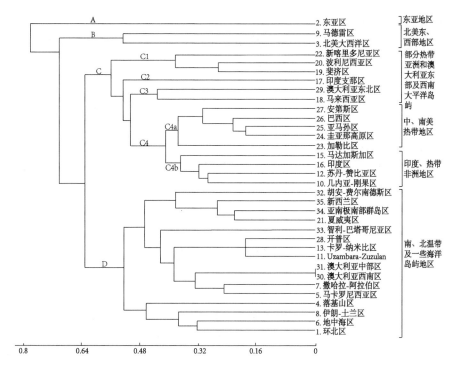

图6.12　原始被子植物区系区的树谱图

源自汤彦承等，2002

我们对八纲系统的原始类群分布树谱图（图6.12）作简要分析：基本上分成四大支。A支为东亚区，占有60科中的42科，达70%，是各区之首（表6.1）。该区区系的特殊性久已闻名于植物学界，Takhtajan（1959）认为我国云南及其我国邻近地区（包括东喜马拉雅山－印度阿萨姆－缅甸北部－日本南部的亚热带区域），存在着许多在系统上属于原始的类群，这些类群后来发展成为北热带植物区系的一个古老核心。吴征镒（1965）同样指出，居于北纬20°~40°的中国南部与西南部和中南半岛的广袤地区，是最富含特有的古老的科和属的地区。这些从第三纪古热带区传下来的成分可能是东亚区系的核心，而这一地区则正是这一区系的摇篮。更广泛地说，它也许甚至是北美和欧洲植物区系的出生地。路安民（1999）也认为东亚是被子植物早期分化的一个关键地区。Thorne（1999）将东亚誉为原始种子植物活的博物馆（living museum），他认为虽然没有化石证据可以证实任何一区是种子植物的主要起源地，但东亚不失为某些种子植物科的重要演化中心（center of evolution）。Wu ZY和Wu SG（1998）主要以该区的特有科、属为特征，认为东亚区应提升为东亚界（E. Asiatic Kingdom）。B支为马德雷区和北美大西洋区，这二区合在一起，共有60科中的36科，占60%，它与东亚区有密切的关系。C支为热带亚洲，热带中、南美和热带非洲各区，显然是一些以热带分布为主的科使它们聚合在一起的，特别值得关注的是第29区澳大利亚东北区，它和第18区马来西亚区结合在一起而并不和澳大利亚其他两区（第30、31区）相结合，这完全是可以理解的。二者合在一起共有32科，而相同的科竟达23科，约占 72%。Takhtajan（1986）将澳大利亚东北区归于澳大利亚界（Australian Kingdom）。本分析结果显示将该区归于古热带界（Paleotropical Kingdom）更为妥当。据 Mcloughlin（2001）推测，澳大利亚与马来西亚地区分开的时间在 2 亿 1 千万到 1 亿 5 千万年前（侏罗纪早期至晚期），料想这时被子植物刚起源不久，因此两地有如此多的共有原始科也就不足为奇了。D 支为南、北温带及诸大洋的各岛屿区，显然它们是由一些以温带分布为主的科以及水生的科聚合在一起的。

需要指出的是，以 UPGMA 对被子植物原始科所作的分析虽能说明一定的问题，但是科内的进化是不同步的，既有原始的属，也有特化的属，即使同属内各性状之间的进化也是不同步的，但以原始性状为基本单位进行分析，或许可以推测在被子植物大暴发时，原始性状的多度中心所在地及其扩散情况。

第四节　起源生境

有关被子植物起源生境的观点至今也是莫衷一是，这是由于各作者对被子植物祖先或最原始被子植物的认识不同。例如，Axelrod（1952；转引自 Takhtajan, 1969）认为最原始被子植物像木兰科状的木本，生长于热带山地；Raven 和 Axelrod（1974）认为像非洲和南美联合古陆的腹地有环境恶劣的沙漠以及不同类型的半干旱过渡地带，这些地区对植物心皮的闭合、昆虫传粉系统的发生、导管的产生等有利，实是被子植物起源和进化的重要中心；Stebbins（1974）认为最原始的被子植物是很矮的灌木，生长于热带或亚热带气候地区，但有湿润和干旱交互的季节；Taylor 和 Hickey（1996）主张被子植物起源于草本，它们先生长于与蕨类和其他孢子植物竞争较少的地点，从这里它向水中、沼泽边缘和泛滥平原等处辐射，获得新的适应特征，如木本习性等，再和其他种子植物竞争而取得胜利；最近孙革等（2002）发现古果科 Archaefructaceae 是一种水生草本植物。

Feild 等（2003）用多个生理生态特征（ecophysiological trait）：最大光合电子传递速度（maximum photosynthetic electron transport rate, ETRmax）、光饱和点（light saturation point, PPFDsat）、叶齿是否为金粟兰属状（chloranthoid leaf teeth）、生活型（growth habit）、叶齿尖是否吐水（guttation）、叶肉解剖和种苗习性（seedling habit）构建了被子植物的系统树。Doyle 和 Endress（2000）以及 Zanis 等（2002）测试了所构建的系统树的基部类群（*Amborella*、Nymphaeales、Austrobaileyales、Chloranthaceae），见图 6.13。

阴暗与扰乱生境假说（dark and disturbed hypothesis）认为最早的被子植物是木本或灌木，生长于阴暗而已扰乱的林下生境或遮阴的溪边。作者认为这种生境有利于心皮和导管的起源，这类植物的光合能力比较低，叶肉细胞为海绵薄壁组织，具吐水的叶齿，但叶齿是否为金粟兰型并不一致（Feild et al., 2003）。

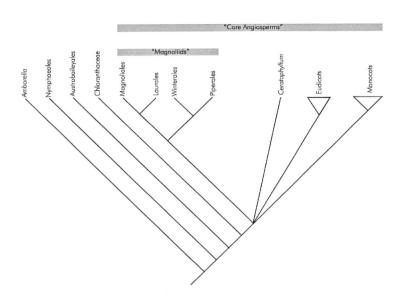

图6.13 Doyle 和 Endress（2000）以及Zanis等（2002）构建的被子植物系统图

显示假想的基部类群的系统关系；*Amborella* 无油樟属，Nymphaeales 睡莲目，Austrobaileyales 木兰藤目，Chloranthaceae 金粟兰科，Magnoliales 木兰目，Laurales 樟目，Winterales 林仙目，Piperales 胡椒目，*Ceratophyllum* 金鱼藻属，Eudicots 真双子叶植物，Monocots 单子叶植物，"Magnoliids" 木兰类，"Core Angiosperms" 核心被子植物。源自 Feild et al., 2003

第七章 若干进化问题的讨论

我们已讨论了被子植物几个特有衍征的研究概况，推测了被子植物的起源地、起源时间和可能的祖先。在本章，我们将讨论被子植物在进化过程中的若干问题。早先的分子生物学进展较少影响形态学的研究，但这种情况正在改变，基因和基因调控系统对认识形态发生起到很大作用，如 MADS-box type II 基因对花发育的调控。进化问题之多及其复杂性是人所共知的，在这里我们只能选择若干问题进行讨论，每个问题也可能只涉及一个侧面。本章尽量包括一些分子系统学与进化生物学方面的研究成果，因为该领域的研究可谓日新月异。我们希望在不远的将来，像被子植物这样复杂的有机体的进化机制，可以在分子水平上得到明确。

第一节 变异、自然选择和适应

变异（variation）是一般性术语，泛指一个居群内个体性状（分子、细胞或器官）量和质的差异。突变（mutation）通常是指由替换、重复、插入、缺失或倒位所造成的核苷酸序列变化。在一些教科书中，前者指表型的变化而后者指基因型的变化。

一、新达尔文主义和中性学说　达尔文在《物种起源》（*Origin of Species*, 1859）中提出两个主要观点：其一，凡是生物都有变异，现有生物均由一个祖先进化而来；其二，进化的动力是自然选择（natural selection），生物在生存竞争中优胜便得以生存。绝大多数生物学家都接受其前一观点，但对后者，150 年来争论不休。20 世纪，孟德尔遗传法则被重新发现，达尔文主义（Darwinism）和孟德尔遗传学相结合，可以此作为骨架来解释进化。Morgan（1925, 1932）认为自然选择在进化中没有任何创造力，而造成进化的最主要因素是有利突变（advantageous mutation）。自然选择仅仅像一个筛子，把有害突变（deleterious mutation）筛去而保留有利突变。但事实并非他想象得那样简单，他所见的是，在实验室所获得的大量突变，大都是有害突变。因此，他认为一些形态进化是由中性突变引起的，这就是 Morgan 的突变－选择学说（mutation-selection theory）或称突变主义（mutationism）。后来这种观点逐渐为 Fisher（1930）、Wright（1931）、Hardane（1932）和 Dobzhansky（1937, 1951）所否定，他们认为自然选择在进化中的重要性要大大超过突变，在遗传重组（genetic recombination）中，自然选择有时还可创造新的特征，这批学者被称作新达尔文主义者（neo-Darwinism）。他们的主张主要来自两个方面理论的支撑：其一，当时大多数遗传学家相信在自然居群中，遗传变异的总量（amount of genetic variability）非常大；其二，数量遗传学家计算的结果，即由突变产生的基因频率变化，要甚小于由自然选择所产生的（以上所引文献均转引自 Nei, 2005）。Nei（1987）总结的新达尔文主义的要点如下：

（1）就基因的功能来说，突变是随机的，并以一个适度高的频率重复发生；

（2）突变是变异的主要来源，但其导致基因变化的效果甚小，以致它在进化上只扮演一个次要的角色；

（3）由于突变发生于过去，自然居群有足够量的遗传变异来应对几乎任何类型的自然选择；

（4）进化主要取决于环境变化和自然选择。由于一个居群有足够的遗传变异，因此无须借助于新的突变来推动它的进化。突变速率和进化速率之间并无相关联系；

（5）由于突变倾向于以一个适度高的频率重复发生，因此在居群中的大多数明显的有利突变应该被固定下来或者达到其最大的频率。一个特定环境下的居群，其遗传结构经常是或近乎是达到最适状态；

（6）自然选择所导致的物种进化是渐进的，因此，宏进化不过是微进化效应的积累。以上论述是新达尔文主义者的一般性观点，当然各家还有所差别。

由于新达尔文主义未能完全解释分子进化（molecular evolution），木村（Kimura）提出分子进化的中性学说（neutralism）。Li 和 Graur（1991）简介的中性学说观点如下：分子水平上的大多数进化变化以及物种内的大多数变异，既不是由有利等位基因的正选择，也不是由平衡选择造成的，而是由选择上呈中性或近中性的突变型等位基因随机遗传漂变所造成的。从理论上讲，中性并不意味着所有等位基因的适合度完全相等。这些等位基因的命运很大程度上是由随机遗传漂变所决定的。换言之，选择可能会起作用，但它的强度太弱不能抵消随机性的影响，要使这种情况成为事实，一个等位基因的选择优势度或劣势度的绝对值必须小于 1/（2Ne）（Ne 为有效群体的大小）。

中性学说把替换和多态性看成同一现象的两个侧面。替换是一个长期而渐进的过程，借此突变型等位基因突变的频率随机地增加或减少，直到这些等位基因最终因机遇而固定或丢失，在任何给定时间里，某些基因位点所具有的等位基因，其突变频率既不是 0%，也不是 100%。这些位点就是多态性的基因位点。中性学说还认为，在自然界中群体的大多数遗传多态性都是瞬时的。

中性论者和选择论者争论的本质，主要涉及突变型等位基因的适合度值的分布问题。两种学说都认为大多数新突变是有害的，并且它们很快地从居群中被清除，对替换速率和居群的多态性的量都没有什么贡献。两种学说的不同点是，中性突变在非有害突变中的相对比例问题。选择论者主张很少的突变是选择中性的，而中性论者却认为大多数非有害突变是有效中性的。

Nei（2005）在《分子进化中的选择主义和中性主义》一文中，主张突变（包括基因重复和其他 DNA 变化）无论在基因水平上还是在表型水平上都是进化的推动力。他认为基因重复事件多少是偶然的，重复基因被固定在多基因家族中同样是偶然的，这取决于相关基因家族存在和环境条件。现在，我们还不知道机遇和自然选择哪一个相对重要些，但这里所说的机遇，是随机进化（random evolution）中的一个新特征，和中性进化中基因随机漂变的机遇有质的不同，这种进化观点极大部分基于分子资料所产生，而有异于 Morgan 的突变主义，后者大部分基于猜测。Nei 曾称这种观点为新突变主义（neomutationism），或为进化的新经典学说（neoclassical theory of evolution）。他最后指出，无论称它为什么名称，近代分子资料若支持新达尔文主义，还不如认可突变–驱动演化学说（theory of mutation-driven evolution）。

Nei（1987）曾举下列一例，说明似乎在分子进化中看不到自然选择的作用，*Pseudomonas aeruginosa* 细菌的正常菌株利用乙酰胺 acetamide 和丙酰胺 propionamides 得到氮，但不能利用戊酰胺 valeramide 和苯乙酰胺 phenylacetamide，而该细菌的一些突变菌株能利用戊酰胺或苯乙酰胺。在具有戊酰胺或苯乙酰胺的环境下，突变菌株的适合度甚高于正常菌株。对突变菌株所产生的新酶进行生化研究，显示这种新突变株形成只经过很少步骤的基因突变，自然选择几乎不起作用，似乎突变压力是分子进化的主要动力。Stebbins（1999）在总结自己一生进化研究后指出，进化有两个过程，其一是在居群中产生原始遗传变异，其二是通过基因重组和自然选择，对原始变异进行塑造，这两个过程相互依赖，是同等重要的。我们同意这种观点，可能自然选择在表型进化中显得比较重要，反之，在分子进化中突变较为重要，但又很难比较这两种进化。

二、表型进化和分子进化　本节所讨论的问题与前节有许多重叠之处，可说是前节的继续。这里表型的含义是广义的，指一个生物的形态结构、功能性状以及行为。概括地说，表型是环境和基因型相互作用的结果，后者提供物种发育的信息，而环境提供物种发育的条件。传统对表型进化的研究，是对生物整体水平研究，现在分子进化的研究，是对生物分子水平研究，使宏进化和微进化统一，把进化论的研究提高到一个新阶段。

　　Nei（1987）引用 Wilson（1975）的观点，认为脊椎动物形态进化的速率和分子进化的速率并不协调，形态进化主要是由调控突变（regulatory mutation）所引起的。关于形态建成（morphogenesis）分子基础的研究，早在 20 世纪 80 年代已开展，Ambros 和 Horvitz（1984）研究了一种线虫 *Caenorhabditis elegans*，这种小生物只有大约 1000 个细胞，每个细胞的发育祖传系（developmental lineage）已经完全研究清楚，因此任何偏离正常发育祖传系的突变都可检查出来。Ambros 和 Horvitz 发现这些突变都是异时性的（heterochronic）。所谓异时性，就是这些细胞不在正常时间分裂而产生不同类型的形态，比正常时间提早发育的称早熟事件（precocious event），延迟发育的称延迟事件（retard event）。例如，该线虫发育祖传系 14（lin-14）的两个与 X − 连锁的（linked）半显性等位基因 n536 和 n555 发生突变，使蜕皮和角质层合成的发育阶段重复发生，导致某些阶段延迟发育，这种结果称为幼体发育（paedomorphosis）。Takhtajan（1976）认为幼体发育和幼态成熟（neoteny）的含义基本相同，从广义来讲，它们表示个体发育的晚期阶段被压缩或消失，或者个别阶段提前发育。幼态成熟的还幼性（rejuvenation）增加了进化的可塑性，在原有种类胚胎的早期阶段停止向原先途径发育，而转向另一途径，可能导致一个新类型的产生，或许是一个新目、纲或门。Takhtajan（1976）认为被子植物的营养和繁殖器官，特别是叶、花和雌、雄配子体都带有幼态成熟的特性，因而他以幼态成熟概念来推测被子植物的起源。异时突变（heterochronic mutation）不仅是调控突变（regulatory mutation），对形态的变异也十分重要，并与果蝇 *Drosophila melanogaster* 中的同源异形基因（homeotic gene）的突变有相同的效应。所谓同源异形（homeosis），是指身体中的某一结构为身体的另一部分同源结构所替代，如果蝇的 Bitborax 复合基因中，Bx-c 基因发生突变，影响其第 3 胸节，原应生足的而长了翅，因而成为 4 翅果蝇；Antennapedia 复合基因中，ANT-c 基因发生突变，使触角变成足。

　　在被子植物中，对拟南芥 *Arabidopsis thaliana* 花的发育研究，发现 MADS-box type II 基因也是一类调控基因，在调控网络中，这些转录因子或者通过其他转录因子共同作用或者直接结合到靶基因调控区，激活或抑制下游基因的表达，从而调节花的发育（山红艳，2006）。有关花的 ABCDE 模型，我们在第三章已作介绍，在此不赘述。

三、适应性和适应辐射　　人们要为适应性给出一个十分确切和完美的定义似乎是比较困难的，但生物的适应现象到处可见。正如达尔文在其《物种起源》一书中所说：在自然界的确有这种实例，还能举出一个比啄木鸟能攀登树木并在树皮缝中觅食虫子的适应性更加动人的例子吗？从这个实例中，我们可以总结出下列几点：一种生物在自然环境（包括各种生态因子和资源）中，① 为了求得生存；② 为了繁殖后代，把其基因延续下去；③ 自身各部位协同进化，达到巧妙的配合。啄木鸟若没有锥子般的喙，哪能掘开树皮呢？若没有 2 对尖趾和强壮的羽毛，哪能使其身体直立攀住树干呢？若没有钩状的舌尖，哪能捕捉到隐匿的昆虫呢？

　　Mayr 在其《生物学哲学》一书中，用了大量篇幅来讨论适应性。他认为达尔文的见解，是通过自然选择来解释适应的产生，如果某一居群中可遗传的变异通过后代遗传下来，即使后代只有一小部分存活，则这些存活的个体显然也比其他死亡的个体有更多的机会对下一代的基因库做出贡献。他为适应给出了一个描述性的定义：业已适应就是某一物种或物种中的一个成员具有的形态的、生理学的以及行为学的特点使之能与该物种的其他成员或其他物种的个体成功地进行竞争，或者使之能够忍受现有的物理环境，适应则是比居群中其他成员具有更高的生态－生理效应。但在自然界中，我们还可看到一个地区，或有移植或有侵入成功的物种，它们并未引起原先存在的物种明显衰退，足以证明自然选择并不是完美无缺的，该地还有未被充分利用的资源，因此有适应的和更适应的区别。

　　还有生物是对什么适应的问题？生态学家会毫不怀疑地回答说，它们是对生境的适应。若进一步分析，问题会复杂一些，以鸭子为例，它适应于陆地生境，还是适应于水生境？为了进一步说明问题，Simpson 创建了适应区（adaptive zone）的概念，表示某个生物可由适应某种适应区逐渐改变而适应于其他适应区。

　　分子生物学家用适合度（fitness）来看待适应性，所谓适合度即某一个体或某一基因型在生存和繁殖上的相对成功的测度，某一个体或某一基因型对将来世代的相对贡献。Li 和 Graur（1991，中译本）及 Li（1997）认为一个基因型的适合度（通常用 W 表示）是一个衡量该个体的生存和增殖能力的尺度。不过由于一个居群大小通常受其所处环境的负载容量所限制，因此某一个体进化的成功不是由其绝对适合度（absolute fitness）而是由其与居群中其他基因型个体相比的相对适合度（relative fitness）所决定的。居群中产生的大多数新突变型都会降低其携带者的适合度，这类突变型将受到淘汰性选择并且最终将会从居群中消失。这种类型的选择称负选择或纯化选择（negative 或 purifying selection）。若某一新突变可能与居群中最好的等位基因一样合适，这样的突变即为选择中性的（neutral），其命运将不由选择所决定。若产生一个能给其携带者带来选择优势的突变，其命运将由正选择或有利选择（positive 或 advantageous selection）所决定。如果这一新突变仅在杂合子情况下有利，在纯合子情况下无优势，那么这种选择体制称为超显性选择（overdominant selection）。在二倍体生物中，适合度最后由基因位点上的两个等位基因间的相互作用所决定。若该基因位点上只有两个等位基因，那么这个二倍体有三种基因型，即 A1A1、A1A2 和 A2A2，它们的适合度可分别用 $W11$、$W12$ 和 $W22$ 来表示。我们假定 A1 是该居群中原先的等位基因，若出现一个新突变等位基因 A2，那么基因频率变化的动力学会是怎样呢？为了数学上的方便，我们给予 A1A1 基因型的适合度为 1。新产生的基因型 A1A2 和 A2A2 的适合度将有赖于 A1 和 A2 间相互作用。例如，如果 A2 对 A1 是完全显性的，那么 $W11$、$W12$ 和 $W22$ 可分别写成 1、1+S 和 1+S；如果 A2 是完全隐性的，则适合度分别为 1、1 和 1+S；S 是带有 A2 的基因型与 A1A1 间的适合度的差异。若 S 为正值，表示带有 A2 的基因型与 A1A1 型相比较，前者的适合度增加；若 S 为负值，则表示适合度减低。

　　适应辐射（adaptive radiation）是一种快速分歧的进化形式，指当一个类群或一个物种进入一个新的生态环境或地理区域后，迅速分化。这些新产生的分类群的特点为，它们之间具有较近的共同祖先，但和原先类群具不同的适应特征。适应辐射常导致新特征的发生和高级分类群的产生，往往在系统发育中代表一个大分支。适应辐射通常发生在下面一些情况：

（1）一个大灾难后的幸存者（如哺乳类）进入一个灭绝类群（如恐龙类）所遗留下来的区域（孔昭宸等，2001）。

（2）一个类群（如传粉昆虫）与另一类群（如被子植物）同步辐射进化。Ren（1998）在我国辽西中至晚侏罗世发现了最早的双翅目直裂短角类 *Palaepangonius eupterus*、*Protonemestrius jurassicus*、*Florinemestrius pulcherrmus* 和 *Protapiocera megista* 的化石，此类昆虫已具有适合为被子植物传粉的口器，至侏罗纪晚期有一次暴发式的辐射，至今它们在全世界有18科46属58种之多。与之同步的被子植物起源后，在早白垩世也有一次大暴发（Endress and Friis，1994）。孔昭宸等（2001）对我国辽西地层年代提出争论，认为是早白垩世的。

（3）具有竞争优势的外来（或当地）类群，进入新的生态环境后，迅速分歧成新分类群，下举三例。

1）菊科向日葵族（Heliantheae）、银剑亚族（Madinae）有17属约114种，其中有3属（*Argyroxiphium* 5种，*Dubautia* 21种，*Wilkesia* 2种）为夏威夷群岛独有属，其他14属大都分布于美国太平洋沿岸，其中仅有3属可延伸至墨西哥、下加利福尼亚半岛（Baja California）和阿根廷及智利。Baldwin（1996）对银剑亚族采用5.8S和18~26S nrDNA的序列分析，得出夏威夷群岛的3个特有属为单系类群（简称夏威夷银剑群），既得到100%的decay index支持、>70%的bootstrap支持，并认为其由北美的 *Anisocarpus scabridus* 和 *Carlquistia muirii* 祖传系的成员经种间杂交而来。Barrier等（2001）从夏威夷银剑群的一些物种中分离得到与拟南芥中的 *APETALA3*（*ASAP3/TM6*）和 *APETALA1*（*AP1*）为同源基因，以及与光合作用结构基因 *ASAB9* 也为同源基因。他们比较了夏威夷银剑群和北美星草菊类群（tarweeds）的调控基因与结构基因的进化速率。分子进化分析表明，在快速进化的夏威夷银剑群中，*ASAP3/TM6* 和 *ASAP1* 调控基因的非同义替代速率明显比同义替代速率高。相比较而言，夏威夷银剑群的这两类基因中的中性突变速率没有明显地加快。在夏威夷银剑群中结构基因 *ASAB9* 的非同义替代速率比同义替代速率快，但其加快的程度不如调控基因所表现出来的大。在夏威夷银剑群中，调控基因进化速率的明显加快可能是由异源多倍化或选择和适应性分化所导致的。上述分析说明，调控基因进化速率的加快，可能伴随着适应辐射过程中形态的快速分歧。

2）豆科羽扇豆属（*Lupinus*）约275种，为一年生或多年生本质草本，乃至木本。极大部分分布于大西洋两岸，在新大陆有两个多样性中心：北美西部约100种；安第斯地区约85种。Hughes和Estwood（2006）采用ITS和CYCLO1DEA基因序列对羽扇豆属进行系统分析，发现新大陆种类分为两支。安第斯地区分支（图7.1中的B支）并非为单系类群，除了安第斯地区种类以外，还有北美西部和墨西哥种类；它与另一分支（图7.1中A支，即新大陆东部分支）的种类显然分开。前一分支的种类显示生活型和其生境具有多样性。

根据DNA序列分析和古植物证据，确定安第斯地区类群适应辐射事件是晚近的事，其是从北美入侵的，应用ITS和 *LEGCYC1A* 基因序列检测发现，这个事件发生于1.47百万年 ±0.29百万年前。Hughes和Estwood认为羽扇豆类群在安第斯地区发生适应辐射，是由于安第斯山脉的抬升和随后更新世的冰期使该区变得贫瘠而缺乏竞争者，与前例银剑亚族物种侵入夏威夷群岛而发生辐射相似。

3）落叶松属（*Larix*）11~15种，分布于北半球温带高山及寒带南部，为北方森林主要树种之一。Wei和Wang（2004）根据nrDNA ITS序列，将本属分为两大支，一支（A支）局限于北美、

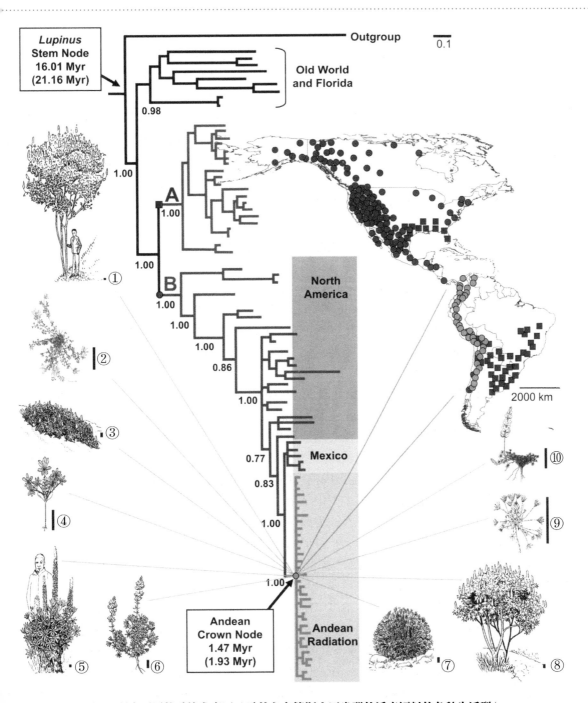

图7.1 羽扇豆属的系统发育图（示其在安第斯山区类群的适应辐射的各种生活型）

① 小树木 *Lupinus semperflorens*；② 匍匐草木 *Lupinus* sp. nov.；③ 木本状小灌木 *Lupinus smithianus*；④ 短命一年生草本 *Lupinus mollendoensis*；⑤ 具莲座状巨茎 *Lupinus weberbaueri*；⑥ 灌木 *Lupinus* sp. nov.；⑦ 无茎莲座状 *Lupinus nubigenus*；⑧ 小灌木 *Lupinus* sp. nov.；⑨ 低矮无茎莲座状 *Lupinus pulvinaris*；⑩ 莲座状草本 *Lupinus prostratus*；*Lupinus* Stem Node 羽扇豆属干群节点，Andean Crown Node 安第斯山区冠群节点，Outgroup 外类群，Old World and Florida 旧大陆和佛罗里达，North America 北美，Mexico 墨西哥，Andean Radiation 安第斯山地区类群的辐射。源自 Hughes and Eastwood, 2006

含 3 种，另一支广布于欧亚；后者又分为两支（B 和 C 支），B 支含 4 种 1 变种，广布于欧亚北部，而 C 支含 4 种 3 变种，局限于喜马拉雅 – 横断山区，这两小支的地理分布类型说明它们早已分开并各自有独立的进化历史。C 支是一个单系类群，由于喜马拉雅山的抬升和冰川作用，其分布区具复杂的气候、地形，因而引起它的辐射适应。这种辐射现象也为分子资料所证实，B 支种间的 nrDNA ITS 基因拷贝为深度平行相关（deep paralogy），而 C 支种间为浅度平行相关（shallow paralogy）。吴征镒（1987）指出西藏地区植物是一个年轻的衍生区系，在康滇古陆西部横断山区的第三纪古热带植物区系的基础上，随着青藏高原的高度隆升，结合从第三纪到第四纪的几次冰期、间冰期的反复进退，许多温带大属都在这里获得高度分化和特化，如杜鹃花属、报春花属、马先蒿属、龙胆属等（路安民, 1999）。

第二节　谱系渐变论和点断平衡论

在进化过程方面有两种对立的观点，一是达尔文及现代综合论者所主张的谱系渐变论（phyletic gradulism），另一是 Eledrege 和 Gould 提出的点断平衡论（punctuated equilibria）。谱系渐变论者认为物种在整个谱系进化过程中进行着缓慢而平稳的变化，而分裂（splitting，即成种事件）是一种辅助过程，将地层中两个化石种之间的间断归结于化石记录不完整。点断平衡论者认为整个谱系进化既是一部稳步发展的历史，又是一个稳态平衡（homeostatic equilibria）体系的历史，这种平衡被偶尔迅速的成种事件（speciation）所打断（也称点断 punctuated）。这个学说是由美国两位古生物学家 Eledrege 和 Gould 于 20 世纪 70 年代，根据泥盆纪三叶虫和更新世腹足动物研究资料提出，他们认为地质历史中，新分类群（新属、新种等）的出现，绝大多数是在很短的时间内完成的，所说的点断是指这个过程通常只占该物种整个延续时间的百分之一左右，所谓平衡（equilibria）是指成种事件之后的物种，其形态往往处于一种长期稳定停滞（stasis）的状态之中。因此，点断平衡论是指一个物种的谱系演化不时被形态迅速演变的成种事件所点断，尽管这一学说被有些人认为和达尔文的渐变学说相对立，但从本质上讲，它只不过为长期以来古生物学家所面临的一个老问题，提出了新的解释而已。

Grant（1982）注意到自点断平衡论发表之后，似乎看不到有人反对它，他认为大多数进化学家都怀疑它或者不同意它的某些观点，还有一部分生物学家不愿表示自己的意见，但也渴望知道它，甚至惊叹地说不知道人们在争论些什么？ Grant 认为这个学说（Eldrege and Gould, 1972; Gould and Eldrege, 1977; 转引自 Grant, 1982）并无新意，甚至批评它与 Wright 的选择 – 漂变概念（selection-drift concept）和转移平衡学说（shift-balance theory）、Simpson 的量子进化学说（quantum evolution）、Rensch 提出的进化历史中的暴发期（explosive phase）、Mayr 的成种事件中建立居群的思想、Lewis 的灾变选择（catastrophic selection），以及他本人的量子成种说（quantum speciation）和成种趋向（speciational trends）相似。他认为进化过程的骤变学说在 20 世纪初早已普遍流行，相信当时任何一位有造诣的进化学者，都相信谱系进化既有渐变而又有突变。但 Grant 也同意点断平衡论者认为成种事件在宏进化中所起的作用，比以往想象的要重要些。Schopf（1982; 转引自杨湘宁, 1988）还批评点断平衡论者没有把植物学已经证明的隐种（cryptic species）考虑进去，所谓隐种，它们在形态上区别甚微，但已达到生殖隔离，若化石种把这些隐种包括在内，它会在地史上延续很长时间，就显然会出现点断平衡论所描述的物种停滞现象。

上述一些骤变概念和 Goldschmidt 的大突变事件（macromutational incident）是不同的，根据 Goldschmidt 的概念，大突变能产生高级分类群，不同于其他个体的怪物，即所谓的有希望的怪物（hopeful monster），它能进入新的适应区。对多数学者来说，对大突变事件是不可接受的，它必须综合大量基因的变化，这样产生的个体很可能是不能成活的，有希望变成无希望，所以现在点断平衡论的拥护者也抛弃了 Goldschmidt 的有希望的怪物（Strickberg, 2000）。

Stebbins（1974）认为生物界和环境是相互作用的，必然会导致进化速率不同的结论，在不同的环境下，即使是两个亲缘相近类群，它们的进化速率也有快慢之别。Simpson（1953；转引自 Stebbins, 1974）基于动物化石资料，把动物分成三类：① 常速进化的（horotelic rate of evolution），② 快速进化的（tachytelic rate of evolution），③ 慢速进化的（bradytelic rate of evolution）。Stebbins 根据 Simpson 的概念，把 Florin 把中生代生长的松柏类视为常速类群，把一年生的吉利草属 *Gilia*、古代稀属 *Clarkia* 和附生的兰科植物等视为快速进化类群，把木兰属 *Magnolia*、连香树属 *Cercidiphyllum*、悬铃木属 *Platanus*、黄杞属 *Engelhardtia* 等视为慢速进化类群。

在分子进化水平上，一般类群的进化速率大都和谱系渐变论相吻合。但 Graur 和 Li（2000，引自 Wallis, 1966, 1994）对哺乳类生长激素基因（mammalian growth hormone gene）的研究，显示其进化变化的式样似与点断平衡论相吻合。图 7.2 明显说明生长激素基因在整个哺乳类谱系中进化得相当缓慢。其平均进化速率约每年每位点氨基酸替代（replacement）约为 0.3×10^{-9} 个，但有两次独立暴发式进化，一次在反刍类分歧之前，另一次在灵长类分歧之前。Wallis 估计这两

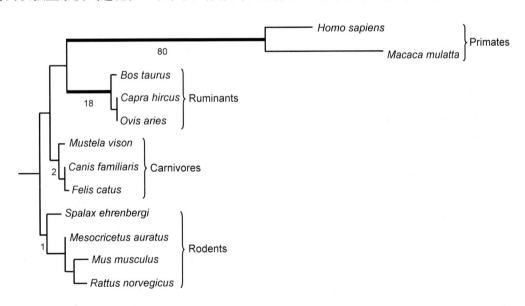

图7.2 以生长激素基因所构建的哺乳类系统发育图

加速进化速率具点断平衡论的特点；分支长度与核苷酸替换数目成比例；氨基酸替代数目写在分支下面；有两次暴发式进化事件（用黑粗线表示），一次发生在灵长类（祖传系），另一次发生在反刍类（祖传系）；Primates 灵长类，*Homo sapiens* 现代人，*Macaca mulatta* 猕猴，Ruminants 反刍类，*Bos taurus* 黄牛，*Capra hircus* 山羊，*Ovis aries* 绵羊，Carnivores 食肉类，*Mustela vision* 水貂，*Canis familiaris* 狗，*Felis catus* 家猫，Rodents 啮齿类，*Spalax ehrenbergi* 埃氏鼹形鼠，*Mesocricetus auratus* 金黄仓鼠，*Mus musculus* 小家鼠，*Rattus norvegicus* 褐家鼠。源自 Graur and Li, 2000

次快速的进化相加还不到整个哺乳类进化时间的 10%，而反刍类和灵长类的进化速率分别是哺乳类的生长激素基因平均进化速率的 20 倍和 40 倍。

反刍类和灵长类进化速率增快的原因可能有三：① 突变速率的增加，② 正选择对不同类群的效应不同，③ 净化选择的松弛。Wallis 如何来确定这是哪种更可能呢？他采用非同义替换（K_A）与同义替换（K_S）在慢速和快速阶段之比来确定，在表 7.1 中，K_A/K_S 的值在快速阶段显然很高，这说明 ② 或 ③ 是反刍类和灵长类进化速率增加的原因，而非为突变速率的增加 ①。

根据上述内容，无论形态或分子水平，动物界或植物界，在各类群的进化过程中，人们都能看到谱系渐变和点断平衡两种类型，所以我们认为这两种学说决非对立而是互补的。

表7.1 哺乳类进化时生长激素的氨基酸替代速率

阶段	氨基酸替代速率 （×10^{-9}替代/氨基酸位点/年）	K_A/K_S
慢速阶段	0.3±0.1	0.03
反刍类快速阶段	5.6±1.4	0.30
灵长类快速阶段	10.8±1.3	0.49

注：基于排除灵长类和反刍类快速进化阶段的所有资料，以及非同义替换（K_A）与同义替换（K_S）的比。源自 Wallis, 1996；转引自 Graur and Li, 2000

第三节 宏进化和微进化

根据一般概念，种级以上类群的进化称为宏进化，而种级及其以下类群的进化称为微进化（Mayr, 2001）。微进化是研究居群的变异、适应性进化、分布的变异以及物种形成。宏进化是研究高级分类群的起源，以及其如何侵入新的生境和获得新的特征。例如，被子植物起源，并获得闭合心皮、双受精和花等新的主要特征，以致进入新的适应区，经过辐射而成为现在主宰世界植被的植物。

宏进化和微进化既然以种级进化为界，那么种的形成既是宏进化的起点又是微进化的终点，所以对了解物种形成的机制是十分重要的。

一、**物种形成** 物种形成的机制，从遗传上分析主要是生殖隔离，生殖隔离意味着物种的遗传基础（基因）只能在种内交流，而不能在种间交流，这就是生物学种的概念（biological species concept）。这个概念能适用于高等动物，但并不完全适用于高等植物。一些分子生物学家认为是基因的效果，如果它同地理、生态、生理或行为的隔离效应一样，使居群分歧，以致达到生殖隔离，这种基因称为成种基因（speciation gene）。研究成种基因，主要是研究两个种的杂种对生态的适合度，从部分成活一直到杂种完全不能成活为止。Wu 和 Ting（2004）总结了近年来在动物中发现的 5 个成种基因。

（1）*Xiphophorus* 一些杂种的 *XmrK-2* 基因，如 *X. maculatus* 和 *X. helleri* 的杂种，它能产生致死的黑色细胞肿瘤（malignant melanomas）。

（2）*Drosophila mauritiana* 的 *Odysseus*（*OdsH*）基因和附近区段，联合渗入（co-introgressed）于 *Drosophila simulans*，能使它们的雄性杂种败育。

（3）*Hmr* 基因能使 *Drosophila melanogaster* 和 *D. simulans* 的杂种不能成活。

（4）*Nup 96* 基因能使 *Drosophila melanogaster* 和 *D. simulans* 的杂种不能成活。

（5）*Desat* 基因能使南部非洲赞比亚周围的 *Drosophila melanogaster* 和其他世界各地的 *D. melanogaster* 在生态上和行为（交配的爱好）上隔离开来，成为不同的品系。

在植物类群中，还未见到有成种基因的报道。

二、宏进化　　关于宏进化问题的争论焦点是由达尔文及其渐变论追随者提出的，他们宣称宏进化只不过是居群和物种层次进化的放大而已。迈尔（1992）还直接引用达尔文（Darwin, 1859）的话：由于自然选择唯独通过积累细微的、连续的有利变异来起作用，因此它不能引起巨大的或突然的变化；它只能通过非常短暂和缓慢的步伐起作用；……，如果能够证明任何现存的复杂器官，可以不通过无数的、连续的、细微的变化而形成，那么我的学说就会彻底破产。他们认为如果每个种积累足够的细微差异，最后就会形成高级分类群。这一观点通常得到某些生物学家的支持，如 Grant（1985）认为，若由一个共同祖先居群，产生两个或更多的地方宗（local race）、地理宗（geographical race）、半种（semispecies）、生物学种（biological species）和种群（species group），若分歧继续，则能达到高级分类群，如属（genus）至纲（class），甚至门（phyllum）。应当说明，每个类群分异速度是不同的，即使同一类群，每一个阶段分异速度也是不同的（图 7.3）。

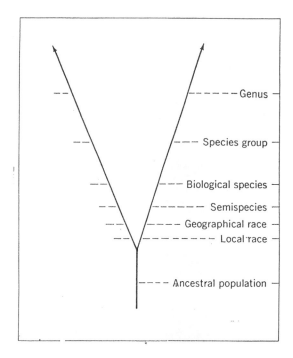

图7.3 各分类等级及其隔离程度的分异示意图

Ancestral population 祖先居群；Local race 地方宗；Geographical race 地理宗；Semispecies 半种；Biological species 生物学种；Species group 种群；Genus 属。源自 Grant, 1985

　　近年 Kellogg（2000, 2002）研究禾本科各种性状，如叶片表皮细胞的非对称分裂、胚胎的分化时间、花的形态及其各部分调控基因的表达、C4 植物光合作用基因表达位置的变化、染色体组的进化时，认为植物发育是连续的，在发育时期有两种机制，基因表达或早或晚的变化（异时发生，heterochrony），可能直接引起发育程度上的异位发生（heterotopy）变化，所谓异时发生变化是生物体某一部分在发育速度和持续时间上的变化，而所谓异位发生变化，就像花不生于枝条上而生于叶片上，这是由发育成花的分生组织异位发生于叶片所致，它常发生于宏进化。Kellogg（2000）认为生物大类群的形态变化（宏进化）和居群的基因频率变化（微进化）这两种变化机制，基本上是相同的。但也遭到另一些生物学家的反对，他们认为种的层次和高级分类群的层次的进化过程是会不同的。研究微进化是通过居群中基因变异来解释现象，而这种方法不能直接运用在高级分类群的宏进化上，后者是通过表型比较来研究的。Stebbins 和 Ayala（1981）指出，生命世界是具等级结构的（hierarchically structured），从原子经分子、细胞、组织、器官、个体、居群到种，由一个种产生多个种以至属、科等，研究低阶层的规律，似不可用于推导高阶层的规律。因此，宏进化和微进化是两个独立的过程，换言之，就现在的知识水平，宏进化的规律不能还原于微进化。

第 二 篇
原始被子植物的形态结构及其演化

第八章 原始被子植物性状的分析方法

现存被子植物都是进化的产物，是历史发展的结果，要揭示被子植物的发生和发展规律，首先必须对现存被子植物进行研究，特别是对现存原始被子植物进行研究。现代的被子植物分类系统，如 Cronquist（1968, 1981, 1988）、Dahlgren（1983）、Takhtajan（1997, 2009）、Thorne（2000a, 2000b）和 Wu 等（2002）的被子植物分类系统，主要是建立在对被子植物演化形态学研究的基础上，吸收和综合了其他分支学科的证据，是综合分析推理的结果。Takhtajan 认为木兰目 Magnoliales 是现代被子植物中最原始的类群，他就是吸收了 Bessey（1915）和 Hutchinson（1973）系统中的合理部分，综合了植物学多方面的研究证据而提出的。

性状（character）是揭示分类群之间关系和演化水平的依据，被子植物系统学的每一次发展，实质上是系统学性状积累的发展。20 世纪 40 年代以前的分类系统基本上以植物外部形态为依据；50~70 年代孢粉学、解剖学证据广泛应用；80 年代胚胎学、超微结构、植物化学性状的系统引入，促使四个现代被子植物分类系统几乎同时作了修订；90 年代以来，分子生物学证据大量积累，又提出了一些新的被子植物系统，如根据分子系统学研究结果提出的被子植物系统发育组（APG）系统（1998, 2003, 2009, 2016）；综合形态（广义）、分子、化石及地理分布证据的吴征镒等系统（吴征镒等，1998, 2003；Wu et al., 2002）等。因此，发现性状和分析性状是系统学家在研究中最重要的，也是花费精力和时间最多的工作。

第一节 性状和性状状态的分析

自 20 世纪 50 年代以来，在生物系统学中，形成了三个学派，即表征分类学派（phenetics）、分支分类学派（cladistics）和演化分类学派（phyletics）。由于学术观点的不同，他们在处理性状和分析性状时采取了不同的方法。

一、表征分类学派 该学派的主要观点：① 被子植物分类应该表达植物之间的关系，像它们今天存在的这样，以全面相似性来评价；② 由 De Candolle 及 Bentham 和 Hooker 尝试性做出的一个自然系统，虽有许多短处，却建立在一个比达尔文之后的系统更为坚实的基础之上；③ 提出了系统发育的被子植物系统，在没有化石记录的情况下是不可能有任何把握达到的，所以推测的系统发育不应作为分类的基础；④ 主张用最大数量的性状以全面相似性为依据进行一般性的分类，才有可能为更多的目的服务（Davis and Heywood, 1963）。按照这个学派的意见，分类群之间的关系取决于它们性状总体上相似性的程度，将所有性状都看作有均等的价值，不需要分析它们是原始性状（祖征）还是进步性状（衍征）。对于表征分类学派的观点，我们曾经进行了分析和评论，原则上是不赞成的（路安民，1985; 路安民和张芝玉，1978）。

二、分支分类学派 该学派提出研究的分类群必须是谱系分支群（即单系群），所有的分类群都是由一个祖先而来的后代，不能有起源于其他祖先的后裔；必须分析性状和性状状态，并且区分它们是祖征（plesiomorphy）（即原始的状态）还是衍征（apomorphy）（即衍生的状态），两个或数个分类群中来源于共同祖先的衍生性状状态称为共有衍征或者共近裔特征

（synapomorphy），共有衍征分布的式样是作谱系分支图（cladogram）的根据。严格的分支分类方法，在分析和确定性状状态是祖征还是衍征时，经常所采用的最重要的（甚至是唯一的）方法是用外类群（outgroup）作比较。一些性状在利用进化分类方法时可能被认为是原始的状态，但用外类群比较就有可能被作为衍生的状态。假若研究群（ingroup）有某些分类单元同时出现祖征和衍征，即使祖征仅仅在该分类单元的个别种中存在，在作矩阵时仍然表示为祖征。分支分类学派的重要贡献是：一个生物类群的祖先状态有随时间发生变化的趋势，当类群分化时，只是部分祖先性状保留于后代；在一个类群中，只有部分成员有共有的衍生状态，说明这些成员起源于一个更晚的共同祖先。经典的分支分类方法也有明显的缺点，如它强调利用共有衍征确定类群之间的关系，在原则上排斥了祖裔的亲缘性，而祖裔亲缘性在系统发育中是客观事实；另外，它也低估了被子植物的一些原始性状的确定所依据的古生物学证据（路安民，1985）。

三、**演化分类学派**　该学派用进化的概念解释表征发展（或称演进发生）和种系发生分支（或称谱系分支发生）。在实际的研究中，既包含了表征分类的相似性原则，又强调了谱系分支分类，建立在对性状分析的基础上，分析性状是原始的还是进步的，根据性状的进化状态来确定分类群间的关系。

第二节　确定性状和性状状态性质的原则

在性状分析中，原始性状或是进步性状的确定不可能对任何一个类群或性状都有适用的统一标准。因为性状的趋同演化和平行演化是普遍存在的；也有因不同原因而发生了性状的减化和复杂化；以及同一个植物类群的不同性状在演化中存在着不同的速率。例如，一般认为雄蕊多数是一种原始性状，它在某些类群中是适用的（如木兰类植物）；而在某些类群中，它可能是一种次生性状（如五桠果类植物）。更何况雄蕊多数，同时存在着雄蕊向心发育（如蔷薇科植物）和雄蕊离心发育（如芍药科植物）的情况。又如在被子植物中，过去通常将木质部缺乏导管而仅有管胞这一性状视为是毋庸置疑的原始性状，但是 Young（1981）利用谱系分支方法分析了 11 个无导管属的植物后，提出这是一种次生现象，他认为在这些属的演化中，其管胞是由于幼态成熟（neoteny，生物的某些组织或器官因在早期发育时停滞，其成年阶段被幼年阶段所替代）而造成的。因此只能提出一些原则，在研究中对不同类群的不同性状应作具体的分析。

一、Bessey（1915）提出的原则

（1）总原则　①演化不总是向前的，而有时包含着退化；②一般来说，同源性结构（具有多数和相似的部分）是较低的，而异源性结构（具有少数和不相似的部分）是较高的；③演化不可能是植物的各种器官在不同发育时期都是同步的，一个器官可能是进步了，而另一个器官可能是退化了；④向前发展有时是通过复杂性的增加，而有时是通过一个器官或一组器官的简化；⑤演化一般是连续的，当一种特别的退化事件出现时，它会在该类植物持续下去；⑥在同一分类群中自养植物（含叶绿素植物）先于异养植物（无色素植物）进化，后者是由前者退化来的；⑦植物的关系是上下的传代系，而它们必须构成系统发育分类的框架。

（2）有花植物营养器官结构的演化原则　①茎维管束以圆柱形排列较星散状排列原始，后者是由前者来的。②木质茎（像乔木）比草质茎原始，草本来源于木本；③单一、不分枝的茎是比较早的类型，而分枝茎是进步的；④在历史上叶成对地排列在茎上，先于叶单生节上的

螺旋状排列；⑤ 在历史上单叶先于分枝的（复）叶；⑥ 在历史上叶开始是常绿的而后来是落叶的；⑦ 叶子具网状脉是正常的结构，一些平行脉序是由网状脉而来的一种特别的变异。

（3）有花植物花结构的演化原则 ① 花器官多数在先，而少数是由多数来的；② 有花瓣是花被的正常结构，而无花瓣的花是减化的结果；③ 离生花被是较早的而合生花被是由花被成员联合而来的；④ 辐射对称是早于左右对称的结构，左右对称是花被成员从相似生长到不相似生长变化的结果；⑤ 下位花（子房上位）是比较原始的结构，上位花（子房下位）是下位花演化而来的；⑥ 离生心皮是原始的结构，合生心皮是由离生心皮演化而来的；⑦ 多心皮是早期情况，而少心皮是由它而来的；⑧ 有内胚乳的种子是原始的，而无胚乳的种子是后来的；⑨ 具有小胚（在胚乳中）的种子比具大胚（少胚乳或无胚乳）的种子原始；⑩ 比较早的花（原始的花）有多数雄蕊，而后来的花有少数雄蕊（少雄蕊的）；⑪ 原始花的雄蕊是分离的，而进步的花雄蕊常常是联合的（合生雄蕊）；⑫ 粉状的花粉粒比黏合的或块状的花粉粒原始；⑬ 既有雄蕊又有心皮的花（两性花）早于单性花；⑭ 雌雄同株早于雌雄异株。

二、Thorne（1958）提出的原则 ① 现存物种是由过去曾存在的物种经过变异遗传下来的，因此是进化的产物；② 祖先情况和特化趋势常在现存的与化石被子植物的器官、组织和细胞中得到认识；③ 任何原始的、祖先的性状不能比由它发生的性状更特化，它们在现存种中是原始的；④ 器官的退化痕迹，如出现退化维管束，可为减化、缺失、融合或结构的变态提供证据；⑤ 在习性、功能和结构上流行的平行进化与趋同进化是预测的结果，被子植物成功繁殖是对生态位适应的结果；⑥ 植物各个部分在发育全部阶段都可能产生对建立亲缘关系有价值的证据；⑦ 进化可能趋向于精细的和分化的或者趋向于简化；⑧ 进化的速率和方向可能在植物不同器官与组织是变化的；⑨ 大多数现存的被子植物是高度特化的，并且同它们的祖先发生了很大的变化；⑩ 进化的趋向在变换了环境条件影响下有时是可逆的；⑪ 器官一旦失去通常是不能恢复的；⑫ 被子植物的新结构由曾存在的结构变态或发展而来的；⑬ 偶尔或局部出现进化意义不明显的特征，若同其他特征有相关性，常常表示有亲缘关系；⑭ 偶尔出现的某些特征或进化发展到某种水平，常常对决定科和目的亲缘性是有价值的；⑮ 关系虽然不相近的植物的胚和实生苗常常比成熟植物相似，因为它们保留了原始的特征。

三、Smith（1967）提出的被子植物形态性状演化趋势 他将原始性状与进步性状进行对比列入表 8.1。

四、Crisci 和 Stuessy（1980）提出确定原始性状的 9 条标准 ① 化石证据；② 通过内类群与外类群比较，在一个类群中普遍存在的性状则原始；③ 原始性状状态的协同出现；④ 早期个体发育的情况；⑤ 器官发生的微小变态；⑥ 退化器官；⑦ 性状的联系性；⑧ 性状的相关性；⑨ 类群的演化趋向。他们将前 6 条称作第一水平的标准，应用于所研究类群和相关类群不知道任何原始性状的情况下；将后三条称作第二水平的标准，应用于所研究类群至少知道一个原始性状的情况下，它常常是建立在第一水平标准分析的基础上。

五、Goldberg（2003）提出分析性状状态极性的基本原则 ① 在被子植物进化历史中影响营养性状和许多繁殖特性的最重要环境因素是地球上大部分地区由湿润的条件逐渐变冷和变干旱；② 影响繁殖性状的最重要环境因子是其同昆虫的协同演化，大的演化趋势是从风媒到虫媒；③ 普遍的性状状态是原始的，而特化的状态是进化的；④ 在被子植物出现之前的原始蕨类植物、种子蕨植物、原始裸子植物中一致出现的性状或性状状态应看作是原始的。

表8.1 Smith的被子植物形态性状的演化趋势

	原始性状	进步性状
1	热带植物	温带植物
2	木本植物	藤本或草本植物
3	木材同型（无导管）	木材异型（具导管）
4	多年生习性	二年生或一年生习性
5	陆生习性	水生、附生、腐生、寄生习性
6	环状维管束（双子叶）	星散状维管束（单子叶）
7	有叶绿体	叶绿体缺乏
8	常绿植物	落叶植物
9	托叶存在	托叶缺如
10	节具2叶迹的单叶隙	节具多种变化
11	叶螺旋状排列	叶对生或轮生
12	单叶	复叶
13	花两性	花单性
14	花单生	花生在花序
15	花虫媒传粉	花风媒传粉
16	花瓣螺旋状、覆瓦状	花多部轮生
17	花多数	花少数
18	花被不分化	花被分化为花萼和花冠，或减化
19	花具花瓣	花无花瓣
20	花瓣分离	花瓣合生
21	花辐射对称	花两侧对称
22	下位花（子房上位）	周位花，上位花（子房下位）
23	雄蕊多数	雄蕊几枚（少数）
24	雄蕊分离	雄蕊合生
25	雄蕊具3脉小孢子叶（具线形包埋的孢子囊）	雄蕊具多种变态
26	花粉单沟及衍生型	花粉3沟及衍生型
27	心皮多数	心皮少数
28	心皮分离	心皮合生
29	心皮对折、不封闭、无花柱	心皮不同变态
30	胎座叶状	近边缘胎座到中轴、侧膜等胎座
31	果实单一	果实聚合
32	蓇葖果	蒴果、浆果、核果等
33	种子大，胚小，胚乳丰富	种子小，胚十分发育，内胚乳少或无
34	子叶2	子叶1或3（或更多）
35	倒生胚珠	其他类型
36	两层珠被	一层珠被
37	核型胚乳	细胞型或沼生型胚乳
38	厚珠心胚珠	薄珠心胚珠
39	长、细的筛细胞具有星散的筛域	短筛管分子具有特别筛板
40	染色体数少，$n = 7$	染色体数多

　　基于上述原则，Goldberg 认为：被子植物起源和开始分化于中生代的湿润气候下；早期生活习性是小乔木或灌木；最早的叶是互生、全缘、单叶，中等厚度；最早的虫媒花是顶生单花；最初的花是辐射对称；最早的有花植物为雌雄异花，雌雄异株→同株→杂性花、完全花；花被不定数、螺旋状排列→定数、轮状排列；雄蕊多数；花序具多数雄花，柔荑状；风媒传粉→虫媒传粉；完全花中开始为雄蕊下位；雄蕊同花瓣与叶同源；不分化的雄蕊原始；最早的花粉为单沟；最早的花缺乏蜜腺；雌蕊分离原始；胚珠原始的情况是双珠被、厚珠心，进步的是单珠被、薄珠心；心皮同叶是同源的，大多数叶状果实是蓇葖果；原始的种子有丰富的胚乳；原始的情况下，子叶是狭窄的并相对短，而进步的子叶叶状。因此，在他的系统中，将昆栏树目 Trochodendrales 和金缕梅目 Hamamelidales 排在最前面。前 10 个科是连香树科 Cercidiphyllaceae、水青树科 Tetracentraceae、领春木科 Eupteleaceae、昆栏树科 Trochodendraceae、悬铃木科 Platanaceae、折扇叶科 Myrothamnaceae、黄杨科 Buxaceae、金缕梅科 Hamamelidaceae、交让木科 Daphniphyllaceae 和双蕊花科 Didymelaceae。

六、我们的原则

　　（1）化石证据　植物化石是植物存在时期的历史见证。大多数植物学家都会认为化石证据在确定进化方向上具重要性。例如，比较木材化石和现代植物木材解剖结构，提出了木材分子由原始类型到进化类型的演变趋势。又如化石花粉粒的资料证明，最古老的被子植物的花粉类型的代表是棒纹粉属（*Clavatipollenites*）的花粉，它发现于早白垩世阿普第期，从而确定在被子植物中单沟花粉是原始的花粉类型。化石证据虽然是重要的标准，但不可能所有性状都有化石证据，特别是在被子植物中十分重要的性状——花，大概是由于它娇嫩而不易化石化，局限了这一标准的利用价值。

　　（2）性状分布的普遍性　在一个分类群中，普遍（多数成员）存在的性状常常被认为是原始的性状（或者说是祖先的性状）。但是，这种普遍性在研究的群中应该以大的分类单元为基本单位。例如，某个属有 100 个种，它们隶属于 5 个组，而某 1 个性状出现在 80 个种中，但是这 80 个种仅仅局限于 1 个组，虽然就种数而论，它是普遍的，但它只出现在 1 个组，所以在这个属中，多数组出现的某一性状，应看作是祖征。原始的花常常是指具有多数雄蕊、螺旋状排列、心皮分离、具单沟花粉等性状的花，然而这些性状在现存的被子植物中并非普遍存在，只局限于木兰类植物。因此，某些学者如 Stebbins（1974）强烈地批评了对这个标准的利用。如果我们认真地对性状作了比较分析，该标准也未必不可取，只是有限的。

　　（3）性状之间的相关性　最早被 Sinnott 和 Bailey（1914）所采用。他们证明三叶隙节和托叶之间存在着正相关：如果节间具三叶隙是原始的，则具有托叶也必须是原始的。他们还认为木本植物的原始性状包括能结出鲜果以及节间具三叶隙的植物可长出掌状叶。Frost（1930）正式提出了相关性原则，他认为两个性状之间相关性的出现是由于它们存在着有关联的进化速率。这样，这个原则的应用仅限于同源组织的性状，如次生木质部。后来证明，相关性同样存在于在时间上或空间上彼此分离的性状之间，如在植物的不同器官或植物在生活周期的不同阶段，也会出现性状之间的进化速率协调的可能性。Sporne（1974）认为相关性可以出现于原始性状之间，同样也可能出现于进化性状之间，但它们的进化速率是不同的。因此，在他后来发表的一系列文章中，对于性状之间相关性在确定类群关系时的重要性予以特别地强调。当然，也有学者如 Stebbins（1951）虽然对性状相关性的存在表示怀疑，但他还是选择了木本习性同 8 个花的性状：无瓣、合瓣、左右对称、雄蕊数目减少、心皮合生、胚珠数目减化、侧膜胎座和子房下位成对地进行了试验，观察到一些性状的组合不只是成对而且成组。总之，成对的或成组的性状之间的相关性，是一种性状演化的现象，在性状分析中可以作为一条有用的原则。

（4）性状的协同演化　研究生物或性状之间的协同演化（coevolution）在现代生物学中仍然是一个受到关注的课题。在性状分析中，它是一种间接的且又是重要的证据。最明显的例子是虫媒传粉类群中的花结构的变化常与传粉的媒体密切相关。例如，马先蒿属和兰科植物中特化的花结构与专化昆虫传粉之间的协同演化；风媒和水媒传粉的植物往往会出现花的极端减化；寄生植物和寄主植物之间的协同演化。研究生物学中的这些协同演化关系，能为正确判断性状状态的演化方向提供十分重要的线索。

（5）个体发育反映系统发育的重演原则　动物学上对这一原则是很重视的，特别是在胚胎发育过程中，胚胎发育的早期阶段常常表现出一种返祖的现象。由于植物和动物之间生长方式上存在不同，该原则很少能被应用。Gundersen（1939）利用这个原理建立了下列的演化趋势：花冠从离瓣到合瓣（由于合瓣的花冠花瓣开始是分离的，后来才产生筒部）、花萼从分离到联合、花冠辐射对称到左右对称、子房上位到下位和心皮离生到合生。可以看出，这些趋势并非完全建立在这个原则上。因此，它可能对某些性状是适用的，而对有些性状是不适用或者不可靠的。但是，它确实是一种生物学现象，在被子植物中也不乏其例，如其复叶的种，常常在幼苗时出现单叶，这可能就是一种重演现象。

（6）外类群比较　正如前述，外类群比较在确定性状的演化状态时，是谱系分支学派所运用的最重要的方法。利用这个方法，首先必须确定用以比较的类群之间确实有较近的亲缘关系。例如，我们选择木樨科作为唇形超目的外类群，就是通过仔细地比较分析了两者可能有较近的共同祖先来确定的。如果所研究的类群中某一性状出现不同的状态，要决定哪一个状态是祖征而哪些是衍征，就要依其外类群这一性状的状态来决定。例如，果实的分类是十分复杂的问题，过去对果实这一性状演化的分析是人为的。在唇形超目中存在着十分复杂的果实类型：蒴果（包括盖果）、坚果、小坚果、瘦果、翅果、浆果和分果等。该群的23个科中，16个科出现蒴果，被选择的3个外类群科中无一例外均有蒴果存在。因而，可以相信在唇形超目中，蒴果是祖征状态，而其他果实类型是衍征状态（Lu, 1990）。

当然，人们还可以提出其他原则，我们认为最重要的是上述几条。至于性状演化趋势有人也将其作为一个原则，我们认为它是性状分析的结果，在分析性状时可作为重要依据（路安民，1985）。

第三节　性状的镶嵌和不同步演化

俄罗斯植物学家 A. Takhtajan 十分强调性状的不同步演化，他的系统自1948年以来的多个版本（1948, 1964, 1991, 1997, 2009）中，都专门论述了这个命题。他认为在进化过程中，人们可以观察到有机体的不同部分、不同器官和不同器官系统之间的相关性。这些进化的相关性可不同程度地表现出来。当一个器官的机能需要另一个器官的机能时，它们之间就有清楚的进化相关性。例如，这种相关性可表现在叶柄的输导系统和茎输导系统之间或木质部和韧皮部之间。在有些情况下，它们的机能不存在联系，如花粉粒和果实之间、孢子体和配子体之间没有演化相关性，因为它们是各自在不同的进化线上。古生物化石记录和活着的有机体比较形态学证据证明，许多器官或器官的不同部位存在相对独立的和不等的演化速率。某些器官或结构发育快速，另一些比较缓慢，甚至有一些可以长时间保留相对原始的水平，同有机体的其他部分形成明显的对比。它们在一条传代线上比在另一条传代线上发展快速以及在某些时间比另一些时间发展更迅速。在同一系统发育传代线上，不同结构的演化速率不同，曾经给予不同名称（但不完全是异名）。比利时古生物学家 Dollo（1893）称这种现象为 Chevauchement des specialisations，而 Eimer（1897）称它为 heteroepistasy，De Beer（1954）称它为镶嵌演化 mosaic evolution，俄国植物学家 Kozo-Poljanski（1940）称它为性状的异时性 heterochron（以上文献均转引自 Takhtajan，1991）。依 Takhtajan（1959，1991，2009）的观点，要区别镶嵌演化的过程和结果，将同一分类群具有不同演化级性状的现象称为不同步演化（heterobathmy），它来源希腊文 bathmos-step，在比较原始的性状（祖征）不同步的有机体中，也可看到比较进化的性状（衍征）。一个有机体代表不同（有时很不同）性状演化等级的不同步组合。

性状不同步演化的程度依赖于性状相关性的关联程度。在高等植物的已绝灭和现存的不同谱系群中，每一个大群中最古老的成员不同步性相对是比较显著的（Takhtajan，1948，1959; Davis and Heywood，1963）。例如，在有花植物中，一些古老类群中的性状不同步性是十分清楚的，如木兰目 Magnoliales、帽花木属 Eupomatia、林仙科 Winteraceae（尤其是分布于马达加斯加的一个原始属塔赫他间属 Takhtajania）、金粟兰科 Chloranthaceae（尤其是草珊瑚属 Sarcandra）、睡莲目 Nymphaeales、昆栏树目 Trochodendrales 等。最好的不同步性的例子是塔赫他间属 Takhtajania、昆栏树属 Trochodendron 和水青树属 Tetracentron，这些类群具有很原始的无导管木材却有相对进化的花。昆栏树属 Trochodendron 和水青树属 Tetracentron 也有相对进化的花粉（3 沟花粉 tricolpate）。不同步性最明显的例子是翠雀属 Delphinium 和乌头属 Aconitum，它们既有左右对称的花（衍征），又有单心皮分离雌蕊（祖征）。相反在有花植物的最进化类群中，如唇形科 Lamiaceae、菊科 Asteraceae、兰科 Orchidaceae 或禾本科 Poaceae，不同步性常常表现相对较弱。古老群的不同步性常常表现强烈，其原因是它们在进化上的原始本能性反应。在新传代线的早期进化阶段不同步性尤其明显。事实上出现任何大的新的系统发育分支，常常是以前的相关链瓦解（disintegration）和新的相关链建立。这样一种相关性的构建，既发生在前进的进化线，又发生在退化（regressive）的进化线。这两种情况，都不是一个有机整体的各部分在同一个时间、同一速率及在同一水平上构建的，就不可避免地产生性状的不同步演化。在后来的进化过程中不同步性常常趋于减退。不同性状进化等级的均等和同一类群有机体常常产生进一步的进化，即特化。因此，古老的类型是以性状的不协调组合为特征，而比较进步的类型的不同性状有较为相等的等级。人们可以根据它们不断增加的结构的高度特化程度说明进化水平层次。显然每一种演化趋势，有一定的发展水平或特化的阶段，其结构的机能较好地适应于它所生长的环境条件。性状不同步性的减少，属于不同进化系列不同性状组合的协调 harmonization，这十分有利于性状广泛地对一些特别环境条件的适应。一个很好的例子是物种对沙漠中干旱气候的适应。物种旱化（xerophilization）是特化类型中的一个，有利于性状不同步性减退。因此在旱生植物中我们很少看到其所表现出的不同步性，而不同步性发生于许多中生植物（mesophytes）。在许多类群中，尤其是有机体部分器官发生退化的情况下，性状不同步性反而是增加了，如在许多水生植物、腐生植物和寄生植物中。最好的例子是无根藤属 Cassytha，该属繁殖器官仍然是樟科的繁殖器官水平，其营养器官却极端的减化和特化（见 P191 图 10.4.10）。在水生植物中，生殖器官和营养器官之间的不同步性也有不少例子，像在浮萍科 Lemnaceae，退化或特化影响到植物体的所有器官。Takhtajan（1991）作出结论：性状的不同步演化依赖于有机体各部分的相关性程度、演化的等级以及类群适应性演化的方式。

第九章 原始被子植物结构的分化和演化

第一节 营养器官

一、生长习性 在原始被子植物中,几乎被子植物的各种生长习性都出现了,如木本(乔木和灌木)、草本(一年生、二年生和多年生)、藤本(木质藤本和草质藤本)。其中大多数科为陆生植物, 少数为水生植物, 极少数为寄生植物(腐臭草科 Hydnoraceae、大花草科 Rafflesiaceae)。Hallier(1912)提出最古老的被子植物是木本植物, 草本植物是次生的。他认为, 最早的被子植物是小乔木, 树冠不大发达、分枝也不多。Stebbins(1974)假设最早的有花植物是生长矮小的灌木状植物, 没有十分发达的主干。而 Takhtajan(1991)则认为最早的有花植物是小的木本植物, 在早白垩世植被中, 它们只占据着很不显眼的地方, 热带雨林中的大乔木来源于祖先的小木本植物,多分枝乔木来源于少分枝乔木,落叶树来源于常绿树。上述观点是基于木兰类植物是原始被子植物的观点, 即真花学派的观点。假花学派提出祖先被子植物是有根状茎的草本植物, 如金粟兰科 Chloranthaceae 和胡椒科 Piperaceae 植物。一些学者(Donoghue et al., 1989; Taylor and Hickey, 1992)根据被子植物一些基出类群属于所谓的古草本类, 认为其祖先是具有小型、简单花的草本类群, 处于被子植物的基部位置。这些类群是金粟兰科 Chloranthaceae、囊粉花科 Lactoridaceae、马兜铃科 Aristolochiaceae、睡莲目 Nymphaeales(狭义)、金鱼藻科 Ceratophyllaceae、三白草科 Saururaceae、胡椒科 Piperaceae。Taylor 和 Hickey(1990, 1992)还认为包括单子叶植物。Taylor 和 Hickey(1995)进一步阐述了被子植物草本起源的假说, 提出祖先被子植物是一类小型的、具根状茎、攀缘的多年生草本。

Takhtajan(1948, 1991)指出在被子植物中, 草质茎是次生的。木兰目 Magnoliales、番荔枝目 Annonales、林仙目 Winterales、昆栏树目 Trochodendrales 全部是木本植物, 樟目 Laurales 中也很少有草本。而在许多进化目中草本却占优势。木本类型向草本类型进化的转变是由于形成层的活动逐渐减弱。草本是木本的幼态类型, 即草本类型是木本类型通过幼态成熟形成的, 这种幼态成熟的过程可以在既有木本也有草本的属中看到。其中最典型的例子是在芍药属 Paeonia 中看到的情况。

草本习性在被子植物不同的演化线和不同的演化等级是以不同的途径独立起源的。最早的草本植物大概在被子植物发生的开始就已经起源了, 草本植物起源的过程可能是很快的, 并且有一个较广的规模。在原始的被子植物中, 有 29 个科为草本或包含草本的类群。在早期分化中它们出现在不同的传代线, 如金粟兰科 Chloranthaceae、独蕊草科 Hydatellaceae、睡莲目 Nymphaeales、金鱼藻科 Ceratophyllaceae、三白草科 Saururaceae 和菖蒲科 Acoraceae 等。

按 Takhtajan(1948, 1991, 2009)的观点, 木本被子植物向草本的进化趋势是可逆的, 它们多次出现在被子植物系统发育关系较远的分类群中, 有从草本向木本转化的趋势, 如毛茛科、小檗科、商陆科以及许多百合纲植物。这些次生木本植物严格上讲不同于初生木本植物, 尤其是木本百合纲植物。正像 Stebbins(1974)指出的"棕榈类和竹类不同于原始的先出被子植物(preangiospermous)的灌木和乔木, 正像鲸鱼和海豹不同于鱼类一样"。

二、分枝　被子植物有两种主要分枝式样：单轴分枝和合轴分枝。两种式样在许多科中甚至在同一个属中可以遇到，所以确定其进化方向是困难的。根据对古老的（archaic）现存木兰类植物的研究表明，可能最早的类型（original type）是一种单轴分枝和合轴分枝的组合，如在木兰属 *Magnolia* 中所表现出的那样。木兰属的营养枝是单轴分枝，而生顶生花的短枝是以合轴分枝式样发育的。

　　单轴分枝是湿润的亚热带和特别潮湿的热带森林中许多树木的特征，湿润热带和亚热带气候有助于茎顶端分生组织保持伸长，营养枝一年到头都能生长，导致了主轴旺盛生长，从而抑制侧枝生长。但是，在热带山地、温带、寒带气候环境，合轴分枝是由单轴分枝产生的。枝端顶芽不发育或枯死，导致大量侧芽的发育，从而生出大量的侧枝。单轴分枝向合轴分枝发生出现在不同的传代线。合轴分枝在草本被子植物中是很普遍的，这是形成层减退的直接结果（Holttum，1955）。按照 Serebryakov（1952）的观点，合轴分枝是一种增强营养繁殖的有力工具；在合轴生长下的枝端或顶芽枯死为枝条较早的成熟作准备，它们转化到休眠的状态，强化了树木（乔灌木）的耐寒性。

三、叶　在现存的被子植物中还找不到无可争论的祖先的叶形，在已知最早化石类型中也是缺乏的。因此，确定被子植物叶的起始类型是很困难的（Takhtajan，1991）。

　　（1）叶形　有一些人（Corner，1949）认为，在有花植物中，复叶是最原始的。但是大多数人根据比较形态学资料认为复叶来源于全缘的或分裂的单叶。Hallier（1912）提出番荔枝目（Annonales）叶的特征是常绿、革质、单叶全缘、具羽状叶脉，在他的系统中是最原始的目。但是 Sinnott 和 Bailey（1914）认为三裂和具掌状脉的单叶是原始的叶，而不是叶全缘、具羽状脉是原始的。后来，Parkin（1953）根据双子叶植物叶的比较形态学研究，认为具羽状脉的椭圆形单叶是有花植物原始的叶形。Takhtajan（1948，1959，1991，2009）也认为全缘、具羽状脉的单叶是原始的。事实上，现存古老的樟纲、木兰纲、胡椒纲植物，如无油樟科 Amborellaceae、单心木兰科 Degeneriaceae、瓣蕊花科 Himantandraceae、木兰科 Magnoliaceae、帽花木科 Eupomatiaceae、林仙科 Winteraceae、八角科 Illiciaceae、五味子科 Schisandraceae、番荔枝科 Annonaceae 等，有的单叶通常全缘且具羽状脉。而复叶和分裂叶在最古老的有花植物中很少见，只在较进化的属，如鹅掌楸属 *Liriodendron* 和木兰属的一些种中发现，以及一些毛茛纲植物出现，如木通科 Lardizabalaceae、小檗科 Berberidaceae、毛茛科 Ranunculaceae、罂粟科 Papaveraceae、紫堇科 Fumariaceae 等。这种观点也为 Eames（1961）、Cronquist（1968，1988）、Hickey（1971）、Stebbins（1974）等接受。

　　（2）叶脉　脉序主要有三大类型：羽状脉（pinnate）、掌状脉（palmate）和条状脉（striate），每一个类型又可分为若干亚型和变型。

　　在原始被子植物中，木兰纲和樟纲以羽状脉为主，只有囊粉花科 Lactoridaceae、莲叶桐科 Hernandiaceae 及睡莲目 Nymphaeales 为掌状脉。胡椒纲、金缕梅纲、毛茛纲以掌状脉为主。百合纲以条状脉为主，如菖蒲科 Acoraceae、花蔺科 Butomaceae 等。

　　绝大多数木兰纲 Magnoliopsida 植物和一些百合纲 Liliopsida 植物的叶脉脉序是以具有羽状脉序中的一种为特征。最有意义的进化倾向是中肋和叶柄的作用逐渐增强。主脉和叶柄强壮发育尤其是热带雨林常绿树叶的特征；这类植物的叶常常是大而重的，因此有强壮的圆形叶柄及强壮的中肋，弹力好，能有效地抵御狂风和暴雨。

羽状脉序另一个进化趋向是次级脉分化角度的变化。在羽状脉序最原始的类型中，如在一些金缕梅纲植物昆栏树属 Trochodendron 和一些金缕梅科 Hamamelidaceae 植物中，由主脉分化的第二级侧脉呈锐角。但在较进化的类型中角度逐渐呈直角，像在印度榕 Ficus elastica 和一些夹竹桃科 Apocynaceae、萝藦科 Asclepiadaceae 植物中看到的情况。

对羽状脉序的进化趋势进行研究有许多困难。现在仍然不能确定哪一种羽状脉序是最原始的。Stebbins（1974）提出原始被子植物的叶从变狭的茎部到不明显的叶柄上，有网结的脉序，没有分离的末端，它们的主脉、侧脉（次级脉）、三级脉和四级脉不太分化。此外，根据古植物学资料，一些学者认为，最原始的脉序类型是环状脉序中的多弧状脉序（brochidodromous arching = multiarched），这种脉序的次级脉之间面积大小不同和形状十分不规则，三级脉和小脉分叉不规则或不太分化，叶柄和叶片分界不清楚（Hickey, 1971; Hickey and Doyle, 1972; Doyle and Hickey, 1976）。按照 Cronquist（1988）的观点，原始化石叶和现代叶最好的、可作比较的特征是在林仙科 Winteraceae 植物的一些种类中看到的，如 Tasmannia（Drimys）piperita 和 Zygogynum pancheri。这些类型相当于简单环状脉（simple looped），这种类型是许多木兰纲植物的特征。

环状脉序的一个主要进化趋势是半环状脉序的起源，它是许多蔷薇纲植物的特征。脉序类型的起源与全缘叶片向具齿叶片转化有关。这种趋势的顶点（culmination）是直羽状脉序（rectipinnate venation）。

另一个主要趋势是多弧状脉序的起源，这是许多木兰纲植物的特征。多弧状脉序（multiarched venation）来源于不同分枝等级的弧状脉的特化，并增加离缘弧状小脉（inframarginal coarcuate vein）优势。

掌状脉序是由原始的羽状脉序经过小的变异形成的羽状脉下面的侧脉（二级脉）较充分发育而上面的侧脉发育弱。具掌状脉的叶尤其同草本植物和温带的落叶木本类型有关。植物不需要有强壮的叶柄和中肋。掌状脉同样出现在无柄的叶性器官中（如子叶、先出叶、芽鳞、萼片、小苞片、花萼片、花瓣）。掌状－羽状脉序是一种中间类型。掌状脉序最原始的类型是直掌状脉序，如 Acer palmatum 的脉序。掌状脉中其他类型似乎都是后来的。典型的弯掌状脉序（curripalmate venation），像三白草 Saururus cernuus 的脉序，在某些方面是介于典型的掌状脉序和百合纲条状脉序之间的类型。

弧形条状脉（arcuate-striate）是条状脉中最原始的类型，这是许多百合纲植物中一些相对古老类型的特征。但是单子叶植物最具特征的脉序称作平行脉 parallel。纵条形脉（longitudinally striate venation）起源是很早的，在白垩纪阿普特期（Aptian）已经存在。条形脉的一种特别类型是琴形脉（lyrate venation），它可能起源于纵的条形脉。

小脉（即最末端小脉）的结构在叶的进化形态学中是很重要的，它们在水分和光合产物运输方面具有重要的作用。按照 Gamalei（1988a, 1988b, 1989）的分类，小脉（minor vein）有两种结构类型：开放型和闭合型。它们的不同在于居间细胞（intermediary cell）的结构和韧皮部装载物质（phloem loading）和运输糖的机制。开放型（open type）也称木本型（arborescent type），在叶肉细胞和韧皮部之间具有胞间连丝区（plasmodesmal field）。闭合型（closed type）也称草本型，是叶肉细胞与韧皮部之间没有胞间连丝区。闭合型又可分为三亚型：① 型为居间细胞的细胞壁内表面光滑；② 型为居间细胞的细胞壁向内生长（ingrowth）；③ 型具有鞘状束，连接叶肉细胞，但不连接韧皮部细胞。Gamalei（1988a）注意到，开放型运输特征是比较古老的，它们主要出现在木本植物中，包括古老的类群像木兰目 Magnoliales、八角目 Illiciales、番荔枝目 Annonales 和樟目 Laurales，以及金缕梅纲（Hamamelidopsida）植物，也在一些进步的木本植物中有所发现，如柿目 Ebenales、桃金娘目 Myrtales、胡颓子目 Elaeagnales、葡萄科 Vitaceae 和木犀科 Oleaceae，以及一些草本类群（如葫芦科 Cucurbitaceae 和唇形科 Lamiaceae）。闭合型大概是晚起源的，主要出现在草本双子叶植物，包括石竹纲、菊纲和几乎所有百合纲中。

（3）**叶缘锯齿**（marginal teeth）　在原始被子植物中叶缘类型有：无齿型、金粟兰型（chloranthoid）、杯轴花型（monimioid）、悬铃木型（platanoid）。无齿型分布于木兰纲、樟纲、胡椒纲、泽泻亚纲植物；金粟兰型在无油樟科 Amborellaceae、金粟兰科 Chloranthaceae、五味子科 Schisandraceae、昆栏树科 Trochodendraceae 以及许多毛茛纲的科中；杯轴花型局限于杯轴花科 Monimiaceae 和早落瓣科 Trimeniaceae 的一些种；悬铃木型在悬铃木科 Platanaceae、金缕梅科 Hamamelidaceae 和领春木科 Eupteleaceae。

（4）**叶捲迭式**（leaf vernation）　叶最原始的捲迭式是对折式（conduplicate vernation），叶片在芽中沿中脉在向轴面折迭，即叶片两边在上边折迭。这种类型是一些古老类群的特征，如单心木兰科 Degeneriaceae、木兰科 Magnoliaceae、帽花木科 Eupomatiaceae 和林仙科 Winteraceae。其他类型是衍生的（derivative）。

（5）**叶序**（phyllotaxy）　互生叶是原始的（Hallier, 1912），叶对生和轮生是衍生的。但 Cronquist（1988）指出对生叶从互生叶起源不是一种永远不变的倾向，也会出现反向的情况。他认为轮生叶很少出现反向的情况。在原始被子植物中，普遍为互生叶。但樟纲多数种为对生叶，只有无油樟科 Amborellaceae、莲叶桐科 Hernandiaceae 和樟科 Lauraceae 中的部分种为互生叶。泽泻科 Alismataceae、水鳖科 Hydrocharitaceae 及毛茛纲的星叶草科 Circaeasteraceae、蕨叶草科 Pteridophyllaceae 有基生叶。

四、气孔器（stomatal apparatus）　气孔器是可以由普通的表皮细胞所包围而形成，称无规则型（anomocytic type）；或者由形态上不同于其他表皮细胞的 2 个至多个副卫细胞（subsidiary cell）所包围，如平列型（paracytic type）、四列型（tetracytic type）、不等细胞型（anisocytic type）、侧列型（laterocytic type）、横列型（diacytic type）、辐射型（actinocytic type）和其他类型。

无规则型出现在原始被子植物的各个纲中，尤其在毛茛纲的各科；平列型在木兰纲、樟纲、泽泻亚纲占优势；四列型局限于三白草科 Saururaceae 和胡椒科 Piperaceae；侧列型在昆栏树科 Trochodendraceae 和悬铃木科 Platanaceae 发现。

具副卫细胞的气孔有两种基本的发育类型：周位型（perigenous）和中位型（mesogenous）。周位型的保卫细胞来源于气孔原始细胞一次简单的分裂，副卫细胞是由气孔周围的一些细胞变态来的。中位型是的保卫细胞和副卫细胞来源于同一个气孔原始细胞。气孔个体发育中还有一种中周位型（mesoperigenous）。在种子植物进化中，周位型先于中位型，但是有花植物最可能是以中位型开始的。这是由于在一些古老类群中出现中位型（和中周位型），如单心木兰科 Degeneriaceae、瓣蕊花科 Himantandraceae、木兰科 Magnoliaceae、帽花木科 Eupomatiaceae、番荔枝科 Annonaceae、白樟科 Canellaceae、林仙科 Winteraceae 和八角科 Illiciaceae。此外，在中位型和中周位型的木兰纲也有并列型（一个或几个副卫细胞的孔和保卫细胞的长轴平行。中位平列型气孔器（mesogenous paracytic stomata）是被子植物气孔器中最原始的类型。所有其他类型包括没有副卫细胞的无规则型在内都是衍生的类型（Takhtajan, 1966, 1969, 1991, 2009; Baranova, 1972, 1985, 1987）。

潘开玉等（1990）观察了金缕梅科 Hamamelidaceae19 属 37 种（分属 6 个亚科）的成熟叶表皮细胞及气孔器的特征，发现金缕梅科植物上、下表皮细胞形状（表面观）为多边形和不规则形，垂周壁式样有平直、弓形和波纹形；气孔器见于下表皮，其类型有环列型、冠列型、平列型和无规则型（图 9.1）。

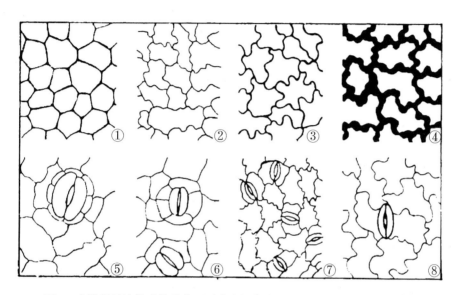

图9.1 金缕梅科植物成熟叶上、下表皮细胞形状及气孔器（表面观）类型

① 红花荷 *Rhodoleia championii*，多边形，垂周壁平直、弓形；② 山白树 *Sinowilsonia henryi*，无规则型，垂周壁浅波纹；③ 细柄蕈树 *Altingia gracilipes*，无规则型，垂周壁深波纹；④ 枫香树 *Liquidambar formosana*，无规则型，垂周壁节加厚；⑤ 大果马蹄荷 *Exbucklandia tonkinensis*，环列型；⑥ 壳菜果 *Mytilaria laosensis*，冠列型；⑦ 檵木 *loropetalum chinensis*，平列型；⑧ 日本金缕梅 *Hamamlis japonica*，无规则型

五、节的结构 一般认为，裸子植物中的单叶隙节是比较原始的，而苏铁类和买麻藤属 *Gnetum* 的多叶隙节是衍生的。但是被子植物节结构的进化趋向是有争论的。有花植物中除了单叶隙和多叶隙之外，还有第三种类型，即 3 叶隙节，这在裸子植物中尚未发现。存在三种不同的基本类型情况就变得复杂了，确定被子植物节结构的进化趋向也就变得更困难一些。不同学者在不同时间都曾经将这三种类型分别看作是有花植物基本的和最原始的节结构类型。Takhtajan（1948, 1991）认为 Sinnott 和 Bailey（1914）提出的 3 叶隙节类型是最原始的理论最接近真实情况。3 叶隙节结构出现在像林仙科 Winteraceae 以及瓣蕊花科 Himantandraceae、番荔枝科 Annonaceae、白樟科 Canellaceae、肉豆蔻科 Myristicaceae、昆栏树科 Trochodendraceae、金楼梅科 Hamamelidaceae、连香树科 Cercidiphyllaceae、马兜铃科 Alismataceae、木通科 Lardizabalaceae、防己科 Menispermaceae、毛茛科 Ranunculaceae 和罂粟科 Papaveraceae 的一些种。但是木兰纲的一些成员是 5 叶隙的（pentalacunar）或多叶隙的（multilacunar）。例如，一个极端原始的属单心木兰属 *Degeneria* 有 5 叶隙节（Benzing, 1967），在被子植物中木材解剖学性状最原始的帽花木属（*Eupomatia*）也是多叶隙节（Eames, 1961; Benzing, 1967）。木兰科 Magnoliaceae 常常也是

多叶隙节（6~17 个缺口），其中相对原始的属木莲属 *Michelia* 是 3~5 叶隙节。单叶隙 2 叶迹在原始被子植物中出现在樟纲几乎所有的科，莲叶桐科为单隙单迹；在木兰纲出现在木兰藤科 Austrobaileyaceae、囊粉花科 Lactoridaceae 和水生的竹叶水松科 Cabombaceae，也出现在一些演化程度较高的类群。5 叶隙节和多叶隙节的分布表明 3 叶隙节和 5 叶隙节可能是原始的，多叶隙节是衍生的，但要决定 3 叶隙节和 5 叶隙节哪个类型是基本类型是困难的。按照 Takhtajan（1991，2009）的观点，最早的被子植物的节结构十分可能为 3~5 叶隙，像木莲属那样。Sinnott和 Bailey（1914）认为单叶隙节是由 3 叶隙节退化而来的。Marsden 和 Bailey（1955）认为种子植物最原始和祖先的节是具有两个分离叶迹（traces）的单叶隙节。这是基于具有单叶隙 2 叶迹节是一些蕨类植物和裸子植物的特征。单隙单迹还出现在八角目 Illiciales、领春木科 Eupteleaceae、紫堇科 Fumariaceae 和杯轴花科 Monimiaceae 的一些种。Bailey（1956）提出在双子叶植物或者它们的祖先分化的早期阶段，一些植物发育成 3 叶隙节，而另外一些保留了原始的单叶隙结构。Canright（1955）、Eames（1961）和其他的一些解剖学家甚至更强烈地赞成单叶隙 2 叶迹节的原始性，他们认为其是被子植物节结构进化的基本类型。根据在原始被子植物分布的情况，Bailey（1956）的假设可能比较符合实际。

第二节　轴性器官

一、无导管的被子植物　　无导管的被子植物出现在不同的演化线上，如樟纲的无油樟属 Amborella 和金粟兰科 Chloranthaceae 的草珊瑚属 *Sarcandra*、金粟兰属 *Chloranthus*；木兰纲的林仙科 Winteraceae 和水生的睡莲目 Nymphaeales；金缕梅纲的昆栏树属 *Trochodendron* 和水青树属 *Tetracentron*。除了睡莲目 Nymphaeales 之外，所有的原始无导管双子叶植物均是木本植物，这些无导管的双子叶植物，由管胞运输水分。在原生木质部的这些管胞具环纹或螺纹加厚，但是在后生木质部的管胞通常呈梯状加厚。管胞担负双重机能：支撑和水运输。无导管类型也存在于单子叶植物，如水鳖科 Hydrocharidaceae、角果藻科 Zannichelliaceae、大叶藻科 Zosteraceae、川蔓藻科 Ruppiaceae 等，所有这些无导管单子叶植物都是草本的。它们中至少有一些可能是原始的无导管类型，但是像浮萍科 Lemnaceae 那样，导管的缺乏无疑是由整个植物的退化而引起的次生现象（Takhtajan，1948，1991）。从无导管被子植物的分布情况来看，它们在不同演化线上是独立发生的。但是 Young（1981）根据对 11 个无导管属进行分支分析，认为这些属的管胞是经幼态成熟发生的。

任毅研究团队对东亚分布的两个单型属——昆栏树属 *Trochodendron* 和水青树属 *Tetracentron* 进行了木材解剖研究（Ren et al.，2007；Li et al.，2011），指出 160 多年来一直报道的这两属的木质部无导管而只有管胞的观察是不正确的。他们利用光学显微镜、低真空电镜（ESEM）和高真空电镜（SEM）对自然干燥材料与用 FAA 固定材料观察表明：昆栏树的管状分子具有穿孔的导管分子和无穿孔的纤维管胞和管胞；导管分子有端壁和侧壁的分化，端壁的纹孔为宽椭圆形而没有纹孔膜或只残留几个穿孔板；纤维管胞有交叉场纹孔对（crossfield pit pair）和尖削端壁；管胞有具缘纹孔。水青树的管状分子由导管分子和纤维组成，导管分子与昆栏树的导管分子相似；木纤维没有交叉场纹孔对，而有椭圆形的纹孔和尖削端壁。结论是该两属均有导管并非无导管，只不过它们的导管比较原始（图 9.2~ 图 9.4）。

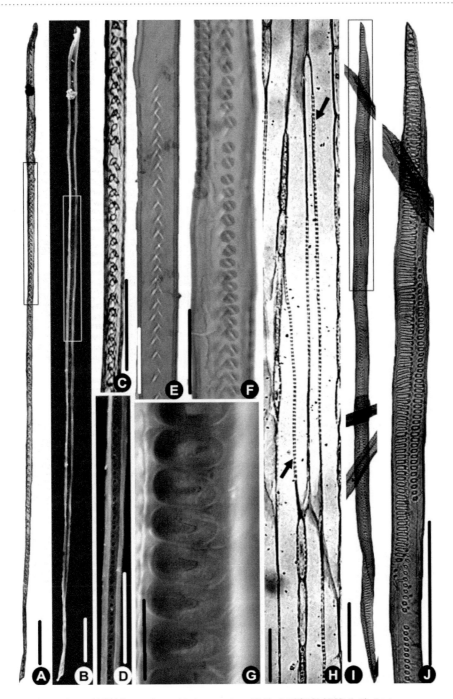

图9.2 昆栏树*Trochodendron aralioides*次生木质部的管状分子（1）

A~E. 纤维管胞：A. 光学显微镜下观察的纤维管胞；B. 扫描电镜下观察的图 9.2A 同一个纤维细胞；C. 图 9.2 A 的放大，示交叉场纹孔对和椭圆形的纹孔；D. 图 9.2 B 放大，示圆形纹孔；E. 和 F. 光学显微镜下放大的 3 纤维细胞，示交叉场纹孔对；G. 光学显微镜下的管胞放大；H. 高真空电镜下观察的 FAA 固定的石蜡切片材料，示椭圆形的具缘纹孔；H. 次生木质部射线切面的半薄切片，箭头示两个导管分子垂合处的穿孔板；I 和 J. 光学显微镜下的一个导管分子：I. 整体观；J. 图 9.2I 导管分子的穿孔板放大。标尺的比例：A~D 和 H = 75μm，E 和 F = 50μm，G = 10μm，I = 40μm，J = 200μm

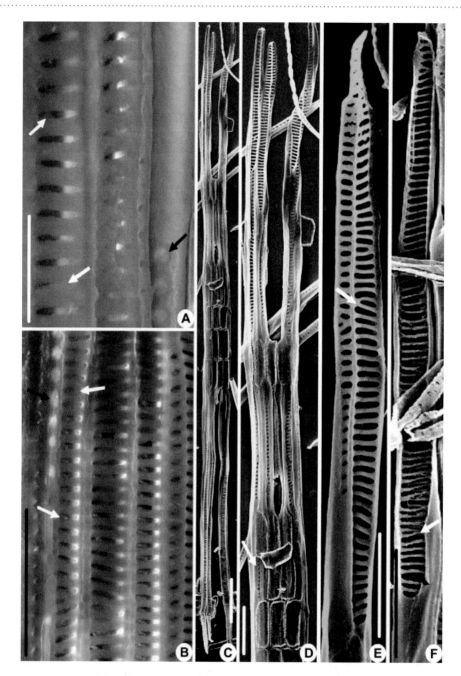

图9.3 昆栏树*Trochodendron aralioides*次生木质部的导管分子（2）

A 和 B. 低真空电镜下观察的导管分子的部分放大，示没有纹孔膜或保留的一些纹孔膜残留（白色箭头），黑色箭头示具纹孔膜的管胞或纤维管胞；C 和 D. 三个导管分子，示端壁和侧壁的分化：C. 整体观；D. 图 9.3C 导管的上部放大，箭头指侧壁上与射线细胞相关的纹孔；E 和 F. 穿孔板放大，箭头示交叉的横隔：E. 横隔比纹孔口稍窄狭；F. 横隔比纹孔口更窄狭。标尺的比例：A = 20μm，B = 50μm，C = 150μm，D = 75μm，E = 100μm，F = 60μm

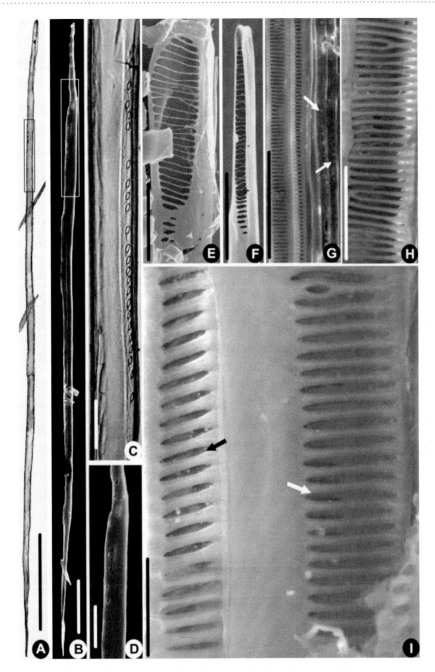

图9.4　水青树*Tetracentron sinense*次生木质部的管状分子

A~D. 木纤维：A. 光学显微镜下观察的一个木纤维；B. 扫描电镜下观察的一个木纤维分子；C. 图 9.4A 木纤维的放大，示椭圆形的纹孔；D. 图 9.4B 的木纤维放大，示稍退化的纹孔；E 和 F 扫描电镜下观察的导管分子端壁的部分放大，示具细横隔的穿孔板；G~I. 低真空电镜下观察的导管分子：G. 次生木质部的纵切面，示无纹孔膜的导管分子(左)和具完整纹孔膜的纹孔，箭头指的木纤维(右)；H. 导管分子端壁的部分放大，示穿孔无纹孔膜；I. 低真空电镜下观察的空气干燥材料，示端壁一些无纹孔膜的纹孔(左，黑色箭头)和具完全纹孔膜的一些纹孔(右，白色箭头)。标尺的比例：A 和 B = 150 μm，C~E. 和 H = 50 μm，F = 75 μm，G = 100 μm，I = 20 μm

二、导管   绝大多数原始被子植物木质部都具导管。导管行使着运输水分和可溶物质的功能。导管不同于管胞的是管胞是无穿孔细胞，而导管的壁有穿孔（perforation）。在进化过程中，导管是由管胞产生的。导管的梯状穿孔来源于管胞横向伸长的具缘纹孔（梯状纹孔），管胞转变成导管是由于相邻管胞端壁上梯状具缘纹孔的纹孔膜消失（Carlquist, 1988），由此可以结论，从梯状具缘纹孔管胞到原始导管分子只有一步，这个系统发育次序是无定向和不可逆的（Bailey, 1956）。

    导管在被子植物的不同演化线上是孤立发展的。按照 Bailey（1957）的观点，导管的起源不止一次（多次起源），正如上述；Bailey 认为双子叶植物中无导管的科，其系统位置相当远。昆栏树属 *Trochodendron* 和水青树属 *Tetracentron* 彼此接近，但它们远离林仙科 Winteraceae，是朝完全不同的方向发展的。无导管的无油樟属 *Amborella* 也远离林仙科，更远离昆栏树目 Trochodendrales。单子叶植物的导管起源可能独立于双子叶植物（Bailey, 1944）。Bailey（1944）认为单子叶植物和双子叶植物导管独立起源与特化清楚地表明，假如被子植物是单系发生的，单子叶植物必然是在它们的共同祖先获得导管之前就同双子叶植物分化出来了。在现存的双子叶植物中，最接近单子叶植物的类群是睡莲目 Nymphaeales，该目是水生植物，导管只在根部和根状茎中出现，其他器官无导管只有管胞。水生的莲属 *Nelumbo* 和许多典型的水生单子叶植物有导管，如花蔺科 Butomaceae、泽泻科 Alismataceae。而睡莲科要比上述水生科古老得多。这一方面十分可能睡莲目是一类原始的无导管类群，并且直接发生于某些原始的双子叶植物，另一方面单子叶植物完全可能来源于现存睡莲目的远房祖先。假若如此，原始的单子叶植物应该是无导管的。单子叶植物比较解剖学研究的结果同这个结论也是完全一致的。需要补充的是，无导管的单子叶植物以及只有根具有原始导管的单子叶植物属于不同的系统发育分支，可使人们接受单子叶植物的导管在它们进化期间是分几次独立发生的（Takhtajan, 1991）。

    Bailey（1944）的研究表明，在双子叶植物中，导管分子首先出现在次生木质部，然后在后生木质部（metaxylem），最后才在初生木质部出现。在许多双子叶植物中原生木质部可能完全失去导管。单子叶植物中导管的起源和特化，首先出现在后生木质部，而后才返回到原生木质部。

    最原始的导管分子为长纺锤形，与管胞十分相似，在外形上两者常常难以区分。它们长而狭窄，壁薄，其横切面具棱角、向顶端逐渐变成锥形，没有端壁或者很明显的极端偏斜。其实它们的区别是管胞仅在梯状具缘纹孔的纹孔膜发育到一定阶段消失。具穿孔的导管分子壁称作穿孔板。原始被子植物导管分子的梯状穿孔板由 100~150 或更多个具缘和狭窄的穿孔组成。原始导管分子的侧壁常常有梯状纹孔。原始管胞状导管分子逐渐进步并且沿着履行水运输的功能而特化（Bailey, 1944, 1957）。导管逐渐变短、变宽，壁变薄，导管分子的横切面变环形。原始的梯状侧壁的纹孔由环状的具缘纹孔所代替，开始以水平（对生）状排列，然后排列成互生。导管的端壁变得不太倾斜，最后呈横向。穿孔板的结构同穿孔板的倾斜度有关联。梯纹穿孔板的进化朝着开口数目减少的方向。穿孔板具有许多由隔条（bar）分开的裂口状开口，隔条仍然保留着它们的边缘，它是由梯状具缘纹孔进化而来的。隔条数目的减少，开口宽度的增加，使水分的运动加速。隔条数目减少有利于水在细胞间的通过，后来它们完全消失。由于隔条的消失，单穿孔板形成一个大的、常呈环形的穿孔。导管分子间单穿孔是最特化的类型。这样，由原始的管胞状导管分子就转变成高度特化的结构。在双子叶植物和单子叶植物中导管进化趋势独立于由系统学家根据生殖器官形态学建立的系统发育趋向（Takhtajan, 1991）。

李红芳和任毅（2005）对领春木 *Euptelea pleiosperma* 茎次生木质部导管穿孔板变异的研究表明：领春木茎次生木质部包括无明显穿孔板的管胞状导管和典型的导管两种类型，前者的穿孔中纹孔膜全部或部分消失，但穿孔呈无规则排列或聚集，不形成具典型形态特征的穿孔板；在典型的导管中，穿孔板形态变异较大，包括几个类型：网状穿孔板（含麻黄式穿孔板）、网状和梯状混合型穿孔板、梯状穿孔板、梯状穿孔板向单孔板的过渡。在上述导管穿孔板的类型中，只有梯状穿孔板的穿孔中可以观察到纹孔膜的残余。在领春木茎次生木质部也观察到了端壁多穿孔板及侧壁穿孔板。根据其导管穿孔板的特征，作者认为领春木科可能处于毛茛目中比较原始的系统位置上，这同分子系统学的研究是一致的（图 9.5，图 9.6）。

三、筛管　　筛管来源于筛细胞。筛细胞有不太分化的筛域，筛域在整个壁上相当一致和有狭窄孔。被子植物的筛管分子一般有较分化的筛域，即壁上有一些比较大的管孔（称为筛孔）集中分布的区域（称为筛域），和分布于端壁的筛域称为筛板。它们为筛管长距离的吸收运转特化到较高程度。筛细胞和筛分子活动与行使正常机能只有在同它相邻近的薄壁细胞的生理活动相联系时才成为可能。这种相互作用在裸子植物中是由蛋白细胞（albuminous cell）而在被子植物是由伴细胞推进的。蛋白细胞很少与筛细胞来源于同一前身（precursor），相反，伴细胞是由筛管分子前身分裂而成的，筛管分子和伴细胞在个体发育上总是相关的。伴细胞的存在是有花植物的特征之一。

筛管分子的进化使得筛域变得越来越分化。在进化的早期阶段，筛管分子的筛域是相似的，向后筛域开始分化出比较厚的连接束和比较发育的孔。筛域的孔，常常在筛管分子的壁上，大多数在它们的端壁上。具有较大筛孔的十分分化的筛域组成的壁称为筛板。由许多筛域（以梯状或网状排列）组成的筛板称作复筛板，只有一个筛域则称单筛板。最原始的筛管分子长而狭，具有十分倾斜的楔形壁，在端壁和侧壁上具有多少相似的筛域。

在进化的过程中，筛管分子端壁的变化趋向是从很偏斜向多少横向（垂直于壁）。随着端壁倾斜度的减小，筛板上筛域的数目也减少，同时侧壁上筛域的数目也逐渐减少。这样最特化的筛管分子以单筛板为特征，筛板在横向端壁上具有大的孔。复筛板转变成单筛板，更适应于运输的功能。这一进化过程相似于梯纹穿孔向单穿孔的转变。另外，在进化期间，出现了筛管分子长度减少而直径增加。

这样，筛管的进化像导管进化那样，其结构的发育适合于液体的流动。在这方面，也看出筛管进化和导管进化的一些相关性。一般的规律，筛管特化的程度或多或少符合于导管发育的水平。当然，有些是不一致的。例如，*Cornus mas* 具有单筛板而导管却具有长的梯状穿孔板。

Behnke（1972，1981c，1991，2000）强调的是筛管分子质体在分类上的重要性。其指出它们结构的不同，同被子植物大的分支有关系。他将筛管分子质体分为两大类，一类为筛管分子积累淀粉粒，称 S 型；另一类为筛管分子积累蛋白质，称 P 型。在百合纲主要为 P 型，而双子叶植物各纲有 P 型，而多为 S 型，又根据淀粉粒和蛋白质所表现出的不同形态分为不同的亚型。在樟纲、木兰纲、毛茛纲主要为 S 型，也有 P 型。为 P I 型的有无油樟科 Amborellaceae、莲叶桐科 Hernandiaceae、木兰藤科 Austrobaileyaceae、单心木兰科 Degeneriaceae、木兰科 Magnoliaceae、番荔枝科 Annonaceae、睡莲目 Nymphaeales、莲科 Nelumbonaceae、木通科 Lardizabalaceae、防己科 Menispermaceae、小檗科 Berberidaceae、罂粟科 Papaveraceae。胡椒纲为 P 型，胡椒科 Piperaceae 和三白草科 Saururaceae 为 P I 型，马兜铃科 Aristolochiaceae 为 P II 型。

百合纲的原始科多为 P II 型。金缕梅纲仅昆栏树科 Trochodendraceae 为 P I 型，其他科为 S 型。只有商陆科 Phytolaccaceae 为 P IV 型。

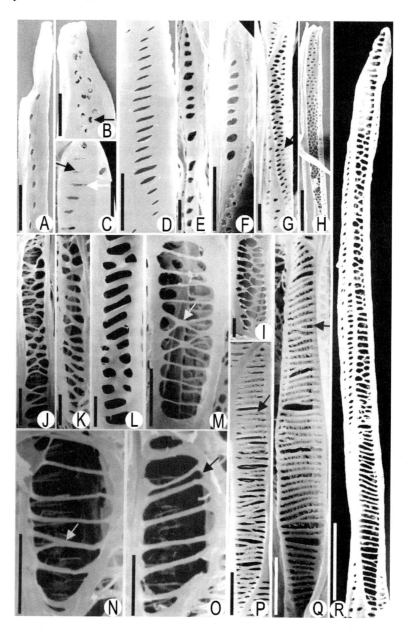

图9.5 扫描电镜下观察领春木茎次生木质部中导管穿孔板（1）

A~E. 管胞状导管的端部放大：A. 穿孔有规律排列；B. 穿孔无规律排列，其中有纹孔膜残余（箭头）；C 和 D. 穿孔呈梯状排列，但没有明显的穿孔板形状，穿孔中有纹孔膜残余（箭头）；E. 穿孔变大并有规律地排列；F~R. 典型的导管端部放大：F. 1 个梯状穿孔板；G~J. 网状穿孔：G. 麻黄式穿孔板；H 和 I. 穿孔板上的穿孔大小均匀；J. 穿孔板上的部分穿孔变大；K~M. 网状和梯状混合型穿孔板：M. 箭头示穿孔板的网状部分；N~Q. 梯状穿孔板：N. 横隔有分叉（箭头）；O. 示穿孔板上的穿孔大小不一，箭头示较窄穿孔；P 和 Q. 示穿孔中具纹孔膜残留（箭头）；R. 网状–梯状混合型穿孔板。标尺的比例：A、E 和 J = 15 μm，B = 5 μm，C = 3 μm，D 和 F = 12.5 μm，G = 25 μm，H 和 R = 43 μm，I 和 M = 11.6 μm，K = 8.8 μm，L = 7.5 μm，N 和 O = 10 μm，P 和 Q = 21.5 μm

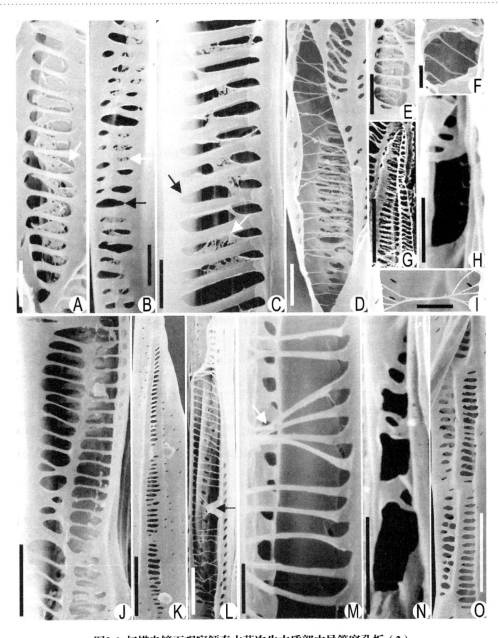

图9.6　扫描电镜下观察领春木茎次生木质部中导管穿孔板（2）

A~H. 导管端壁的放大：A. 梯状穿孔板，箭头示穿孔中具纹孔膜残留；B. 网状－梯状混合型穿孔板，示穿孔中具（白色箭头）或无（黑色箭头）纹孔膜残留；C. 梯状穿孔板，示穿孔中无（黑色箭头）或具（白色箭头）纹孔膜残留；D. 网状和梯状混合型穿孔板；E 和 F. 网状穿孔板；G. 1 个导管的 1 个端壁具 2 个穿孔板；H. 梯状向单穿孔板过渡类型；I. 1 个穿孔板的部分放大，示穿孔板上的 4 个横隔在中部汇合；J~L. 导管端部放大：J. 示具双排梯状穿孔板；K. 1 个导管的侧壁放大，示具多穿孔板；L. 1 个导管的端部放大，示穿孔板中间有丘状突起（箭头）；M. 1 个穿孔板的局部放大，示 4 个横隔在边缘汇合（箭头）；N~O. 导管端部放大：N. 示梯状向单穿孔板过渡；O. 示具多个侧壁穿孔板。标尺的比例：A 和 C = 7.5 μm，B 和 E =11.6 μm，D = 13.5 μm，F = 3 μm，G= 25 μm，H、J 和 N = 15 μm，I = 8.8 μm，K = 43 μm，L = 21.5 μm，M = 30 μm，O = 25 μm

四、次生木质部和韧皮部的径向薄壁细胞和轴向薄壁细胞 薄壁细胞的径向（水平切面）带称为木射线和韧皮射线，它们可以是同型细胞或异型细胞的。同型射线是高等植物次生输导组织最古老的储藏结构。单条射线可以是同型细胞或异型细胞的。同型射线由一种形态细胞构成。异型射线由伸长的垂直细胞组成。完整的射线系统可以只由同型射线组成，也可以只由异型射线组成，或者两种类型的不同组合。原始的射线类型是由两种射线组成的异型射线。异型射线又分为多列的异型射线和单列的异型射线。异型射线是一些原始类群，如林仙科 Winteraceae、帽花木属 *Eupomatia*、盖裂木属 *Talauma*、八角属 *Illicium*、木兰藤属 *Austrobaileya*、无油樟属 *Amborella*、蜡梅科 Calycanthaceae、水青树属 *Tetracentron*、悬铃木属 *Platanus* 的特征。这类植物茎中一般有梯纹穿孔的原始导管。异型射线在进化中，有些情况下是多列射线消失，而另一些情况是出现了单列异型射线或多列异型射线。单列异型射线发现在折扇叶科 Myrothamnaceae、许多山茶科植物等中，多列异型射线在木本罂粟科 Papaveraceae 中发现。

被子植物轴向（纵向或垂直向）的薄壁细胞主要有两种类型——离管薄壁细胞和傍管薄壁细胞。离管薄壁细胞是原始的类型，它的特征是薄壁细胞的排列独立于导管的排列。最原始的离管薄壁组织称为星散（diffuse）薄壁组织，典型的是单个细胞（或束）星散分布于整个纤维组织中。一般具有原始导管的木材有星散薄壁组织，尤其在具有梯纹穿孔的导管中是明显的。边缘薄壁组织（boundary or marginal parenchyma）来源于减化的星散薄壁组织，出现于像木兰科那样的古老科，但它更多地是在特化群中发现。傍管薄壁组织比离管薄壁组织进化，薄壁细胞多少同导管和其他管状分子密切联系。它分为三个主要等级：① 环管薄壁组织，围绕导管组成一个同心鞘；② 翼状薄壁组织（aliform），具有翼状鞘，从导管的侧面伸出；③ 聚翼薄壁组织（comfluent），薄壁组织围绕一些导管形成带。原始被子植物的大多数科为离管薄壁组织，傍管薄壁组织出现在樟科 Lauraceae、莲叶桐科 Hernandiaceae 及番荔枝科 Annonaceae、白樟科 Canellaceae、八角科 Illiciaceae 的一些种中。

五、木纤维 有花植物木材的支持系统由管胞和 / 或纤维细胞组成，在最原始的木材中，运输和支持功能是由管胞单独承担的。在进化中输导机能和强化机能分开，典型的管胞发生为纤维管胞，它们也发生为韧型纤维（Jeffrey, 1917; Esau, 1977; Carlquist, 1988）。由管胞到纤维管胞再到韧型纤维的进化，是以壁厚度的增加（即管状分子直径变小）以及纹孔数目和大小减少来实现的。管胞和典型的韧型纤维中间为纤维管胞，具细小的具缘纹孔，纤维管胞比管胞狭，壁较厚，常常与具有梯纹穿孔的导管和异型射线相联系；进化的最后阶段是典型的韧型纤维，具厚壁和单纹孔，这些强化分子比纤维管胞长。

第三节　花和花序

一、花 被子植物的花是由短缩的和有限的生殖枝末端部分的生殖叶聚合而成的，花为小孢子和大孢子提供了较好的保护并且促进了传粉机制的改进（Takhtajan, 1948, 1991）。花同裸子植物的孢子叶球最显著的区别是有心皮，即闭合的大孢子叶。花的孢子叶球状性质在一些古老科是十分明显的，如木兰科、单心木兰科、林仙科、番荔枝科、睡莲科、毛茛科、芍药科等。Takhtajan(1991)认为最原始的花，像单心木兰属 *Degeneria*、许多木兰科植物、瓣蕊花属 *Galbulimima*（瓣蕊花科 Himantandraceae）、帽花木属 *Eupomatia* 和林仙科植物的花，中等大小，具有适度伸长的花托。

Stebbins（1974）也认为原始被子植物的花中等大小。大花，如一些木兰科、睡莲科的花，尤其是大花草属 *Rafflesia* 的特大花是次生起源。小花，尤其是很小的花也是衍生的，它们常常同花序的特化或者同整个植物的减化相关。

（1）两性花和单性花　真花学派的学者（Takhtajan, 1948, 1991, 2009）认为最原始的花是两性花，单性花是衍生的。假花学派的学者则相反，认为最原始的花是单性花。根据花的性别在被子植物中的分布，具两性花的类群分布于各纲。单性花出现在木兰纲的独蕊草科 Hydatellaceae、五味子科 Schisandraceae、肉豆蔻科 Myristicaceae 及金鱼藻科 Ceratophyllaceae 和林仙科 Winteraceae 的一些种；樟纲的无油樟科 Amborellaceae 及杯轴花科 Monimiaceae 和金粟兰科的一些种；毛茛纲的防己科 Menispermaceae 和紫堇科 Fumariaceae 的一些种；金缕梅纲的连香树科 Cercidiphyllaceae、悬铃木科 Platanaceae 及金缕梅科 Hamamelidaceae 的一些种；百合纲的泽泻科 Alismataceae、水鳖科 Hydrocharitaceae 的一些种。可见单性花在原始被子植物也是普遍存在的，因此单性花在被子植物起源的早期就出现了。

山红艳（2006）报道了三叶木通 *Akebia trifoliata* 花器官形态的发生过程：该种的花为雌雄同序的单性花，成熟的雌花和雄花均只有 1 轮花被，即 3 个花瓣状的萼片。扫描电镜观察发现，在花器官的发生和发育过程中，萼片和雄蕊原基之间没有花瓣原基或另一轮萼片原基发生；雌花和雄花均以两性花的方式发生与发育，其单性是由于在花发育的最后阶段，雌花中雄蕊或者雄花中心皮退化（图9.7~图9.9）。

图9.7　三叶木通的花形态

A. 花序的形态；B. 雌花；C. 雄花

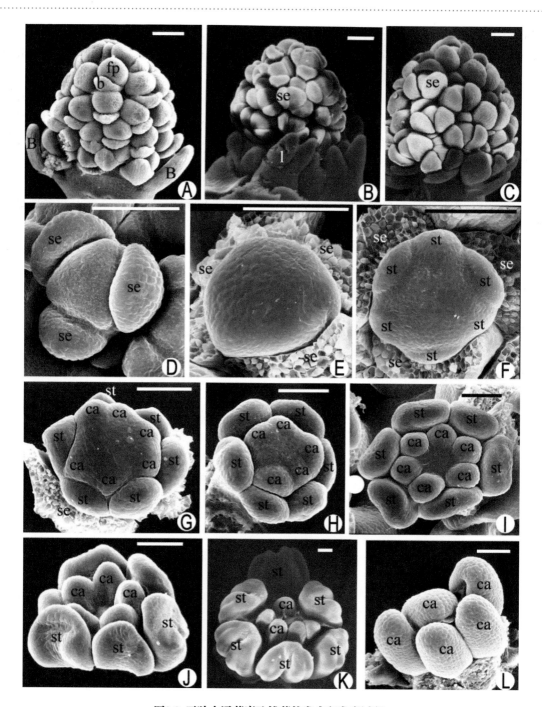

图9.8 三叶木通花序及雄花的发生和发育过程

A~C. 阶段1~阶段3的花序；D~L. 雄花的发育过程（s2~s6）：D. 具有三个萼片的雄花（s2）；E. 萼片被去除的花原基（s2）；F. 6个雄蕊原基开始发生（s3）；G~I. 发育着的雄蕊和心皮（s4）；J. 雄蕊的药隔已经形成（s5）；K. 雄蕊的4个花粉囊已经形成，而且没有明显的花丝，退化心皮被雄蕊包围（s6）；L. 退化心皮。缩写：B. 苞，b. 小苞片，fp. 花原基，se. 萼片原基，st. 雄蕊原基，ca. 心皮原基。标尺=100μm

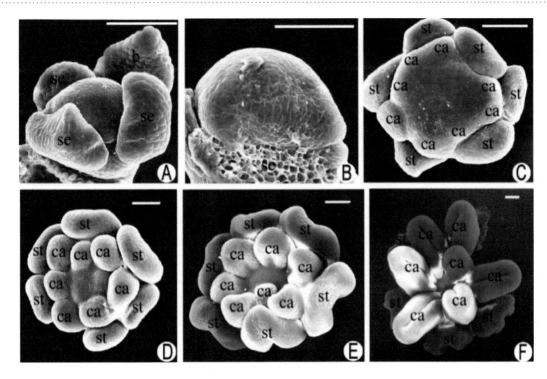

图9.9　三叶木通雌花的发生和发育过程

A. 具有一个萼片和一个小苞片的雌花（s2）；B. 萼片被去除的花原基（s2）；C 和 D. 发育着的雄蕊和心皮（s4）；E. 雄蕊的药隔已经形成（s5）；F. 对折的心皮以及退化的雄蕊（s6）。缩写：b. 小苞片；se. 萼片；st. 雄蕊；ca. 心皮。标尺 = 100 μm

（2）花的排列　最原始的花的各部是不定数，螺旋状排列在适度伸长的花轴上。花轴的缩短使分离的花各部聚集，逐步从螺旋状排列过渡到轮状排列，各部的数目也逐渐固定。在早期进化阶段，轴的缩短是可逆的，在一些相对古老群，如五味子属 Schisandra，伸长的花托是次生的。花托的伸长与花粉散布的机制有关。花轮状排列使雄蕊和雌蕊的位置靠近，例如木兰藤属 Austrobaileya、囊粉花属 Lactoris、马兜铃科以及樟科和毛茛科等一些类群。

从螺旋状排列到轮状排列的转变，有的从花被开始，有的从心皮开始，在某些情况下它从两端同时开始。例如，大多数木兰科和番荔枝科植物，只有雄蕊和心皮是螺旋状排列的，而花被是轮状排列（大多数以三数轮状排列）。也有螺旋状轮状排列（spirocyclic）的，如毛茛科和黄毛茛属 Hydrastis。无油樟属 Amborella 雄蕊和心皮都是轮状排列的；八角属 Illicium 和大血藤属 Sargentodoxa，只有心皮是以轮状排列。在一些番荔枝科（如 Isolona 和 Monodora）只有雄蕊的排列是螺旋状的（Takhtajan, 1991）。

（3）花的对称性　在原始被子植物中，花普遍为辐射对称，只有紫堇科 Fumariaceae 和马兜铃科 Aristolochiaceae 及毛茛科的一些属种为两侧对称。多数学者赞成花辐射对称为祖征，两侧对称为衍征。

（4）花被及其起源的两种方式：苞片起源和雄蕊起源　　最原始的被子植物的花被是由苞片起源的，在形态上由相同的花被片组成，像许多木兰纲植物那样。这些苞片状的花被是由最上部的保护叶（高出叶 hypsophyll）减化和变态形成的（Takhtajan, 1991）。从木兰科就可看到花被向花萼和花冠逐渐分化的情况。在曼氏木兰 *Michelia mannii* 和木兰属 *Magnolia* 的一些种（尤其在五瓣木兰 *Magnolia quinquepeta*）中，外面的花被片呈萼片状。在其他木兰科植物，可以看到花被分化的全部阶段。由苞片起源的花被是单心木兰科 Degeneriaceae、木兰科 Magnoliaceae、番荔枝科 Annonaceae、白樟科 Canellaceae、林仙科 Winteraceae、八角科 Illiciaceae、五味子科 Schisandraceae、木兰藤科 Austrobaileyaceae、蜡梅科 Calycanthaceae 和其他相对古老科的特征（Eames, 1961; Takhtajan, 1991）。这些科的花瓣是苞片状花瓣（bractpetal）。

大多数被子植物的花被来源于不育的和变态的雄蕊，称它们为雄蕊状花瓣（andro-petal），如防己科 Menispermaceae、毛茛科 Rannunculaceae 和罂粟科 Papaveraceae 等的花瓣。苞片状花瓣和雄蕊状花瓣的花被之间的进化关系如何？　Takhtajan（1991）认为苞片状花被在许多古老的类群中出现，显然出现得较早。它们同比较原始的传粉机制相联系，有不太特化的传粉者。相反，雄蕊状花被常同较先进的传粉方式相联系。在进化的过程中，苞片状花被由雄蕊状花被所代替。雄蕊状花瓣有更高的进化可塑性。按照 Goebel（1933）的观点，花瓣是发育受抑制的雄蕊，说明它们在个体发育中出现得相对晚。

在原始被子植物中，无花被的科有独蕊草科 Hydatellaceae、金粟兰科 Chloranthaceae（仅雪香兰属有花被）、三白草科 Saururaceae、胡椒科 Piperaceae、昆栏树科 Trochodendraceae、领春木科 Eupteleaceae。这些相当原始的科花被缺如，与适应风媒传粉或自花传粉相联系。因此花被缺失在花起源的早期就出现了，不是退化的结果。

花被的轮数在原始被子植物中变化很大。多于2轮的在樟纲有6科，木兰科9科，毛茛纲6科；仅1轮花被的在樟纲有金粟兰科雪香兰属、莲叶桐科及杯轴花科的一些种，木兰纲有5科：帽花木科、瓣蕊花科、囊粉花科、肉豆蔻科和金鱼藻科。花被每轮三数在原始被子植物也是普遍的，如樟科、番荔枝科、莲叶桐科、白樟科、单心木兰科、囊粉花科、马兜铃科、木通科、防己科、小檗科及毛茛科一些种。因此，三数花在被子植物演化的早期就出现了。花被的捲迭式也有明显的进化倾向，在同一花中花萼和花冠的捲迭式可能是相同的，也可能是不同的。基本的和最原始的类型是覆瓦状类型捲迭式（Takhtajan, 1969）。覆瓦状排列也有不同的类型。最原始的是单覆瓦状排列，花被边缘彼此平行地折迭。它是螺旋状花被和轮生花被的原始类型，如是木兰科 Magnoliaceae、林仙科 Winteraceae、睡莲科 Nymphaeaceae 等的特征。最普遍的覆瓦状捲迭式是双盖覆瓦状（quincuncial），花被片（萼片或花瓣）5枚，2枚在外面，2枚在里面，而第5枚一边缘盖住里面的，一边缘盖住外边的。另外一种类型是旋转的（contorted 或 convolute），每一个瓣片的右（或左）边缘（萼片、花瓣或它们的裂片）连续折迭，像旋花属 *Convolvulus* 的花冠。镊合状捲迭式只出现在花被轮生的花，既出现在古老的科中如林仙科 Winteraceae、番荔枝科 Annonaceae、肉豆蔻科 Myristicaceae、木通科 Lardizabalaceae，又出现在进化的科中。

Ren 等（2004）在研究独叶草 *Kingdonia uniflora* 花的形态发生中，发现该种花被片的数目由5枚到8枚变异，花器官以螺旋状发生，雄蕊群为向心发生，心皮为对折发生等（图9.10）。

图9.10 独叶草的花形态

A. 植株（标尺 = 5cm）；B. 具 5 枚花被片的花（标尺 = 3.5cm）；C. 具 6 枚花被片的花（标尺 = 3cm）；D. 具 8 枚花被片的花（标尺 = 4.5cm）

（5）雄蕊和雄蕊群

1）雄蕊　最原始的雄蕊类型是一种宽的稍呈叶状的具 3 脉的器官，不分化为花丝和药隔，两对纵向伸长的小孢子囊生在侧脉和中脉之间（Hallier, 1912; Takhtajan, 1959; Eames, 1961）。许多木兰类植物，尤其是单心木兰属 *Degeneria*、瓣蕊花属 *Galbulimima*、*Magnolia maingayi*、滇桂木莲 *Manglietia forrestii* 及 *Elmerrillia* 全部种、盖裂木属 *Talauma* 某些种、木兰藤属 *Austrobaileya*、睡莲属 *Nymphaea*、王莲属 *Victoria* 和萍蓬草属 *Nuphar* 以及一些古老的双子叶植物中雄蕊有相对原始的类型。

Hallier（1912）提出药隔伸出是原始的特征。后来，Parkin（1951）进一步强调这种伸出可能用于生物学目的，特别是传粉。有证据表明药隔为次生伸长，最可能是与传粉相联系的。

原始的单心木兰属 *Degeneria* 雄蕊的小孢子囊常常多少埋藏于雄蕊组织中。瓣蕊花属 *Galbulimima* 小孢子囊是深深凹陷的；Eames（1961）等认为在木兰科 Magnoliaceae（除鹅掌楸属 *Liriodendron*）和亚马孙王莲（*Victoria amazoniana*）的小孢子囊凹陷是一个原始的特征；但是 Willemstein 的观点：小孢子囊凹陷不是祖征，因为雄蕊先熟、内向情况可避免太多的自花传粉，也避免了昆虫访问时吃食太多花粉；Takhtajan（1991）认为雄蕊的凹陷只在古老的双子叶植物中发现，它可能是原始虫媒花为了保护花药的一种古老的特化。

在具有原始雄蕊的古老科中，小孢子囊的排列常常多少呈叶片状（Takhtajan, 1991）。但是单心木兰属 *Degeneria*、瓣蕊花属 *Galbulimima*、鹅掌楸属 *Liriodendron*、番荔枝科 Annonaceae、白樟科 Canellaceae、肉豆蔻科 Myristicaceae、林仙科 Winteraceae 一些种、蜡梅科 Calycanthaceae、囊粉花属 *Lactoris*、木通科 Lardizabalaceae 等的小孢子囊生于远轴面；而木兰科 Magnoliaceae（鹅掌楸属 *Liriodendron* 除外）、木兰藤属 *Austrobaileya* 和睡莲科 Nymphaeaceae

生于向轴面。根据孢子囊在远轴面排列是大多数蕨类植物的特征而在向轴面排列是苏铁类的特征，Hallier（1912）认为花药生在远轴面是比较原始的。雄蕊的一般进化趋势是片状雄蕊逐渐变狭，而后分化为花丝和药隔，脉的数目减少到一条，药隔伸出部分受到抑制（Takhtajan, 1991）。

在原始的雄蕊中，两对小孢子囊被一些不育的组织分开。随着雄蕊的进化，不育组织减退，而在成熟时，每对两个孢子囊之间组织融合，进而药隔逐渐消失，两个 2 孢子囊（two bisporangia）花药片变成 4 室的花药，在多数情况下，位于雄蕊顶端。多于 4 室或少于 4 室的情况不多。室数的减少是由于雄蕊分枝或者由于某些室不发育；室数目增加是因它们由不育组织层分开。

开始花药是基着于花丝；比较进化的花药背着于花丝，花药的侧面部分同花丝分离。如果花药大部分（不少于 1/3）同花丝分离，花药就能转动，当昆虫或风接触时它有摇动的能力。

2）雄蕊群　在一些古老的科中，如木兰科 Magnoliaceae、帽花木科 Eupomatiaceae、番荔枝科 Annonaceae 大多数属、八角科 Illiciaceae、木兰藤科 Austrobaileyaceae、早落瓣科 Trimeniaceae、睡莲科 Nymphaeaceae、莲科 Nelumbonaceae、毛茛科 Ranunculaceae 大多数属、黄毛茛科 Hydrastidaceae 和白根葵科 Glaucidiaceae，雄蕊呈螺旋状排列，雄蕊数目是不定数的。它们的雄蕊群为原始的多雄蕊。

在绝大多数被子植物中，雄蕊呈轮状排列，雄蕊群也是轮状排列的，雄蕊排列成一轮或二轮，很少为多轮。轮状排列的雄蕊群有两种基本类型：外轮对萼（diplostemonous）和外轮对瓣（obdiplostemonous）。外轮对萼雄蕊群是最普遍的和较原始的，它们是直接由多数螺旋状雄蕊群减化和轮化（cyclisation）来的。不太普遍的外轮对瓣雄蕊群是石竹科 Caryophyllaceae、山柳科 Clethraceae、石南科 Ericaceae、柽柳科 Tamaricaceae、南蔷薇科 Cunoniaceae、虎耳草科 Saxifragaceae 等一些进化成员的特征。雄蕊对瓣与花的发育有关。

雄蕊减化在进化中是主要的但不是唯一的倾向。在许多植物群中出现轮状排列雄蕊多数化的情况，它提供了很大的花粉量，为次生多雄蕊，它们不同于古老类群的原生多雄蕊。蔷薇属的次生多雄蕊可能由于新轮原基向顶发生，同花托的扩展相一致；但是通常次生多雄蕊的发生依赖于雄蕊原基或幼雄蕊的割裂，而不是雄蕊数目的真正增加。在割裂的情况下，雄蕊群是簇生的（每一簇相当原来的一枚雄蕊）。多数雄蕊群是孤立地由二轮或单轮雄蕊异源发生的。

在进化中，不同雄蕊的数目和排列有变化，而且它们个体发育的次序也在变化。雄蕊最广泛的发育类型是向心的（centripetal）和向顶的（acropetal）。雄蕊群的发育顺序跟随花被的发育顺序。最外面雄蕊先发育，相继内轮发育。这种螺旋状排列雄蕊群的特征，出现在木兰科 Magnoliaceae、番荔枝科 Annonaceae、睡莲科 Nymphaeaceae、莲科 Nelumbonaceae 和毛茛科 Ranunculaceae。

离心雄蕊群其花被的发育顺序和雄蕊群的发育顺序之间有一个转变，这是由新雄蕊增加而引起的。它是白根葵科 Glaucidiaceae、芍药科 Paeoniaceae、商陆科 Phytolaccaceae、五桠果科 Dilleniaceae 等科的特征。离心发育和向心发育的界限不是一刀切的，有一些过渡类型。正像我们研究的耧斗菜属 Aquilegia 花的形态发生，其雄蕊发生是向心的，而小孢子发生是离心的（冯旻等，1995）。

雄蕊群的另一个进化的特化趋势是一些可育雄蕊向不育的退化雄蕊转变。其转变可以出现在内轮，也可出现在外轮。内轮雄蕊的转变形式似乎是比较原始的情况（Eames, 1961）。

但是在某些虫媒原始科中，如单心木兰科 Degeneriaceae、瓣蕊花科 Himantandraceae、帽花木科 Eupomatiaceae、杯轴花科 Monimiaceae 一些属、蜡梅科 Calycanthaceae 和睡莲科 Nymphaeaceae，雄蕊群的退化雄蕊在上面和下面都有存在（Takhtajan, 1991）。

冯旻等（1995）用扫描电镜观察了无距楼斗菜 *Aquilegia ecalcarata* 和北美楼斗菜 *A. caerulea* 雄蕊群与雌蕊群的发生过程，并在光学显微镜下检查了同一雄蕊群不同轮雄蕊小孢子发育的顺序，发现楼斗菜属雄蕊群的发生是向心发生，而小孢子发育和花药成熟顺序是离心的。说明该属雄蕊群离心发育是次生现象；该现象可在不同类群中出现，可能具有平行演化的性质（图9.11，图9.12）。

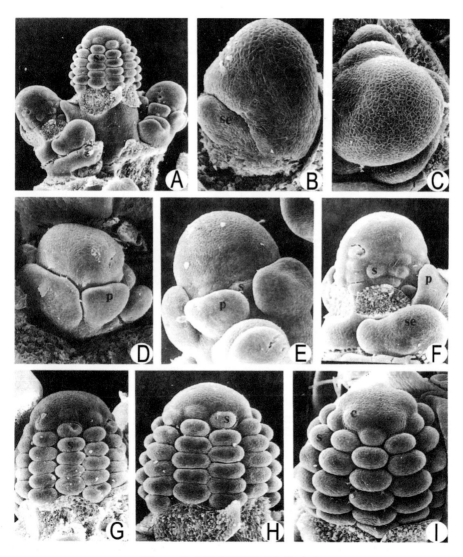

图9.11 楼斗菜属花的形态发生（1）

A. 无距楼斗菜，一花序，示 3 个处于不同发育时期的花原基，×60；B. 北美楼斗菜，早期花原基，示一萼片原基，×210；C 和 D. 无距楼斗菜，早期花原基，示萼片及花瓣原基，C. ×240，D. ×180；E~G. 无距楼斗菜，雄蕊原基发生，E. ×150，F. ×120，G. ×132；H 和 I. 无距楼斗菜，雄蕊原基及心皮原基发生早期，H. ×120，I. ×150。缩写：c. 心皮原基，p. 花瓣原基，s. 雄蕊原基，se. 萼片原基，st. 退化雄蕊

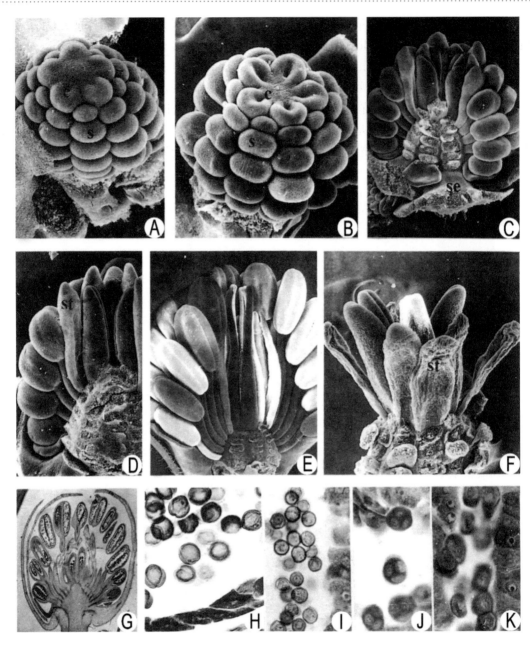

图9.12 楼斗菜属花的形态发生（2）

A. 北美楼斗菜，雄蕊原基及心皮原基，×120；B. 无距楼斗菜，雄蕊原基与心皮原基，×90；C~E. 无距楼斗菜，不同发育阶段花部结构，示离心雄蕊、退化雄蕊及离生心皮，C. ×36，D. ×42，E. ×12；F. 无距楼斗菜，退化雄蕊，×72；G~K. 无距楼斗菜，花纵切及不同雄蕊的药室放大，示小孢子发育顺序：G. 全貌，×10；H. 最内部雄蕊，×384；I. 由内到外，第二个雄蕊，×384；J. 由内向外，第三个雄蕊，×384；K. 最外部雄蕊，×384。缩写：c. 心皮原基，p. 花瓣原基，s. 雄蕊原基，se. 萼片原基，st. 退化雄蕊刘忠和路安民（1999）报道了华中五味子 *Schisandra sphenanthera* 雄花和雌花的形态发生过程。雄花：花被片和雄蕊连续向顶发生，未见有雌性结构的分化；花药的分化先于花丝；雄蕊始终螺旋状排列在柱状花托上。雌花：花被片和心皮也以 2/5 序列连续地螺旋状向顶发生，未见有雄性结构的分化；心皮原基近轴面基部边缘的活动不明显，心皮为对折型；胚珠原基在心皮近轴面近边缘处发生，呈片状胎座（图 9.13，图 9.14）。

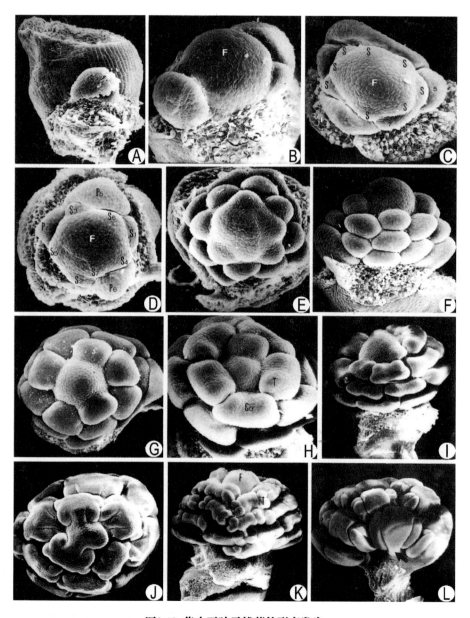

图9.13 华中五味子雄花的形态发生

A. 花原基，外被 1 枚幼小小苞片，×72；B. 花被片原基螺旋状向顶发生，外面 2 枚花被片已剥去，×150；C~E. 雄蕊原基螺旋状向顶发生，C 和 D. ×132，E. ×102；F 和 G. 雄蕊原基侧向生长而呈长方体形，×102；. 雄蕊原基侧面观，×78；G. 雄蕊原基顶面观，×78；H~K. 雄蕊原基两侧膨大，发育成药囊，中间凹陷部分发育成药隔，H ×90，I 和 J. ×48，K ×24；L. 成熟雄花的雄蕊群，箭头所指部分为花丝，×13

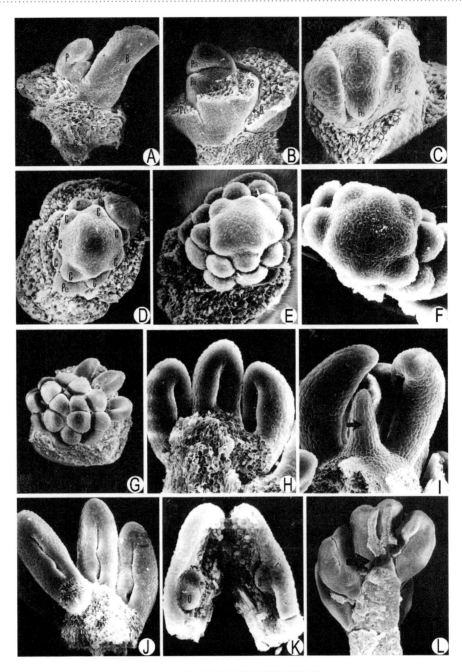

图9.14 华中五味子雌花的形态发生

A. 雌花原基，右侧较大者为苞片，左侧为第1枚花被片，×72；B 和 C. 花被片螺旋状向顶发生，B. ×78，C. ×132；D 和 E. 心皮原基螺旋状向顶发生，×132；F 和 G. 心皮原基进行顶端生长和侧向生长，近轴面基部边缘活动不明显，形成浅凹，F. ×150 G. ×60；H. 心皮近轴面的凹槽结构，×102；I. 雌花顶，箭头中央柱状残余物，×30；J. 心皮原基的侧边相互靠拢形成子房，×72；K. 展开的心皮，示胚珠着生位置，×102；L. 成熟雌花的雌蕊群（部分心皮及柱状花托），箭头所指为心皮基部的柄状结构，×13。缩写：B. 苞片，C. 心皮原基，Co. 药隔，F. 花顶，O. 胚珠，P. 花被片原基，S. 雄蕊原基，T. 药囊根据五味子属 Schisandra 雄花形态的极大变异，刘忠和路安民（2001）借助扫描电镜观察了五味子属几个不同类型雄花的形态发生，提出该属雄花的形态建成有三种类型：柱托型（columnar-torus type）、平托型（flattened-torus type）和球托型（spherical-torus type）。讨论了该属雄蕊形态上的原始性及其起源上的古老性（图 9.15，图 9.16）。

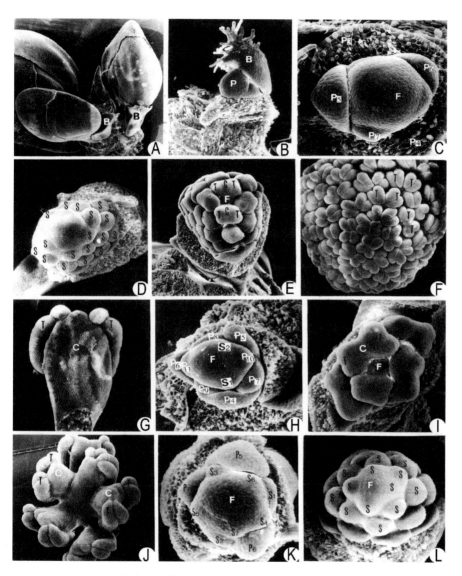

图9.15 几种五味子属植物雄花的形态发生（1）

A~G. 红花五味子 S. rubriflora：A. 一个枝上的花芽，示花被片顺时针和逆时针方向螺旋并存，×12；B. 发育中的花原基，示小苞片和第一枚花被片，×60；C. 花被片原基以 2/5 序列螺旋状向顶发生，4 枚花被片被剥离，×48；D. 雄蕊原基螺旋状向顶发生，×60；E. 幼期雄蕊花药的初步分化，药室位于药隔的两侧，×66；F. 成熟雄蕊群，示药室着生在药隔的远轴面而朝外向，×12；G. 成熟雄蕊的腹面观，药室向外发生，×30；H~J. 北五味子 S. chinensis 雄花的形态发生：H. 花被片原基和雄蕊原基以 2/5 序列螺旋状向顶式对生，×90；I. 幼小雄蕊的花药，药室位于药隔的两侧，×78；J. 成熟雄花，药室侧向着生于药隔上，×13；K~L. 华中五味子雄花的形态发生：L. 花被片原基和雄蕊原基以 2/5 序列螺旋状向顶对生，K. ×132；L. ×90

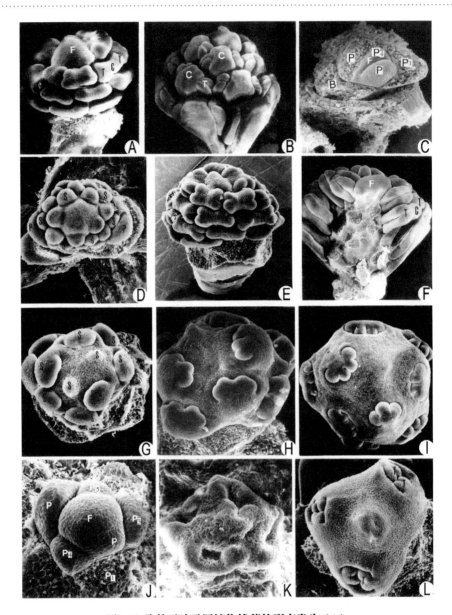

图9.16 几种五味子属植物雄花的形态发生（2）

A. 幼期雄蕊开始分化出花药，两侧膨大部分为药室，中间为药隔，×48；B. 成熟雄花的雄蕊群，示药室侧向着生，×13；C~F. 金山五味子 *S. glaucescens* 雄花的形态发生：C. 花被片原基以2/5序列螺旋状向顶发生，外面3枚花被片被剥离，×78；D. 雄蕊原基小苞片以2/5序列螺旋状向顶发生，×72；E. 发育中的雄蕊，药室位于药隔的两侧，×36；F. 成熟的雄蕊群，花托呈柱状，药室位于药隔的两侧，药隔宽，花顶形成残余物，×12；G~I. 铁箍散 *S. propinqua* 雄花的形态发生：G. 雄蕊原基以2/5序列螺旋状向顶发生，×120；H. 发育中的雄蕊群，花托肉质膨大，药室内向，×66；I. 成熟雄蕊群的形态，示球形肉质花托及花托浅凹内的雄蕊，×30；J~L. 重瓣五味子 *S. plena* 雄花的形态发生：J. 花被片原基以2/5序列螺旋状向顶对生，×150；K. 花顶表面的凹陷不断加深，最终形成空穴，×150；L. 成熟的雄蕊群，雄蕊内藏于花托的空穴中，×48。缩写：B. 小苞片，S. 雄蕊原基，C. 药隔，T. 药室，P. 花被片原基，F. 花顶

（6）心皮和雌蕊群

1）心皮　即大孢子叶，比雄蕊变化和特化程度更大。在进化上它们出现减化、合生等变化，因此，对心皮的形态学解释更困难，引起很大的分歧。

按照 Takhtajan（1948, 1991）的观点，被子植物的心皮来源于被假设的裸子植物祖先叶状开放的大孢子叶，即它们有叶性特征。心皮的叶性特征在一些古老类群的原始的花中有最清楚的证据，尤其在单心木兰属 *Degeneria* 和 *Tasmannia*。甚至在驴蹄草属 *Caltha*，幼期的心皮很相似于幼叶，花越原始，心皮的叶性性状越清楚。相反，随着花的演化，心皮逐渐失去原始的叶性性质，出现大量的特化性质。

在解剖特征上，原始心皮十分相似于叶性器官，Troll（1939）和他的学生研究表明，心皮的叶性性质，同叶性器官在组织学上没有明显差异。心皮的叶性性质在维管束解剖特征方面也得到证明（Eames, 1961），同时由返祖现象的变异所证明。

心皮（以及雄蕊）不是起源于具光合作用的营养叶（trophophyll），而是起源于生孢子的叶，即孢子叶（sporophyll）。而营养叶和孢子叶有一个共同起源，来源于许多蕨类和种子蕨植物所具有的营养孢子叶（trophosporophyll）。但是心皮和雄蕊不是直接来源于未分化的营养孢子叶，而是来源于孢子叶。它们分化为大孢子叶和小孢子叶（Takhtajan, 1991）。

最古老的被子植物心皮，尤其像单心木兰属 *Degeneria* 和 *Tasmannia* 的心皮，明显地出现幼化的（juvenilized）初期的（infantile）结构。它们在发育的早期阶段是对折的，十分相似地于幼叶沿中脉轴向折迭（Bailey and Nast, 1943; Bailey and Swamy, 1951）。像原始的雄蕊和许多苞片和芽孢叶那样，它们具有掌状脉序。因此作出这样的结论并不困难，从祖先的开放的大孢叶转变成沿中脉折迭的闭合的心皮，可出现在个体发育的幼年阶段。当然，心皮起源的这种幼态成熟的方式可能只出现在裸子植物祖先的大孢子叶的折迭是捲迭式而不是像种子蕨植物（包括 *Caytonia*）那样的拳捲式。在这方面，重要的是在苏铁目 Cycadales 和拟苏铁目 Cycadeoideales 中都是对折的捲迭式。这同样出现在有花植物的祖先中（Takhtajan, 1948, 1959, 1969, 1991）。

在现存的木兰纲植物中，最原始的心皮类型发现在 *Tasmannia piperita* 及其近缘种以及单心木兰属 *Degeneria* 中，这种古老的有花植物心皮是有柄的（stipitate），相似于有叶柄的叶（认为是一个原始的特性）（Eames, 1961），呈对折的折迭的叶片，具三条独立的脉，中间（背面）一条脉有外延的分枝，侧面两条脉有短的分枝，向外朝心皮分离的边缘扩展。许多倒生胚珠附着在中脉和侧脉之间。这些原始的心皮不分化成闭合的子房、花柱和确定位置的柱头。这种原始的心皮具有分离的边缘，除基部外，在受粉时不完全闭合，甚至只是由密的乳头的表皮毛封闭着。这样的毛广泛地分布在内表面和分离心皮的边缘，有时甚至扩展到外表面。它们代表了一个不特化的柱头面。在开花时，外柱头毛留住花粉，花粉管穿过较里面的毛到心皮腔中，随着受粉和受精，心皮连接的边缘变成封闭的（Takhtajan, 1991）。

心皮边缘不完全闭合不仅在木兰纲发现，在其他一些较进化的类群中也有发现。例如，芍药属 *Paeonia* 心皮的边缘还没有沿着整个长度拼合，虽然闭合的接触已经在边缘带之间获得。在这种情况下，相接触的表面层仍保留着组织暴露很长一段时间，这样的情况也在其他一些类群中看到，如昆栏树属 *Trochodendron*、驴蹄草属 *Caltha*、金莲花属 *Trollius*、翠雀属 *Delphinium*、黄毛茛属 *Hydrastis*、风箱果属 *Physocarpus*、绣线菊属 *Spiraea*、花蔺属 *Butomus*、岩菖蒲

属 *Tofieldia* 等。在比较进化的一些属中融合边缘之间的双表皮层常常已经不明显了（Eames，1961）。

随着心皮特化的增加和它的边缘并合，胚珠和边缘之间宽的区域，即对折的腹面部分，开始逐渐减化。这一过程的不同阶段可以在林仙科 Winteraceae 中看到。结果，心皮表现出它的边缘似乎是向内卷的，而胎座出现在边缘。但是，Bailey 和 Swamy（1951）认为内卷的出现和边缘胎座是由于胚珠向内伸出柄或是由于出现相似方位的胎座脊。换句话说，这样心皮的胎座呈变态的叶状，而不是真正边缘的。这是最普遍的心皮类型。由于叶状胎座转变到近边缘，心皮里边胚珠的数目逐渐减少，这种情况可以在毛茛科 Ranunculaceae 中看到。

由于这种心皮的出现，甚至像 *Tasmannia piperita* 和单心木兰属 *Degeneria* 这样原始的心皮，花粉粒直接进入胚珠变得困难。因此，在心皮出现的同时形成一个柱头面，能接收花粉并帮助花粉管发育。柱头面的出现（开始很原始，后来变成定位和逐渐特化）是被子植物大孢子叶最特征性的性状。

原始的柱头面是沿着整个心皮的边缘带下延，即下延柱头 decurrent stigma，然后逐步集中（局限化）并转变为一个特化的柱头。这样，在进化中柱头从心皮边缘逐渐发展集中成头状。Hallier（1912）第一个认识到下延柱头的原始性。

在单心木兰属 *Degeneria*，柱头面从心皮的基部到顶部，沿着心皮向轴面靠近胎座，其胎座是很原始的。在 *Tasmannia* 的种中，柱头面有柄（stipe）的区域沿着心皮的对折部分，稍高出顶端。但是在 *Drimys*（狭义）的种限制在心皮的近顶端部分，即更集中。有一些相当原始的柱头在林仙科 Winteraceae 的某些其他种中，以及在五味子属 *Schisandra*、连香树属 *Cercidiphyllum*、领春木属 *Euptelea* 和悬铃木属 *Platanus* 中发现。但是通常情况下，甚至在古老的类群，柱头严格地集中在心皮的顶端部分。

由于柱头区位于心皮的上部，后者常常伸长成细的不育的花柱状瘤（excrescence），在心皮可育部分之上发出柱头，用作生长花粉管的通道和提供营养。Hanf（1935；转引自 Takhtajan，1991）贴切地称之为柱基（stylodium），常常把 stylodium 称为 style 是不太正确的。只有当柱基融合在一起才形成真正的花柱。在进化的早期阶段，花柱基仍然是对折的，具有一个明显的腹面沟和一个下延柱头，由两个相对宽的柱头鸡冠逐渐定位于花柱的顶端，形成典型的头状柱头，如五桠果科 Dilleniaceae 和一些其他科。但是头状柱头常常多少有二裂性状，表明它有二重性质。柱基顶端的柱头组织更加定位，它同花柱密切交流，保持着联系，内面的腺体变态成特别的组织，称为转送组织（transmitting tissue）。大多数原始的心皮，仍然没有严格地分化为柱头组织和转送组织。但是随着柱基的起源和进化，内转送组织用作花粉管从柱头伸向胎座的通道。原始的对折花柱基的腹面可能融合形成一个中空的管，成为转送组织，但在大多数情况下它是完全融合的，形成实心的柱基，没有转送组织芯。

冯旻和路安民（1998）报道了南天竹 *Nandina domestica*（广义小檗科）花部器官发生。发现南天竹属（种）植物萼片、花瓣和雄蕊的发生式样为三基数轮生；雄蕊与花瓣是由它们的共同原基进行侧向分裂而形成的；花瓣发育早期存在迟滞发育的阶段；心皮发生属于瓶状发生类型（图 9.17~图 9.19）。

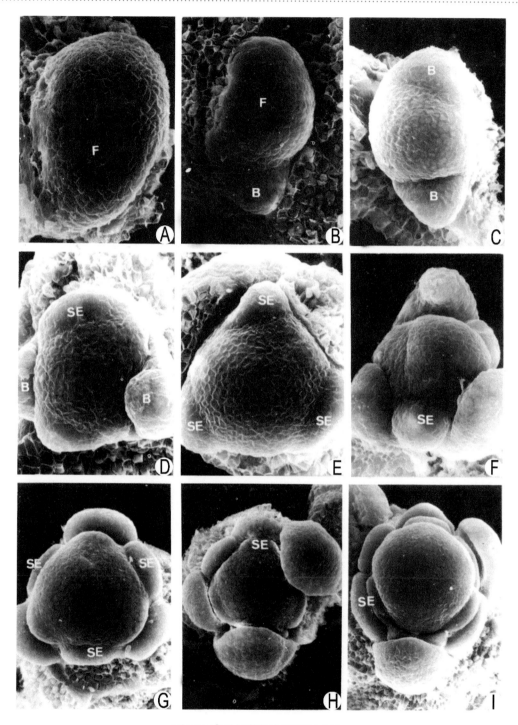

图9.17 南天竹花的个体发育（1）

A. 最早期的花托顶端观，×420；B. 第 1 个小苞片原基（F），×240；C. 第 2 个小苞片原基（B），×240；D. 呈三角状的花原基；E. 3 枚花萼原基（SE）；F~I. 花萼原基向顶发生，F. ×240，G. ×210，H. ×150，I. ×180。 缩写见图 9.19

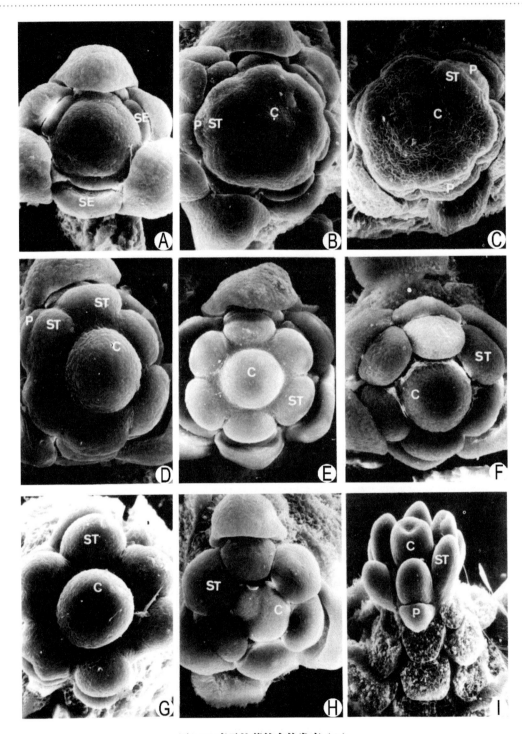

图9.18 南天竹花的个体发育（2）

A. 花萼原基，×210；B~D. 雄蕊（ST）－花瓣（P）的共同原基的发生和最早期的心皮原基（C），B. ×120，C.
×210，D. ×180；E 和 F. 心皮原基发生，E. ×120，F. ×132；G 和 H. 雄蕊原基和心皮原基向上发生，G. ×132，H.
×120；I. 圆柱状的心皮原基，示中心下陷，×72。缩写见图 9.19

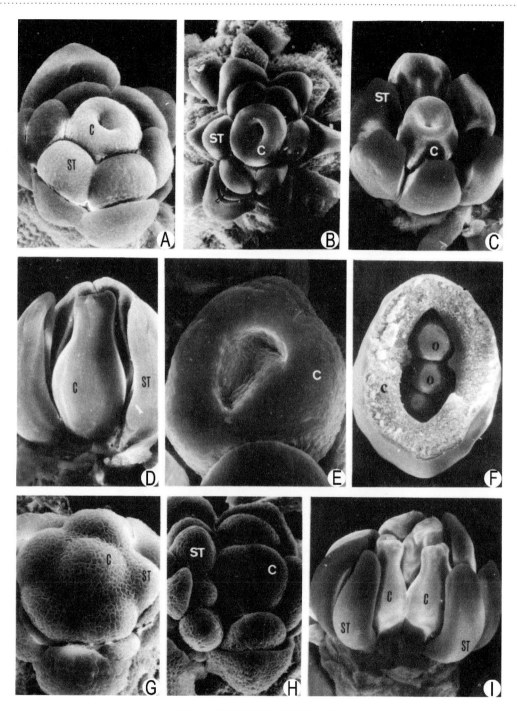

图9.19 南天竹花的个体发育（3）

和 C. 柱状的心皮原基的发育阶段，示中心下陷部分的下深阶段，A. ×120，B. ×90，C. ×72；D. 成熟的心皮，
×42；E. 幼心皮的花柱顶端观，×210；F. 心皮的横切面，示2个胚珠（O），×24；G. 一个五基数的花原基，
×180；H. 一朵幼年花，示败育雄蕊，×102；I. 具有2心皮的败育花，×30。缩写：B. 小苞片原基，C. 心皮原基，
花顶，P. 花瓣原基，SE. 花萼原基，ST. 雄蕊原基

　　李俊（2008）在任毅指导下研究了马兜铃科细辛亚科花的形态发生。马蹄香 *Saruma henryi* Oliv. 花器官呈 6 轮发生：第 1 轮的 3 枚萼片连续发生，之后花端呈杯状，花瓣和雄蕊的每轮同时出现在杯（花托）的边缘；第 2 轮的 3 枚花瓣同花萼互生；第 3 轮雄蕊同萼片对生；第 4 轮 6 枚雄蕊以非 2 重式位置（undouble position）对生于萼片；第 5 轮 3 枚雄蕊对生于花瓣；6 枚离生心皮以 2 轮发生，但最后排列成 1 轮构成第 6 轮。细辛属单叶细辛 *Asarum himalaicum* Hooker f. et Thomson ex Klotzsch 的形态发生相似于马蹄香，但是第 2 轮是 3 枚雄蕊，无第 5 轮雄蕊，6 枚贴生心皮同时发生，心皮上位。作者认为马蹄香的花瓣系退化雄蕊，其周位子房是派生的（derived）。花形态发生特征支持马蹄香属与细辛属有密切关系，应该组成细辛亚科；该两属的萼片和雄蕊发生式样相似于线果兜铃属 *Thottea*（图 9.20~ 图 9.25）。

图9.20　马蹄香和单叶细辛的花

A. 马蹄香 *Saruma henryi*，标尺 =10mm；B. 单叶细辛 *Asarum himalaicum*，标尺 =7mm

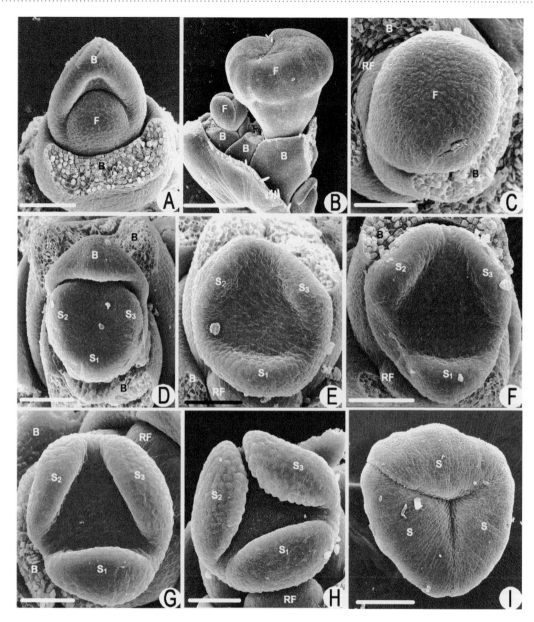

图9.21 马蹄香花的形态发生（1）

A. 具 1 枚苞片的花原基，标尺 = 100μm；B. 聚伞花序（原基阶段），标尺 = 0.5mm；C. 萼片出现前的花原基，示尺 = 86μm；D. 萼片原基以顺时针方向发生，标尺 = 120μm；E～H. 萼片发育，标尺 = 86μm；I. 萼片包闭花，示尺 = 0.3mm。缩写：B. 苞片，F. 花，S. 萼片，RF. 花原基

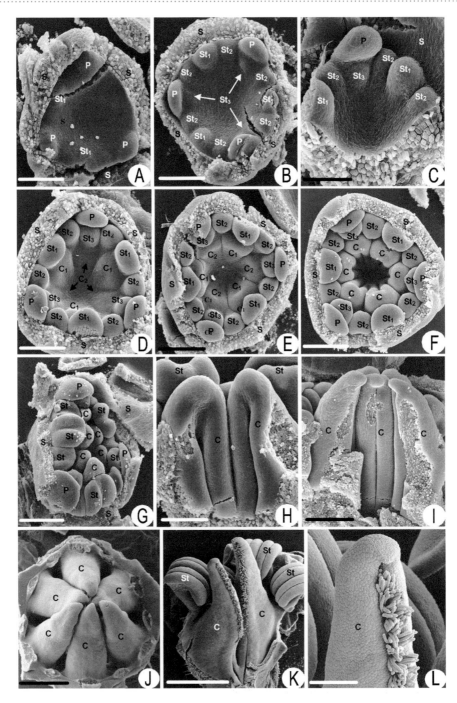

图9.22 马蹄香花的形态发生（2）

A. 第 1 轮花瓣和雄蕊发生，花托杯变深，标尺 = 136μm；B. 第 2 和 3 轮雄蕊发生，标尺 = 136μm；C. 同 B 侧面观，标尺 = 86μm；D. 两轮心皮原基发生，标尺 = 150μm；E. 心皮原基呈 1 轮排列，标尺 = 200μm；F. 心皮增大，标尺 = 230μm；G. 雄蕊分化，示花瓣和雄蕊原基明显不同，标尺 = 250μm；H. 心皮仍呈开放状态，标尺 = 120μm；I. 心皮闭合，标尺 = 0.30mm；J 和 K. 柱头发育，标尺 = 0.86mm（J），0.30mm（K）；L. 示图 9.22 柱头扩大，标尺 = 150μm。缩写：S. 萼片，P. 花瓣，St. 雄蕊；C. 心皮

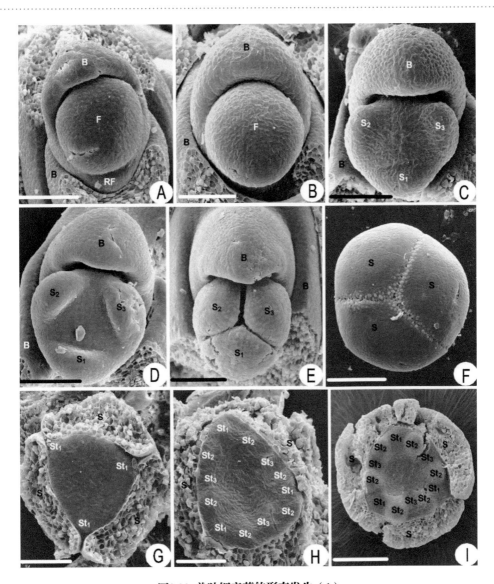

图9.23　单叶细辛花的形态发生（1）

A. 1个顶端新生的花原基，标尺 = 120 μm；B. 由1枚苞片托着的花原基，标尺 = 120 μm；C. 萼片发生，标尺 = 120 μm；D 和 E. 萼片发育，标尺 = 150 μm；F. 萼片包闭花，标尺 = 230 μm；G. 第1轮雄蕊发生，标尺 = 120 μm；H. 第2和3轮雄蕊发生，标尺 = 100 μm；I. 雄蕊发育，标尺 = 200 μm。缩写：B. 苞片，F. 花，RF. 花原基，S. 萼片，St. 雄蕊

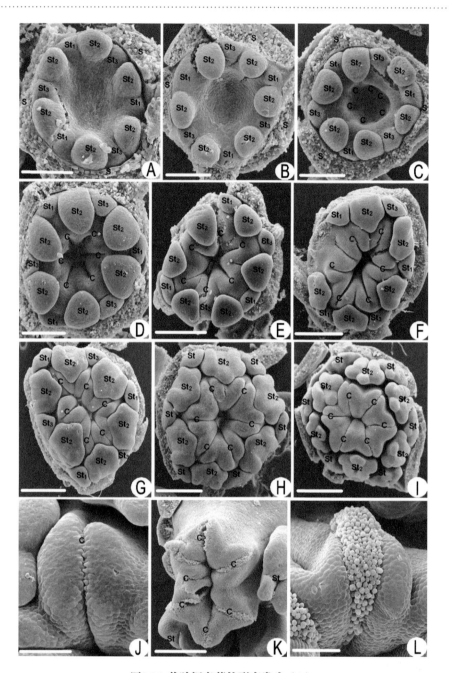

图9.24 单叶细辛花的形态发生（2）

A. 雄蕊发育，标尺 = 120μm；B. 雄蕊增大，标尺 = 150μm；C. 心皮发生和雄蕊发育，标尺 = 150μm；D. 雄蕊和心皮增大，标尺 = 176μm；E. 心皮发育，标尺 = 230μm；F. 心皮发育，雄蕊开始分化，标尺 = 0.27μm；G. 雄蕊出现花药和心皮顶端出现垂直面，标尺 = 0.27mm；H. 心皮发育，标尺 = 0.30mm；I. 药隔呈现和心皮发育，标尺 = 0.38mm；J. 示图 9.24I 柱头增大部分，柱头出现突起，标尺 = 100μm；K. 柱头发育，标尺 = 0.38mm；L. 成熟心皮上的柱头，标尺 = 176μm。缩写：S. 萼片，St. 雄蕊，C. 心皮

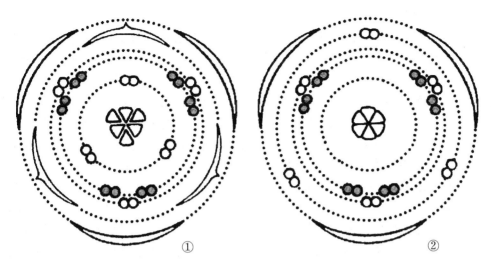

图9.25　马蹄香和单叶细辛花图式

① 马蹄香的花图式；② 单叶细辛的花图式

　　2）雌蕊群　　最古老的被子植物通常是离生心皮雌蕊群。在最原始的离生心皮雌蕊群中，心皮以螺旋状排列。但比较进化的群中，雌蕊群是轮生的。随着离生心皮的进化，心皮的数目减少，在一些极端情况下，如在单心木兰属 *Degeneria*、飞燕草属 *Consolida* 植物中，雌蕊群是单数的。虽然在大多数古老科，可以看到心皮多少联合的倾向，导致了合生心皮雌蕊群的形成，甚至在木兰科 Magnoliaceae、番荔枝科 Annonaceae、林仙科 Winteraceae 等科中也可看到合生心皮的出现。心皮联合是在不同的演化线上独立的和异源出现的。

　　合生心皮的优点是什么，为什么优于离生心皮。简单的解释是 Wernham（1913）原理：即繁殖器官各部分的数目或产量符合简约或经济的趋势（the tendency to economy in production of reproductive parts）。在花的进化中经济是一个指导原则，包括心皮的融合。Stebbins（1974）说；联合心皮最大的优点可能是具有融合心皮的雌蕊群，比离生心皮的壁组织量小，而产生的种子量（mass）相当。Harper 和 Ogden（1970）称种子产生量为繁殖效力（reproductive effort），合生雌蕊群比离生雌蕊群更有效率。除此，心皮融合成一个完整的结构为进一步的适应进化开辟了新的可能性。

　　合生心皮通常起源于较进步的单心皮轮状排列雌蕊。但是合生心皮同样发现于一些具有螺旋状排列心皮的一些古老类型中。例如，东南亚分布的 *Pachylarnax*（木兰科），具有完全合生的几个螺旋状排列的心皮，成熟后形成木质分室的蓇葖。有趣的是，分布于南亚的木兰科 *Aromadendron*（已作为木兰属 *Magnolia* 的异名）和合果含笑属 *Paramichelia*，它们具多数合生心皮，形成新鲜浆果状果实。在木兰科的盖裂木属 *Talauma*、单性木兰属 *Kmeria* 和观光木属 *Tsoongiodendron*，心皮也是合生的。在盖裂木属 *Talauma*，心皮至少在基部合生，果实木质，盖裂。在 *Zygogynum*（林仙科 Winteraceae），雌蕊是合生心皮，心皮的排列是轮状排列而不是螺旋状排列。

　　Takhtajan（1991）区分了合生雌蕊的三种主要类型：真合生心皮（eusyncarpous）、并生心皮（paracarpous）和融生心皮（lysicarpous）。

①真合生心皮是由数目不等的心皮合生组成的多室雌蕊群（Takhtajan, 1991）。它是在许多进化线上是由单心皮侧面合生发生的。真合生心皮常常来源于比较进化的单心皮轮状排列雌蕊，在木兰科 Magnoliaceae 中，不同阶段合生心皮已经在螺旋状雌蕊群中看到。在发育的早期为分离的单心皮，而后心皮才变成合生，或者它是先天的 (congenital)，即雌蕊群从一开始就是以一个完整的结构而发育的。在某些科中，真合生心皮形成的过程都可以看到，如在南蔷薇科 Cunoniaceae、景天科 Crassulaceae、蔷薇科 Rosaceae、藜芦科 Melanthiaceae 和棕榈科 Arecaceae 中，典型单心皮雌蕊到合心皮雌蕊的中间类型都可以发现。真合生心皮雌蕊的最原始类型，其心皮的上部是分离的（如昆栏树属 Trochodendron 植物）。随着真合生雌蕊的特化，合生部分扩展到花柱基，最后完全合生，顶端具有柱头的花柱。花柱基完全分离→花柱基合生→花柱部分合生→上部花柱分叉，即顶端柱头分叉→花柱顶端具柱头的全部转变过程在上述类群都可以看到。心皮合生的增加带来了解剖学的变化，心皮边缘融合，失去彼此相联系的表皮层，腹面两条维管束形成单一维管束，形成融生心皮，出现在演化程度高的类群。

②并生心皮雌蕊（paracarpous gynoecium）在双子叶植物和单子叶植物的许多演化线上逐步形成（发展）。比真合生心皮雌蕊更为普遍。通常一个单室雌蕊由几个心皮组成而成侧膜胎座或特立中央胎座。但是 Takhtajan（1948, 1959, 1991）将并生心皮的概念界定为单室合生雌蕊类型，胚珠沿侧膜排列，并生心皮雌蕊表现出像单个心皮。并生心皮雌蕊是在十分不同的进化线上独立出现的，是很多科和有些目的明显特征。例如两个最大的科：菊科 Asteraeceae 和兰科 Orchidaceae。它们结构上很经济，也能给予胚珠和胎座有效的保护。

在被子植物进化中，并生心皮雌蕊可能出现得很早。在木兰纲已经出现，也出现在非洲产番荔枝科的 Monodora 和 Isolona、白樟科 Canellaceae 和马达加斯加产林仙科的 Takhtajania。并生心皮雌蕊来源于原始的离生心皮雌蕊，这种雌蕊有开口的心皮 (unseal carpel)。在许多科，既有离生心皮雌蕊又有并生心皮雌蕊。除了上面提到的番荔枝科 Annonaceae 和林仙科 Winteraceae 外，还有三白草科 Saururaceae、仙人掌科 Cactaceae 等。在三白草科 Saururaceae 中，三白草属 Saururus 为离生心皮雌蕊，其他属为并生心皮雌蕊。仙人掌科 Cactaceae 原始属 Pereskia 的雌蕊是半离生心皮（心皮只稍联合，然而该科的其他属是并生心皮）。古老的泽泻亚纲 Alismatidae 中的花蔺科 Butomaceae、黄花蔺科 Limnocharitaceae 和泽泻科 Alismataceae 为离生心皮，而水鳖科 Hydrocharitaceae 是并生心皮。

③融生心皮雌蕊（lysicarpous gynoecium）的特化以及离生心皮的特化经常是由于心皮数目减少，多数情况下伴随着每个心皮胚珠数目的减少。在融生心皮雌蕊中心皮数目减少的一个极端类型称为假单数雌蕊 (pseudomonomerous gynoecium)，心皮只有一个是可育的。这是由于在心皮发育中一个心皮充分发育，而其他心皮不育或退化。有时只能从解剖学维管束或在个体发育中观察到。二数类型（2 心皮中一个退化）的假单数雌蕊的例子如木麻黄属 Casuarina、杜仲属 Eucommia 等。三数和多数类型的假单数雌蕊在许多胡椒科 Piperaceae 植物中出现。

（7）胎座　　在被子植物中胎座主要有两种类型：片状胎座和近边缘胎座。第一种情况是胚珠着生在片状心皮的内表面；第二种情况是胚珠着生在心皮的近边缘。严格地讲近边缘胎座不是边缘胎座。对不同类群尤其是古老类群的维管束解剖结构和雌蕊早期发育阶段的研究表明，胚珠在近边缘附着，不是确切在边缘而是在近边缘的向轴面，即它们是近边缘的（Takhtajan,

1959; Eames, 1961）。

最原始的胎座类型是片状－侧生胎座（laminar-lateral placentation）。它是一些古老植物，如单心木兰属 *Degeneria*、*Tasmannia* 和 *Zygogynum* 的一些种，尤其是 *Zygogynum archboldianum*（*Bubbia archboldiana*）（Bailey and Smith, 1942）的特征。这些植物的胚珠远离心皮边缘，排列在中脉和侧脉之间的位置。胚珠维管束部分是侧脉系统的扩展，部分是中脉和小脉分枝的小脉的扩展。这样的排列最接近被子植物胎座进化初期的一种（Takhtajan, 1991）。

片状－星散胎座（laminar-diffuse placentation）很接近片状－侧生胎座，本质上是它的一种变异，在一些古老分类群中能看到。中国－喜马拉雅区系的猫儿屎属 *Decaisnea* 是木通科 Lardizabalaceae 最古老的属以及该科的中国特有属，串果藤属 *Sinofranchetia* 胚珠排列成两列，这种胎座自然是片状－侧生胎座，但是在该科的其他属胚珠已经排列成纵向几列，即多少是星散的（diffuse），稀胚珠是几个或单生。

在睡莲科 Nymphaeaceae、黄花蔺科 Limnocharitaceae 和水鳖科 Hydrocharitaceae 的片状－侧生胎座同样呈星散胎座状。有些人认为星散胎座是胚珠位置最原始的类型，但是片状胎座的星散类型只发现在具有一个叶迹心皮的类型中，而在较原始的三叶迹心皮类型中是不知道的。除此，具有星散胎座的心皮一般较之具片状－侧生胎座的心皮特化。有充分的证据，片状－星散胎座是从较古老的片状－侧生胎座发展来的（Takhtajan, 1948, 1959, 1991）。Parkin（1955）也倾向于认为睡莲科 Nymphaeaceae 和花蔺科 Butomaceae 的胎座类型是次生的。

随着片状胎座向严格的近边缘胎座的转变，一般情况下，每个心皮中的胚珠数目减少了，如在林仙科 Winteraceae。胚珠数量的减少就需要植物对胚珠的保护和种子散布机制更加完善，特别是对于那些只有单个胚珠的心皮来说。在这一方面，被子植物与哺乳动物非常相似，哺乳动物也是朝着胚胎数目减少的方向进化的，在胚珠或胚胎数目减少的过程中，生物进化出了对后代更加有效的保护机制（care about the progeny）（Takhtajan, 1991）。

在一些具离生心皮雌蕊但胚珠数目减少的群中，有一种特别的胎座类型，称为背生(dorsal)胎座或中生(median)胎座。它发现在莼菜属 *Brasenia*、竹叶水松属 *Cabomba*、金鱼藻属 *Ceratophyllum*、莲属 *Nelumbo* 和一些其他群。但是这些植物心皮的维管解剖学表示严格地讲这些胎座不是中生的（Eames, 1961），这样在竹叶水松 *Cabomba* 和莼菜属 *Brasenia*，胚珠实际上生于侧脉和中脉之间。珠柄（funicle）的维管束与侧脉和中脉都有关联。这两个属的心皮和胎座表明，它们的背生胎座是从片状－侧生胎座发展来的。

近边缘胎座是从片状胎座发展来的。这是有花植物中最广泛的胎座类型。广泛地发现在具离生心皮雌蕊的大多数类群中，包括木兰科、番荔枝科和毛茛科，以及具有蓇葖果和瘦果类型心皮的种中。古老类型的心皮自然是蓇葖果类型。胚珠沿着缝线在每边排成一列。这样的属像金梅草属 *Trollium* 和铁筷子属 *Helleborus*（毛茛科），仍然有典型的具有原始维管系统的多胚珠心皮。但是在金梅草属 *Trollium* 已经开始出现心皮数目减少。心皮上部的胚珠消失，但是在那里它们的维管束迹还是存在的，下一步减化系列出现在耧斗菜属 *Aquilegia*，不仅上部的胚珠消失，而且维管束迹也消失了。在毛茛属 *Ranunculus*，瘦果类型具有特化的心皮，只有下面一个胚珠发育。另一个相似的减化系列发现在蔷薇科 Rosaceae。近边缘胎座类型的最大变异可在真合生心皮雌蕊观察到。主要的和原始的类型是中轴胎座。

侧膜胎座在双、单子叶植物中都来源于许多不同的演化线，表示它的生物学优势是有限的。

加上并生心皮在结构上的减化（单室代替多室），胎座在不同方向上特化变成有可能。

另外，侧膜胎座和可能在某种情况下中轴胎座可发生为特立中央胎座与柱状胎座。特立中央胎座的起源已经经过了很长时间的争论。18 世纪的前半叶，大多数植物学家认为中心柱是花托轴伸长的简化结果。但是根据 van Tieghem （1868）经典的研究结果，它变得清楚了。中心柱是保存在中心的胎座的隔膜退化的结果。Lister （1883）根据对石竹科的许多研究结果作出相似的结论。不同类型的特立中央胎座的个体发育和比较维管解剖研究结果最后确定了中心柱的心皮性质（Takhtajan, 1948; Eames, 1951, 1961）。

（8）子房　在古老的被子植物中，雌蕊群是分离的，没有同它周围的花器官合生。但是在被子植物的许多进化线上，雌蕊多少是同花的其他邻近部分合生而称为下位子房 (inferior ovary)。Takhtajan（1991）认为术语 inferior ovary 称下位子房是不适宜的。形态学上子房不能是 inferior，它总是上位的 superior。因为形态学上心皮总是位于花被和雄蕊之上。因此，使用离生子房或贴生子房（free ovary 或 adnate ovary）来替换术语 superior 或 inferior 更确切。Grant（1950; 转引自 Takhtajan, 1991）认为，下位子房来源于保护适应，以减少在受粉时昆虫和鸟类造成的损伤。Takhtajan（1991）赞成 Stebbins（1974）的观点，上位花的不同趋向可能针对子房不同的选择压力，如抵御昆虫的叮咬、环境的震动（变动）（shock）、花比较迅速的发育和果实的成熟。

有些人认为下位子房来源于围绕雌蕊的花托的凹陷（invagination）并贴生于子房（轴性或花托理论）；另一些人认为是外面花器官的基部贴生于子房而形成的（叶性或附着理论）；还有一些人如 Eames（1961）推测下位子房轴性和叶性两种来源情况都有。但是按照 Eames 的观点，几乎所有的下位子房似乎是由邻近花器官融合而来的。

花维管解剖的许多资料表明，在绝大多数情况下，下位子房是雌蕊同花筒相融合的结果，即它是叶性起源（phyllome origin）。由 van Tieghem（1868）奠基性的工作以及现代的花解剖工作可知，在大多数被子植物的科中，围绕下位子房的花筒（floral tube）是由萼片、花瓣和雄蕊的基部产生的，因此，有叶性的特征。花筒的叶性性质可以经花的比较研究发现。van Tieghem 已经提出下位子房的"附属组织"是如何利用维管系统的排列从花托组织中区分出来。解剖学研究表明花某一轮本身的融合（cohesion）和不同轮的贴合（adhesion）时，它们的维管束同样多少融合。在花各部融合的第一阶段，它们的维管束仍然是保持分离的，然后它们逐渐趋于合生而最后融合在一起。对维管束和它们融合的不同阶段的研究，为探明花各部融合的历史提供了一把钥匙，Eames（1961）同他的弟子的研究得出了这样的结论：邻近器官的融合是下位子房形成的普通形式。

但是现在变得清楚了，在一些分类群，下位子房是花托起源而不是叶性起源。花托起源真实的例子是 1942 年报道的一个极端有趣的例子，这是在檀香科 Santalaceae 的 Darbya 第一次被描述（Smith FH and Smith EC, 1942）。下位子房的花托性质推测是所有檀香科及与其相关的比较特化的羽果科 Misodendraceae 和桑寄生科 Loranthaceae 的特征（Smith FH and Smith EC, 1942）。维管解剖学清楚地表明柱状顶端凹陷（invagination）的存在和花托上雌蕊的下陷。花托性下位子房是以反折维管束（recurrent vascular bundle）出现为特征，维管束在达到子房的上面部分之后，突然向内和向下反折弯向形态学上的花托顶端，占据着在最下部环状凹陷的底部。在这种反折维管束中，韧皮部位于向心面（内向）而木质部是在离心面，即这些维管束是反向的。这种向花托凹陷的倾向和反折维管束系统可以在铁青树科 Olacaceae 的成员中看到，该科在檀香目 Santalales 是最古老的成员。下位子房的花托起源同样在仙人掌科 Cactaceae 和番杏科 Aizoaceae 发现。这两种花托起源根据解剖学分析得到证明。这样，叶性下位子房和花托性下位子房在有花植物的不同进化线上是独立发展的（Takhtajan，1991）。

二、花序　按照 Hallier（1912）和许多其他作者的观点，花排列的起始类型是花单生在有节枝条的末端。但是在现存的有花植物中，单生花（顶生或腋生）也最可能代表减化花序的残遗成员（Eames，1961；Stebbins，1974；Takhtajan，1991）。例如，在林仙科 Winteraceae 的 *Zygogynum* 一些种的顶端单生花代表了一个简化系列的末端。单生花的次生性特征常常能根据形态学分析和同相关类型的比较所证明。

最早的有花植物的花可能聚集成一个很原始的花序，花的聚集有利于它们传粉，每个传粉者在花序上比单花可以访问更多的花。在花序上花连续的开放比起单花短暂时间开放同样有很大的生物学优点。在完善交互传粉方面，花序也有优势。

早期的植物学家将花序的不同类型区分为两大类：聚伞花序，有限的、离心的或闭合的花序；总状花序，无限的、向心的或开放的花序。按照 Weberling（1988）的分类，这两种花序相当于 Troll（1964）的单轴（monotelic）花序和多轴（polytelic）花序。在聚伞花序，具有顶花的花序轴，以主轴顶端生长的限制为特征，顶花先开放而后向基部逐渐开放。在总状花序，主轴顶端没有顶花，因此主轴顶端生长没有限制，开花的次序是典型的向上（向心）次序。

自 Eichler（1875）以来，人们就知道，聚伞花序和总状花序之间没有截然界限。两种类型最原始的和最简单的类型常常是容易区分的，它们最特化的和特别减化的类型常常是不易区分或几乎不能区分的。由于许多总状花序有顶生花而聚伞花序没有顶生花，主轴上顶生花的有无对于区分两类花序就不是一个有把握的（safe）标准。有许多中间类型，其总状花序有一个顶生花，像在小檗属 *Berberis*、胡桃属 *Juglans*、山柳属 *Clethra*、鹿蹄花属 *Pyrola*、唢呐草属 *Mitella*（虎耳草科）。另外，有些聚伞花序类型，如一种龙牙草 *Agrimonia eupotoria* 不是以顶生花为末端。

在开花顺序方面，同样有中间类型。在川续断科 Cephalaria 花序不总是严格的聚伞花序，最外面（最下部）一轮花，在顶生花开放后立即开放。两种花序的基本类型中，聚伞花序是比较原始的而总状花序是衍生的（Parkin，1914）。花序的最原始类型可能是一种聚伞圆锥花序或二歧聚伞花序。Nägeli（1884）认为聚伞花序和总状花序都可能从圆锥花序而来。从单叶二歧聚伞花序起源不同类型的聚伞花序以及单花（Takhtajan，1991）。简单的二歧聚伞花序的侧生花完全被抑制而发生单花。*Zygogynum vieillardii*、美国鹅掌楸 *Liriodendron tulipifera* 和牡丹 *Paeonia suffruticosa* 的花序可能就是由侧生花完全被抑制而产生的。借助于分枝的不断分枝发生圆锥状的复合二歧聚伞花序，出现在毛茛属 *Ranunculus*、委陵菜属 *Potentilla* 的聚伞状二歧聚伞花序。毛茛属的一些种甚至有第五次花序分枝。结合复合二歧聚伞花序的所有侧枝完全压缩，单独顶生花就发生了。

通过节间的缩短或某些花不发育，就发生了不同类型的疏散的二歧聚伞花序的变态（伞房状聚伞花序、伞状聚伞花序、头状聚伞花序等）。

由二歧聚伞花序发展为单歧聚伞花序和复聚伞花序。单聚伞花序两个侧花中的一个完全被抑制，就发展成单歧聚伞花序，如 *Anemonella thalictroides*。在一些属甚至于科中，由于复合二歧聚伞花序两个分枝中的一个被抑制，发生了一种复单聚伞花序。在某种情况下，单聚伞花序单个侧生花完全抑制，就发展成单花。总状花序是从聚伞花序发展来的，特别是从聚伞状圆锥花序发展来的。单圆锥花序向真总状花序的转变是逐渐的，总状花序或多或少是伸长的。典型的总状花序，花是向顶发生的。从聚伞圆锥花序向总状花序的转变在许多不太进化的科中发现，如毛茛科，像在一种飞燕草 *Consolida divaricata* 和 *Aconitella hobenackeri* 中，花序是聚伞 – 单轴圆锥花序；但这些属其他种的花序是中间阶段。另外，顶生花完全消失，花序变成典型的总状花序。真正的总状花序，是一些飞燕草属和翠雀属 *Delphinium* 大多数种的特征。东方飞燕草 *Consolida orientalis* 初看起来好像是顶花，实际上是形态上的侧生花。从聚伞花序向总状花序转变的这一倾向也在乌头属 *Aconitum* 中看到，如乌头属的 *A. arcuatum* 和 *A. anthoroideum* 其顶花是存在的，而在另一些种如 *A. anthora* 顶花全部不发育（Takhtajan，1948）。

紫堇科 Fumariaceae 也是从圆锥花序到总状花序的一个好的例子。美丽荷包牡丹 *Dicentra formosa* 有一个具 4 或 5 分枝的圆锥花序。顶端花常常是第一个开放，偶尔最晚开放，向后的顺序倾向于转变成向顶的，但在荷包牡丹 *D. spectabilis* 花序已经是真正的总状，花序的最上部有几个退化的芽。侧生花轴仅仅着生微小的苞片，不产生第三级芽（Takhtajan，1991）。

由于侧生花花枝的缩短，总状花序常常发生成穗状花序（如水青树属 *Tetracentron*、车前草属 *Plantago*、列当属 *Orobanche*）。在红花荷属 *Rhodoleia*、车轴草属 *Trifolium*、一种桔梗 *Campanula glomerata* 和一些其他植物，形成头状总状花序或穗状花序，这不是由于真正的聚伞状头状花序的融合。

穗状花序轴增粗、肉质就成为肉穗花序，是天南星科的特征。但是不能同香蒲属 *Typha* 或玉米 *Zea mays* 的假肉穗花序相混淆。另一种穗状花序的变态是柔荑花序，这种花序的花序主轴纤细、折曲，常常是下垂的，生着单性、无瓣的花，最后整体脱落。杨柳科的花序是典型的柔荑花序，而在桦木科 Betulaceae 和壳斗科 Fagaceae，其花序是柔荑状的二歧聚伞花序。

总状花序能发生为伞房花序（corymb），如悬钩子属 *Rubus*、荚蒾属 *Viburnum*、绣球属 *Hydrangea*、缬草属 *Valeriana*、接骨木属 *Sambucus*、十字花科 Cruciferae 等。

伞房花序又能发生为总状伞形花序。从伞房花序向伞形花序转变出现在 *Siphocampylus*（半边莲科 Lobeliaceae）就是明显的例子。伞形花序（umbel）是报春花科 Primulaceae、五加科 Araliaceae 和伞形科 Apiaceae 等大多数植物的特征。但是牻牛儿苗科 Geraniaceae、萝摩科 Asclepiaceae、葱科 Alliaceae 和石蒜科 Amaryllidaceae 不是真正的伞形花序，而是伞形状的二歧聚伞花序。

伞形花序发生特化的另一类型为头状花序（capitulum）。头状花序有由 1 至多列不育性苞片所包围形成的总苞，头状花序是某些伞形科 Apiaceae、萼角花科 Calyceraceae 和菊科 Asteraceae 植物的特征。

第四节　小孢子囊、小孢子和花粉粒

一、小孢子囊　　绝大多数雄蕊包含 4 个小孢子囊，排列成两对。在原始被子植物中如星叶草科 Circaeasteraceae 雄蕊只有 2 个小孢子囊，很少像 *Arceuthobium*（槲寄生科 Viscaceae）只有一个小孢子囊；个别植物雄蕊有多于 4 个孢子囊，如红树科 Rhizophoraceae。

小孢子囊壁由表皮层、内层、中层和绒毡层组成。内层通常只有一层，达到充分发育，小孢子囊易于开裂。内层有时是不存在的，如某些水鳖科 Hydrocharitaceae 植物。中层常常有一层或二层，稀有几层。中层是短生的（ephemeral），而变成扁平的压碎状，在小孢子母细胞减数分裂的时候灭迹。有时不存在，如苦草属 Vallisneria（水鳖科）和微萍属 Wolffia（浮萍科）。

绒毡层（tapetum）通常只有一层，有时它可以分裂而变成二列甚至于多列。绒毡层细胞有浓的细胞质。从减数分裂开始，绒毡层细胞增大，在许多情况下，它们的核可以经过几次分裂成 2 至多核，它为孢原组织提供营养。绒毡层有两种结构和功能类型，根据小孢子发育期间绒毡层细胞的行为，分为腺质绒毡层和变形绒毡层。被子植物的绝大多数科，包括大多数原始的类群是以具腺质绒毡层为特征。变形绒毡层型常常出现在相对进步的群；在原始被子植物中，出现在莲叶桐科、泽泻科、黄花蔺科、花蔺科以及睡莲科、樟科、小檗科、罂粟科的一些种。

花药最普遍和最原始的开裂方式是纵裂。纵裂有两种类型：由单纵缝开裂、由两个纵裂片开裂。第一种类型是在纵向裂缝的两端增加横裂缝，出现两个侧片，即所谓 H- 瓣裂。单纵缝开裂是很普遍的，出现各个纲。第二种类型是木兰纲和金缕梅纲植物的特征，如木兰纲的瓣蕊花科、帽花木科、单心木兰科、番荔枝科、肉豆蔻科及木兰科和睡莲科的一些种；樟纲的杯轴花科的一些种；金缕梅纲的昆栏树科、悬铃木科及金缕梅科的一些种；毛茛纲的领春木科。比较特化的是片裂，其孢子囊壁向上开裂成顶端活板（hinged flap），主要出现在樟纲，如樟科、莲叶桐科、奎乐果科、杯轴花科的一些种，以及毛茛纲的小檗科。最进步的开裂方式是孔裂。

二、小孢子　　初生孢原细胞发生小孢子母细胞，在早期减数分裂前期，小孢子母细胞原来的壁瓦解，然后彼此分裂。小孢子母细胞经过减数分裂发生小孢子四分体。

小孢子四分体形成有两种式样：连续型，细胞板是在减数分裂第一次末尾形成的，小孢子母细胞分裂形成两个细胞；两个细胞的每一个发生第二次减数分裂，接着是细胞板离心形成；同时型，第一次减数分裂之后不形成壁，小孢子母细胞的表面发生压缩的沟，在中心相遇，4 个孢子母细胞形成 4 部分，小孢子母细胞表面的沟向内发育，结果形成壁，而后小孢子母细胞分裂成 4 个小孢子。

确定哪一种小孢子发生类型比较原始是困难的。在原始被子植物中，樟纲主要是连续型，仅早落瓣科、金粟兰科及杯轴花科的一些种为同时型；木兰纲多数是同时型，仅瓣蕊花科、肉豆蔻科及番荔枝科的一些种为连续型；百合纲原始的几个科主要是连续型；毛茛纲及金缕梅纲的原始科，以及商陆科、五桠果科均为同时型。

三、花粉粒　　被子植物的花粉粒有大小、形状和结构的分化。尽管它们的大小多变化，但对于每个种来说它们普遍是十分稳定的，而只在局部有些变化。通常不太进步的科的花粉粒较大；相反，在比较特化的合瓣类，它们的体积有减小的趋势（Takhtajan, 1991）。在原始被子植物中，大花粉粒（大于 $50\mu m$）主要出现在木兰纲的木兰科、囊粉花科、番荔枝科及睡莲科的一些种，樟纲莲叶桐科的一些种，毛茛纲莲科；小花粉粒（小于 $20\mu m$）出现在樟纲杯轴花科的一些种，主要出现在胡椒纲的胡椒科、三白草科，以及毛茛纲的防己科；其他原始类群花粉粒为中等大小，通常在 $20\sim50\mu m$ 范围变化。花粉壁主要由两层组成：内壁和外壁，两层在化学、结构以及发育上是不同的，详细的结构见图 9.26。

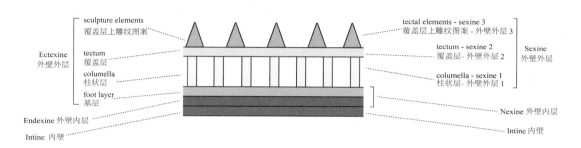

图9.26 花粉壁结构示意图，左、右为两种不同观点的术语。源自Punt et al., 2006改绘

（1）内壁　内壁为一层透明、微纤维结构的超细胞质（extra-cytoplasmic）膜，它是在小孢子从四分体释放出之后立刻由小孢子原生质体综合形成。它只出现在内壁接近成熟之后。内壁生长包含高尔基体活动和内原生质网活动。在一些古老的被子植物中，如木兰科的 *Michelia fuscata*、一种木莲 *Manglietia tenuipes*、山玉兰 *Magnolia delavayi* 和北美鹅掌楸 *Liriodendron tulipifera* 等，有复合的三层内壁，其中第一层是颗粒状而只是由高尔基体（golgi apparatus）形成的，第二、三层是由高尔基体和内原生质网形成的。内壁形成一个连续的环绕原生质包被（coat）而没有开口。它主要是由纤维素组成。内壁的厚度在不同群中有很大变化，有些分类群中该壁很薄，只能借助于旋光显微镜观察，而有些类群中很厚。其内壁的口区十分发育而复杂，如在悬铃花属 *Malvaviscus*（锦葵科）。在某些类群内壁很减化，如在许多姜目植物，内壁十分精细且分层和具有通道。

（2）外壁　外壁为一个复杂的多功能结构，它有三个主要功能是：① 保护功能，保护雄配子体和在受粉期间防止失水；② 储藏功能；③ 群聚功能。典型的外壁由2层：外壁内层（endexine）和外壁外层（ectexine）组成。两层在化学、结构和发育方面是不同的。它们在扫描电镜下易于区分。

1）外壁内层　Erdtmen 于 1969 年认为次级外孢壁（secondary exine）可能是由多糖（polysaccharide）和孢粉质（sporopollenin）构成。裸子植物中内层呈薄片状，具有一系列平行的薄片，并且整个内层的孔区和非孔区是连续的。被子植物中内层可以是连续层（有时很厚，像在樟科）或只存在于孔区。有一些类群内层是不存在的。有些类群如 *Michelia fuscata*、*Manglietia tenuipes*、山玉兰 *Magnolia delavayi*、鹅掌楸 *Liriodendron chinensis*，内层是弦向层状。

绝大多数被子植物，其外壁具有十分发育的抗弱酸性层（acetolysis-resistant layer）。在化学和生物学上是由一种不平常的抗性物质（孢粉素）形成，它可能由胡萝卜素和类葫萝素酯氢化聚合产生。目前尚知它有游离氮但不含纤维素，许多特性如与木质素和角质（cutin）是共有的。外壁结构和纹饰的极端变化，在同一分类群中有时很不一致，因此对系统与进化研究有重要意义。

2）外壁外层　由两个基本层组成：覆盖层（tectum）和柱状层（columella）。后者有两种类型，颗粒状和柱状。颗粒状结构在裸子植物和被子植物的花粉中有很大差异，由多少密集且等大的孢粉质颗粒组成。覆盖层则由很密集的颗粒组成。Doyle 等（1975）推测，在最古老的一些木兰纲植物，如单心木兰属 *Degeneria* 和帽花木属 *Eupomatia* 中出现很密集的颗粒，它们最可能是原始的颗粒。但是颗粒状结构也出现在许多进步群中，如木麻黄科、桦木科、马尾树科、胡桃科等。柱状层最明显的类型是柱状的。像大多数有花植物中那样，原始被子植物多数为柱状。颗粒状出现在樟纲的樟科、莲叶桐科；木兰纲的瓣蕊花科、帽花木科、单心木兰科和番荔枝科。介于两者中间的类型在木兰科、囊粉花科、肉豆蔻科、睡莲科及奎乐果科、芍药科、五桠果科等中出现。

在覆盖层中有进化意义的是穿孔类型。在覆盖层穿孔中，孔或覆盖层网眼 (lumina) 常常是小的（如番荔枝科 Annonaceae 的一些种和肉豆蔻科 Myristicaceae），通常是看不见的。当穿孔增大时，它们的直径变得比网脊之间花粉壁的宽度大，如林仙科 Winteraceae、八角科 Illiciaceae 和五味子科 Schisandraceae 中，外壁变成具半覆盖层（semitectate）。这部分覆盖层通过网眼斜面观可以看到具小柱的特征。在具半覆盖层外壁上，网脊的网纹可以连接小柱并形成开放的网纹。

在番荔枝科 Annonaceae、肉豆蔻科 Myristicaceae 和杨柳科 Salicaceae 的某些植物中，可见到分离的且暴露的小柱。进化的顶点几乎是无外壁而具发达内壁的花粉。有很减化的外壁和精细内壁的花粉在双子叶植物和单子叶植物中都有，如某些番荔枝科 Annonaceae 和樟科 Lauraceae 植物。

大多数花粉粒有界限特别清楚的萌发孔（aperture），一般在外壁上的薄壁区开口，花粉管通过它伸出来。萌发孔在外壁外层和外壁内层都可以显现。在某些花粉粒中，外壁外层萌发孔和外壁内层萌发孔是一致的，在另一些花粉中它们则是不一致的。

有花植物花粉粒的萌发孔有很大分化，形成不同的类型。萌发孔的排列、形状和结构有很重要的系统学意义，常常为解决植物系统关系提供证据。萌发孔的不同类型相当于不同的特化水平，而这些类型在决定分类群的进化水平方面也是重要的。花粉粒的表面式样与它在四分体阶段的方位有关。每个小孢子两个相对极面分别称为近极面（proximal）和远极面（distal），它们之间的线称为极轴，垂直于轴的面称为赤道面。在排列方面，萌发孔可以是远极的（distal）、带状的（zonal）（在赤道面中心或平行于赤道）和球状的（多少一致地分布在表面）。被子植物花粉粒的萌发孔的排列是由远极通过带状到球状发展的。

现在多数人认为最原始的被子植物的花粉粒是外壁上具有一个远极的萌发沟（distal germinal furrow），即远极沟（colpus）（Takhtajan, 1948, 1959, 1991）。具远极沟的花粉粒是被子植物和裸子植物发现的唯一共有类型。它是许多裸子植物化石花粉的特征，在现存的裸子植物中它最明显地出现在苏铁目 Cycadales 和银杏属 Ginkgo。另外，大多数木兰纲植物是单沟（monocolpate）花粉：樟纲的无油樟科和杯轴花科、金粟兰科的一些种，胡椒纲的三白草科、胡椒科、马兜铃科古老属马蹄香属 Saruma，腐臭草科 Hydnoraceae，一些大花草目成员和大多数百合纲成员。木兰科的花粉仍很相似于拟苏铁目 Cycadeoideales、苏铁目 Cycadales 和银杏的花粉。

在一些情况下，如樟科 Lauraceae 远极沟发生减化，结果成为无萌发孔花粉。其内壁十分加厚而外壁则成为脆弱的透明膜，花粉粒在萌发时花粉管能从花粉粒表面的任何一点发出。无萌发孔花粉还出现在樟纲的莲叶桐科、奎乐果科和杯轴花科，以及其他原始科，如金鱼藻科、马兜铃科和毛茛科的一些种。

在有些类群中，远极沟普遍为具 3 臂（3-armed），稀具 4 臂（4-armed），金粟兰科雪香兰属 Hedyosmum 甚至具 6 臂（6-armed）到 7 臂（7-armed）萌发孔。3 沟花粉粒常在一些木兰纲植物中发现，如五味子科、八角科，毛茛纲和金楼梅纲几乎全部成员都为 3 沟花粉，金粟兰科 Chloranthaceae（雪香兰属 Hedyosmum）和百合纲的异蕊草科 Tecophilaeaceae、芦荟科

Asphodelaceae 和棕榈科 Arecaceae 也有 3 沟花粉出现。

另外一些原始被子植物中，如蜡梅科 Calycanthaceae、奇子树科 Idiospermaceae，其花粉粒则可能由单远极沟发展成为远极沟。

远极沟的另外一种转变是它转移到的环带位置平行于赤道，像睡莲科 Nymphaeaceae 的（睡莲属 *Nymphaea*、*Ondinea*、王莲属 *Victoria*）植物，芡实属 *Euryale*；围绕着赤道的，像帽花木科帽花木属 *Eupomatia*。这种单沟花粉常常称为环槽（zono-sulculate）花粉（Erdtman et al.，1969），但 Takhtajan（1991）主张称环沟（cyclocolpate）花粉。

孔状萌发孔可能起源于单沟花粉，在林仙科 Winteraceae 远极萌发孔多少呈孔状，按照 Erdtman 的术语称 ulcerate。单孔花粉（包括 ulcerate）在百合纲中尤其普遍。周孔花粉出现在早落瓣科 Trimeniaceae、马兜铃属 Aristolochia 一些种及百合纲植物。

花粉粒最重要的进化变异是从初生单沟花粉到在子午线（垂直于赤道线）上出现沟状萌发孔再到环沟花粉。环沟花粉最原始的类型是 3 沟花粉，发现在八角科 Illiciaceae、五味子科 Schisandraceae 某些种、莲属 *Nelumbo*、木通科 Lardizabalaceae 许多种、大血藤属 *Sargentodoxa*、防己科 Menispermaceae 一些种、毛茛科 Ranunculaceae、星叶草科 Circaeasteraceae、黄毛茛属 *Hydrastis*、小檗科 Berberidaceae 一些种、南天竹属 *Nandina*、白根葵属 *Glaucidium*、罂粟科 Papaveraceae 大多数种、某些紫堇科 Fumariaceae、昆栏树属 *Trochodendron*、水青树属 *Tetracentron*、连香树属 *Cercidiphyllum* 等。在许多演化线上，出现 4 沟、6 沟乃至多沟花粉。它们出现在很分化的科中，常在同一科和同一属中出现，如罂粟科 Papaveraceae 的 *Arctomecon* 和蓟罂粟属 *Argemone* 有 3 沟花粉，*Dendromecon* 是以 3~5 沟花粉为特征，花菱草属 *Eschscholzia* 有 4~7 沟和 *Hunnemannia* 有 9 沟。

环沟花粉具有沿子午线排列的沟则发生为周沟（pericolpate）花粉。周沟花粉粒的沟分布于不同的方向，甚至分布于表面。周沟花粉广泛出现在十分分化的科中。它们出现在毛茛科的一些属、罂粟科许多属、商陆科 Phytolaccaceae、领春木属 *Euptelea* 等中。

正像单沟花粉发生为单孔花粉和多孔花粉，3 沟花粉和多沟花粉发生为 3 孔和多孔花粉。它们出现在某些毛茛科 Ranunculaceae 植物，如唐松草属 *Thalictrum*、银莲花属 *Anemone*、铁线莲属 *Clematis*、毛茛属 *Ranunculus* 和罂粟科 Papaveraceae 如 *Sanquinaria*、金缕梅科如蕈树属 *Altingia* 等中。

第五节　胚珠、大孢子囊和大孢子

胚珠是被子植物从它们的裸子植物祖先继承下来的特征性器官。但是被子植物的胚珠有大孢子叶（心皮）保护，经历了许多有意义的变化。在裸子植物中，胚珠有加厚的包被，并储藏大量的营养物质。在被子植物中，胚珠小，包被常常不太发育，一般完全失去储藏的营养物质，导致了胚珠的简化，从而使被子植物胚珠的发育比裸子植物快得多。

胚珠由珠心（大孢子囊）和珠被组成。珠被是保护胚珠的包被。珠被在珠心的顶端分离成一个狭窄的通道，称珠孔。花粉管通过珠孔进入胚囊。典型的胚珠是借助于珠柄附着在胎座上。

一、珠被　珠被的起源一直存在争论，Benson（1904）提出了古生代原始裸子植物珠被的聚合囊假说（synangial hypothesis）。按照他的假说，胚珠起源于大孢子囊。聚合囊的中央大孢子囊保留它的功能并转变为珠心，而周围的大孢子囊不育，融合形成珠被。Benson 的假说为许多形态学家和古植物学家所接受。

被子植物的胚珠既有双珠被的又有单珠被的，极少数为无珠被的。一般认为单珠被胚珠是在不同进化线上由双珠被来的。在原始被子植物中，单珠被出现在樟纲杯轴花科一些种，木兰纲金鱼藻科，胡椒纲胡椒科一些种，毛茛纲星叶草科及防己科和毛茛科一些种。单珠被的胚珠绝大多数出现在蔷薇纲较进化的群中，包括杜鹃花目 Ericales、茄目 Solanales、玄参目 Scrophulariales、唇形目 Lamiales 和菊目 Asterales 等，而很少出现在单子叶植物。推测在多数情况下，单珠被胚珠是珠被原基先天（congenital）融合的结果，但是在某些分类群中，单珠被是由内珠被或外珠被败育形成的（Takhtajan, 1991）。

内珠被一般为 2~3 层细胞厚，有些科有多层细胞，樟纲比较普遍，如蜡梅科、莲叶桐科、奇子树科及金粟兰科、杯轴花科和樟科一些种；木兰纲肉豆蔻科及八角科一些种；胡椒纲胡椒科一些种；毛茛纲莲科、毛茛科、罂粟科以及小檗科一些种；金缕梅纲昆栏树科和悬铃木科等。多数科外珠被有 3 到多层细胞，只有少数科只有 2 层细胞，如木兰纲囊粉花科和睡莲科一些种，胡椒纲马兜铃科、三白草科，泽泻亚纲，毛茛纲罂粟科，金缕梅纲昆栏树科。外珠被具裂片在樟纲和胡椒纲比较普遍，除奇子树科、莲叶桐科珠被不分裂外，其他科均分裂，如木兰纲囊粉花科、八角科及五味子科一些种，毛茛纲莲科、小檗科、芍药科和毛茛科一些种。

二、**胚珠的类型和方位**

在原始被子植物中，大多数科为倒生胚珠；直生胚珠出现在樟纲的无油樟科、金粟兰科、奎乐果科，木兰纲的金鱼藻科和睡莲科一些种，胡椒纲三白草科、胡椒科，毛茛纲星叶草科，金缕梅纲悬铃木科。

倒生胚珠是伸长的珠柄倒转 180°，而贴生在珠柄的一边，珠孔面向胎座。倒生胚珠的弯曲，在胚珠原基发生之后很短的时间就开始出现，事实上它是珠柄增长。倒生胚珠由于出现在大多数原始被子植物中，因此推测它是原始的胚珠类型（Takhtajan, 1991）。珠心同珠柄形成 90° 的角度时，被称为半倒生胚珠，出现在一些石竹科 Caryophyllaceae、报春花科 Primulaceae、葱科 Alliaceae 等。倒生胚珠的一种特别类型称为拳卷胚珠（circinotropous ovule），这是由于珠柄充分伸长而胚珠内卷，多出现在仙人掌科 Cactaceae、苋科 Amaranthaceae 等。珠心变成弓形、肾形的情况也是由于一边充分地生长，称为弯生胚珠（anacampylotropous ovule），这是石竹科（Caryophyllaceae）和白花菜科（Capparidaceae）的特征。胚珠的弯曲是一种进化的特征，其优点是胚可以变得比种子还长，有利于胚的发育。假若珠心在中间弯曲，其纵切面呈马蹄形，称为横生胚珠，这是豆科 Fabaceae 的特征。

三、**大孢子囊**

在被子植物中，珠心（大孢子囊）有两种类型：厚珠心和薄珠心。第一种类型，有十分发育的周缘组织，大孢子细胞由 1 至几层周缘层同珠心表皮分开；第二种类型，周缘细胞不存在，大孢子母细胞直接位于珠心表皮之下。

绝大多数原始被子植物是厚珠心。薄珠心主要出现在蔷薇纲和百合纲较进化的类群。这两种类型之间存在不同的转化。薄珠心胚珠是由厚珠心大孢子囊壁减化而发展来的（Hallier, 1912; Eames, 1961; Takhtajan, 1991）。

潘开玉等（1991）报道了领春木 *Euptelea pleiospermum* 的染色体数及配子体的发育。该种的染色体数目 $2n = 28$，与日本产的 *E. polyandra* 一致。领春木胚珠倒生、二层珠被、厚珠心。腺质绒毡层，绒毡层细胞具 2~4 核，小孢子母细胞减数分裂为同时型，小孢子四分体排列以四面体型为主，2 细胞花粉，大孢子四分体线形排列，珠孔端第三个大孢子为具功能细胞，胚囊为单孢子蓼型，助细胞丝状器呈二歧状（图 9.27）。

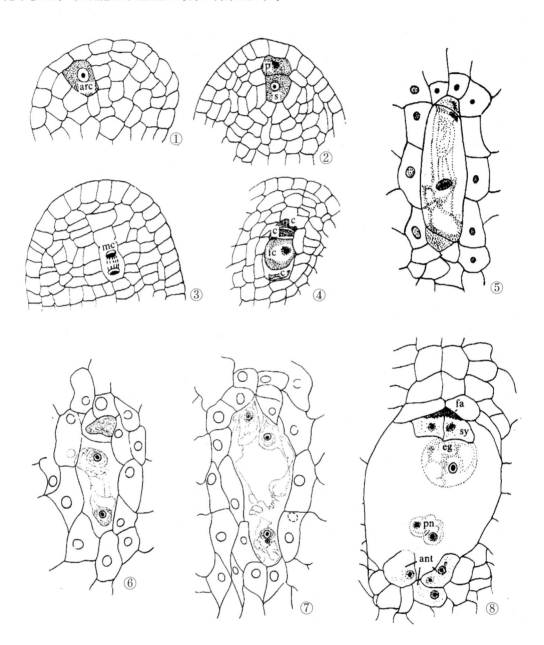

图9.27 领春木的胚珠纵切（示大孢子发育及胚囊的类型）

① 孢原细胞 (arc) 阶段；② 初生周缘细胞 (p) 和初生造孢细胞 (s)；③ 大孢子母细胞 (mc) 减数分裂 I 后期；④ 大孢子 (c) 四分体，示功能性大孢子 (fc)；⑤ 胚囊一核期；⑥ 胚囊二核期；⑦ 胚囊四核期；⑧ 单孢子蓼型胚囊，示丝状器 (fa)、助细胞 (sy)、卵 (eg)、反足细胞 (ant) 和极核 (pn)；①~③、⑤ 和 ⑧ × 560，④ × 448，⑥ 和 ⑦ × 750

第六节　传　粉

被子植物进化期间，传粉机制是十分复杂的，绝大多数类群是以异花传粉为特征。自花传粉常常是次生现象，往往在进化线的末尾。自花传粉有利于迅速地产生后代，以及方便长距离散布（Takhtajan，1991）。

异花受粉以不同的方法和十分不同的途径获得。花粉的主要传粉者有：昆虫、风、鸟，稀蝙蝠和某些哺乳动物，水生植物常为水媒传布。长久以来，人们认为虫媒在被子植物中是起始类型。Robertson（1904）引用了大量证据支持虫媒的原始性，其他花粉传布类型为次生特征。他注意到典型的风媒花具有减化特征，果实不开裂，具单个种子。胚珠数目的减少同虫媒的转化有关。

van der Pijl（1960）认为虫媒传粉在被子植物起源之前就发生了，即早在被子植物的祖先就已发生。Leppik（1960，1977）提出甲虫（beetle）和其他昆虫开始变为花粉的蒐集者 是同拟苏铁目 Cycadeoideales 相联系的，后来它们的活动发展到被子植物。一些现存的苏铁同样是由甲虫传粉的。十分可能，有花植物的直接祖先已经与不同的昆虫传粉者相联系。Crepet（1979，1983）、Crepet 和 Friis（1987）发现本内苏铁目曾是由甲虫传粉的。

花吸引昆虫最开始的引诱物可能是花粉（Darwin，1876；转引自 Takhtajan，1991），这在花起源之前就存在。现代许多古老的有花植物，如番荔枝科 Annonaceae、林仙科 Winteraceae 某些种、无油樟科 Amborellaceae、囊粉花科 Lactoridaceae、金粟兰科 Chloranthaceae、五味子科 Schisandraceae 和罂粟科 Papaveraceae，除了花粉之外没有其他食物提供给昆虫。这样花粉就太珍贵了。花粉经济的需要就导致比较便宜的食物起源，如退化雄蕊和蜜腺等，出现在许多古老群中，如木兰纲植物就出现退化雄蕊。另一个进化阶段是在花中出现非分泌腺体的食物体，如柱头上有腺体状的疣（如木兰科 Magnoliaceae），药隔顶端的食物体（如蜡梅科 Calycanthaceae），退化雄蕊上的腺体（如木兰藤科 Austrobaileyaceae），花被基部的食物体（food body）（如鹅掌楸属 Liriodendron）和新鲜的花瓣等。按照 Willemstein（1987）的观点，一些类型分泌腺可能来源于腺体，它们可能发生在花丝的基部（如紫堇科 Fumariaceae）、心皮（如驴蹄草属 Caltha）、花被或花瓣（如小檗科 Berberidaceae 和木通科 Lardizabalaceae）或萼片（如毛茛科 Ranunculaceae 的大多数属）。但是蜜腺的发育独立于食物体，它们起源于被子植物十分分化的进化线上且具很广泛形态变异的基础。

花香气和颜色吸引传粉者在传粉进化中扮演了重要角色。Willemstein（1987）等认为原始的绿色花之后的第一种颜色是黄色。从绿色变成黄色只是失去了叶绿素，秋天的叶失去叶绿素，保留了胡萝卜素 - 叶黄素（xanthophyll）就变成黄色，胡萝卜素是橙色，叶的颜色为黄色或橙色。胡萝卜素作为花的颜色是独立于叶绿素而出现的，也是大多数风媒花花粉的特征。它们大多数是最早的被子植物花的颜色（Willemstein 1987）。黄色和橙色是由胡萝卜素引起的，粉色、红色、紫罗兰色和蓝色是由花青苷（anthocyanin）引起的。黄酮类（flavonoids）为另一类，在许多花中都有发现，并可能出现乳白色或白色。

颜色的进化次序可能是：黄绿色,黄色,具红点的黄色,白色,具黄斑的白色,蔷薇红色和红色。Willemstein（1987）给出一个详尽的次序，理论上有 4 个转化系列：① 从（绿）黄色到白色,可能发生在被子植物花的早期进化阶段；② 从黄色或白色到蓝紫色和混合蓝色，可能从晚白垩世开始发展；③ 从黄色或白色到红色和混合红色，也可能从晚白垩世开始发展；④ 从蓝色到红色或相反，同样可能从晚白垩世开始发展。

昆虫传粉的进化开始于很原始的类型。第一个传粉者不是像蝴蝶和蜂那样特化的吸吮类昆虫。最原始的传粉者大概是甲虫。自从 Delpino（1868~1875）的经典性工作开始，发现甲虫是不同的古老木兰类的传粉者，包括木兰科、单心木兰属、帽花木属 *Eupomatia* 和蜡梅属 *Calycanthus*、许多番荔枝科植物，在雌性状态期间，花几乎是闭合的（亦称捕捉昆虫的花）而只在顶端稍微地开放，这是一种典型的甲虫传粉特征。但是一些其他植物像林仙科 Winteraceae，传粉者不需如此专化而是有多样。甲虫是一种很古老的昆虫（虽然 Nitidulidae 为晚侏罗世仅有的），很可能是被子植物刚起源时的最早传粉者之一，但它们不是木兰类植物的唯一传粉者。

一种吃花粉的蛾（*Sabatinca*）属于鳞翅目最古老的科 Micropterigidae，它为古老属 *Zygogynum*（林仙科 Winteraceae）花的传粉者，也是最早的传粉者的代表。

另外，可能的早期传粉者是双翅目 Diptera 昆虫，最早的化石可追溯到三叠纪 Triassic，许多现代的蝇类科（Syrphidae、Calliphoridae 等）吃食花粉。按照 Thien（1980）的观点，早期被子植物的花，可能同吃花蜜的双翅目 Diptera 昆虫与吃花粉的鞘翅目 Coleptera 昆虫相联系。他注意到 *Drimys* 分布于旧世界的种适合于双翅目 Diptera 的许多种传粉者，虽然花偶尔也有鞘翅目 Coleoptera 和膜翅目 Hymenoptera 昆虫访问。大量的蝇类也在北美鹅掌楸 *Liriodendron tulipifera*（Thien, 1980）以及佛罗里达八角 *Illicium floridanum*（Thien et al., 2009）和 *Pseudowintera* 的花上看到。

Plecoptera（石蝇类 stoneflies）和蓟马目 Thysanoptera（蓟马类 thrips）大概同样是较早的传粉者。stoneflies 是八角属 *Illicium* 的传粉者；而蓟马类是 *Belliolum*、*Drimys* 和 *Pseudowintera* 的传粉者。因此，同甲虫一起，它们也是早期有花植物的传粉者。

俄罗斯昆虫学家 Malyshev（1964, 1968；转引自 Takhtajan, 1991）认为有花植物的第一个传粉者是某些已绝灭的黄蜂状（wasplike）蜜蜂类的祖先。Willemstein（1987）也提出黄蜂参与最早的有花植物的传粉（同甲虫和蝇一起），但黄蜂不喜好花粉，而黄蜂也不是现存古老木兰类植物的传粉者。

晚白垩世或更早时期，原始食花粉的传粉者具有短的口器，但不知它们是否是甲虫或某些其他昆虫，以后逐渐地离开本来的情况，出现特化的传粉媒介，在白垩纪期间管状花的发展导致传粉者的口器太短不易到达蜜腺而促使长喙昆虫的进化，管状花同长喙昆虫的协同进化出现了高度特化的传粉者，如膜翅目 Hymenoptera（长舌的 *Apoidea*）、双翅目 Diptera（具长喙的蝇）、鳞翅目 Lepidoptera（蝴蝶和蛾）、鸟和蝙蝠。

特化昆虫传粉者的发展导致传粉者在策略上有惊奇的进步，包括花访问者固定性增加。同时出现了专化传粉，这是一些进化类群的特征。比较特化的传粉昆虫是以高度发达的对花专性的本能为特征和以具创造新的条件辐射的能力为特征。同时，传粉者专性传粉的发展需要花的结构有相当大的进步，所有蜜腺和花粉的隐藏要相当完善。同样重要的是，需要固定花的大小，它们的结构与专性传粉者身体和喙（proboscis）相协调。

在多雄蕊的花中，昆虫容易接触食物——花粉和蜜腺，它们以缺乏专属性传粉为标志。在这种情况下昆虫常常从一种植物的花上飞到另外一种的花上。如果存在专属性，这种专属性是早期（incipient）保留下来的，也是许多离瓣花和辐射对称花的特征。这种情况与左右对称的花，尤其是合瓣花是十分不同的。在这些特化的花中，雄蕊和心皮数目是减化的，专性传粉是最发达的，为雄蕊和蜜腺的隐藏提供了许多机会。

在被子植物的某些进化线上，发生着从虫媒向风媒的转变。转变成风媒的主要情况大概是由于传粉者不足（scarcity）。传粉者的不足特别是早春最明显，寒冷和高纬地区以及沙漠与沼泽地传粉者极少。从虫媒到风媒的转变导致了花的结构和功能的有意义转变，特别是花冠减化和萎缩，花的大小一致性减少，特别是柱头和雄蕊一致地变化，性的分离和特征性花序的形成。古植物学证据提出，风媒传粉不晚于阿尔布期Albian（Takhtajan, 1991）。

在原始被子植物中，多数科有不同类型的昆虫传粉；水生科多为水媒传粉；风媒传粉主要发生在金缕梅纲，以及樟纲的樟科、莲叶桐科、轴杯花科一些种，木兰纲八角科，毛茛纲毛茛科和罂粟科一些种。

Luo 和 Li（1999）研究了金粟兰科及已 *Chloranthus serratus* 和丝穗金粟兰 *Ch. fortunei* 的传粉生态学。丝穗金粟兰的花期是3月早期至4月中期；及已同一花序的开花期平均约8天，单花的花期5~6天。当雄蕊群变白色时花释放出芳香，两种均是以蓟马 *Taeniothrips eucharii* 为专化传粉者。他们认为金粟兰属和蓟马属的亲密关系可能起源于进化祖传系的早期（图9.28）。

图9.28 金粟兰属的传粉

A. 显示宽叶金粟兰 *Chloranthus henryi* 在花期向下弓曲的花序，×5；B. 显示两个蓟马 *Taeniothrips eucharii*（箭头）在丝穗金粟兰 *Ch. fortunei* 的花序上，×4；C. 显示丝穗金粟兰的雄蕊群的线形药隔阻止甲虫，×4；D. 显示蓟马（箭头）在及已 *Ch. serratus* 的花序轴上，×4；E. 显示蓟马（箭头）在及已的花腋腔，×4；F. 蓟马（箭头）身体上带有新宁毛茛 *Ranunculus xinningensis* 的花粉粒，×4

　　樊建华（2010）在陈之端和罗毅波的指导下研究确定了五味子属 *Schisandra* 和传粉瘿蚊之间的专化传粉系统在东亚的分布范围。五味子属-瘿蚊专化传粉系统在中国-日本森林植物亚区共起源了两次，一次是在中国湖南省和日本兵库县，另一次是在中国湖南省和湖北省。在瘿蚊和五味子属植物形成的专化传粉系统中，只有雌性瘿蚊访花并且取食花粉，花粉是植物可以提供给瘿蚊的唯一报酬。瘿蚊体长只有1mm，但是传粉效率高。五味子属系统发育树和传粉瘿蚊系统发育树的对比结果表明，两者之间不是严格的协同进化关系。由于瘿蚊在五味子属植物附近的废弃蜘蛛网上交配，推测最初瘿蚊取食花粉是为了给卵或卵巢的发育提供必需的能量。瘿蚊和五味子属植物随后建立的相互作用关系提高了两者的适合度，从而更进一步促进了两者作用关系的专化性。1~2种瘿蚊在同一地区只给一种五味子属植物传粉可能与瘿蚊具不同的生活史有关。瘿蚊和五味子属植物之间形成的专化传粉系统并没有促进五味子属植物花部形态的改变（图9.29）。

图9.29 五味子科的传粉

二色五味子 *Schisandra bicolor*：A. 雄花和瘿蚊，B. 雌花和瘿蚊；华中五味子 *S. sphenanthera*：C. 雄花和瘿蚊，D. 雌花和瘿蚊；日本五味子 *S. repanda*：E. 雄花和瘿蚊，F. 雌花和瘿蚊；翼梗五味子 *S. henry*：G. 雄花和瘿蚊，H. 雌花和瘿蚊；I. 南五味子 *Kadsura longipedunculata* 的雄花和瘿蚊

第七节　果　实

果实是由雌蕊及常常也由某些心皮外器官结构因功能变化而形成的。在原始的果实中，像木兰科的果实，只有心皮和花轴参与了果实的形成。下位子房的出现及花的其他部分参与果实的形成，有利于种子的保护和散布。因此，果实应该被看作是由花产生的而不是只由雌蕊产生的，虽然它的基本部分是由心皮形成的。有些著者定义果实为成熟的花（mature of flower）（Takhtajan，1991）。

果实常常分成鲜果和干果，进而可以将它们分成核果、浆果等。这样一种划分纯粹是人为的。许多人曾试图为果实的进化作出分类（Takhtajan，1948，1959，1991）。现在只能提出果实的主要类型的一般进化趋势。若果实是由分离心皮雌蕊形成的，在大多数情况下，单个心皮保留独立，在成熟的时候它们形成分开的小果实（carpidium），这样的果实称为离心皮果（apocarpous）。由合生心皮雌蕊形成的果实称为合心皮果（syncarpous）（Takhtajan，1991）。

一、离心皮果（apocarpous fruit）　最原始的果实类型是具许多种子的蓇葖果（Hallier，1912；Bessey，1915）。这样的果实，是由多心皮的离生心皮雌蕊发育成的，称为多蓇葖果。最原始的多蓇葖果由多数、单独的果实组成，螺旋状排列在花轴上（像木兰属 *Magnolia*、金莲花属 *Trollius*、驴蹄草属 *Caltha*、芍药属 *Paeonia* 的果实）。每一个蓇葖果有许多种子，或由于减化具2枚甚至1枚种子，普遍是由顶端向基部纵向（即沿缝线）开裂或稀背裂（如木莲属 *Manglietia*、木兰属 *Magnolia*、长蕊木兰属 *Alcimandra*、含笑属 *Michelia*）。在单性木兰属 *Kmeria*，蓇葖果纵向开裂和部分背裂；在盖裂木属 *Talauma*，木质蓇葖果已经是多少合生（至少在基部）、横向（环裂）开裂。螺旋状排列的蓇葖果发展成为小果实以轮状排列在缩短的轴上（如八角属 *Illicium*、绣线菊属 *Spiraea*），多蓇葖果由于心皮数目的减少发生为单蓇葖果（如单心木兰属 *Degeneria*、飞燕草属 *Consolida*、连香树属 *Cercidiphyllum*）。

在一些木兰类和毛茛类植物中，蓇葖果稍微带浆果状，常常不开裂或者呈肉质。肉质的多蓇葖果是大多数番荔枝科 Annonaceae、木兰藤属 *Austrobaileya*、五味子属 *Schisandra*、猫儿屎属 *Decaisnea*、大血藤属 *Sargentodoxa*、黄毛茛属 *Hydrastis* 等植物的特征。在木通科 Lardizabalaceae 的猫儿屎属 *Decaisnea* 每个小果纵向开裂，表示是由典型的蓇葖果起源的。只有在几个属发现是由肉质的单蓇葖果（单心木兰属 *Degeneria*、类叶升麻属 *Actaea*）起源。肉质蓇葖果在被子植物进化中可能出现很早。

小蓇葖果特化的另一个方向是荚果（legume）的形成，属于豆目（Fabales）果实的特征类型。荚果不同于蓇葖果的特征仅仅是它的开裂方式，沿心皮边缘的缝线和背脉同时开裂。开裂的每一种方式的进步依赖于一个干荚果的片常常是爆裂，片片立即卷曲而种子发射出来。

多蓇葖果和多瘦果之间有一些中间类型，像鹅掌楸属 *Liriodendron* 和悬铃木属 *Platanus* 的果实。多瘦果的一种特别的类型是草莓属 *Fragaria* 和蛇莓属 *Duchesnea* 的果实，有许多小果实为瘦果生在新鲜的和肉质的扩大花托上，这种果实称为草莓果（fragum）。草莓果的每一个小果实有像其他瘦果一样的结构。草莓果的新鲜花托是一种对动物传布（endozoochorous）种子的适应。

莲属 *Nelumbo* 的果实是每一个瘦果生在扩大的花托上，是多瘦果类的一种特别的类型，这样的果实称为浸没多瘦果（submerged multiachenium）。

　　有一种多瘦果的小果实生于杯状或稍筒状的隐头花序的内表面，如在杯轴花科 Monimiaceae、蜡梅科 Calycanthaceae 和蔷薇属 Rosa，称为蔷薇果（cynarrhodium）。蔷薇果和草莓果区别于通常的多瘦果的特征只在于心皮的排列不同而不是它们的结构不同。

　　核果（drupe）来源于蓇葖果是由于中果皮肉质、内果皮木质和种子数目减少。在有些情况下，核果曾起源于瘦果。核果果皮的内部或它的内皮是坚硬的木质壳，它有新鲜的甚至肉质的中果皮，并由革质的外皮包围着。不像蓇葖果那样，大多数核果含单个种子。蔷薇科李亚科 Prunoideae 的果实是典型的核果，这个亚科的大多数属果实是单一核果，但是在古老的属 Osmaronia 它是多核果状。多核果状果实是无油樟属 Amborella 和防己科 Menispermaceae 的特征。

二、干合心皮果（dry syncarpous fruit）

　　多蓇葖果发生于具极端分化的合生心皮蒴果群，它是心皮个体发育或同群融合的结果。这只是少数情况，如在 Pachylarnax（木兰科）或某些林仙科 Winteraceae 植物，合心皮蒴果是由螺旋状的多蓇葖果发展来的。它们大多数起源于像八角属 Illicium 的环状多蓇葖果。

　　多蓇葖果和典型的合心皮果之间的中间类型是合心皮的多蓇葖果，其在成熟时，通过小果实上部分离部分的裂线区开裂。Zygogynum（林仙科 Winteraceae）、昆栏树属 Trochodendron、水青树属 Tetracentron、黑种草属 Nigella 和一些绣线菊属 Spiraea 等植物是合心皮的多瘦果的例子。

　　从合心皮的多蓇葖果到干合心皮果的最原始类型蒴果只经历一步。真正的蒴果不同于合心皮的多蓇葖果。

　　蒴果有三种基本类型：具有中轴胎座（狭义的合生心皮）的开裂，具有侧膜胎座的单室（并生心皮 paracarpous）开裂，具有特立中央胎座的单室融生心皮（lysicarpous）开裂。

　　许多具有侧膜胎座的并生心皮或无分隔蒴果来源于具有中轴胎座的分隔合心皮果。但是在某些古老群中，并生心皮果来源于单心皮果。好的例子是 Mondora 和 Isolona（番荔枝科），白樟科 Canellaceae 和 Takhtajania（林仙科 Winteraceae）。

　　在典型的情况下，并生心皮蒴果是单室，胎座严格是侧膜胎座。并生心皮蒴果的开裂通常是沿心皮的中脉（背缝开裂），像在堇菜属 Viola、柽柳科 Tamaricaceae、杨柳科 Salicaceae、苦苣苔科 Gesneriaceae 等。有时，并生心皮蒴果的开裂是借助于在果皮上形成小孔，如罂粟属 Papaver。这样一个具有孔裂特征的并生心皮蒴果称作罂粟果（papaverella）。一些群中，并生心皮蒴果常发育成坚果状果实。如紫堇科 Famariacaee 既有蒴果（如荷包牡丹属 Dicentra 和紫堇属 Corydalis），又有坚果状果实（如 Fumaria）。

三、肉质合心皮果（fleshy syncarpous fruit）

　　在被子植物许多进化线上，干合心皮果的不同类型发生为经动物传播种子的肉质果。合心皮核果（drupe）是由合心皮蒴果来的。樱桃属 Prunus 的核果来源于一个心皮，合心皮核果来源于几个心皮。因此，合心皮核果的核应称作分核（pyrene（以区别于单心皮核果的核 putamen）。但是在结构上它常常像樱桃属 Prunus 的核果，这可以解释为是趋同演化。合心皮核果原始的类型是多分核的，而进步的类型是单分核的。冬青科（4~8核）和鼠李科（2~4 核）是多分核核果的例子。

　　合心皮浆果是合心皮肉质果的另一种类型。不像核果那样，浆果没有核。浆果在解剖学上常常表现出退化器官的结构（vestigial structure），揭示它起源于蒴果。典型的合心皮浆果具多数种子，在成熟阶段以新鲜、肉质为特征，如某些葡萄科 Vitaceae、番茄属 Lycopersicon 和其他茄科 Solanaceae 植物的浆果等。

　　柑橘果 hesperidium 是一种浆果状合心皮果，这是芸香科 Rutaceae 柑橘亚科 Citroideae 果实的特征。

　　除上位合心皮肉质果外，大量的肉质果是由具下位子房的花发展来的。例如，蔷薇科苹果亚科 Maloideae 的梨果（pome），它是下位合心皮肉质果。下位并生心皮浆果的一种特别类型是瓠果（pepo），这是葫芦科 Cucurbitaceae 果实的特征。

第八节　种　子

　　成熟的种子由胚、内胚乳（有的类群缺乏）和种皮组成。有些类型有外胚乳，它是由珠心组织形成的。

　　古老被子植物的种子为中等大小，长 5~10mm（Corner, 1976），小种子和大种子都是衍生的。原始被子植物的种子以小以及具不分化的胚和丰富的内胚乳为特征（Hallier, 1912; Eames, 1961）。而进步的类群，胚大且十分分化，内胚乳减少甚至缺乏。胚乳的减化同胚的大小相关，较大的胚表示胚本身有储存物质，这是进化的性状。

一、子叶　在大多数有花植物中，胚由胚根（radicle）、胚轴（hypocotyl）、子叶和胚芽（plumule）组成。在胚轴之上有 2、1 或稀几枚（如单心木兰属 Degeneria 和奇子树属 Idiospermum）子叶。只有一些寄生植物的胚减化到没有子叶的痕迹。

　　根据对不同双子叶和单子叶的胚进行比较研究，Hegelmaier（1874）的结论是：单子叶胚是双子叶胚中的一枚子叶或两枚子叶受到抑制或失去的结果，这称为败育假说。后来得到广泛支持，并由 Eames（1961）等所发展。

　　许多资料证明了发育不全假说（underdevelopment hypothesis），双子叶植物的某些种甚至于发育出单子叶胚，如 Ficara、草胡椒属 Peperomia、紫堇属 Corydalis 和 Claytonia。

　　许多百合纲的胚在早期发育中也证实了发育不全假说。胚发育的第一个阶段形成 2 细胞原胚，这在被子植物中是相似的。Yakovlev（1946）认为原胚阶段是胚发育的最保守阶段，进一步发育才出现不同的式样。在双子叶植物中，两枚侧生子叶来源于茎端分生组织的两边，而在百合纲中，两枚子叶的分生组织只在最开始才看到，其中的一枚在发育中立刻被抑制而变得不清楚。表明单子叶胚来源于双子叶胚，它是早期一枚子叶偏离抑制的结果。

二、内胚乳形成　内胚乳形成有三个大类型：细胞型、核型、沼生型。

　　细胞型胚乳是初生内胚乳核的几次分裂伴随着细胞壁形成。细胞型胚乳出现在许多木兰纲科（既有古老科又有进化科）植物中，而极少出现在单子叶植物科，如天南星科 Araceae 和浮萍科 Lemnaceae。

　　沼生型胚乳是介于细胞型和核型胚乳之间的类型。初生内胚乳常常在配子体的合点端发现，当分裂的时候产生两个不等的细胞或腔：一个小的合点端细胞和一个大得多的珠孔端细胞，在合点端的细胞核不再进一步分裂（即一种基本的类型，Swamy and Parameswaran, 1963）或游离该分裂出少量核，而珠孔端的大细胞游离核进行多次分裂，最后细胞壁形成发生在珠孔腔。沼生型在百合纲是最普遍的，而在双子叶植物是不普遍的。

　　核型胚乳，初生胚乳核分裂成一系列游离核，结果形成一个大的多核细胞，常常在最后的发育阶段变成细胞型。核型胚乳在单、双子叶植物都是普遍的。

沼生型胚乳可能是衍生的，它既可来源于核型又可来源于细胞型，但是确定它来源于哪种类型是十分困难的。确定核型或细胞型哪一类型原始也是十分困难的。困难的主要理由在于内胚乳形成是可逆的，加之有许多中间类型。尽管内胚乳发育有可逆性，但第一个有花植物必须是细胞型的或者核型的（Takhtajan, 1991）。

Schnarf（1929）假设，核型内胚乳比细胞型原始。Sporne（1954）利用性状相关性方法发现核型胚乳与具木本习性、有托叶、花瓣分离、雄蕊数等于或多于花被数、胚珠具双珠被、珠被有维管束等有十分明确的相关性。Sporne（1967）否认核型胚乳及两个原始性状：导管梯纹穿孔和离管薄壁组织之间有相关性。1980年，Sporne又否认了核型胚乳同另外的三个原始性状：异型射线、倒生胚珠和具蛋白质种子之间有相关性。

Sporne还提到：最古老的木兰类植物，包括单心木兰科 Degeneriaceae、木兰科 Magnoliaceae、帽花木科 Eupomatiaceae、番荔枝科 Annonaceae、林仙科 Winteraceae、八角科 Illiciaceae、五味子科 Schisandraceae 和金粟兰科 Chloranthaceae 的内胚乳是细胞型。这一事实连同前述的资料，证明了细胞型内胚乳的原始性。

三、内胚乳的特化类型　　内胚乳有两种主要的特化类型：嚼烂状胚乳和内胚乳基足。嚼烂状内胚乳组织的外表面有不规则变化的脊或槽，出现在许多木兰纲的科中，包括单心木兰属 Degeneria、帽花木属 Eupomatia、番荔枝科 Annonaceae、合瓣樟属 Cinnamosma、肉豆蔻科 Myristicaceae、木兰藤属 Austrobaileya、马兜铃科 Aristolochiaceae 的某些属、百合纲薯蓣目 Dioscoreales 中某些属、巴拿马草科 Cyclanthaceae 和棕榈科 Arecaceae。嚼烂状内胚乳是由种皮的不规则生长，或内胚乳在种子发育后期的不规则活动所形成。嚼烂状内胚乳可能是一种祖先的性状，存在于现今原始类群和进步的类群的种子中。

内胚乳另一个较特化类型是内胚乳基足，胚乳基足可发生在合点端或珠孔端，或发育在内胚乳的两端。内胚乳基足尤其是细胞型内胚乳的特征。在大多数有花植物的古老群中，包括木兰科，内胚乳基足通常是不存在的，在稀少的情况下，存在于合点端，如倒卵叶木兰 Magnolia obovata 和三白草科 Saururaceae。内胚乳基足出现在被子植物不同的进化线。基足的存在与否是分类学上有用的胚胎学性状，但是对胚乳基足的进化趋势还不太知道。

四、外胚乳　　外胚乳是由珠心组织发育成的，它是三白草科 Saururaceae、胡椒科 Piperaceae 等的特征，其内胚乳缺乏，外胚乳丰富。

五、种皮　　种皮由珠被、合点组织和珠脊组织形成，常常也包括珠心组织。由双珠被胚珠发育成的种皮，有两层组织，Corner（1976）称为外种皮（testa）（来源于外珠被）和内种皮（来源于内珠被）。由一层珠被发育成的组织称亦为种皮。种皮上的痕是种子从珠柄或胎座（在无珠柄的种子）分离的结果，称为种脐（hilum）。在倒生胚珠中，胚珠的珠柄伸长并同珠被融合，其珠柄的融合部分形成种阜（raphe），它沿着种子和合点端出现一个具特征性的脊。

通常种皮有很复杂的组织学结构，并组成不同类型且明显的层组织。它不仅是科和属，常常同一属不同种可用其种皮的结构来区分。种皮解剖学研究表明在许多情况下，种皮对有花植物进化分类有很大的意义，种皮的结构同样对建立被子植物不同群的进化等级上也有一定意义。种皮表面特征的高度结构性分化同样提供了最有价值的分类标准。

开裂果实的种子一般比不开裂果实的种子原始，它们的种皮一般不大减化和特化。最原始的种皮类型发现在木兰目或相关目。它们常常是多折的，就是珠被的细胞在受精以后分裂，并沿周缘分裂形成多细胞层。因此，典型的木兰类种子，像单心木兰属 Degeneria 和木兰属 Magnolia

的种子，相对是成块的并具有折迭的种皮。木兰型的种皮明显地是接近原始类型的（Takhtajan, 1948）。虽然在木兰属 *Magnolia* 和相关属，内种皮（tegmen）不是多折的而常常变得皱缩和揉皱，但它们的外种皮形成多皱，加之一种有吸引力的颜色、有营养的浆果皮和有保护作用的木质内果皮（由木质化细胞组成）。种皮分化成硬种皮（sclerotesta）和假种皮（sacrotesta）是对动物传布种子的典型适应。最早的有花植物及它们的直接祖先是由动物传布（endozoochorous）种子的。

　　木兰型种皮的原始性是由同许多古老的裸子植物种皮作比较得到证明的，古老裸子植物种子外面的薄壁细胞同样也是同适应动物传布种子有联系的。例如，在苏铁目 Cycatales，外面的肉质层（浆果皮）同样包含充足的营养，并有颜色，它们是由外包被（envelop）形成的，而中间的木质层（硬种皮）是由自身的珠被的外层形成的。有花植物最近的祖先可能有类似的种皮结构。

　　在许多被子植物的进化线上，特别是在具有不开裂果实的进化线上，可以看到种皮逐渐减化的情况。种皮最大的减化是紧连果皮或同果皮融合，如禾本科 Poaceae。果皮起保护胚的作用，而种皮很减化或消失。在某些情况下，种皮十分减化，常常是种皮的外表皮保留在成熟种子上，如伞形科 Apiaceae。在无珠被的科中，如蛇菰科 Balanophoraceae、羽果科 Misodendraceae、桑寄生科 Loranthaceae 或槲寄生科 Viscaceae，种皮完全不发育。

　　张志耘和温洁（1996）利用光学显微镜及扫描电镜观察了金缕梅科 6 亚科 21 属 41 种 1 变种的种子特征，表明：金缕梅科的种子形态、颜色、大小及种脐特征在各亚科中不同，可划分为 5 类（图 9.30），种皮纹饰对亚科的划分有一定意义，特别是枫香亚科 Liquidambaroideae 植物种子特征不同于其他亚科成员。APG IV（2016）系统将该亚科提升为蕈树科 Altingiaceae。同时，观察了尖叶水丝梨 *Sycopsis dunnii* 的种皮结构，其种皮由外种皮及内种皮构成，外种皮又分为外层、中层和内层（图 9.31）。

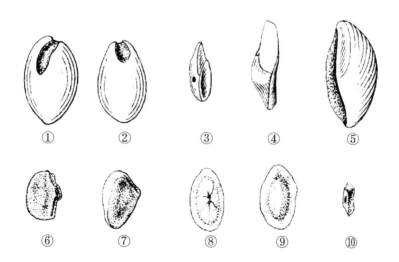

图9.30　金缕梅科种子的类型

① 和 ② 双花木亚科 Disanthoideae 和金缕梅亚科 Hamamelidoideae；③ 和 ④ 马蹄香亚科 Exbucklandioideae；⑤ 壳菜果亚科 Mytilarioideae；⑥ 和 ⑦ 红花荷亚科 Rhodoleioideae；⑧~⑩ 枫香树亚科 Liquidambaroideae；③ 和 ⑥ 无翅种子（unwinged seed）；④ 和 ⑦~⑨ 有翅种子（winged seed）；⑧ 和 ⑨ 可育种子（fertile seed）；⑧ 腹面观（ventral side）；⑨ 背面观（back side）；⑩ 不育种子；×2.7

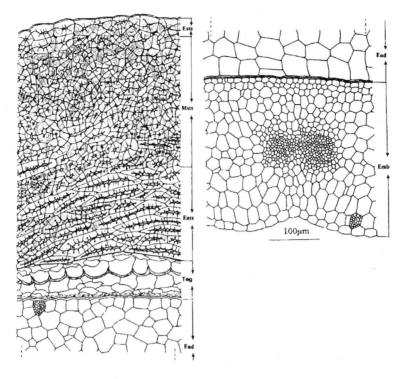

图9.31 尖叶水丝梨的种子横切面

Exts = exotesta. 外种皮外层；Msts = mesotesta. 外种皮中层；Ents = endotesta. 外种皮内层；Teg = tegmen. 内种皮；
End = endosperm. 胚乳；Emb = embryo. 胚

第三篇

原始被子植物的类群

第十章　樟纲 Lauropsida

第1目 无油樟目 Amborellales

无油樟科 Amborellaceae （图 10.1.1，图 10.2.2）

　　一个单型科，为太平洋岛屿新喀里多尼亚特有。Bentham 和 Hooker f. （1862~1883）将它放在单被花亚纲 Monochlamydeae 微胚类作为杯轴花科 Monimiaceae 的成员；Engler 的子系统 Dalla Torre 和 Harms （1900~1907）将它放在广义毛茛目 Ranales 木兰亚目 Magnoliineae 的杯轴花科 Monimiaceae；Money 等（1950）进行了详细的比较研究，确定了无油樟属 Amborella 作为科级的地位；Melchior （1964）将它置于木兰目 Magnoliales 樟亚目 Laurineae；以形态学性状为主要依据的系统都是将它作为樟目 Laurales 的成员。近年来分子系统学的研究结果证明，该科是现存被子植物最基部的科，或称为其他被子植物的姐妹群（Qiu et al., 1999; APG, 2009），还有一些意见认为不能否定睡莲科 Nymphaeaceae （广义）也是其他被子植物的姐妹群，或者无油樟科和睡莲科是其他被子植物的姐妹群（Kishino and Hasegawa, 1989）。

　　无油樟的形态结构是十分异质的，既具有十分原始的性状，也有高度特化的性状（Takhtajan, 2009）。常绿灌木或呈半攀缘状（semi-scandent），达 8m。叶互生，具叶柄，无托叶；叶片边缘波状或具齿，羽状脉，在近边缘网结。气孔仅在叶背面，平列型（paracytic type）到无规则型（anomocytic type）；单叶隙和单叶迹。次生木质部无导管，管胞具从梯状到环状的纹孔。筛管分子质体 S 型。雌雄异株，花序小，腋生，聚伞状圆锥花序。花有浅的花托，生有小苞片，逐渐成 5~8 枚花被片，螺旋状排列，生在里面的较大。雄花有 10~14 枚无花丝的雄蕊，螺旋状排列在花托的内表面，外面的雄蕊稍微贴生在花被片的基部，内面的较小而分离；花药三角形，有 4 孢子囊，裂缝开裂，药隔稍伸出。花粉粒球形到圆锥形，外壁表面有细小的乳突或颗粒，无萌发孔（inaperture），或在孔的表面有不规则的不增厚区；虫媒传粉，以甲虫类传粉居多。雌花有 1~2 枚退化雄蕊贴生于花被片，5~8 枚心皮分离，倒卵球形，在花托的中心轮生，心皮上部不融合，无花柱，柱头明显突出；每心皮仅有 1 倒生胚珠，着生于心皮下部的纵壁上。胚珠为双珠被、厚珠心，珠孔端向下，胚囊具 9 核，细胞型胚乳。单心皮雌蕊发育成一束有柄的新鲜核果，内果皮木质、多皱纹。种子有膜质的外种皮和丰富的内胚乳，包着一个很小的基生胚。

　　无油樟的木质部无导管，只有管胞，这是幼态成熟还是退化的结果？雌花的两枚不育雄蕊是退化雄蕊还是形成两性花的预示？胚囊具 9 核，第 9 核从何而来？这些重要形态学问题，仍值得研究。

　　无油樟科尚无可靠的化石记录。Takhtajan （2009）认为无油樟科是十分独立的群，作为目的分类等级，无油樟木质部无导管，花被片离生、不分化成萼片和花瓣，雄蕊多数、花药和花丝分化不明显，心皮离生、上部不缝合（由分泌层封闭）、无花柱，种子胚微小、胚乳丰富等十分原始的性状。它是目前最引人关注的活化石，很有可能直接起源于早期的被子植物。

　　无油樟属 *Amborella* Baillon 1 种，无油樟 *A. trichopoda*；新喀里多尼亚特有。

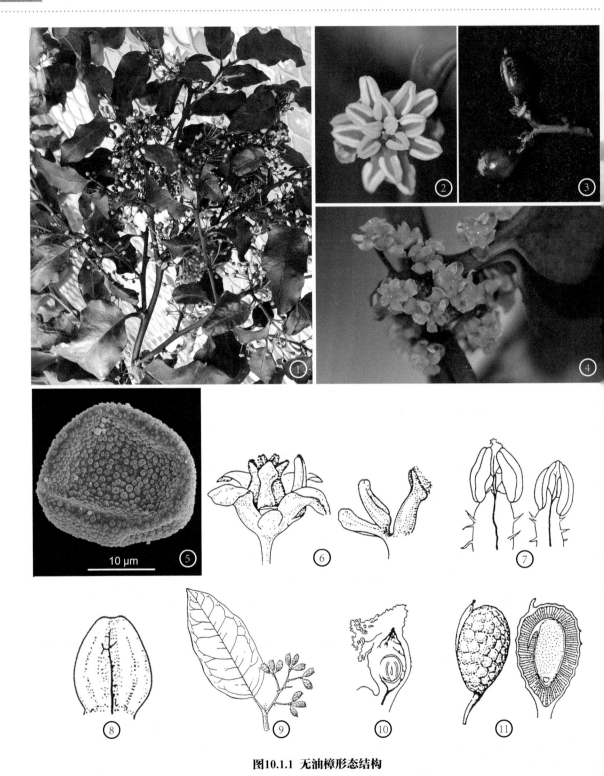

图10.1.1 无油樟形态结构

① 无油樟（*Amborella trichopoda*）植株，② 雄花，③ 果，④ 雌花，⑤ 花粉粒，⑥ 雌花（左），其退化雄蕊贴生于花瓣和心皮（右），⑦ 外雄蕊（左）和内雄蕊（右）的远轴观，⑧ 退化雄蕊，⑨ 果枝，⑩ 心皮纵切，示胚珠和维管，⑪ 具疤痕核果（左）及其纵切（右），示木质化内果皮已形成（影线部分）

第 2 目 早落瓣目 Trimeniales

早落瓣科 Trimeniaceae （图 10.2.1，图 10.2.2）

1 属 5 种的木本植物小科。早期的分类系统 Bentham 和 Hooker f. 系统、Engler 的子系统 Dalla Torre 和 Harms 都是将该科放在杯轴花科 Monimiaceae；前者是将其作为单被花亚纲 Monochlamydeae 微胚类 Micrembryeae 的成员，后者是将其作为古生花被亚纲 Archichlamydeae 毛茛目 Ranales 木兰亚目 Magnoliineae 的成员。Money 等（1950）提出应放在樟目单立一科。但有一些性状表明，它在樟目也是一个孤立的科。近年来，分子系统学利用多基因的系统发育分析，将本科作为最基部被子植物 ANITA 的成员，将五味子科 Schisandraceae、八角科 Illiciaceae、木兰藤科 Austrobaileyaceae 和本科组成木兰藤目 Austrobaileyales。它同无油樟科有一些共同特征，如花基部（花托）隆起，具头状柱头，子房强烈的瓶状发生达柱头区；同样也接近金粟兰科，将它单独设一目，早落瓣目 Trimeniales（Takhtajan, 2009）

小乔木、灌木或木质藤本，高可达 20m 以上。筛管分子质体为 S 型。幼嫩部分有单细胞或三细胞成单列的毡毛或无毛。叶对生、有柄；无托叶；气孔平列型；叶肉中出现油细胞和黏液细胞（mucilage cell），没有清楚的栅栏层和海绵组织界限。单叶隙，二或四叶迹。花序腋生或顶生，聚伞状，多歧或圆锥状。花单性或两性，花托小，稍隆起。花被片、雄蕊和心皮以螺旋序列发生。花被片 2~38 枚，不分化成萼片或花瓣，从下向上其形状是过渡性的，下面的卵形到稍呈圆形或肾形，基部膨胀或有时呈盾状，先端圆形或钝，向上逐渐变狭长和膜质，最上面的为匙形；花被片在花开放之前或在开放时脱落。雄蕊 7~25 枚，花丝短或与花药近等长；花药具 4 孢子囊，外向或侧向，纵向裂缝开裂；药隔在顶端突出；花药壁的中层仅 1~2 个细胞厚，腺质绒毡层；孢子母细胞分裂为连续型，花粉粒为 2 细胞型，球形至矩圆形，有细网纹或皱纹。种 *Trimenia papuana* 为二型花粉：无沟孔的球状到矩圆形花粉和多孔的球状花粉，有不明显的皱纹；种 *T. weinmanniifolia* 花粉球形多孔。花粉外壁的外壁外层具覆盖层和柱状层，外壁内层 = 基层（foot layer），分基层呈颗粒状。所有种的花粉内壁在无沟孔区呈片状。根据该科的花粉特征，其系统位置在樟目中是比较孤立的。雌花单心皮（或稀 2 心皮），上位，圆筒状；柱头无柄，具束状乳突，1 室，具 1 枚下垂倒生胚珠。胚珠为厚珠心、双珠被，珠孔向上。果实小，肉质浆果。种子坚硬，光滑或具棱脊；胚小，埋于胚乳的顶端，内胚乳丰富。核型 $n = 8$。*Trimenia papuana* 的花无香气、无腺体、无昆虫访问，推测风在传粉中起着很大的作用（Endress and Sampson, 1983）。外边花被在开花之前脱落，在开花时全部花被脱落。所有 5 种有相似的生物学特征，但性的分化程度不同：*T. papuana* 大多数花是两性花，只有一些雄花；*T. neocaledonica* 和 *T. moorei* 雄花占很大比例；*T. weinmanniifolia* 所有花基本上不是雄花就是雌花，亚种 Subsp. *weinmannifolia* 是雌雄同株，而另两个亚种是雌雄异株（Rodenburg, 1971）。

有几种可能接近于该科离散花粉的化石，如从巴西中白垩世（阿尔布期－赛诺曼期）发现的 *Cretacaeisporites scabratus*；从西非晚白垩世（土仑期）发现一种；从澳大利亚坎潘期－马斯特里赫特期发现一种，命名为 *Periporopollenites fragilis*；以及从澳大利亚早新生代发现的 *Periporopollenites demarcatus*。这些花粉的归属尚需进一步研究（Friis et al., 2011）。

早落瓣属 *Trimenia* Seemann 5 种；分布于东澳大利亚、苏拉威西、马鲁古（Maluccas）、新几内亚、新喀里多尼亚、波利尼西亚（萨摩亚群岛）和马克萨斯群岛，常生于中到高海拔的山脊或暴露地。

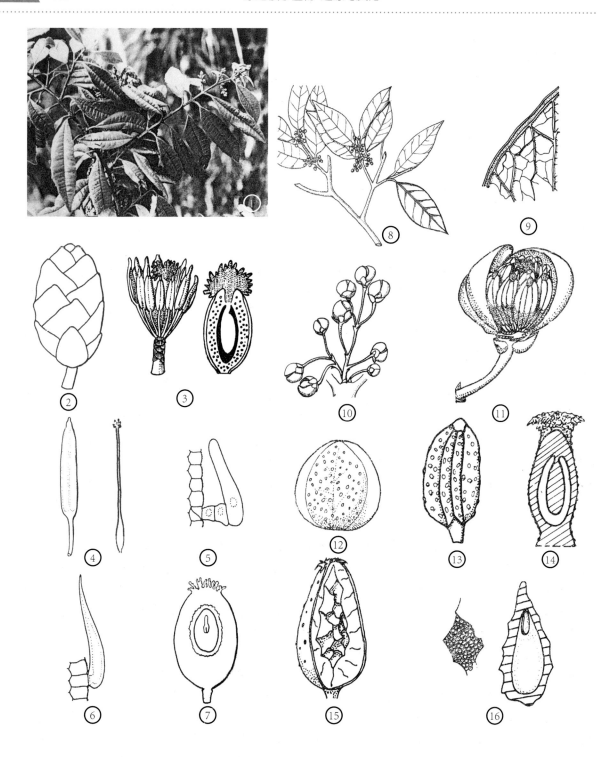

图10.2.1 早落瓣属形态结构

① 早落瓣（*Trimenia papuana*）花枝，② 花蕾，③ 花及其纵切，④ 雄蕊及雌蕊的心皮化，⑤ 子房壁的三细胞毛，⑥ 叶柄的单细胞毛，⑦ 浆果纵切；⑧ *T. neocaledonica* 果枝，⑨ 叶背面部分，⑩ 花序，⑪ 去掉部分被片的花，⑫ 花瓣内表面，⑬ 雄蕊腹面观，⑭ 子房纵切，⑮ 果部分纵剖，⑯ 部分内果皮（左），果核纵切可见胚和胚乳（右

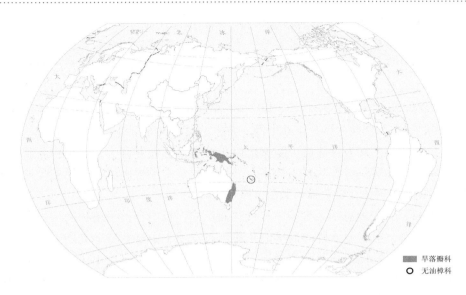

图10.2.2 早落瓣科 Trimeniaceae 和无油樟科Amborellaceae地理分布

第3目 金粟兰目 Chloranthales

金粟兰科 Chloranthaceae（图 10.3.1，图 10.3.2）

一个古老的小科。Bentham 和 Hooker f. 将本科放在单被花亚纲 Monochlamydeae 微胚类 Micrembryeae；Engler 的子系统 Dalla Torre 和 Harms，以及 Melchior 将它作为古生花被亚纲 Archichlamydeae 胡椒目 Piperales 的成员，Cronquist 跟随了这一处理；Thorne（1992）将它放在木兰目 Magnoliales 樟亚目 Laurineae；Dahlgren 和 Takhtajan 一致，赞成将它作为单独的目金粟兰目 Chloranthales。分子系统学的结果将它作为被子植物最基部的科之一，其系统位置尚不确定（Judd et al., 2002）；APG（2009）支持作为独立目。我们（Wu et al., 2002）将它提升到亚纲的地位，新成立了金粟兰亚纲 Chloranthidae C. Y. Wu et al.。

本科习性变化较大，草本、亚灌木、灌木、乔木。雪香兰属 *Hedyosmum* 的许多种有发达的支柱根（prop root）。木质部结构在不同属表现出不同的演化水平。草珊瑚属 *Sarcandra* 的木质部无导管（Swamy, 1953），管胞在初生木质部比在次生木质部狭窄，典型的管胞有螺旋状加厚，纺锤形，端壁叠生，管胞间纹孔梯状，有单列射线和多列射线。金粟兰属 *Chloranthus* 的木质部主要由管胞组成，管胞伸长，侧壁和端壁有单列的梯状纹孔对，导管狭长，横切面观其腔比管胞的腔稍大，端壁叠生有许多具缘的梯纹穿孔，有纤维管胞，兼有单列和多列射线，缺乏木薄壁细胞。*Ascarina* 和雪香兰属木质部比较进步，有真正的导管分子，横切面上管状分子的腔比较大，管胞的端壁叠生，导管数量多，有具缘的梯纹穿孔，管状分子的纹孔从单列的梯状到呈比较多的环纹；雪香兰属为多列射线，*Ascarina* 兼有多列和单列射线。节部有单叶隙、3 叶隙或有 1~6 叶迹分裂的单叶隙。叶均为单叶，交互对生，有齿，有托叶，叶柄基部贴生成鞘状的叶基；油细胞星散在叶肉中；气孔只局限于叶的下表面，草珊瑚属和金粟兰属的气孔多为侧列型（laterocytic type），也伴生有平列型和环列型（encylocytic type），草珊瑚属偶尔还出现双环型（amphicytic type）气孔，*Ascarina* 为环列型气孔，也有从无规则型向环列型转化的类型，在雪香兰属有时发现有侧列型和无规则型向环列型转化的类型（Baranova, 1983）。花序头状、穗状、总状或聚伞圆锥状，腋生或顶生；花单性（*Ascarina* 和雪香兰属）或两性（金粟兰属和草珊瑚属）；草珊瑚属的单个雄蕊插生在子房的一侧，雄蕊片状，有 2 分离的孢子囊；金粟兰属的雄蕊 3 裂，中间裂片分生 2 边缘药片（theca），每个侧裂片在它的外边缘生 1 药片；*Ascarina* 的花由 1~3 苞片托着，雄花有 1~3 雄蕊，雌花裸露；雪香兰属三棱的子房由一个顶端具 3 小裂片的花被包着，雄花有一具 4 室的雄蕊。花粉粒的形状、大小及沟孔多变化；草珊瑚属的花粉粒具多孔（polyforate、10~12 个等空间的孔），金粟兰属有 4~6 个槽，雪香兰属有 5~6 个槽。子房胚珠单一，直生，从室的顶端下垂，厚珠心，常为双珠被，胚囊形成为蓼型，胚乳发育为细胞型，胚胎发育为柳叶菜型（草珊瑚属）。果实在雪香兰属为核果，外果皮薄、中果皮肉质、内果皮骨质；其他 3 属为浆果，但果皮硬。单倍体（染色体）数为 $n = 7$ 或 8。

　　Friis 等（2011）系统地总结了金粟兰科的化石历史，指出在被子植物的历史上金粟兰科是分化很早的一个类群，指定为该科的最早的花粉化石发现于中亚欧特里大期–巴雷姆期。比较可靠的雄花和雌花化石发现于葡萄牙的晚巴雷姆期到早阿普特期（约 124 百万年前），雌蕊特别丰富，雄花序保存完好，与现存的雪香兰属的花十分相似，雄花裸露，一般解释为单雄蕊，生在密集的花序上，花药基着，几乎无花丝，有 2 药片和 4 花粉囊；雌花单心皮顶端有 3 个膜状的花被状结构，子房含 1 枚直生胚珠；*Asteropollis* 型花粉出现在花的表面，几乎可以确定为它们属同一植物。*Asteropollis* 化石花粉为单萌发孔，萌发孔呈不规则星状，外壁网状，网脊具念珠状或刺状纹饰，亦与现存雪香兰属的花粉十分相似。这种花粉在阿普特期–阿尔布期普遍出现于欧洲、亚洲、澳大利亚和北美花粉区系，表明这些雪香兰状植物在早白垩世末之前已经有广泛分布。

　　周浙昆（1993）、陈海山和程用谦（1994）分别从不同角度用不同方法归纳出一个极相似的系统树，前者还认为草珊瑚属 *Sarcandra* 和金粟兰属 *Chloranthus* 是较原始的虫媒类群，而 *Ascarina* 和雪香兰属 *Hedyosmum* 则是较进化的风媒类群。从地质和古地理资料推断，尽管本科的现代分布中心在热带东南亚（4 属均有）至东亚（有 3 属），但可能是次生分化中心。结合古孢粉形态及古地理资料，陈海山等支持 W. Krutzsch 在 1989 年的观点，认为金粟兰科的起源地可能在早白垩世的环大西洋地区，即冈瓦纳古陆西北部和劳亚古陆西南部。类似于最早的 3 沟被子植物花粉起源地。而周浙昆结合上述资料，并从外类群早落瓣科 Trimeniaceae 的角度分析，推测：印度支那植物区和马来西亚植物区，即古北大陆东部南缘地区（按：应加上古南大陆即冈瓦纳古陆东部北缘地区）是金粟兰科的起源地。后一观点与 C. A. Todzia（Kubitzki, 1993b）有着共识，他写道：金粟兰科位置已有很多争论（Verdcourt, 1985; Burger, 1977），在晚近分类中曾分别放在胡椒目、木兰目和樟目，近期研究提示金粟兰科和早落瓣科（在樟目中）有最近的亲缘关系（Endress, 1986）：两科的叶交互对生、有齿，叶齿具相似维管束系统，茎的导管分子具长的梯纹穿孔和胶液细胞，花小而具瓶状单心皮，两科都有虫媒种，花粉多散孔、具网状纹饰（Walker JW and Walker AG, 1984），浆果和种子具硬质种皮。另外，两科的染色体基数均为 8，叶齿类型在两科间也是相似的。由于本科也表现出与昆栏树目 Trochodendrales 有相似点，如简单，有时为单性花，金粟兰状叶齿，木质部无导管（草珊瑚属、水青树属 *Tetracentron*、昆栏树属 *Trochodendron*）等性状。本科也被建议为木兰类 magnoliids 和金缕梅类 hamamelidids 祖传系（lineage）的根（Walker JW and Walker AG, 1984）。我们认为十分可能起源于中南半岛至华南的古陆（即劳亚古陆东南部），从木兰目、樟目等的共同主干上发出，在分化为木兰类

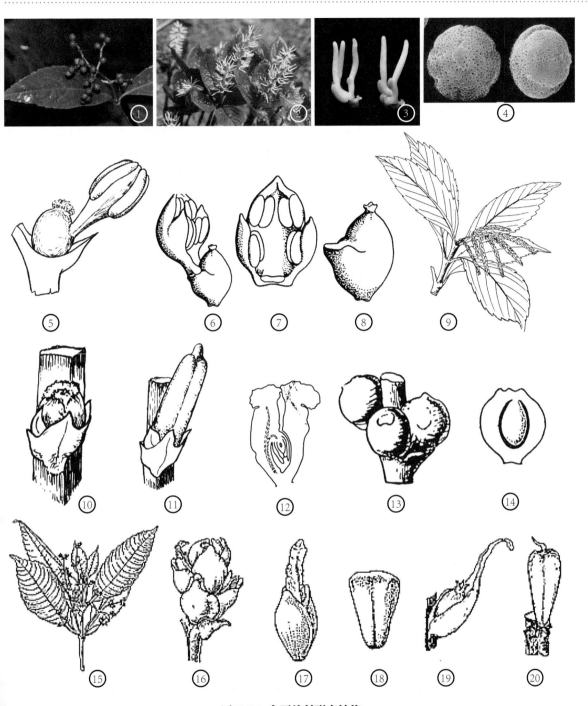

图10.3.1 金粟兰科形态结构

① 草珊瑚（*Sarcandra glabra*）果枝；② 银线草（*Chloranthus japonicus*）植株，③ 花；④ 丝穗金粟兰（*Ch. fortunei*）花粉粒侧面观（上，×2100）和正面观（下，×2400）；⑤ 草珊瑚雌花；⑥ 金粟兰（*Ch. erectus*）雄蕊，⑦ 花药，⑧ 子房；⑨*Ascarina lanceolata* 花枝，⑩ 雌花，⑪ 雄花，⑫ 子房纵切，⑬ 果；⑭*A. lucida* 雌花纵切；⑮ 哥斯达黎加雪香兰（*Hedyosmum costaricense*）带雄花和雌花的枝条，⑯ 一段雄花序，⑰ 雌蕊，⑱ 雄蕊；⑲*H. orientale* 雌花，⑳ 雄花

magnoliids和金缕梅类hamamelidids的过程中产生，其起源时间不是不晚于巴雷姆期(Barremian)，而是更早于阿普第期－阿尔布期 (Aptian-Albian)，与木兰目相似。北美东北部晚阿尔布期 (upper Albian) 和瑞典南部的晚三冬期 (upper Santonian) 或早坎潘期 (lower Campanian) 都找到保存很好的花部（雄蕊群），处于草珊瑚属和金粟兰属的中间状态 (Friis et al., 2011)。白垩纪被子植物叶片出现角质化也被当作近代本科祖先的性状。早白垩世一些已知最古老的花粉化石，已归为金粟兰属。棒纹粉属 *Clavatipollenites* 起源时间远至巴雷姆期 (Barremian)，*Asteropollis* 和 *Stephanocolpites* 两个化石属发现于阿尔布期 (Albian)，分别表现出和 *Ascarina*、雪香兰属及金粟兰属有相似性。在中早白垩世出现很多的棒纹粉属 *Clavatipollenites* 和 *Asteropollis* 植物，可能指示这是风媒的金粟兰科植物的祖先 (Walker JW and Walker AG, 1984)。它的发展趋势与胡椒目的两个科从古热带山区向近代热带分化是一致的。

本科 4 属 (56~) 70~75 种。

1. 草珊瑚属 *Sarcandra* Gardner 3 种；分布于马来西亚，中国，中南半岛，日本，印度，斯里兰卡。

2. 金粟兰属 *Chloranthus* Sw. 10 种；以中国为分布中心，达日本、朝鲜半岛和东南亚。

3. *Ascarina* J. R. Forst. et G. Forst. 12 种；分布于太平洋岛屿，从新西兰到加里曼丹和马达加斯加。

4. 雪香兰属 *Hedyosmum* Sw. 45 种；分布于中、南美洲，西印度群岛，1 种在东南亚。

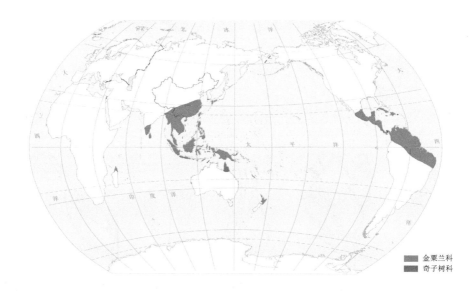

■ 金粟兰科
■ 奇子树科

图10.3.2 金粟兰科Chloranthaceae和奇子树科Idiospermaceae地理分布

第 4 目 樟目 Laurales

樟科 Lauraceae（图 10.4.1～图 10.4.19）

一个起源古老的自然科。Bentham 和 Hooker f. 将它放在单被花亚纲 Monochlamydeae 的 Daphnales；Engler 的子系统 Dalla Torre 和 Harms 将它作为古生花被亚纲 Archichlamydeae 毛茛目 Ranales 木兰亚目 Magnoliineae 的成员；Melchior (1964) 将它放在木兰目 Magnoliales 樟亚

目 Laurineae，Thorne（1992）延续了这一处理。其他现代系统均将它作为一个单独的目：樟目 Laurales。APG（1998，2003，2009，2016）将樟目放在基部的位置，作为木兰类的成员，放在胡椒目和木兰目之间的位置；Judd 等（2002）将它作为木兰复合群 magnoliid complex 的成员。所有这些系统都将樟科排在原始的或基部的位置。

　　除了无根藤属 Cassytha 为寄生的缠绕状、叶为鳞片状的草本外，其它均为木本植物；从低于 1m 的灌木到高达 50m 的乔木，只有很少几种近藤本，攀缘于其他树木。Richter（1981）对木材和树皮进行了详细的解剖学研究，木材性状十分变异，木质部结构比较进化。木材一般为散孔材，一些温带的种导管的大小表现出明显的季节性变化；不同群出现异型射线或同型射线；油细胞和黏液细胞为大的异形细胞，与木射线、薄壁细胞束或纤维相联系。在韧皮部中，纤维单列或成群排列；几种类型的石细胞可以成群出现在树皮的任何组织；韧皮薄壁细胞星散状或以块状束出现，韧皮射线大多数保持韧皮部的宽度；筛管分子质体为 P 型，即筛管质体包含单个的多角蛋白晶体和淀粉粒；蛋白晶体中型大小到残存，这表明向 S 型质体转化。叶有背腹性，有 1~3 层栅栏薄壁细胞；气孔单列型（茜草型 rubiaceous type）。花序通常腋生，偶尔假顶生，一般为有限花序，稀为无限花序（如无根藤属）。基本的花结构是 2 轮花被，每轮有 3 枚花被片；可育雄蕊 3 轮，退化雄蕊 1 轮，每轮 3 枚，花药 2 或 4 片裂，外面两轮花粉囊通常内向，第 3 轮一般在樟族 Laureae 内向而在鳄梨族 Perseeae 外向（但有许多例外情况），第 3 轮雄蕊基部生一对腺体；雌蕊为单心皮，生 1 枚倒生胚珠。在这个基本花结构的基础上不同的属有许多变化。花药壁绒毡层细胞有 2 核，有时 4 核，小孢子分裂为连续型。花粉粒多圆球形，直径（14~）18~40（~70）μm，释放时通常具 2 核，外壁很薄，看起来似乎不连续；花粉粒没有限定的萌发孔，可在表面的任何处萌发；大多数属的花粉外壁有刺；内壁厚而成层，块状的外层常有放射状的腔，薄的内层是同源的或纤丝状的。胚珠双珠被、厚珠心，胚囊发育为蓼型，胚乳形成为核型（除无根藤属外）。果实一般为具 1 个种子的浆果或有不太发育内果皮的核果，形状多变，圆球形、棒形、椭圆形、纺锤形等，果实小者仅约 5mm，大的超过 15cm（如栽培的鳄梨）。种子的种皮一般不很坚硬，外表皮大多数有单宁，中间部分常由呈螺纹或环纹加厚的管胞（tracheid）组成，内种皮（一般由内珠被发育而来）立刻压碎故在成熟的果中不易看见；在成熟时，内胚乳完全被大的胚吸收（消耗）。染色体基数 $x = 12$（$2n = 24$）。相似于樟科的花化石发现于美国弗吉尼亚州早中阿尔布期，定名为 Potomacanthus lobatus，其花两性，花被和雄蕊群 3 数，花被不等大、2 轮，雄蕊 2 轮、均可育，花药 2 孢子囊、顶端瓣裂，雌蕊单心皮，具 1 枚下垂胚珠，表明同现代樟科有近缘关系。值得注意的是，从北半球于中白垩世普遍发现的绝灭属 Mauldinia 花两性，辐射对称，3 数，花被由短的外轮和长的内轮花被片组成，9 枚可育雄蕊 3 轮排列及 3 枚退化雄蕊，花药 2 室、2 瓣纵裂，雌蕊单心皮，具 1 枚倒生胚珠。另一个保存好的花化石发现于美国北卡罗来纳州早坎潘期，花长 2.5mm，两性，辐射对称，6 枚花被片两轮排列，9 枚可育雄蕊排列 3 轮，3 枚退化雄蕊，花药 4 孢子囊、顶端瓣裂，命名为 Neusenia tetrasporangiata，十分相似于现代属 Neocinnamomum（Friis et al.，2011）。

　　根据李锡文（1985）的观点，樟科虽然有热带东南亚至东亚和热带美洲两大分布中心，但就木姜子属群来说其分布中心是热带亚洲。根据地理分布，结合地史情况，樟科起源于古北大陆南部和古南大陆北部以及古地中海周围热带地区，这与 Raven 和 Axelrod（1974）根据樟科的分布、特有现象以及化石记录所得出的关于樟科起源地的推论相一致。这一观点不同于樟科是一个起源于古南大陆的科（Gentry, 1982）和古北大陆的科（Richter, 1981）。Drinnan 等（1990）在北美东北马里兰州中白垩世赛诺曼期发现的花化石 *Mauldinia mirabilis*，确实是属于樟科的，该化石有保存完好的花和花序片段，其花被不等大，有 9 个 2 室的花药，花丝细，有十分发育的退化雄蕊，这个化石种相似于鳄梨属 *Persea* 的 *Eriodaphne* 亚属的种（如 *Persea cuneata*）。根据这一发现于 9000 万年前的花化石，我们（吴征镒等，2003）可进一步推论：在第一次泛古

图10.4.1 樟属形态结构

① 樟（*Cinnamomum camphora*）大树，② 花枝，③ 花，④ 果枝，⑤ 果，⑥ 种子；⑦ 川桂（*C. wilsonii*）树干；⑧ 肉桂（*C. cassia*）幼果及果托（又称桂子），⑨ 桂皮

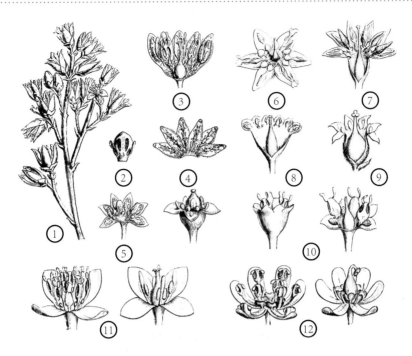

图10.4.2 樟科属间花形态变异

①*Nothaphoebe caesie* 花序；②*Nectandtra gardneri* 雄蕊；③ 楠（*Phoebe sellowii*）花纵剖；④ 木姜子（*Litsea wightiana*）雄花；⑤*Ocotea laica* 雄花（左）和雌花（右）；⑥ 琼楠（*Beilschmiedia roxburghiana*）花上面观；⑦*Cryptocarya moschata* 花部分纵剖；⑧*Aiouea densiflora* 花部分纵剖；⑨*A. macrophylla* 雌花；⑩*Mezilaurus sprucei* (syn. *Acrodiclidium sprucei*) 花（左）以及部分纵剖露出雄蕊（右）；⑪ 月桂（*Laurus nobilis*）雄蕊（左）和雌蕊（右）；⑫ 北美山胡椒（*Lindera benzoin*）雄花（左）和雌花（右）

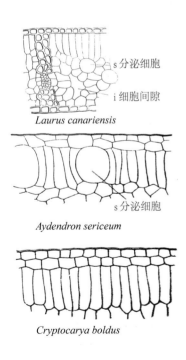

s 分泌细胞
i 细胞间隙

Laurus canariensis

s 分泌细胞

Aydendron sericeum

Cryptocarya boldus

图10.4.3 樟科代表性叶片横截面

复聚伞花序，常见于鳄梨属（*Persea*）和 *Nectandra*

聚伞状圆锥花序，出现在 *Ocotea* 的大多数种

聚伞状总状花序，常见于 *Mezilaurus* 和 *Ocotea cernua* 种群

聚伞状总状花序（示花聚合现象），主要出现在 *Mezilaurus* 和 *Cinnadeia* 等

伞形花序，有沿无限轴分布或出现在短枝上的大苞片，如木姜子属（*Litsea*）等

图10.4.4 樟科花序五种主要类型

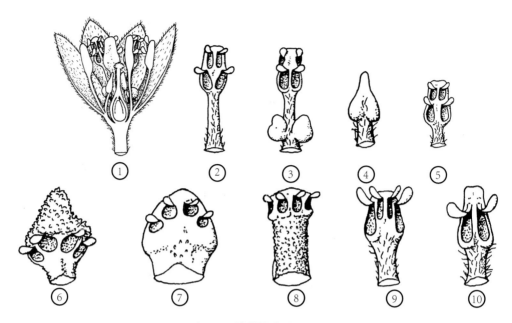

图10.4.5 樟科雄蕊结构类型

① 樟属花纵切，② 第1、2轮雄蕊，③ 第3轮雄蕊，④ 第4轮退化雄蕊；属间雄蕊差异：⑤*Ocotea*，
⑥*Nectandra*，⑦*Dicypellium*，⑧*Eusideroxylon*，⑨*Hypodaphnis*，⑩*Cryptocarya*

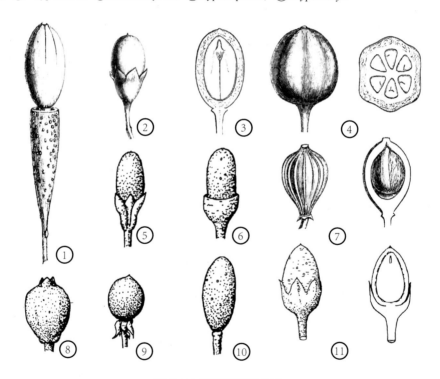

图10.4.6 樟科属间果差异

①*Aiouea tenella*，②*Cinnamomum stenophyllum*，③月桂浆果纵切，④*Ravensara aromatica*果（左）及横切（右），
⑤ 楠属（*Phoebe*），⑥*Ocotea*，⑦厚壳桂果（左）及果皮纵剖（右），⑧无根藤属（*Cassytha*），⑨润楠属
（*Persea*），⑩琼楠属（*Beilschmiedia*），⑪樟属具胞芽杯的果（左）及纵切（右）

图10.4.7 樟科形态结构

① 鳄梨（*Persea americana*）植株，② 花序，③ 花，④ 幼果；⑤ 岩生厚壳桂（*Cryptocarya calcicole*）花枝；
⑥ 贫花厚壳桂（*C. depauperate*）果枝；⑦ 闽楠（*Phoebe bournei*）大树；⑧ 沼楠（*P. angustifolia*）花枝；
⑨ 大果楠（*P. macrocarpa*）花，⑩ 果枝，⑪ 果解剖

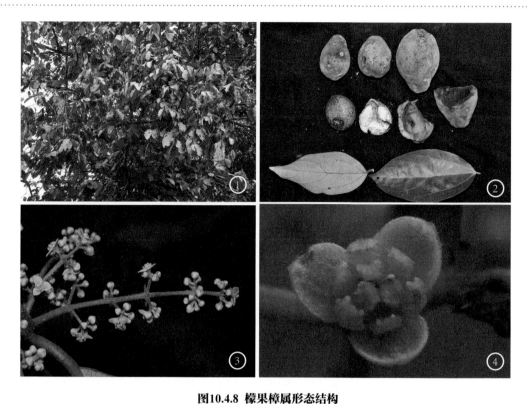

图10.4.8　檬果樟属形态结构

①*Caryodaphnopsis* sp. 植株，②果和叶；③麻栗坡檬果樟（*C. malipoensis*）花序，④花

图10.4.9　黄肉楠属形态结构

①毛尖树（*Actinodaphne forrestii*）植株，②果枝，③芽；④毛黄肉楠（*A. pilosa*）花；⑤倒卵叶黄肉楠（*A. obovata*）果

图10.4.10　无根藤属形态结构

① 无根藤（*Cassytha filiformis*）植株，② 花蕾，③ 果；④ *C. filiformis* 枝条上吸盘，⑤ 第1轮雄蕊，⑥ 第2轮雄蕊，⑦ 第3轮雄蕊，⑧ 退化雄蕊，⑨ 花，⑩ 雌蕊

图10.4.11　琼楠属形态结构

① 红毛琼楠（*Beilschmiedia rufohirtella*）花序，② 花枝；③ 滇琼楠（*B. yunnanensis*）花；④ 椆琼楠（*B. roxburghiana*）果

图10.4.12　土楠属形态结构

① 革叶土楠（*Endiandra coriacea*）枝，② 花；③ 土楠（*E. hainanensis*）花序，④ 去掉 3 枚花瓣的花，⑤ 雌蕊，⑥ 雄蕊腹面观，⑦ 雄蕊背面观

图10.4.13　山胡椒属形态结构

① 三桠乌药（*Lindera obtusiloba*）枝叶；② 黑壳楠（*L. megaphylla*）果枝；③ 纤梗山胡椒（*L. gracilipes*）花枝，④ 花前、后面观，⑤ 果；⑥ 红果山胡椒 *L. erythrocarpa* 花枝，⑦ 花

图10.4.14　润楠属形态结构

① 红楠（*Machilus thunbergii*）花枝，② 花蕾；③*M. japonica* var. *kusanoi* 花枝，④ 花序，⑤ 花，⑥ 果枝，⑦ 果；
⑧ 绒毛润楠（*M. velutina*）花

图10.4.15 油丹属形态结构

① 油丹(*Alseodaphne hainanensisi*)大树; ② 毛叶油丹(*A. andersonii*)果枝; ③ 西畴油丹(*A. sichourensis*)花枝; ④ 芽; ⑤ 毛叶油丹花枝, ⑥ 花, ⑦ 花纵切, ⑧ 第1、2轮雄蕊, ⑨ 第3轮雄蕊, ⑩ 退化雄蕊

图10.4.16 木姜子属形态结构

① 朝鲜木姜子（*Litsea coreana*）树干，② 花枝；③ 黄丹木姜子（*L. elongata*）果枝；④ 琼楠叶木姜子（*L. beilschmiediifolia*）花枝；⑤*L. cubeba* 花枝；⑥ 木姜子（*L. pungens*）花；⑦ 云南木姜子（*L. yunnanensis*）果解剖

图10.4.17 新木姜子属形态结构

①*Neolitsea konishii* 花枝；②大叶新木姜子（*N. levinei*）芽；③*N. variabillima* 花枝，④花，⑤雄蕊；⑥*N. acuminatissima* 花；⑦鸭公树（*N. chui*）果枝；⑧大叶新木姜子（*N. levnei*）果枝，⑨果解剖

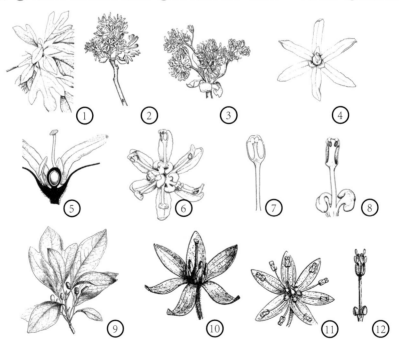

图10.4.18 檫木属形态结构

①檫木（*Sassafras albidum*）枝叶，②雌花序，③雄花序，④雌花上面观，⑤雌花部分纵切，⑥雄花上面观，⑦花药开裂的外雄蕊，⑧花药开裂后内雄蕊；⑨檫木（*S. officinole*）具成熟果的雌株，⑩雌花，⑪雄花⑫第3轮雄蕊和基部退化雄蕊

大陆尚未完全分裂之前，Perseeae 和 Ocoteeae 两群在东西两半球已发生分化。推测樟科可能在泛古大陆时即已起源，古南大陆、古北大陆和古地中海式分布可能是分化稍后期的产物。它在古南大陆非洲－澳洲－南美分离前后在热带美洲获得极大的分化机会，产生许多新的类群。以致花部由下位转至中位、上位，甚至产生有一种泛热带分布，而在大洋洲有较大分化、少数在亚洲－非洲(半)寄生的无根藤属 Cassytha，最后的分化可能在第一次泛古大陆分裂之前即已完成。

樟科是一个泛热带科，只有几个种散布到两半球的温带地区。在新世界北达美国和南安大略（如 Sassafras albidum），南达智利的奇洛埃。在旧世界北达日本北海道（如山胡椒属的种），南达新西兰（如 Beilschmiedia 的 3 个种）。主要分化中心是印度－马来和中美到南美，热带非洲种类很少。在热带山地森林有的种可达海拔 4000m；主要生长地是热带雨林，干旱地区种类很少。

按照 Rohwer 的分类（Kubitzki, 1993b），樟科 53 属分为 2 族。

族 1. 鳄梨族 Tribe Perseeae 分 3 群。

群 1. 厚壳桂群 Group Cryptocarya 分 5 亚群

亚群 1. 无根藤亚群 Subg. Cassytha

1. 无根藤属 Cassytha L. 20 种；约 3/4 种在澳大利亚，几种在非洲和亚洲，1 种呈泛热带分布。

亚群 2. 厚壳桂亚群 Subg. Cryptocarya

2. 厚壳桂属 Cryptocarya R. Br. 350 种；泛热带分布，中心在马来西亚。

3. Ravensara Sonn. 30 种；马达加斯加分布。

4. Dahlgrenodendron J. J. M. van der Merwe & A. E. van Wyk 1 种；南非分布。

亚群 3. Subg. Aspidostemon

5. Aspidostemon Rohwer et H. G. Richt. 15 种；马达加斯加分布。

亚群 4. Subg. Eusideroxylon

6. Eusideroxylon Teijsm. et Binn. 1 种；苏门答腊，加里曼丹分布。

7. Potoxylon Kosterm. 1 种；加里曼丹分布。

亚群 5. Subg. Hypodaphnis

8. Hypodaphnis Stapf 1 种；喀麦隆，加蓬，尼日利亚分布。

群 2. 琼楠群 Group Beilschmiedia

9. 琼楠属 Beilschmiedia Nees 250 种；泛热带分布，南达智利中部和新西兰。

10. 土楠属 Endiandra R. Br. 100 种；亚洲，澳大利亚和太平洋岛屿分布。

11. Brassiodendron C. K. Allen 2 种；印度尼西亚摩鹿加，新西兰，澳大利亚分布。

12. Potameia Thouars 20 种；分布于马达加斯加。

13. 油果樟属 Syndiclis Hook. f. 10 种；1 种在不丹，其他分布于中国南部。

14. Hexapora Hook. f. 1 种；分布于马来半岛。

群 3. Group Ocotea 分 4 亚群

亚群 1. 鳄梨亚群 Subg. Persea

15. 油丹属 Alseodaphne Nees 50 种；热带亚洲分布。

16. Apollonias Nees 2 种；1 种在加那利群岛（大西洋），1 种在印度。

17. 莲桂属 Dehaasia Blume 35 种；从中国南部到新几内亚，分布中心在马来西亚。

18. 赛楠属 Nothaphoebe Blume 40种；

分布于亚洲，主要在马来西亚和印度尼西亚。

19. 鳄梨属 *Persea* Mill. 200 种；热带和暖温带美洲及亚洲分布。

20. 楠属 *Phoebe* Nees 100 种；分布于亚洲。

21. 檬果樟属 *Caryodaphnopsis* Airy Shaw 15 种；7 种在亚洲（从中国云南到菲律宾），加里曼丹，8 种在中美到南美。

亚群 2. Subg. Ocotea

22. 新樟属 *Neocinnamomum* H. Liu 6 种；分布于中国南部（从云南到海南），越南北部。

23. 樟属 *Cinnamomum* Schaeff. 350 种；大多数分布在亚洲热带和亚热带，澳大利亚和太平洋岛屿有几种，约 60 种在中美到南美。

24. *Aiouea* Aubl. 20 种；中美到南美分布。

25. *Endlicheria* Nees 40 种；分布于热带美洲。

26. *Rhodostemonodaphne* Rohwer et Kubitzki 20 种；热带南美分布。

27. *Ocotea* Aubl. 350 种；大多数分布在热带和亚热带美洲，50 种在马达加斯加，7 种在非洲，1 种在加那加群岛（大西洋）。

28. *Nectandra* Rolander ex Rottb. 120 种；热带和亚热带美洲分布。

29. *Pleurothyrium* Nees ex Lindl. 45 种；中美和南美分布。

亚群 3. Subg. Aniba

30. *Dicypellium* Nees et Mart. 2 种；东阿马索尼亚（美）分布。

31. *Phyllostemonodaphne* Kosterm. 1 种；巴西东南部分布。

32. *Urbanodendron* Mez 3 种；巴西东南部分布。

33. *Systemonodaphne* Mez 1 种；圭亚那，阿马索尼亚分布。

34. *Aniba* Aubl. 40 种；主要在南美，少数在中美和安的列斯。

35. *Paraia* Rohwer, H. G. Richt. et van der Werff 1 种；阿马索尼亚分布。

36. *Licaria* Aubl. 40 种；热带美洲分布。

37. *Gamanthera* van der Werff 1 种；分布于哥斯达黎加。

亚群 4. Subg. Mezilaurus

38. *Povedadaphne* W. C. Burger 1 种；分布于哥斯达黎加。

39. *Mezilaurus* Kuntze ex Taubert 20 种；热带南美分布。

40. *Williamodendron* Kubitzki et Pichter 3 种；中美和南美分布。

41. *Anaueria* Kosterm. 1 种；阿马索尼亚分布。

族 2. 樟族 Tribe Laureae

42. *Umbellularia* (Nees) Nutt. 1 种；北美西部分布。

43. 黄肉楠属 *Actinodaphne* Nees 100 种；分布于亚洲，从印度、中国、日本到印度尼西亚。

44. *Dodecadenia* Nees 1 种；南喜马拉雅山地区，尼泊尔到缅甸分布。

45. 木姜子属 *Litsea* Lam. 400 种；大多数在亚洲，几种在澳大利亚和太平洋岛屿，极少数在中美和北美，9 种在非洲。

46. 新木姜子属 *Neolitsea* Merr. 100 种；亚洲分布，中国 40 种，多数在马来西亚区，几种在澳大利亚。

47. 山胡椒属 *Lindera* Thunb. 100 种；大多数在亚洲，中国 42 种，2 种

在北美，1 种在澳大利亚。

48. 香面叶属 *Iteadaphne* Blume　2
　　种；苏门答腊分布。

49. 月桂属 *Laurus* L.　2 种；地中海
　　临近地区，加那利群岛，葡萄牙
　　亚速尔群岛分布。

50. 檫木属 *Sassafras*　J. Presl　3 种；
　　1 种在北美，2 种在中国。

51. 密花檫属 *Parasassafras* Long　2

种；不丹，缅甸，中国云南分布。

位置未定属：

52. *Cinnadenia* Kosterm.　2 种；不丹，
　　印度阿萨姆，缅甸和马来半岛分
　　布。

53. *Chlorocardium* Rohwer, H. G.
　　Richt. et van der Werff　2 种；南美
　　分布。

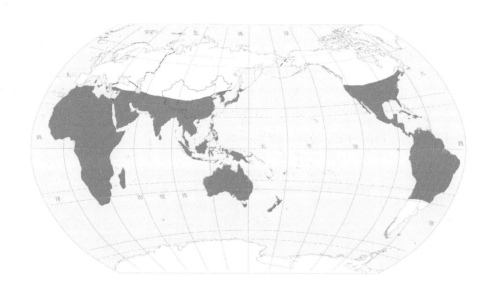

图10.4.19　樟科Lauraceae地理分布

莲叶桐科 Hernandiaceae（图 10.5.1～图 10.5.4）

泛热带分布的一个小科。最初 Bentham 和 Hooker f. 将它作为樟科 Lauraceae 的成员，放在单被花亚纲 Monochlamydeae 的 Daphnales；Engler 的子系统 Dalla Torre 和 Harms、Melchior（1964）将它放在古生花被亚纲 Archichlamydeae，前者在毛茛目 Ranales 木兰亚目 Magnoliineae，后者在木兰目 Magnoliales 樟亚目 Laurineae；Thorne 将它放在番荔枝目 Annonales 樟亚目；Takhtajan 和 Cronquist 的系统都将它归入樟目 Laurales；只有 Dahlgren（1983）仍然将它作为樟科的成员。现代分子证据支持它同樟科的近缘关系（APG, 1998, 2009）。

乔木、灌木或木质藤本，藤本靠卷须状的叶柄或弯曲的短枝攀缘。有油细胞。导管为单穿孔，侧生纹孔大多数互生，纤维具单纹孔或具缘纹孔，异型射线或同型射线，轴生薄壁细胞通常为傍管薄壁细胞。节具单叶隙和 3～7 叶迹。单叶互生，有叶柄，无托叶，叶片全缘或掌状分裂；气孔无规则型（如 *Gyrocarpus* 和 *Sparattanthelium*）或平列型（如 *Hazomalania*、*Hernandia* 和 *Illigera*）。*Hazomalania* 和莲叶桐属 *Hernandia* 的花序为聚伞圆锥花序（thyrse），即总状花序有小聚伞花序，小聚伞花序一般有 3 花（含 2 雄花、1 雌花），下面 2 个雄花有交互对生的 2 小苞片，上面雌花的小苞片形成总苞，分离或融合成杯状，直到环绕果实；*Illigera* 和 *Gyrocarpus* 为蝎尾状或二歧聚伞花序。最原始的花结构出现在 *Hazomalania* 和莲叶桐属，花被片两轮，每轮 6~（5）到 3 枚，覆瓦状排列或 5 数的情况为双盖覆瓦状排列；*Illigera* 为 2 轮 5 数花被片镊合状排列；*Gyrocarpus* 雌花有 7 花被片，雄花 4~5 花被片成 1 轮。雄蕊 3~5（~7），1 轮，花丝有背着的或基着的蜜腺状腺体；花药 2 室，瓣裂。花粉粒圆球形，无沟孔，外壁薄，有刺状或球状突起。子房下位，单心皮，有花柱和顶生柱头，具单个胚珠；胚珠为双珠被、厚珠心，倒生而下垂，胚孔向上。果实核果状，具坚硬的内果皮；成熟种子没有内胚乳，有翅，翅在不同属的来源不同。染色体基数 $x = 10, 12, 15, 20$。

莲叶桐科显然同樟科有密切的亲缘关系，两个科有一系列共有性状：乔、灌木或藤本，具油细胞；花小，自两性到单性，聚伞花序，花被（1~）2 轮；雄蕊 1 轮，背部或基部具一对蜜腺，花药 2 瓣裂，花粉粒无沟孔；子房 1 室 1 胚珠，果实 1 种子；种子无胚乳，胚中等大到大；叶及轴上有钟乳体（cystolith）及油细胞分泌出的胶状黏液的空穴，子房下位。这些共有性状说明该二科有共同的最近祖先，或者说是从樟科进化出的一个分支（吴征镒等，2003）。

到目前为止，在北美西部中始新世发现的青藤属果化石（Manchester and O'Leary, 2010），命名为 *Illigera eocenica*。只有采自委内瑞拉早中新世的推测性叶化石，定名为现代属 *Gyrocarpus* 的种，但需要重新研究（Friis et al., 2011）。

图10.5.1 莲叶桐科形态结构（1）

① 莲叶桐（*Hernandia sonora*）植株；② *H. nymphaeifolia* 果；③ *Gyrocarpus americanus* 果枝；④ 宽药青藤（*Illiger celebica*）花；⑤ 多毛青藤（*I. cordata* var. *mollissima*）果；⑥ 大花青藤（*I. grandiflora*）花序

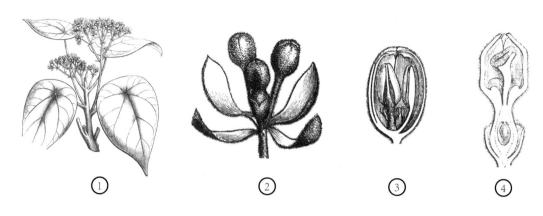

图10.5.2 莲叶桐科形态结构（2）

①*H. vitensi* 花和果枝；②*H. sonora* 部分花序及附属总苞，③ 雄花纵切，④ 雌花纵切

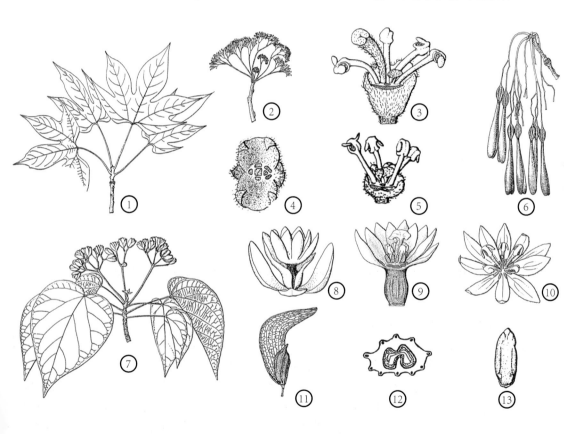

图10.5.3 莲叶桐科形态结构（3）

①*Gyrocarpus jatrophifolius* 枝叶，② 花序，③ 两性花、2 枚萼片及 1 枚脱落雄蕊，④ 两性花顶面观：见到雄蕊、退化雄蕊和脱落花柱，⑤ 雄花、1 枚萼片和 1 枚脱落雄蕊，⑥ 果序；⑦*Hazomalania voyroni* 雌花枝，⑧ 1 朵雌花发育中的部分花序，⑨ 雌花的前面小苞片和脱落花瓣，⑩ 雄花，⑪ 果上小苞片完全脱落，⑫ 果横切，⑬ 胚

本科泛热带分布，其分布中心在中、南美和东南亚，有些广布种是泛热带海岸分布，属海岸林成分。分 2 亚科，5 属约 60 种。

亚科 1. 莲叶桐亚科 Subf. Hernandioideae，聚伞状圆锥花序，部分花序蝎尾状；有苞片；子叶多少皱缩；缺钟乳体。

1. *Hazomalania Gapuron* 1 种；马达加斯加特有。

2. 莲叶桐属 *Hernandia* L. 22~24 种；泛热带分布，但以印度－太平洋地区为主。

3. 青藤属 *Illigera* Blume 18~20 种；分布于从西非到马达加斯加，从中国南部、马来西亚到新几内亚。

亚科 2. Subf. Gyrocarpoideae，花序二歧聚伞状；无苞片。

4. *Gyrocarpus* Jacq. 3 种；泛热带分布，1 种在中美，1 种在东非。

5. *Sparattanthelium* Mart. 13 种；分布于热带美洲。

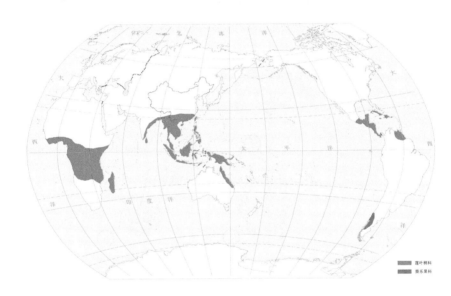

图10.5.4 莲叶桐科Hernandiaceae和奎乐果科Gomortegaceae地理分布

奎乐果科 Gomortegaceae（图 10.6.1，图 10.5.4）

狭域分布于智利南部的一个单型科。无疑属于樟目的成员，与近缘科的区别在于它具下位子房、合心皮和有胚乳这一组性状的组合。这是一个进化的盲支。

具芳香气味的常绿乔木，树皮灰色，幼枝四方形，枝和叶的薄壁组织有分泌腔。叶交互对生无托叶。节有单叶隙具 2 叶迹。次生木质部比较原始，具单个长的薄壁导管分子，导管端壁具多格条的穿孔板，异形维管射线和星散木薄壁细胞。总状花序顶生或腋生。花上位，有 2 不明显的脱落性小苞片，花各部分排列为螺旋状和 3 数轮生的中间类型，花部数目不固定；花被裂片 7~10，同雄蕊呈过渡状；雄蕊 7~13，外面 1~3 枚花瓣状，经常有不完全发育的花粉囊，内面 6~10 枚有花丝和花药的分化；花丝两侧有基生的腺体；花药有两个花粉囊，外面的雄蕊外向，里面的侧向，从基部向上升裂，最里面的 1~3 枚雄蕊不育，有不完全发育的花药。花粉粒无沟孔有薄的外壁和较厚的内壁，外壁外层由覆盖层（tectum）和柱状层组成，没有基层；内层有可区分外层的放射状沟层（channelled layer）和里面的实心层（solid layer）。子房下位，陀螺状，合心皮（2~）3（~5）室，花柱很短，有 2~3 个分叉柱头，每室 1 胚珠，从顶端下垂。果实黄色，有美味的中果皮和坚硬的内果皮，核果，成熟时只有 1 或 2 个种子。种子种皮薄，有丰富的油质内胚乳，胚大。染色体数 $2n = 42$，为（古）六倍体。

尚无化石记录报道。由 Dettmann 等描述的 *Lovellea wintonensis* 有奎乐果属花的特征，可能代表该科早期的成员（Friis et al., 2011）。

奎乐果属 *Gomortega* Ruiz et Pav. 1 种，*G. nitida* Ruiz et Pav.；生于智利南部很局部的地方。它是一个极端濒危的物种。

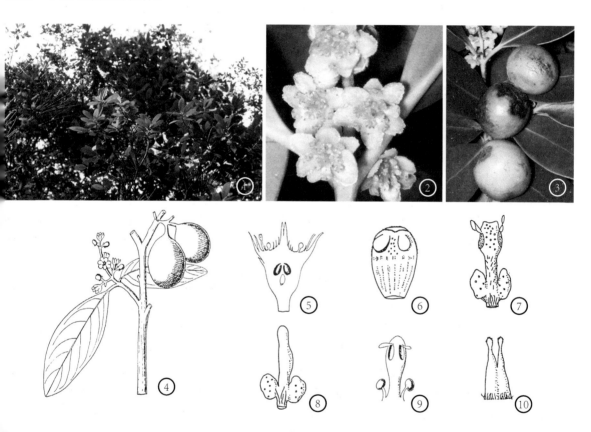

图10.6.1　奎乐果形态结构

① 奎乐果（*Gomortega nitida*）植株，② 花，③ 果，④ 具花序和果序的枝条，⑤ 花的纵切，⑥ 雄蕊和腺体，⑦ 雄蕊花药室开启，⑧ 退化雄蕊，⑨ 瓣状雄蕊，⑩ 花柱具分叉柱头

第 5 目 杯轴花目 Monimiales

杯轴花科 Monimiaceae（图 10.7.1~ 图 10.7.5）

樟纲 Lauropsida 的核心科之一，是该纲第二大科，主要分布于南半球热带到亚热带。Bentham 和 Hooker f. 将它作为单被花亚纲 Monochlamydeae 微胚类 Micrembryeae 的成员；Engler 的子系统 Dalla Torre 和 Harms（1900~1907）将它放在古生花被亚纲 Archichlamydeae 毛茛目 Ranales 木兰亚目 Magnoliineae，该科还包括了无油樟科 Amborellaceae、Scyphostegiaceae、早落

瓣科 Trimeniaceae; Melchior（1964）将它归入木兰目 Magnoliales 樟亚目 Laurineae; Takhtajan（1997, 2009）和 APG（2009）采取了较狭义的概念，将 Atherospermataceae 和 Siparunaceae 分出成单独的科。现代以形态学性状为依据建立的分类系统多将它放在樟目 Laurales。单心皮雌蕊和有油细胞同于樟科及奎乐果科 Gomortegaceae。与樟科的不同在于樟科叶互生，具单生心皮和种子有大胚、无内胚乳。以分子资料为依据的分类系统也支持将它放在樟目（APG, 1998, 2003, 2009）。

常绿灌木或小乔木，稀木质藤本（如 *Palmeria*）；通常分枝稀疏、伸展甚至半攀缘状。树皮一般光滑，仅有小的裂纹，只有 *Kairoa* 的主茎有明显的木栓脊（corky ridge）。毛被有单毛、簇生毛、星状毛或盾状腺鳞；节为单叶隙和单叶迹。次生木质部在亚科间有变异；多列射线在亚科 Siparunoideae 和 Atherospermatoideae 是狭窄的，它们同样有大量的单列射线；导管基本上为单穿孔板，*Siparuna* 中有离管薄壁组织带；具单穿孔板也是 *Monimia*、*Palmeria* 和 *Peumus* 的特征；最原始的木材在 Hortonia 中发现。杯轴花科大多属的筛管分子质体为 P 型，亚科 Atherospermatoideae 有蛋白质结晶、蛋白质丝和淀粉。叶交互对生，稀 3~7 叶轮生（如 *Kibaropsis*、*Kibara rigidifolia* 和 *Tambourissa* 的某些种）；无托叶；单叶全缘或有齿；叶片有圆形的油细胞。尽管叶大小、形状、边缘和毛被等有变异，但从中脉发出的次生脉间距规则和角度一致，在野外容易辨认。叶背腹面皮下层存在油细胞，黏液细胞缺如。气孔只存在于下表皮，平列型（如 Mollinedioideae 和 Siparunoideae）或无规则型（如 Atherospermatoideae）。花序通常生于叶腋，当几个花序群生在枝条顶端叶腋时，似乎形成顶生的有叶花序，或由于叶子减退形成大的圆锥花序；花序的分枝聚伞状，最简单的分枝是二歧的，也有几个花从一个节上发生，或几对花互生出现在单个轴上成多歧的（如多歧聚伞花序 pleiochasium）。这样就出现了从单花、簇生花、简单聚伞花序到复合的圆锥状聚伞花序的变异。大多数属的花为单性，而 *Hortonia* 和亚科 Atherospermatoideae 的一些属为两性。雄花和雌花的花托有的是同型的，有的是异型的，变异较大，呈扁平状、杯状、球状、深坛状（urceolate）到阔钟状，开口有时被腺体状的花被所包被。有的属（如 *Kairoa* 和 *Tambourissa*）花托分裂形成假花被（pseudoperianth）。花被通常不明显，有时较大，稀多少分化呈萼片状和花瓣状，螺旋状、辐射状或交互生。雄花或两性花雄蕊多数至少数螺旋状或轮状排列在花托上，有时成 4 数，1 至多轮排列；花丝缺如或有短花丝，花丝基部有时有 2 个附属裂片；花药裂缝开裂或瓣裂。两性花或有些属的雌花有退化雄蕊（如 *Hortonia*、Atherospermatoideae 和 *Peumus* 的雌花），其他亚科无退化雄蕊，或 Mollinedioideae 的一些属雄花内面一些雄蕊是不育的（如 *Kibara*）。花药常具 4 孢子囊，但在亚科 Atherospermatoideae 和属 *Monimia*、*Siparuna* 是 2 孢子囊；花药壁有 3~6（7）层细胞，腺质绒毡层，胞质分裂为变态的同时型（亚科 Atherospermatoideae）或同时型（其他亚科）。花粉粒小（径 12~24μm）到中等大（径 25~32μm），大多数为球形或球状－扁球形，亚科 Atherospermatoideae 花粉粒小，多扁球形，有 2 沟或子午线沟；其他亚科花粉粒无萌发孔（inaperture），表面有颗粒。花粉传播有变异，Sampson（1969）发现 *Hedycarya arborea* 为风媒，它的花淡绿色，无腺体，没有看到昆虫访问；在该科也发现许多种为昆虫传粉。离生雌蕊有几个到多数心皮（*Xymalos* 仅 1 个心皮）生于花托。*Tamborrissa* 的心皮（除花柱外）陷在花托中成真正的下位子房；柱头短而无柄，或生在长钻形花柱上。Mollinedioideae 亚科的一些属（*Tambourissa*、*Kibara*、*Wilkiea*、*Hennecartia*）花粉不直接散到柱头上而是散在上位柱头（hyperstigma）上。倒生胚珠（*Kibaropsis* 为半倒生胚珠），双珠被（*Siparuna* 为单珠被）、

图10.7.1 杯轴花科形态结构（1）

①*Daphnandra johnsonii* 花枝，② 花；③*Tambourissa* sp. 果枝；④*Kibara coriacea* 树干，⑤ 果；⑥*Siparuna* sp.
花，⑦ 果枝，⑧ 果

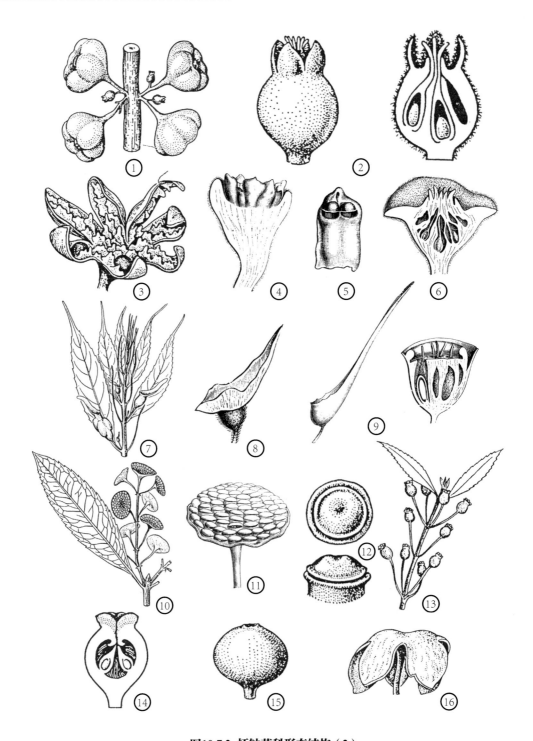

图10.7.2 杯轴花科形态结构（2）

①*Siparuna cajaban* 花序，②雌花（左）及其纵切（右），③果开裂；④*S. reginae* 雄花，⑤雄蕊，⑥*S. mollis* 雌花纵切；⑦*Glossocalyx longicuspias* 开花枝条，⑧雄花，⑨*G. brevipes* 雌花（左）及纵切（右）；⑩*Hennecartia omphalandra* 具雄花序的枝条，⑪雄花，⑫花药上面（上）和侧面观（下），⑬具雌花序的枝条，⑭雌花纵切，⑮幼果，⑯果开裂，果托反折

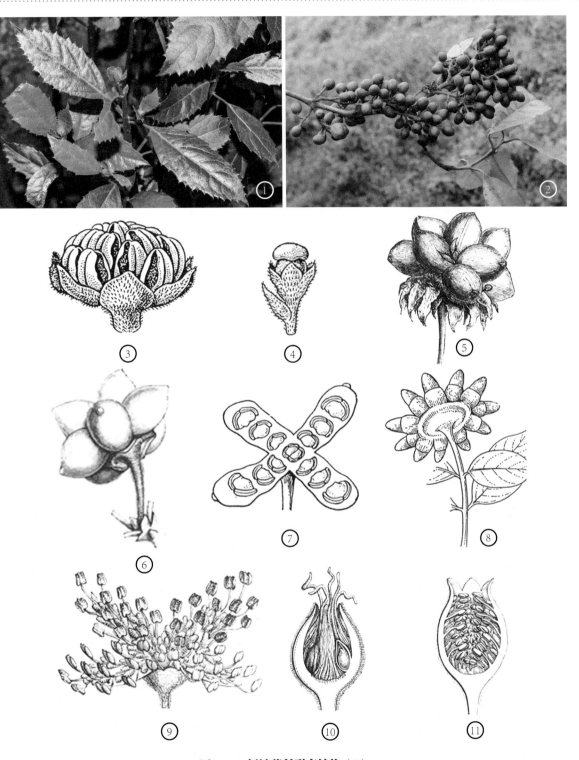

图10.7.3 杯轴花科形态结构（3）

①*Hedycarya angustifolia* 枝叶；②单心桂（*Xymalos monospora*）果枝，③雄花，④雌花；⑤*Hortonia floribunda* 果；
⑥*Mollinedia longifolia* 果；⑦*Ephippiandra myrtoidea* 开花期雄花，⑧果枝；⑨*Monimia rotundifolia* 开花期雄花，
⑩雌花纵切；⑪*M. citrina* 未开放雄花纵切

图10.7.4 杯轴花科形态结构（4）

① *Peumus boldus* 植株，② 花枝；③ 岛盘桂属（*Tambourissa* sp.）果枝；④ *Tambourissa* sp. 成熟果枝；⑤ *P. boldus* 雄花上面观，⑥ 雄蕊和退化雄蕊，⑦ 雌花中的退化雄蕊，⑧ 雌花，⑨ 雌蕊侧面（左）和顶面观（右），⑩ 雌蕊部分纵切，⑪ 果，⑫ 种子；⑬ *T. elliptica* 雌花纵切

　　厚珠心，珠孔常常朝向子房顶端，属 *Siparuna*、*Glossocalyx* 和亚科 Atherospermatoideae 珠孔向下，蓼型胚囊（*Peunus* 为葱型）。在亚科 Atherospermatoideae 果实是羽毛状小坚果，由一个增大的、坚硬的花托所包；其他亚科的果实是由核果组成一簇；果实成熟时黑色发亮，无柄或有柄，生在增大的新鲜亮黄色花托上。果实和花托在不同属有较大变异。种子具丰富内胚乳，胚直，子叶 2（极稀 4）。核果类显然适合鸟类传布，羽毛状的核果是由风传布。单倍体数在 Mollinedioideae 和 Hortonioideae $n = 19$，而 Siparunoideae 和 Atherospermatoideae $n = 22$。

　　杯轴花科为泛热带分布，以新几内亚到东澳大利亚、中美到南美和西印度群岛为分布中心。有些属扩散到新西兰、澳大利亚、南美南部的常绿森林，非洲很少分布，北美、欧洲无分布。亚洲只分布在斯里兰卡、泰国和东马来西亚，这无疑是印度板块脱离古南大陆，澳大利亚板块于第三纪时向北飘移与亚洲南部接近时迁移的结果，其整体是在古南大陆发生的。本科的科内变异幅度（包括习性、叶序、叶缘、花序、花部着生位置、序列、假雄蕊有无、花药开裂方式、授粉方式、心皮数和花托的关系、珠被层数、果的性质、染色体基数等）均较樟科大得多，显示本科为晚期分化主干的特性。它同樟科是在古南大陆和古北大陆分裂之后才分道扬镳的。绝大多数种类生于常绿雨林的低山到中山地带，有些（尤其在南美）出现在低地森林，甚至有海生习性（如 *Kibara rigidifolia*），或为亚高山灌木。

尚未发现有繁殖结构的化石，最早的木材化石定名为 *Hedycaryoxylon*，采自德国早三冬期。但该科已在欧洲绝迹，其化石不一定可靠。

按照 Philipson（Kubitzki, 1993b）的分类系统，该科分为 6 个亚科。

亚科 1. Subf. Hortonioideae，花两性；内花被片花瓣状；花丝有附属物；花药沿裂缝开裂；珠孔向上；果为核果。

1. *Hortonia* Wight et Arn. 3 种；斯里兰卡特有。

亚科 2. Subf. Atherospermatoideae=Atherospermataceae，花两性或单性；花被花萼状或花瓣状；花丝有附属物；花药具 2 孢子囊，瓣裂；珠孔向下；果为羽毛状小坚果；假果坛状，成熟后开裂。包括 2 族。

族 1. Tribe Atherospermateae，叶毛（leaf hair）中间固着，叶上的毛具 2 臂（2-armed），内退化雄蕊果期时伸长。

2. *Atherosperma* Labill. 1 种；澳大利亚西南部和塔斯马尼亚分布。

3. *Laureliopsis* Schodde 1 种；智利南部和阿根廷巴塔哥尼亚分布。

族 2. Tribe Laurelieae，叶毛基部固着（毛被为单毛）；内退化雄蕊不增大。

4. *Daphnandra* Benth. 6 种；产于澳大利亚东部。

5. *Doryphora* Endl. 2 种；产于澳大利亚东部。

6. *Dryadodaphne* S. Moore 3 种；分布于新几内亚和澳大利亚昆士兰。

7. *Laurelia* Juss. 2 种；新西兰和智利南部分布。

8. *Nemuaron* Baill. 1 种；新喀里多尼亚特有。

亚科 3. Subf. Siparunoideae = Siparunaceae，花单性；花被萼片状，里面常常具膜；花丝没有附属物；花药具 2 孢子囊，瓣裂；珠孔向下；果为核果，假果在成熟时开裂。

9. *Siparuna* Aubl. 约 150 种；分布于墨西哥，巴西，玻利维亚和秘鲁。

亚科 4. Subf. Glossocalycoideae，花单性；花被不显著，倾向于一边，里面具膜；花丝没有附属物；花药瓣裂；珠孔向下；核果由一新鲜假果包闭。

10. *Glossocalyx* Benth. 3 种；分布于热带西非。

亚科 5. Subf. Mollinedioideae，花单性；花被萼片状；花丝没有附属物；花药裂缝开裂；珠孔向上（*Kibaropsis* 侧向）；核果；假果增大。包括 3 族。

族 1. Tribe Hedycaryeae，花托由裂缝开裂并沿不同方向反折；花药纵缝开裂。

11. *Decarydendron* Danguy 3 种；马达加斯加中、东部分布。

12. *Ephippiandra* Decne. 6 种；马达加斯特有。

13. *Hedycarya* J. R. Forst. et G. Forst. 11 种；东澳大利亚，新西兰和西南太平洋岛屿分布。

14.*Kibaropsis* Vieill. ex Guillaumin 1 种；新喀里多尼亚特有。

15.*Levieria* Becc. 7 种；全部分布于新几内亚，只 1 种扩散到印度尼西亚塞兰岛，1 种到澳大利亚昆士兰。

16.*Tambourissa* Sonn. 44 种；分布于马达加斯加，科摩罗群岛（印度洋）和马斯卡林群岛（印度洋）。

17.*Xymalos* Baill. ex Warb. 1 种；东非从苏丹到南非，赤道几内亚费尔南多波岛，喀麦隆高地分布。

族 2. Tribe Mollinedieae，花托自上部的离层开裂；花药纵向开裂。

18.*Austromatthaea* L. B. Sm. 1 种；昆士兰东北部特有。

19.*Faika* Philipson 1 种；印度尼西亚伊里安查亚特有。

20.*Kairoa* Philipson 1 种；东巴布亚新几内亚特有。

21.*Kibara* Endl. 43 种；绝大多数种在新几内亚，但扩散到印度尼科巴群岛、泰国、菲律宾至昆士兰。

22.*Macropeplus* Perkins 1 种；巴西特有。

23.*Matthaea* Blume 5 种；全部分布菲律宾，1 种扩散到印度尼西亚塔劳群岛，广布到苏门答腊和马来西亚。

24.*Mollinedia* Ruiz et Pav. 90 种；中美和南美分布。

25.*Parakibara* Philipson 1 种；印度尼西亚哈尔马赫拉岛和摩鹿加分布。

26.*Steganthera* Perkins 17 种（或更多）；主要分布于新几内亚，也分布于印度尼西亚西里伯斯、摩鹿加，俾斯麦群岛（太平洋）、所罗门群岛（太平洋）和澳大利亚昆士兰。

27.*Tetrasynandra* Perkins 3 种；分布于东澳大利亚。

28.*Wilkiea* F. Muell. 6 种；分布于澳大利亚新南威尔士，昆士兰和新几内亚东南部。

族 3. Hennecartieae，花托裂缝开裂；花药由赤道裂缝开裂。

29.*Hennecartia* J. Poiss. 1 种；分布于巴拉圭，巴西南部，阿根廷东北部。

亚科 6. Subf. Monimioideae，花雌雄异株；花被萼片状(在 *Peumus* 花瓣状)；花丝有附属物（除 *Palmeria*）；花药裂缝开裂；珠孔向上；核果；假果球形，成熟时开裂。包括 3 族。

族 1. Tribe Palmerieae，藤本；花被萼片状；花丝没有附属物；假果不规则开裂。

30.*Palmeria* F. Muell. 14 种；主要产于新几内亚，1 种向西到印度尼西亚苏拉威西，3 种或更多到澳大利亚东部。

族 2. Tribe Monimieae 乔本或灌木；花被萼片状；花药具 2 孢子囊。

31.*Monimia* Thouars 3 种；毛里求斯和留尼汪的马斯卡林群岛（印度洋）分布。

族 3. Tribe Peumeae，乔木；内花被片花瓣状；花丝有附属物；核果环状花托开裂。

32.*Peumus* Molina 1 种；产于智利。

位置未定属：

33.*Lauterbachia* Perkins 1 种；巴布亚新几内亚特有。

34.*Macrotrus* Perkins 1 种；巴西特有。

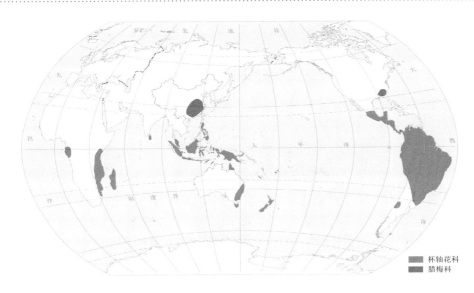

图10.7.5 杯轴花科Monimiaceae和腊梅科Calycanthaceae地理分布

奇子树科 Idiospermaceae（图 10.8.1，图 10.3.2）

一个单型科。在现代系统中，Dahlgren（1983）和 Thorne（1983）将本科放在蜡梅科 Calycanthaceae。但是它含黄酮类生物碱，以及形态学和解剖学性状与蜡梅科不同，Cronquist（1981）和 Takhtajan（1997, 2009）将它独立成科，我们赞同这种看法。

常绿乔木。至少叶的薄壁组织有油细胞；幼茎的中柱鞘或树皮有 4 个倒垂的维管束；木质部外生；导管分子具梯纹穿孔板；木射线异形，1~2（~3）个细胞宽，环管和傍管。单叶隙节具叶迹。叶对生，单叶、全缘，羽状脉，气孔平列型；无托叶。花相当大，单生或 3 朵在一个具苞片的腋生总梗上；强烈的周位，具柄状花托，花被片 30~40 枚，稍花瓣状，暗紫色，螺旋状排列，外面的花被片最大，向内逐渐小而宿存；雄蕊 13~15 枚，生在花托（hypanthium）的边上，内折（inflexed），花丝和花药分界不明显，表面看呈狭三角形，具 4 孢子囊，2 孢子囊埋在基部的外面，药隔十分突出，反折；退化雄蕊 8~10，肉质增厚，在花托的里面。花粉粒小，球状至扁球形，光滑，具厚顶膜，2 槽。雌蕊具 1 或 2（3）近无柄的心皮，冠以偏斜的柱头。胚珠 1 枚（稀 2 枚），基生，倒生，双珠被。果实单生，包闭在花托中；种子有毒，种皮膜质；胚充满种子，球形，子叶 3~4，块状（massive），肉质，径达 6.5cm（宽），重达 100g，无胚乳。单倍体数 $n = 22$。

从奇子树科的特征看其更近于南半球分布的杯轴花科 Monimiaceae 的进化类群，而与古北大陆起源的蜡梅科 Calycanthaceae 似有本质的区别。子叶肥厚只显示其并系平行发展的趋向。因此，我们（Wu et al., 2002）将该科放在杯轴花目 Monimiales，视为是从杯轴花科 Monimiaceae 进化的盲枝。

本科 1 属奇子树属 *Idiospermum* S. T. Blake 1 种；奇子树（*I. australiense*）自然生长在澳大利亚东北部的热带雨林。

图10.8.1 奇子树科形态结构

① 奇子树（*Idiospermum australiense*）大树，② 枝叶，③ 花，④ 花枝，⑤ 大部分花被片脱落后花的侧面观，⑥ 花纵切，⑦ 雄蕊，⑧ 胚萌发

第 6 目 蜡梅目 Calycanthales

蜡梅科 Calycanthaceae（图 10.9.1，图 10.9.2，图 10.7.5）

一个东亚至北美间断分布的古老科。Bentham 和 Hooker f. 将本科放在多瓣类 Polypetalae 托花超目 Thalamiflorae 毛茛目 Ranales；Engler 的子系统 Dalla Torre 和 Harms 将它放在古生花被亚纲 Archichlamydeae 毛茛目木兰亚目 Magnoliineae；Melchior 将它放在木兰目 Magnoliales 樟亚目 Laurineae；现在通常归入樟目 Laurales；Cronquist 和 Kubitzki 将它归入木兰目 Magnoliales；Takhtajan（1997）采用蜡梅目 Calycanthales，包含蜡梅科和奇子树科 Idiospermaceae；只有 Hutchinson（1973）将它置于蔷薇目 Rosales，因为它具周位花托，雄蕊不定数而着生于花托边缘，每心皮 1 或 2 枚胚珠，其中 1 枚退化，无胚乳，胚的子叶大。另外，叶具油细胞，每心皮 1（~2）胚珠和种子无胚乳显示与樟科有亲缘关系；但以单花或几朵花顶生（或腋生），花部螺旋状着生、无定数（在花托外部至口部），以及花药纵缝开裂、药隔伸长，有 2 退化胚珠痕迹等特征，显示它处于木兰目和蔷薇目的联络线上；加之，叶对生、全缘和有油细胞等仍保留它在木兰目较进化的位置。我们（Wu et al., 2002）将它放在樟目之后，成立单科的蜡梅亚纲 Calycanthidae。分子系统学仍将它放在樟目（APG, 2003, 2009）。

常绿或落叶灌木或乔木。树皮有芳香气，薄壁组织有油细胞。木质部导管普遍是单穿孔板，傍管或离管薄壁组织，单列或多列射线，纤维管胞有小纹孔；筛管分子质体包含有蛋白丝和蛋白晶体，相似于樟类的科（Behnke, 1988）。节间为单叶隙 2 叶迹。单叶对生、全缘；无托叶；气孔平列型。花单生或几朵花组成顶生花序，两性，周位，花托杯状或坛状；花各部分呈连续的螺旋状排列，15~40 枚花瓣状花被着生于花托；雄蕊 5~30 枚插生在花托的边缘，花丝短或缺如；花粉囊 2，离轴生，外向，纵向开裂，药隔伸出，退化雄蕊多数，着生于花托内面；小孢子四分体四面体形或等面形（tetrahedral 或 isobilateral）。花粉粒平滑，2 沟，外壁柱状并有覆盖层和基层。雌蕊有 1 至少数或多数分离心皮；每心皮单胚珠或有时具另 1 败育胚珠；蓼型胚囊；胚珠倒生，双珠被、厚珠心。果实不开裂，包藏在花托中。种子含蜡梅生物碱 Calycanthus alkaloid，有毒。子叶 2~4，块状，螺旋状卷曲。单倍体数 $n = 11$。

吴征镒等（2003）认为：蜡梅科无疑是在第一次泛古大陆，起源于当时泛古大陆邻近泛大洋的东部，在北太平洋扩张早期，华夏古陆和北美古陆都有它的踪迹，而当时的古南大陆东部也有同樟科平行发展的杯轴花科 Monimiaceae 以及和本科较相似而单独发展的奇子树科 Idiospermaceae 存在。但这些彼此相近的类群，在以后的发展史上，尤其在东亚这块古沃土上保留的较多并略有发展。

该科在北美发现了两种结构相似的花化石，一种为 Virginianthus calycanthoides，采自美国弗吉尼亚州早白垩世（早中阿尔布期）；另一种为 Jerseyanthus calycanthoides，采自美国新泽西州晚白垩世土仑期。另外从德国中中新世报道了 Calycanthus 的果化石，现在该属仅分布于美国。欧洲已没有蜡梅科的分布。

本科 3 属 9 种。

1. 美国蜡梅属 Calycanthus L. 2 种；1 种在北美东部，1 种在北美西部。

2. 夏蜡梅属 Sinocalycanthus W. C. Cheng et S. Y. Chang 1 种，夏蜡梅 S. chinensis；中国浙江特有。

3. 蜡梅属 Chimonanthus Lindl. 6 种；分布于中国东部到南部。

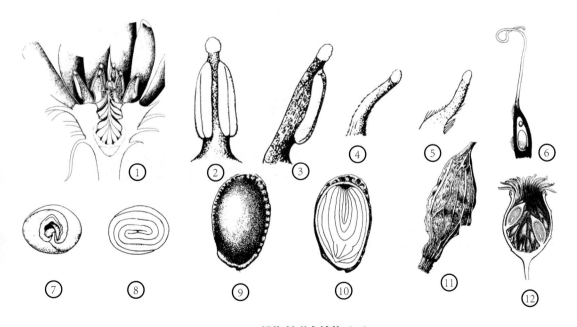

图10.9.1 蜡梅科形态结构（1）

① 美国蜡梅（Calycanthus floridus）花纵切，② 和 ③ 雄蕊，④ 和 ⑤ 退化雄蕊，⑥ 雌蕊部分纵切，⑦ 胚顶端观，⑧ 胚横切，⑨ 瘦果，⑩ 瘦果纵切，⑪ 隐头子实体；⑫C. occidentalis 果纵切

图10.9.2 蜡梅科形态结构（2）

① 夏蜡梅（*Sinocalycanthus chinensis*）植株，② 花，③ 果；④ 美国蜡梅（*C. floridus*）花；⑤ 山蜡梅（*Chimonanthus nitens*）花；⑥ 蜡梅（*C. praecox*）果，⑦ 花粉

第十一章　木兰纲 Magnoliopsida

第 1 目 独蕊草目 Hydatellales

独蕊草科 Hydatellaceae（图 11.1.1，图 11.1.2）

一个分布于澳大利亚、新西兰和印度的水生植物小科。早期 Engler 的子系统 Dalla Torre 和 Harms（1900~1907）、Melchior（1964）将本科归入刺鳞草科 Centrolepidaceae；Hamann（1976）将它单立一科，为单子叶植物的一个新科，并发表于 *New Zealand Journal of Botany*（14: 193-196）；Thorne（1983）未能确定其系统位置；G. Dahlgren（1995）将它放在鸭跖草超目 Commeliniflorae 独蕊草目 Hydatellales；Takhtajan 将它放在独蕊草超目 Hydatellanae 独蕊草目；Cronquist 将它放在鸭跖草亚纲 Commelinidae 独蕊草目。现代大多数分子系统发育分析都将无油樟科 Amborellaceae 和睡莲目 Nymphaeales 作为其他被子植物连续的姐妹祖传系。APG 系统（2009）的睡莲目包括 3 个水生或半水生科：独蕊草科、睡莲科 Nymphaeaceae 和竹节水松科 Cabombaceae。

分子系统学利用 17 个质体蛋白质编码位点（17 plastid protein-coding loci）和 6 个相联系的非编码区（six associated noncoding regions）的研究结果显示独蕊草科为睡莲目 Nymphaeales 的姐妹群，从而成为被子植物最基部的成员之一。因此，它不属于禾本目（Poales）及单子叶植物（Saarela et al., 2007）。

小型一年生或多年生草本，短期生于淡水沼泽，该科两属。*Trithuria* 为多年生草本，偶有根状茎出现，其上具多细胞毛。叶聚生在基部，薄而丝状，缺少明显的叶鞘。每株植物体仅有几个秆（葶）。气孔无规则型，缺少副卫细胞。茎、叶无毛。根状茎和秆的导管具梯纹穿孔板，叶的维管束只具管胞。由于该植物体的特殊性（前面已述，如图 11.1.1 所示），它们的花微小、单性、裸露（指没有花被片）。雄花仅具单个雄蕊，雌花具一枚带短柄的雌蕊；花序（有生殖单元之称）生在秆（葶）的顶端。雄花丝状线形，花药基着，有 4 孢子囊；花粉粒具槽，2 细胞；雌花（即雌蕊）单室，单心皮（*Trithuria* 可能是 3 心皮），呈胞果状（utricle-like），具 1 枚顶生、下垂、倒生、弯生胚珠，珠孔倒转向上，子房冠以柱头毛，每根毛由数个细胞排成一列。胚珠双珠被、薄珠心。胚囊形成似乎不存在反足细胞（大概在早期阶段败育？），胚乳形成为明显的细胞型。果实小，具膜质果皮，2 或 3 瓣开裂（如 *Trithuria*），可视为具 2 或 3 心皮性质，而独蕊草属（*Hydatella*）果实不开裂，种皮的表皮细胞增大，外壁变硬，内胚乳由数个不含淀粉的细胞组成，种子成熟时仅残留在种子顶端，由珠心组织发育的外胚乳极丰富；胚圆形，微小。

关于本科花的形态学解释，正如上面指出，雄花即雄蕊，雌花即具极短柄的雌蕊，它们的花序或称生殖单元（reproductive unit），顶生于短秆，具 2~4~6 苞片。当雄、雌花生于同一花序，即两性花序（或称两性生殖单元）。两性花序在 *Trithuria* 中居多。雄花、雌花生于不同花序时称单性花序（或称单性生殖单元），这类花序在独蕊草属中居多。独蕊草科的系统位置从原来的单子叶植物中较进步的科，修正为被子植物的最基部成员，这是分子系统学研究的重要贡献。我们推测，该科植物十分简单的生殖器官结构是一种祖先状态而不是简化的结果。随着研究的深入，也将会改变传统的花起源假说。

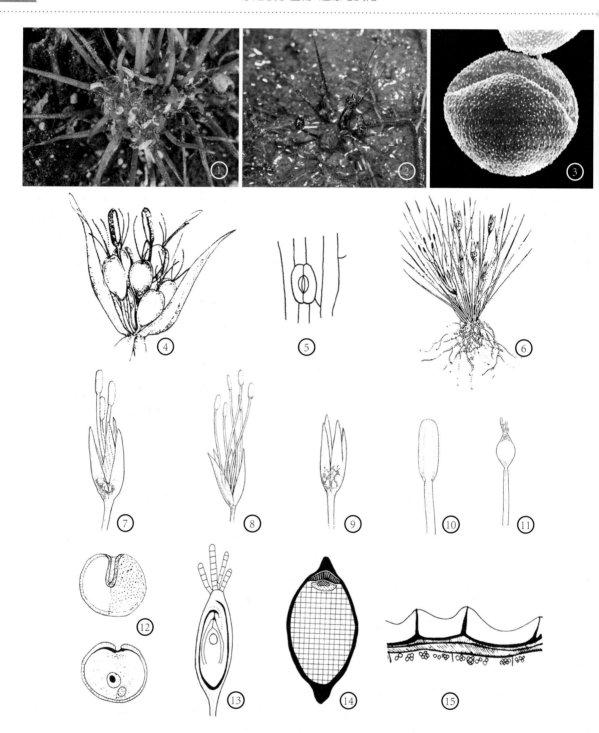

图11.1.1 独蕊草科形态结构

①*Trithuria lanterna* 植株；②*T. submersa* 植株；③*T. macranthera* 具槽花粉，具微刺状雕纹，×3700；④*T. submersa* 头状两性花，⑤气孔，⑥独蕊草（*Hydatella inconspicua*）具雄、雌花序的植株，⑦两性花序，⑧雄花序，⑨雌花序，⑩雄蕊（＝雄花），⑪雌花柱头具单列毛，⑫花粉粒不同面观（可能在2细胞阶段释放），⑬子房纵切，⑭种子纵切，其内方格的大部分被外胚乳填充，具点部分示内胚乳，内胚乳内的交叉线示胚，⑮种子壁结构

独蕊草科有2属,由Sokoloff等(2008)合并,属名用 *Trithuria*,约9种;间断分布在澳大利亚、塔斯马尼亚、新西兰和印度。

1. *Hydatella* Diels 5种;4种分布于澳大利亚,新西兰1种。

2. *Trithuria* Hook. f. 4种;3种分布于澳大利亚,印度1种。

独蕊草科
竹节水松科

图11.1.2 独蕊草科Hydatellaceae和竹节水松科Cabombaceae地理分布

第2目 睡莲目 Nymphaeales

莼菜科 Hydropeltidaceae(图 11.2.1,图 11.2.2)

一个单型水生植物科。在现代系统中,Takhtajan(1997)将本科和竹节水松科 Cabombaceae 处理为一个目,即作为莼菜目 Hydropeltidales 的成员,并同睡莲目 Nymphaeales 一起组成睡莲超目 Nymphaeanae。分子系统学的结果将本科和竹节水松科包括在睡莲科 Nymphaeaceae;Judd 等(2002)将它们作为睡莲科的一个亚科:竹节水松亚科 Cabomboideae。

根状茎水平生;向上枝条(shoot)生叶;漂浮叶卵形至椭圆形。叶 6~12cm 长,4~6cm 宽,上面绿色,下面紫色;上表皮由柱状细胞组成,约占叶片厚度的 1/3;叶肉分化为 2~4 层栅栏组织和 1~2 层海绵组织;叶下面有许多黏腺毛,腺毛具 1 个大的顶端细胞和 2 个盘状的基细胞。花腋外生,暗紫色;花被片线状披针形;萼片 3 或 4,约 10mm 长;花瓣 3 或 4,约 15mm 长,在开花时反折;雄蕊群有 18~36 枚雄蕊;雄蕊花丝丝状,花药侧向开裂;小孢子母细胞发生为同时型;雌蕊群有 4~18 枚分离心皮,每心皮具 1 短花柱和丝状、多乳突的柱头。果为瘦果状。种子 1~2 个,子房壁破裂后释放。单倍体数 $n = 40$。

莼菜属 *Brasenia* Schreb. 1 种,莼菜 *B. schreberi*;广布于新、旧世界的温带和热带的一个洲际间断分布种。新世界仅北美和中美分布,显然是泛古大陆起源,但从其东部即古北大陆到古南大陆东部开始。在欧洲于第四纪冰川期绝灭;南美则于第二次泛古大陆非-美古洲分裂、南大西洋扩张时,并未从西非散布到南美(吴征镒等,2003)。

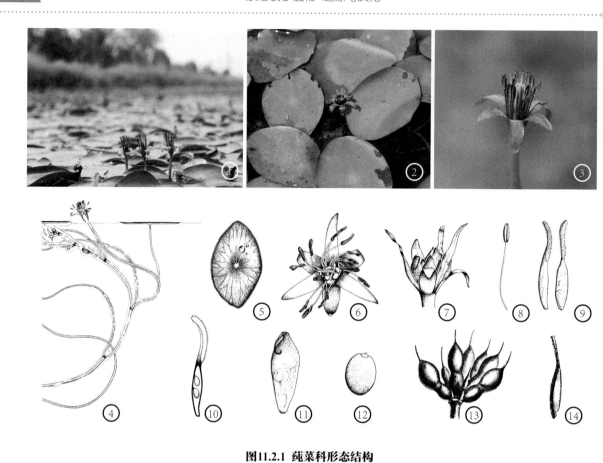

图11.2.1 莼菜科形态结构

① 莼菜（*Brasenia schreberi*）生境，② 植株，③ 花，④ 沉水植株，⑤ 出水叶上面观，⑥ 花上面观，⑦ 瘦果被宿存花被片包围，⑧ 雄蕊，⑨ 心皮不同面观，⑩ 心皮部分纵剖露出子房，⑪ 果，⑫ 种子；⑬*B. purpurea* 果序列，⑭ 瘦果

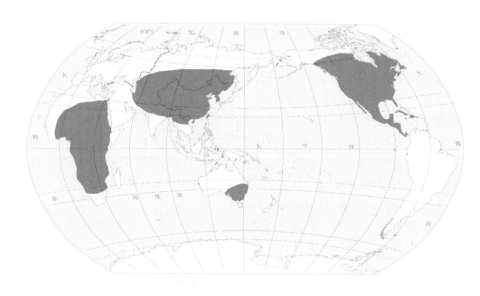

图11.2.2 莼菜科Hydropeltidaceae地理分布

竹节水松科 Cabombaceae（图 11.3.1，图 11.1.2）

在现代系统中，Takhtajan（1997）将本科和莼菜科 Hydropeltidaceae 共同处理为莼菜目 Hydropeltidales 的成员。分子系统学的结果仍然将本科和莼菜科作为睡莲科的成员；Judd 等（2002）将它们放在睡莲科的一个亚科：竹节水松亚科 Cabomboideae。

一群水生多年生草本。根状茎细长、分枝，根着生在节上。植株有浮水部分和沉水部分，沉水部分有凝胶状的鞘覆盖。茎、叶柄和花梗有 1~4 条维管束。漂浮叶在开花期产生，狭而渐尖或狭而分叉，呈戟形或者广椭圆形，其上表面由多角细胞组成，气孔为无规则型，叶肉不太分化，栅栏组织区由一层稍柱状细胞组成；沉水叶的每个裂片接近脉的末端位置有 1~3 个气孔，它们可能行使吐水功能。花直径约 2cm，腋生或腋外生（即着生于轴的侧面）；典型的花被为 3 数（*Cabomba schwartzii* 为 2 数），卵形或倒卵形、白色，花瓣不同于萼片在于近轴基部有 2 个黄色的腺体、边缘紫色；雄蕊群由 3 或 6 枚雄蕊组成，花丝丝状，花药外向开裂。花粉粒椭圆形，无沟孔，外壁有条状纹饰；雌蕊群由 1~4，偶尔 7 枚心皮组成，分离而在基部合生，柱头顶生在有乳突的短花柱上，每心皮有 2~3 胚珠；胚珠倒生、双珠被、厚珠心，胚囊发育为蓼型。果实蓇葖状，沿背脉的一边壁开裂。种子至少 2.25mm 长和 2mm 宽，种皮由不规则的指状细胞（digitate cell）组成。种子外胚乳丰富，内胚乳很少，胚由一个吸气的胚囊管和一个小子叶组成。染色体数 $2n = 24, 96$。单属科。

竹节水松属 *Cabomba* 5 种。4 种分布于墨西哥、西印度群岛、中美各国经巴拿马和圭亚那高地直至南美大部分热带；1 种在美国东部、东南部和南部并和巴西南部、巴拉圭、乌拉圭和阿根廷北部间断分布，该种或近于新世界南北半球亚热带（白垩纪-第三纪古热带）祖型，可能间断分布于东亚东部（中华江苏），而与旧世界分布为主的莼菜科相对应，但本科进一步分化则肯定分布于第二次泛古大陆分裂时的马德雷和新热带区系中，尽管它还多少带有从金鱼藻科承传下来的古遗特征（吴征镒等，2003）。

图11.3.1　竹节水松科形态结构

①竹节水松（*Cabomba furcata*）生境，②花，③子房，④水下繁衍幼株；⑤*C. haynesii* 花；⑥竹节水松萼片（左）和花瓣（右），⑦种子；⑧*C. aquatic* 花，⑨雄蕊，⑩心皮部分纵剖，露出 3 个下垂种子

睡莲科 Nymphaeaceae（图 11.4.1~ 图 11.4.3 ）

一群水生植物。广义的睡莲科包括莼菜科 Hydropeltidaceae、竹节水松科 Cabombaceae、睡莲科 Nymphaeaceae（狭义）和芡科 Euryalaceae。我们的系统（Wu et al., 2002）将它处理为一个目：睡莲目 Nymphaeales，包括 4 科，并作为一个独立亚纲，即睡莲亚纲 Nymphaeidae。Bentham 和 Hooker f. 取最广义的睡莲科，除上面的类群外，还包括了莲科 Nelumbonaceae，置于广义毛茛目 Ranunculales 中，属多瓣类 Polypetalae 托花超目 Thalamiflorae。Engler 各子系统科的范畴和概念相同，将其归入古生花被亚纲 Archichlamydeae 毛茛目睡莲亚目 Nymphaeineae。Takhtajan 先是将此科作为独立目，归入木兰亚纲 Magnoliidae 睡莲超目 Nymphaeanae，后来将其提升为新亚纲，即睡莲亚纲（1997），该亚纲还包括金鱼藻超目 Ceratophyllanae，含金鱼藻科 Ceratophyllaceae。Dahlgren（1983）的系统中该科属睡莲超目，该超目除睡莲目外还包括胡椒目 Piperales，睡莲目包括竹节水松科、金鱼藻科 Ceratophyllaceae 和睡莲科。Thorne（1983, 1992）将其作为睡莲超目 Nymphaeiflorae 睡莲目，包括竹节水松科和睡莲科。

长期以来，睡莲科被作为被子植物的推测的古老祖传系的代表之一。有些研究提出睡莲科可能同单子叶植物有密切联系，甚至提出单子叶植物可能是从睡莲科或现在已绝灭的睡莲科型植物来的（Cronquist, 1968; Takhtajan, 1969）。形态学性状的分支分析（Donoghue and Doyle, 1989）和分子资料的分析表明该科可能是现存被子植物最基部祖传系的类群之一。近年来的分子系统学研究结果将睡莲科作为最基部被子植物 ANITA 的成员（Qiu et al., 1999）。Friis 等（2011）提供了睡莲科最早的明确的化石证据，化石可追溯到早白垩世（125 百万年 ~115 百万年前），并且是包含雄蕊、心皮的最早的化石集群。

狭义睡莲科包括萍蓬草属 *Nuphar*、睡莲属 *Nymphaea*、*Barclaya*（= *Hydrostemma*）和 *Ondinea* 4 个属。无茎多年生或一年生草本，有水平或垂直的根状茎，不分枝的具节乳汁管普遍分布在基本组织并通常同维管组织相联系；管胞伸长，有螺旋状或环状加厚；仅根和根状茎有导管。叶直接从根状茎发出，单叶互生，有长柄，浮水、沉水和 / 或出水。花大，单生在长梗上，腋生或腋外生，辐射对称，虫媒；花被通常显著，分化成萼片和花瓣；萼片 4~6（~14）枚；花瓣 4~70 枚，大小向心减小，分离或联合（*Barclaya*），有时缺如（*Ondinea*）。雄蕊多数，螺旋状排列，大多数片状和有 3 脉，伸长的小孢子囊通常生在片状雄蕊的近轴面，很少分化为花丝和花药，有时在内面或外面有退化雄蕊；花药壁绒毡层腺质，小孢子分裂同时型；花粉粒 3 细胞或 2 细胞（*Barclaya*），1 槽、环槽或无萌发孔，具颗粒状外壁，单分体。雌蕊具（3~）5~35 枚折迭状心皮，部分融合成合心皮，围绕中心突出的花轴；子房上位到下位，多室，有多数胚珠。胚珠倒生或直生（*Barclaya*），双珠被、厚珠心，有合点基足；胚囊发育为蓼型或月见草型（Oenothera-type）；胚乳细胞型或沼生型（睡莲属的一些种）。果实为骨质的浆果，常常在水下发育，由于有数目多的种子在室中膨胀而增大，果实在背面的心皮壁破裂。种子小，有盖，多数有假种皮（除 *Nuphar* 和 *Barclaya*），种皮主要由外珠被形成；胚小，有厚的半球状子叶，无内胚乳，外胚乳丰富、淀粉质。单倍体数 n=17, 18。

广义的睡莲科植物化石记录在新生代广泛。在白垩纪也有一些发现，如在葡萄牙早白垩世晚阿布特 – 阿尔布期发现的一个碳化的花，清楚地具有睡莲类的特征（Friis et al., 2011）。在巴西 Crato 地层早白垩世晚阿布特 – 阿尔布期，根据根、叶和繁殖器官化石描述的种 *Pluricarpellatia peltata* 比较接近睡莲科 Cabombaceae。最近 Coiffard 等（2013）在该地层又发现

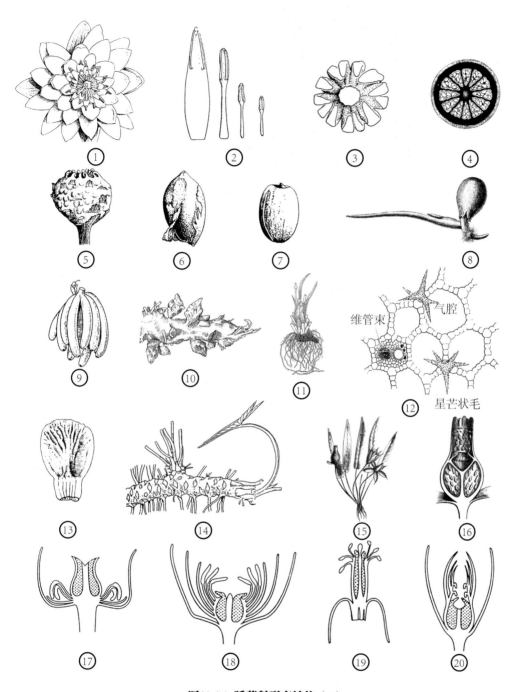

维管束　气腔　星芒状毛

图11.4.1 睡莲科形态结构（1）

①*Nymphaea odorata* 花，②4 枚雄蕊从大到小的变化（最大的在最外面），③ 雌蕊上面观，显示辐射状远轴离生的内弯柱头，④ 子房横切，⑤ 果，⑥ 具假种皮的种子，⑦ 种子；⑧*N. gracilis* 种子萌发；⑨ 墨西哥睡莲（*N. mexicana*）香蕉状块根；⑩ 白睡莲（*N. alba*）块根；⑪*N. tuberosa* 根；⑫ 萍蓬草（*Nuphar advena*）叶柄横切；⑬ 欧亚萍蓬草 (*N. luteum*) 花瓣上储蜜器，⑭ 老根状茎，其上有侧根、叶痕（两段尖）和花序梗痕（圆形），真正的根藏于 3 群丛中；⑮*Barclaya longifolia* 植株，⑯ 花纵切；睡莲科属间心皮结构的比较（勾圈具点部分示心皮）：⑰ 萍蓬草属，⑱ 睡莲属，⑲*Ondinea*，⑳*Barclaya*

图11.4.2 睡莲科形态结构（2）

① 白睡莲（*Nymphaea alba*）生境；② 睡莲（*N. tetragona*）花粉；③ 欧亚萍蓬草（*Nuphar luteum*）生境，
④ 花

了较完整的营养体化石，定名为睡莲科的新属种 *Jaguariba wiersemana*。最早的花粉化石出现在
加拿大和美国晚白垩世马斯特里赫特期。种子化石则在以色列晚白垩世有报道。Friis 等（2011）
认为睡莲类早在白垩纪已经建立，但大多数现代属直到新生代才分化，根据其特征性的种子，
该类的化石种在新生代比现在更分化，分布更广泛。

本科 4 属，2 属以北半球分布为主，2 属分布于印度、马来西亚到澳大利亚西部。

1. 萍蓬草属 *Nuphar* Smith 7~25 种；北半球温带地区分布。该属在北美和欧洲有一个多型种 *N. luteum*，包括 9 个亚种。

2. 睡莲属 *Nymphaea* L. 约 50 种；世界广布。

3. *Ondinea* Hartog 1 种，*O. purpurea*；西澳大利亚特有。

4. *Barclaya* Wall. 4 种；分布于印度、马来西亚、泰国、缅甸阴暗的森林中；3 种生在溪流中，1 种 *B. rotundifolia* 在沼泽地并生有气生叶。

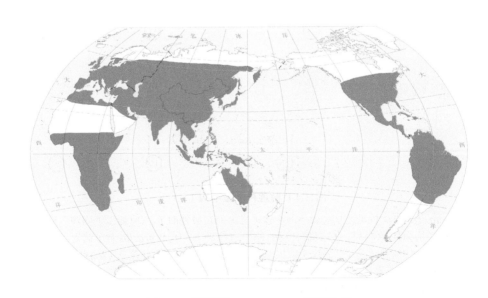

图11.4.3 睡莲科Nymphaeaceae地理分布

芡科 Euryalaceae（图 11.5.1，图 11.5.2）

在现代的系统中，本科常作为睡莲科 Nymphaeaceae 的成员。Takhtajan（1997）将它作为睡莲科的一个亚科：芡亚科 Euryaloideae，以叶脉、叶柄、萼片和花瓣有皮刺，花粉粒为四分孢子型，区别于睡莲亚科 Nymphaeoideae 叶脉、叶柄、萼片、花瓣无皮刺，花粉粒为单孢子型。

一年生或多年生水生草本，叶漂浮生，盾状，有长叶柄，叶片圆形，径达 1.5~2m（王莲属 *Victoria*）或 30~200cm（芡属 *Euryale*）；叶边缘向上翻转（王莲属）或不向上翻转（芡属），下面有显著的有皮刺网状肋（王莲属）或辐射状呈薄壁组织的肋（芡属）。上位花（子房下位），白色、粉红色（王莲属）或紫色（芡属）；萼片 4 枚；花瓣 50~70 枚（王莲属）或 20~35 枚（芡属）；雄蕊 150~200 枚（王莲属）或 78~92 枚（芡属），内向开裂；心皮 30~40 枚（王莲属）或 8~16 枚（芡属），合生，柱头杯状。果实有皮刺。种子多数，有假种皮。

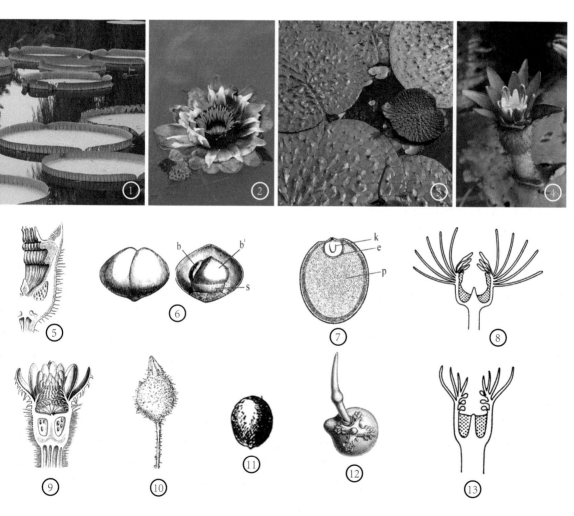

图11.5.1 芡科形态结构

① 克鲁兹王莲（*Victoria cruziana*）生境；② 王莲（*V. amazonica*）花；③ 芡实（*Euryale ferox*）生境，④ 花；⑤ *V. regia* 花（1/4 纵切），⑥ 实生苗的 2 枚子叶（左）及子叶脱落后（右）见到幼茎（*s*）、第一原始叶（*b*）和第二叶（*b1*），⑦ 种子纵切，见到胚（*k*）、胚乳（*e*）、外胚乳（*p*），⑧ 花纵切（勾圈的具点部分示心皮）；⑨ 芡实花纵切，⑩ 果，⑪ 种子，⑫ 种子萌发，⑬ 花纵切（勾圈的具点部分示心皮）

本科 2 属。

1. 王莲属 *Victoria* Lindley 2 种；分布于
热带南美洲，主要圭亚那到阿根廷。

2. 芡属 *Euryale* Salisbury 1 种；从印度
北部向东分布到日本。

图11.5.2 芡科Euryalaceae地理分布

第 3 目 木兰藤目 Austrobaileyales

木兰藤科 Austrobaileyaceae（图 11.6.1，图 11.7.2）

一个单型科。在现代系统中，它都处在近于原始的位置。Dahlgren（1983）和 Thorne（1983）将它放在番荔枝目 Annonales；Takhtajan（1997）和 Wu 等（2002）将它单立一目即木兰藤目 Austrobaileyales；Cronquist（1981）将它放在木兰目 Magnoliales；Bailey 和 Swamy（1949）主要根据营养器官解剖学性状认为该科应放在樟目 Laurales 基部，依据花、果和种子结构特征明显支持它既同番荔枝科 Annonaceae 有亲缘关系，又同帽花木科 Eupomatiaceae、瓣蕊花科 Himantandraceae、单心木兰科 Degeneriaceae 有亲缘关系。但是，该科的位置是相对孤立的。现代分子系统学研究，将它作为被子植物最基部 ANITA 的成员之一（Qiu et al., 1999; APG, 2003 2009）。

大型木质藤本。曾记载在被子植物中，木兰藤属 *Austrobaileya* 是唯一韧皮部没有筛管只有筛细胞的植物，这是裸子植物普遍的特征（Bailey and Swamy, 1949）；后来研究表明，它仍具有被子植物的筛管特征，质体类型为 P 型，由于染色质溶解核消失而由单胞间连丝筛孔发育。导管直径 30~200μm，全部具梯纹穿孔板，管间纹孔对生或互生，多列；木薄壁细胞为傍管薄壁细胞。节单叶隙 2 叶迹。托叶缺如。叶对生，单叶、全缘，叶片有厚而明显的条纹角质层，气孔平列型，叶肉有圆形的分泌异细胞（油细胞）和暗色的单宁细胞，羽状脉，二、三级脉相对是无序的。花多生于叶腋或稀生于枝条顶端，极稀 2~3 花在长枝的末端形成初始的花序。花俯垂两性，辐射对称，螺旋状排列，花被表现出一系列形态转化，从小的绿色苞片到大的淡黄色花瓣状花被片，没有苞片、萼片和花瓣的过渡。雄蕊 7~11，扁平，叶片状，向内渐变狭，向心发育，有4孢子囊，孢子囊生于片状的内面，纵缝开裂；退化雄蕊9~16，生于内面，雄蕊和退化雄蕊淡黄色，有暗褐色斑点。花药壁由1层表皮层、1层内层、2~5层不规则中层和1~2层绒毡层组成；小孢子形成为同时型，花粉粒2细胞时释放。花粉粒球形，有单槽（anasulcate），径30~35μm，外壁覆盖层有穿孔，有细皱状网纹，有小柱，内壁在沟孔边缘有不规则薄片（laminated），沟的边缘很明显；花粉明显地表现出原始性状的组合：单沟，覆盖层具穿孔、网状纹，有小柱（columellate）；这种花粉类型仅出现在金粟兰科 Chloranthaceae、肉豆蔻科 Myristicaceae、马兜铃科 Aristolochiaceae，这些特征同时也出现在早白垩世的棒纹粉属 Clavatipollenites 花粉。雌蕊有10~13心皮，心皮分离，极端瓶状，具有2裂的顶端，每心皮有（4~）6~8（~13）胚珠；胚珠下转倒生、双珠被、厚珠心，沿心皮的腹面排成2列，珠孔由双珠被形成，蓼型胚囊。果实为浆果，椭圆形或球形，长8cm，径4cm，有1.5~2cm的柄，内果皮黄色，多汁。种子双凸镜状，径3cm，合点端比珠孔端宽，有种脊；内种皮柔软，外种皮坚硬；经哺乳类和鸟类传播。染色体数 $2n = 44, 46$。

木兰藤属 Austrobaileya White 1 种，木兰藤 A. scandens；局限分布于澳大利亚昆士兰北部的几个山上，生长在海拔380~1100m 的热带雨林中。尚无化石记录的报道。

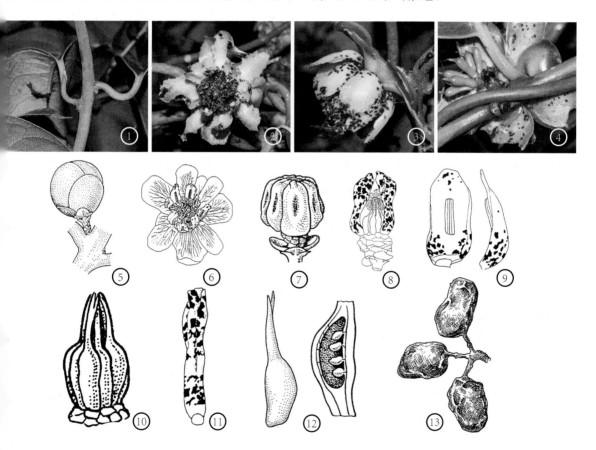

图11.6.1　木兰藤科形态结构

① 木兰藤（Austrobaileya scandens）部分植株，② 花前面观，③ 花侧面观，④ 枝条上幼果背面观，⑤ 花蕾，⑥ 花顶面观，⑦ 雄蕊群，⑧ 雄蕊腹面和侧面观，⑨ 雄蕊及退化雄蕊腹面观，⑩ 雌蕊群，⑪ 雌蕊顶端被黏液质帽遮盖，⑫ 心皮及其纵切，⑬ 果

第 4 目 八角目 Illiciales

八角科 Illiciaceae（图 11.7.1，图 11.7.2）

这个单属科早期作为木兰科的成员，属毛茛目 Ranales。Melchior（1964）赞成 Smith（1947）将它独立成科，作为木兰目 Magnoliales 的一个亚目：八角亚目 Illiciineae。Thorne 将它归于番荔枝目 Annonales（2007）。现代的系统（Dahlgren, 1983; Cronquist, 1981; Takhtajan, 1980a, 1997; Wu et al., 2002）都将它同五味子科 Schisandraceae 一起单立为八角目 Illiciales。近年来，分子系统学研究将它作为最基部的被子植物，成为 ANITA 的成员之一；APG 系统将它作为五味子科的一员，并同木兰藤科 Austrobaileyaceae、早落瓣科 Trimeniaceae 一起成立为木兰藤目 Austrobaileyales。

小乔木或灌木，有芳香气味。节单叶隙，具弧形的叶迹。茎节间部分的初生木质部排列成假管状中柱（pseudosiphonostele），次生木质部是相对一致的；导管长而细，直径 40~80μm，梯纹穿孔板多格条（bar），导管星散分布；木薄壁细胞稀疏、星散，有远轴傍管（abaxial paratracheal）；木射线异型，单列射线由直的细胞组成，在某些种有一些平卧细胞，在 *Illicium ridleyanum* 也观察到 2、3 或 4 列射线（Carquist, 1982）。韧皮部由长而细的筛管组成，有星散分布的伴细胞、韧皮薄壁细胞束和纺锤状细胞；筛管分子质体 S 型；球形的树脂或精油细胞出现在茎的皮层和髓中。叶互生，螺旋状排列成簇呈假轮生，单叶全缘；无托叶；气孔平列型。花单生、2~3 朵聚生，腋生、腋外生或近顶生。花两性，辐射对称；花托通常短锥状。花被片 12~30（稀 7~33）枚，分离，排成 1~3 列，最外面较小，苞片状，向内逐次增大，萼片状到花瓣状，最内面通常变小，有时过渡到雄蕊。雄蕊几枚到多（4~40 枚，稀达 50 枚），排列成一到数轮，向心发育；花药基着，有 4 小孢子囊，内侧向纵裂；药隔在顶端稍伸出；花丝圆柱形，通常稍扁平；花药内层有纤维状加厚，中层早消失，绒毡层腺质，小孢子发育为同时型，花粉粒在 2 细胞时释放，扁球形或近扁球形，多有网状纹饰，通常 3 槽。雌蕊由 5~21（多数 7~15）枚分离心皮组成，排成一轮，侧面扁平附着于花托，每个心皮分化出增大的子房、狭窄的花柱和伸长的鸡冠状柱头；每心皮有 1 枚倒生胚珠。胚珠着生于心皮近基部，双珠被、厚珠心，胚囊发育蓼型，胚乳细胞型。果实为近轮状排列的蓇葖果，每个蓇葖压扁状，基部较宽，向上变狭，沿腹缝线开裂，含 1 个侧扁的种子。种子椭圆形或圆形，种皮一般淡褐色、光滑，近基部有种脐；胚乳丰富，油质，胚小，直。单倍体数 $n = 13, 14$；Ehrendorfer 等推测可能是古四倍体和二倍体减化的结果。

基于形态(广义)和分子研究，现代一般将本科和五味子科 Schisandraceae 聚在一起为八角目。Takhtajan 认为其来源于木兰目，最可能同林仙科 Winteraceae 源于同一进化干，主张林仙科和八角目为姐妹群。Donoghue 和 Doyle（1989）依据它们的花粉外壁有网状纹饰，突起的网壁和柱状层，以及林仙科的花粉是从单沟衍生出的单孔，八角目则为 3（合）沟花粉，提示八角目是在单沟（衍生的）木兰类和 3 沟（衍生的）毛茛类之间的联络线上。此外，林仙科和八角目植物叶有石细胞，种子有外种皮，单倍体数 $n = 13$ 或 14；两者都有含芳香族化合物的油细胞，但缺苄基异喹啉生物碱，而常由新木脂素（neolignan）代替，表示它们有相似的生物遗传代谢途径（Gottlieb et al. 1989）。

八角科最早的化石记录是保存完好的种子，定名为 *Illiciospermum pusillum*，发现于哈萨克斯坦晚白垩世赛诺曼期和土仑期，该种子的特征表明同现存八角属相关联。花粉化石发现于晚白垩世马斯特里赫特期（Maestrichtian）和坎潘期（Campanian）。描述为 *Illicium avitum* 的星状果实发现于美国佛蒙特州早中新世。其化石分布点远比现代分布区偏北，推测八角科起源在白垩纪中期（林祁，1999）。从现在分布特征看，其起源地不排除在古北大陆西部，即欧－美古陆，而不是欧－亚古陆，这是因为该属两个亚属，北美均有分布，且分布区互不重叠，在较原始的八角亚属中北美组又较分布于东亚的八角组原始。无疑是劳亚古陆中南部的湿润山地，即东亚区（尤其中国横断山区至华东一带）不仅是本科的现代分布中心和分化中心，也是原始类群分布中心。

图11.7.1 八角科形态结构

① 红花八角（*Illicium dunnianum*）植株；② 八角（*I. verum*）花，③ 果枝；④ 大八角（*I. majus*）果；⑤ *I. floridanum* 花枝，⑥ 花上面观，⑦ 花被片和少量雄蕊脱落的花，⑧ 雌蕊，⑨ 心皮垂直切，见到角质内果皮（*a*）、角质外种皮（*b*）和胚乳（*c*），⑩ 成熟心皮横切，胚在种子末端的珠孔处，⑪ 雄蕊内向观（左）和外向观（右），⑫ 瓣状雄蕊，⑬ 完整果开裂，⑭ 种子，⑮ *I. arborescens* 花纵切

八角科 1 属，八角属 *Illicium* L.，分 2 亚属 34 种；间断分布于东亚和北美，其中亚洲东部和东南部 31 种，北美东南部 3 种，无洲际共有种。

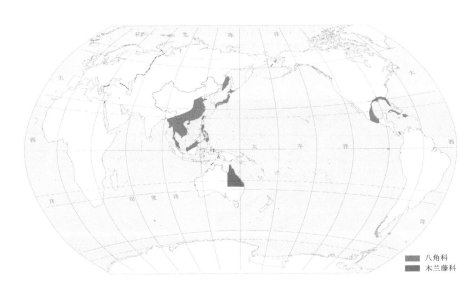

图11.7.2 八角科Illiciaceae和木兰藤科Austrobaileyaceae地理分布

五味子科 Schisandraceae（图 11.8.1~ 图 11.8.4）

一群木质藤本植物。本科是 1830 年由 Blume 建立的，但在 Bentham 和 Hooker f. 及 Engler 前期的子系统中均将它置于木兰科。Hutchinson 开始恢复其科级位置。Melchior（1964）随之将它归入木兰目 Magnoliales 八角亚目 Illiciineae。在以后通行的四大系统中均将它作为木兰亚纲成员，同八角科 Illiciaceae 一起单立为八角目 Illiciales。近来的分子系统学研究，亦将它作为最基部的被子植物，成为 ANITA 的一个成员，像八角科那样。APG 系统则将它同八角科、木兰藤科 Austrobaileyaceae 和早落瓣科 Trimeniaceae 一起成立为木兰藤目 Austrobaileyales（Judd et al. 2002）。

木质藤本，有芳香气味；一些热带种可攀缘至 20m 以上。幼茎的节具单叶隙 3 叶迹。初生木质部为真中柱（eustelic）或管状中柱；次生木质部比较原始，而 *Kadsura coccinea* 导管细，具梯纹穿孔板，星散排列，管胞壁厚，多列射线，木薄壁细胞稀疏、星散、离轴傍管；也有十分特化的类型，如 *Kadsura scandens* 导管直径大，有一个大环状或广椭圆状开口，管胞壁薄，多单列射线，木薄壁细胞丰富，有傍管。韧皮部有许多伸长的或纺锤状分子，厚壁组织分子线形或纤维状，筛管分子质体 S 型，有丰富的淀粉粒。髓部有球形油细胞、黏液细胞和含晶体的薄壁细胞。花单生、双生或有时成团散状，腋生或近顶生，单性、同株或异株，辐射对称；花托短锥状，通常高度变异。花被片 5~24 枚，排成一至几列，通常最外面的和最内面的较小。雄花有 4~80 枚雄蕊，雄蕊分离或以各种变异形式聚合在花托上，向心发育；花药有 4 孢子囊，2 纵缝开裂；花丝短，下面或全部融合。花药内壁纤维状加厚，中层 1~3 层早失，腺质绒毡层，小孢子母细胞分裂为同时型，花粉粒释放时有 2 细胞，通常有 6 槽，偶尔 3 槽，外壁相对厚、网状。雌花有 12~100（稀达 300）枚心皮，螺旋状排成多列，呈倒卵珠状、椭圆状或锥状到圆柱状；子房卵珠状或倒卵球状，花柱近钻形或锥形，有近盾状的（假）柱头。每心皮有 2~5，稀到 11 枚胚珠。胚珠倒生、双珠被、厚珠心，胚囊发育蓼型，胚乳细胞型。果实为浆果，聚合在增大的近球形或椭圆状的花托上（南五味子属 *Kadsura*）或在伸长的细圆柱状花托上（五味子属 *Schisandra*），每个浆果在五味子属有 2（有时 1 或 3）个种子或在南五味子属有 2~5（稀 1 或 6~11）个种子。种子近球形、椭圆形或肾形，种皮坚硬、平滑；胚小，包埋在丰富的油质内胚乳中。根据植物学各分支的证据，五味子科和八角科形成一个很紧密的类群，它们的共同特征为具 3 沟（槽）或其衍生类型的花粉，和具毛茛型的分泌细胞。两科的不同如习性、花的性别、花托的构造、心皮的排列、果的类型等，显示五味子科处于进化支的更高位置。Smith（1947）揭示二科是出自同一祖干上的衍生物，但向不同的方向特化而各自又保持了不同的原始特征。五味子科大多数种的分布规律极似八角科，即在东亚、东南亚，北可达中国东北和俄罗斯远东，西南达喜马拉雅，南达越南，间断分布于印度尼西亚的马鲁古群岛和爪哇（海拔 1000~2400m 山地，3 种），北美仅在美国东南部，显然南界在西半球较东半球偏北，且分布区偏小，仅分布有五味子属的 1 种。基于地理分布的分析，吴征镒等（2003）提出五味子科在（白垩纪 -）早第三纪以前已分化和扩散，其方向是随北太平洋扩张，由古北大陆东部的东北向西南扩散，随之分化，到南太平洋至印度洋扩张和喜马拉雅造山运动兴起时又就地活化，但已无更多进展，形成（白

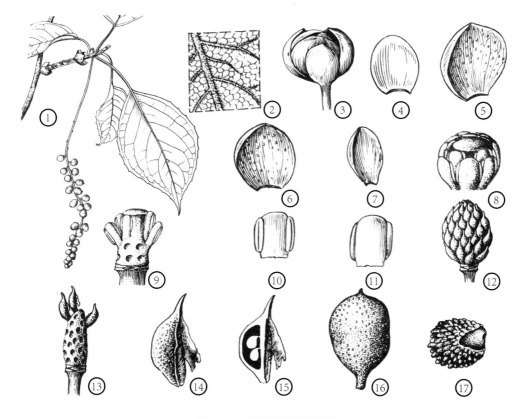

图11.8.1　五味子属形态结构

真五味子（*Schisandra henryi* var. *yunnanensis*）：① 果枝，② 部分叶背面，③ 花，④~⑦ 花被片，⑧ 雄蕊群，⑨ 部分雄蕊脱落存留疤痕，⑩ 和 ⑪ 雄蕊不同面观，⑫ 雌蕊群，⑬ 雌蕊脱落的螺旋状疤痕，⑭ 雌蕊，⑮ 雌蕊纵剖，⑯ 小浆果，⑰ 种子

图11.8.2　五味子科形态结构

① 五味子（*Schisandra chinensis*）花枝，② 花；③ 大花五味子（*S. grandiflora*）果枝；④ 黑老虎（*Kadsura coccinea*）果

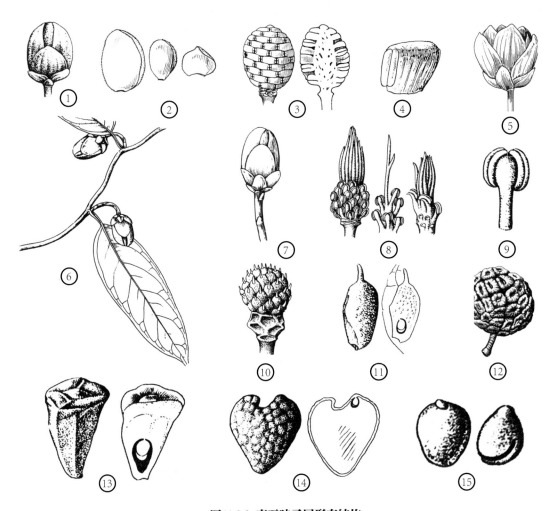

图11.8.3　南五味子属形态结构

① 毛南五味子（*Kadsura induta*）雄花，② 花被片 3 种，③ 雄蕊群及其纵切，④ 雄蕊，⑤ 雌花；⑥ 黑老虎（*K. coccinea*）花枝，⑦ 花，⑧ 雄蕊群及花托顶端的附属体，⑨ 雄蕊，⑩ 雌蕊群，⑪ 雌蕊及其纵切，⑫ 聚合果，⑬ 小浆果及其纵切，⑭ 种子及其纵切，⑮ 胚

垩纪－）早第三纪古热带的孑遗。

化石花粉是在美国加利福尼亚晚白垩世马斯特里赫特期发现的，花粉粒具6沟，可能同五味子科有关。五味子属的叶和种子化石在亚洲、欧洲和北美都有发现，最早在欧洲和北美始新世。南五味子属的叶化石是在欧洲晚新生代发现的。说明五味子科在第三纪的分布比现在广布，现代的间断分布是残遗的（Friis et al., 2011）。

五味子科2属47~50种。

1. 南五味子属 *Kadsura* Kaempf. ex Juss. 24种；分布于东亚和东南亚。

2. 五味子属 *Schisandra* Michx. 25种；

分布于东亚和东南亚，1种在美国东南部。

图11.8.4　五味子科Schisandraceae地理分布

第5目 金鱼藻目 Ceratophyllales

金鱼藻科 Ceratophyllaceae（图 11.9.1，图 11.9.2）

一个广布的水生植物科。Bischoff 曾建立了金鱼藻目 Ceratophyllales；Bentham 和 Hooker 将它列为异例目（Ordines anomali）；Engler 的早期系统将它作为毛茛目 Ranales 睡莲亚目 Nymphaeineae 的成员；Dahlgren（1983）和 Cronquist（1981）将它放在睡莲目；Thorne（1983）将它先放在莲目 Nelumbonales，之后承认该科作为目的分类等级；Chase 等（1993）根据对被子植物叶绿体 DNA rbcL 序列分析的结果，提出金鱼藻科是现存其他被子植物的姐妹群，处于最早分支的地位。这个结果被后来多基因序列分析所否定，它也就成为被子植物原始类群中系统位置未确定的科。后来，Endress 和 Doyle（2009）提出该科为单子叶植物或金粟兰科的姐妹群。APG（2009）将它作为真双子叶植物的姐妹群，但不确定。而 Soltis 等（2011）根据3个基因组17个基因的研究结果，确定它是单子叶植物的姐妹群而不是真双子叶植物的姐妹群。

水生多年生草本。茎折曲或脆弱，在水中游离或借助细的根茎固着在水下土中。皮层不太分化，但可能发育成裂生的通气组织，具内皮层；维管束柱本质上是原中柱，腔隙可以在木质

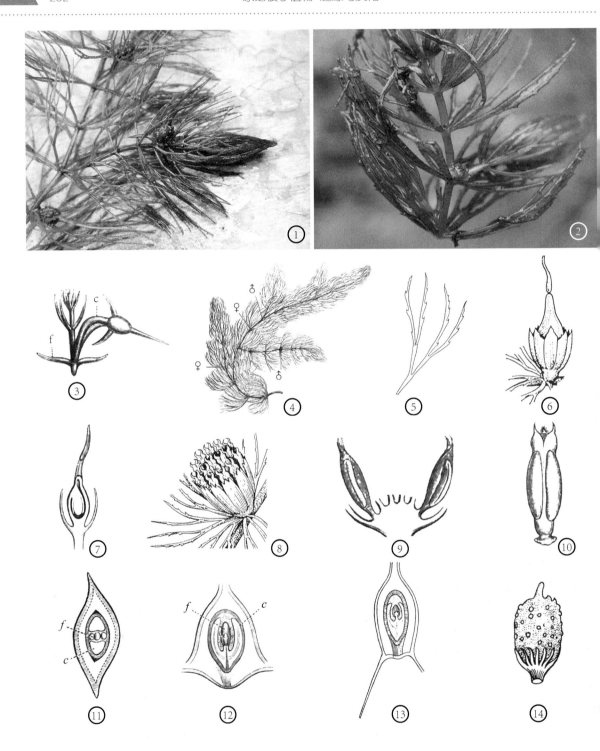

图11.9.1 金鱼藻科形态结构

① 东北金鱼藻（*Ceratophyllum muricatum* subsp. *kossinskyi*）果枝；② 五刺金鱼藻（*C. platyacanthum* subsp. *oryzetorum*）雄花枝；③*C. demersum* 种子萌发的果（*c* 子叶，*f* 子叶节下的一对交互对生叶，下同），④ 植株（♂ 雄花，♀雌花），⑤ 叶上的泡状突起，⑥ 雌花，⑦ 雌花纵切，⑧ 雄花，⑨ 雄花纵切，⑩ 单雄蕊，⑪ 果达高度一半位置横切，⑫ 果中间位置纵切，⑬ 种子纵切；⑭*C. submersum* 果

部中央发育，木质部不易区分细胞的类型，稍大的细胞是减化的导管，小的细胞是薄壁组织，并储存淀粉和单宁，木质部有叶绿体。韧皮部由筛管、伴胞和薄壁组织构成，筛管可能转变成气腔。叶在第一胚芽节上对生，其余为轮生；无托叶；叶柄不明显；叶片线形或分裂成线状丝形裂片，表皮不特化而具有薄角质层，叶角质层的质地和厚度是不同的。花雌雄同株；单生花来源于比较复杂的有限花序的减化，偶尔也能看到退化的花序；雄花和雌花常常生在不同的节上，常不生在同一节上；花腋外生而同叶互生；雌花常常生在苗的顶部，在雄花的上面；花由一轮叶状苞片包围，不可将它们混淆为萼片或花被片。花辐射对称，裸露；梗很短。雄花的雄蕊 3 到多数，螺旋状排列，向心发育，花丝短，花药 2 室、纵向开裂，药隔在顶部突出，常有 2 到多数小齿；花药药壁绒毡层腺质，细胞为单核，小孢子分裂为同时型或连续型；花粉粒球形、无萌发孔，外壁减化、无纹饰、内壁块状。雌花的雌蕊单心皮，子房上位，1 室，花柱单个顶生、柱状、宿存，顶端尖或 2 裂；胚珠单生、下垂、直生，单珠被、厚珠心，胚囊发育蓼型。果实为瘦果，1 个种子，有的种发现胚败育的单性果实（parthenocarpic fruit），果实大小和刺的特征是最经常利用的分类性状。染色体基数 $x = 12$。

  Les（1988）认为金鱼藻科的出现远在单子叶和双子叶二者分歧之前。他指出在金鱼藻属的 3 个组中，Sect. Submersum 为古北大陆分布型，Sect. Muricatum 为古南大陆分布型，而 Sect. Ceratophyllum 则为联合古陆（Pangaea）分布型。化石发现于早白垩世阿普特期（Aptian），距今 1.15 亿年（Dilcher, 1989），现存种的化石发现于 4500 万年前（Les, 1988）。具有这样长的历史可能是由于它们所处的淡水环境和喜水习性及生殖系统发生相互作用。而远距离传播则由于水鸟的体内传播（endozooic）。总之，它是属于古草本之列的活化石，是一个早期分化、改变不大的孤立类群，属于被子植物的原始类群，在八纲系统中，将它作为孑遗的古遗植物，提升为亚纲级：金鱼藻亚纲 Subc. Ceratophyllidae（Wu et al., 2002），放在睡莲亚纲之前。根据本科的分布，我们推测它是起源于联合古陆，分化中心显然偏于北半球，且在古北大陆东北部，即第一次泛古大陆北太平洋沟槽的附近（吴征镒等，2003）。

  本科 1 属，金鱼藻属 *Ceratophyllum* L.，6 种；全球广布。

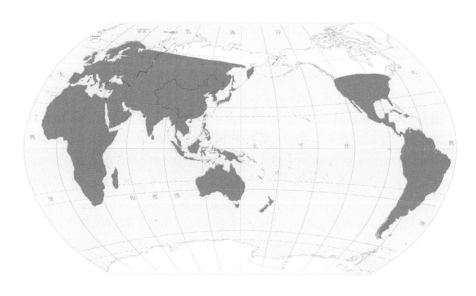

图11.9.2 金鱼藻科Ceratophyllaceae地理分布

第 6 目 木兰目 Magnoliales

木兰科 Magnoliaceae（图 11.10.1~ 图 11.10.3）

　　一直以来，木兰科被认为是现存被子植物中较原始甚至最原始的科。Bentham 和 Hooker f. 采取广义科，早期还包括了现代隶属于领春木科 Eupteleaceae、八角科 Illiciaceae、五味子科 Schisandraceae、水青树科 Tetracentraceae、昆栏树科 Trochodendraceae、林仙科 Winteraceae 的属。Engler 学派的系统采用较广义的科，也承认其原始性，置于无瓣类 Apetalae 的后面位置。后来，Takhtajan（1980）将它排在木兰目 Magnoliales 的第 5 科，而 1997 年则排在第 3 科，位于单心木兰科 Degeneriaceae 和瓣蕊花科 Himantandraceae 之后。Cronquist（1981）将它排在木兰目第 6 科，将林仙科排在第 1 科。Thorne（1992）将它排在第 4 科，而将林仙科、八角科 Illiciaceae、五味子科 Schisandraceae 排在它的前面。Dahlgren（1983）将它放在木兰超目 Magnoliiflorae 的第 12 科，而将番荔枝目 Annonales（包括番荔枝科 Annonaceae、肉豆蔻科 Myristicaceae、帽花木科 Eupomatiaceae、瓣蕊花科 Himantandraceae 和白樟科 Canellaceae）排在他的系统最前面。在以分子资料为主要证据的 APG 系统（2003）和 APG 系统（2009）中，木兰科放在木兰类 magnoliids 木兰目，而将白樟目 Canellales（包括白樟科和林仙科）、胡椒目和樟目（包括 Atherospermataceae、蜡梅科 Calycanthaceae、奎乐果科 Gomortegaceae、莲叶桐科 Hernandiaceae、樟科 Lauraceae、Monimiaceae 和 Siparunaceae 7 科）排在木兰目之前。

　　常绿或落叶乔木或灌木。木材解剖学性状在整个科是同型的。次生木质部表现出具十分发育的纤维基本组织；导管均匀地分布，直径 50~180μm；水平薄壁组织由非叠生射线组成，大多数 3 细胞宽，0.5~1mm 厚；纵向薄壁细胞由连续的薄壁组织组成，3~6 细胞宽；环绕导管的薄壁组织鞘通常是不完全的；原始的导管纹孔由单纯的梯状纹孔到对生纹孔变化，在进步的鹅掌楸属 Liriodendron 同样也出现单穿孔导管，总是同对生纹孔相联系；导管壁螺旋状加厚是一种特化的特征，在木兰科出现有限。一些独特的异型薄壁细胞主要出现在射线的边缘细胞之间，它们的壁薄，多有无形态的褐色内含物，常常称作油细胞（oil cell），但它们的化学性质仍然是不知道的，这些增大的细胞无规则分布，因此分类学价值是有限的。筛管分子质体为 S 型或 P 型。节多叶隙。叶螺旋状排列，单叶、全缘或 2~10 裂，羽状脉；有托叶，托叶开始是联合的，形成一个芽帽，后来脱落在枝上留下一个环状的托叶痕，它们同叶柄分离或部分贴生于叶柄。叶表面细胞形状不规则，有些种在表皮下有表皮下层（subepidermal layer）。木兰亚科 Magnolioidea 气孔是平列型（木莲属 Manglietia 也发现无规则型），鹅掌楸亚科 Liriodendroideae 平列型和无规则型都有。花顶生或在叶腋的短枝上呈假腋生。花芽通常受最上面叶的托叶保护，尤其是花顶生的属；温带的种托叶通常是革质和 / 或有毛；假如存在短枝着生一至几个佛焰苞状的苞片，同样包围和保护花芽，本质上这些苞片是由叶柄（退化的叶片）同贴生于它的托叶组成的，共同形成一个杯状结构包围着营养芽；最上部的佛焰苞状苞片有时称作小苞片，包围花梗的基部，这种叶柄很短或接近缺如或者伸长。花被片螺旋状排列到螺旋状－轮状排列，可以看到花被片从螺旋状排列到轮状排列的过渡；通常没有花萼和花冠的分化，这种分化只在鹅掌楸属 Liriodendron 存在；花被片 6 枚到多数，分离。雄蕊多数，分离，螺旋状排列；花丝短或多少伸长；花药线形，2 室，侧向、内或外向开裂；药隔伸出；热带的种常有宽的具 3 脉雄蕊，2 对小孢子囊深藏在表面，类似于单心木兰科 Degeneriaceae 和瓣蕊花科 Himantandraceae 中的情况；宽的瓣状雄蕊（petaloid stamens）到狭的花丝状雄蕊（filamental stamens）有时在一些种的同一

图11.10.1　木兰科形态结构（1）

① 红花木莲（*Manglietia insignis*）植株，② 花；③ 合果木（*Paramichelia baillonii*）成熟果；④ 观光木
（*Tsoongiodendron odorum*）果；⑤ 鹅掌楸（*Liriodendron chinense*）花；⑥ 厚朴（*Magnolia officenalis*）花；⑦
玉兰（*M. denudata*）幼果；⑧ 含笑（*Michelia figo*）花；⑨ 香籽含笑（*M. hedyosperma*）果

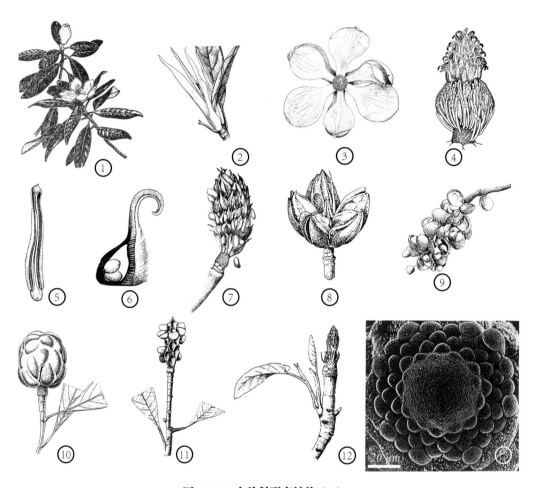

图11.10.2 木兰科形态结构（2）

① 荷花玉兰（*Magnolia grandiflora*）花枝，② 新叶和托叶，③ 花顶面观，④ 花的雄蕊群和心皮群，下面部分为脱落雄蕊的螺旋状排列痕迹，⑤ 雄蕊，⑥ 心皮部分纵剖，露出两个胚珠，⑦ 心皮群头形果；⑧*Pachylarnax praecalva* 果；⑨ 黄玉兰（*Michelia champaca*）成熟果种子悬吊在长珠柄上；⑩*Magnolia oreadum* 未成熟果，⑪ 成熟果的部分果爿分离；⑫*M. fraseri* 花粉散发，雌蕊受精，幼叶伸展，托叶贴生于叶柄；⑬ 北美鹅掌楸（*Liriodendron tulipifera*）花原基顶面观，雄蕊原基螺旋状排列，心皮原基正在发生中

朵花中出现，如 *Michelia champaca*；花药壁在小孢子母细胞阶段由表皮层、内层、2～4 层中层和绒毡层组成，绒毡层腺质；小孢子母细胞在第二次减数分裂以后孢质分裂，形成四分体或等面体四分体；成熟花粉在 2 细胞阶段释放。花粉粒肾形或舟形，具一条远极沟（稀具三极沟），达 87μm 长；花药外壁分化为覆盖层、柱状层和基层，内壁很薄，呈微细的片状或有时缺如；外壁内层分化成 3（有时 2）层明显的片状层，内面波状，在沟孔区明显增厚。雌蕊无柄或有柄；心皮多数至少数（稀 1 枚），螺旋状，分离或有时合生；心皮像雄蕊那样也有 3 脉，背部脉一般来源于中柱，2 条侧脉源于皮层。胚珠 2 或多枚，在腹缝线成 2 列，倒生胚珠，双层珠被、厚珠心，蓼型胚囊；细胞型胚乳；胚胎发生为变异的柳叶菜型。果实由几至多个分离心皮螺旋状排列在花托上成离心皮果，有时是假合心皮果，沿背缝线或腹缝线开裂，有时环裂，稀不开裂。种子多数，由伸长珠柄挂在胎座上（在木兰亚科 Magnolioideae），或种皮贴伏于内果皮同果实

一起脱落（在鹅掌楸亚科 Liriodendrioideae）；木兰亚科果实成熟后大多数沿着背缝线开裂，在鹅掌楸亚科果实不开裂，呈翅果状；种皮主要源于外珠被；胚乳丰富、油质，胚小。染色体基数 $x = 19$。

　　木兰科比较可靠的结实器官化石发现于美国堪萨斯州中白垩世（阿尔布晚期到赛诺曼早期），完整标本是一个伸长的花托，长 130mm，雌蕊区有 100~130 个具柄的螺旋状排列的瘦果，雄蕊区有螺旋状排列的大小不同的鳞片，表示多雄蕊的存在；瘦果有明显的近轴裂缝，未成熟时约有 100 个胚珠，成熟后含 10~18 个种子，化石定名为 *Archaeanthus linnenbergeri*。根据化石种子定名的 Liriodendroidea，发现于德国和美国晚白垩世，相似于现代属鹅掌楸属的种子，只是化石种子有环绕翅。木兰科的化石记录在新生代于欧洲、亚洲和北美广泛发现，许多化石木材和种子被指定为现存属（Friis et al., 2011）。

　　全世界有（2~）13~17 属（因不同作者属的概念不同）约 300 种，主要分布于北半球的温带，大部分的种类集中分布于东南亚和北美东南部，少数种类分布至南半球的巴西和巴布亚新几内亚。在晚白垩世和第三纪时广泛分布于北半球。根据化石记录，木兰科植物早期分化时间当在早白垩世初期，甚至更早。我国西南部横断山脉、四川丹巴以南、云南个旧以北，即康滇古陆范围拥有木兰科 11 属，有从原始到进化的各种演化水平的属。这一地区自古生代隆起以来从未被海水全部淹没，以后亦未受到冰期的侵扰，气候比较温暖湿润，适合木兰科的生长发育。喜马拉雅山隆起所引起的气候环境变化又促进了木兰科分化，因此在该地区孕育了丰富的木兰科植物。在我国西南地区的分化，不断向外辐射，进入我国大部分地区。向东经日本、俄罗斯远东，通过白令陆桥进入北美；向西经西亚、欧洲，通过格陵兰亦可进入北美；向南经中南半岛、马来西亚可到达巴布亚新几内亚；南美的木兰科应是由北美迁移衍生而来的。在地质历史上，木兰科植物广泛分布于北温带，现在东亚－北美间断分布区的形成是由于地球板块漂移，欧亚和北美板块的分离，加之第四纪冰川的影响（刘玉壶等，1999）。按照刘玉壶（1996）的分类，木兰科分为 2 个亚科 13 属。

　　亚科 1. 木兰亚科 Subf. Magnolioideae。分 2 族。

　　族 1. 木兰族 Tribe Magnolieae

　　1. 木莲属 *Manglietia* Blume 30 余种；分布于亚洲热带和亚热带，以亚热带种类最多。

　　2. 华盖木属 *Manglietiastrum* Y. W. Law 1 种，华盖木 *M. sinicum* Y. W. Law；中国云南东南部特有。

　　3. *Pachylarnax* Dandy 2 种；分布于印度阿萨姆到西马来西亚。

　　4. 木兰属 *Magnolia* L. 约 90 种；分布于亚洲东南部温带及热带。

　　5. 拟单性木兰属 *Parakmeria* Hu et W. C. Cheng 5 种；分布于中国西南部至东南部。

　　6. 盖裂木属 *Talauma* Juss. 约 60 种；分布于亚洲东南部热带及亚热带和美洲热带。

　　7. 单性木兰属 *Kmeria* Dandy 2 或 3 种；分布于中国南部，柬埔寨及泰国。

　　8. 长蕊木兰属 *Alcimandra* Dandy 1 种，长蕊木兰 *A. cathcartii* (Hook. f. et Thomson) Dandy；分布于中国云南、西藏，印度，缅甸，越南。

　　族 2. 含笑族 Tribe Michellieae

　　9. *Elmerrillia* Dandy 4 种；分布于马来西亚。

　　10. 含笑属 *Michelia* L. 50 余种；亚

洲热带、亚热带到温带分布。

11.合果木属 *Paramichelia* Hu 约 3 种；亚洲东南部热带及亚热带分布。

12.观光木属 *Tsoongiodendron* Chun 1种，观光木 *T. odorum* Chun；中国华南。

亚科 2. 鹅掌楸亚科 Subf. Liriodendrioideae

13. 鹅掌楸属 *Liriodendron* L. 2 种；中国和越南北部 1 种，北美 1 种。

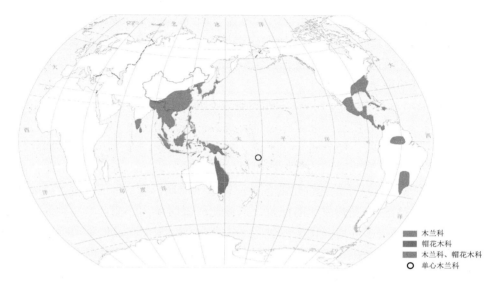

木兰科
帽花木科
木兰科、帽花木科
○ 单心木兰科

图11.10.3 木兰科Magnoliaceae、单心木兰科Degeneriaceae和帽花木科 Eupomatiaceae地理分布

第 7 目 单心木兰目 Degeneriales

单心木兰科 Degeneriaceae（图 11.11.1，图 11.11.2，图 11.10.3）

本科是 1 属 1~2 种的科。现代多数系统学家都将它放在木兰目 Magnoliales（Melchior, 1964; Cronquist, 1981；Dahlgren, 1983; Takhtajan, 1997）；Thorne（1983）将它放在番荔枝超目 Annoniflorae 番荔枝目 Annonales 番荔枝亚目 Annonineae；Young（1981）将它作为毛茛超目 Ranuncunae 的成员，独立成单心木兰目 Degeneriales；吴征镒等的系统（Wu et al., 2002）将它作为木兰亚纲 Magnoliidae 第 2 目单心木兰目；分子系统学研究结果将它作为木兰目的成员（APG, 1998, 2003, 2009; Judd et al., 2002）。该科植物由于心皮对折、雄蕊片状、具原始的花粉形态、子叶 3~4、染色体基数为 6 等性状，Takhtajan（1997）曾将它放在木兰门 Magnoliophyta 最起始的位置；其他系统学家也将它放在比较原始的位置。近缘于木兰科 Magnoliaceae 和瓣蕊花科 Himantandraceae，木材解剖学性状似乎接近帽花木科 Eupomatiaceae（Carquist, 1989）。

有芳香气味的乔木。子叶节 3 叶隙 2 中间叶迹；成熟叶 5 叶隙单叶迹。导管有梯纹穿孔板，薄壁细胞大多数是离管的，异型射线达 5 细胞宽。Kubitzki（1993b）认为单心木兰属 *Degeneria* 的木材性状不比领春木属 *Euptelea* 或八角属 *Illicium* 原始。叶互生，单叶、全缘，羽状脉，无托叶。花单生在近花梗中部，有苞片，称为超腋生（supra-axillary），这种单生花被认为是从比较复杂的花序减退来的。完全花，花被分化成 3 枚萼片状的花萼和 12~25 枚花被片，它们呈覆瓦状排列（见图 11.11.2 的 ③）。雄蕊多数，片状，螺旋状排列，有 2 对小孢子囊陷入花药组织，生在

图11.11.1 单心木兰形态结构（1）

① 单心木兰（*Degeneria vitiensis*）花顶面观，② 具幼果的花枝，③ 成熟果

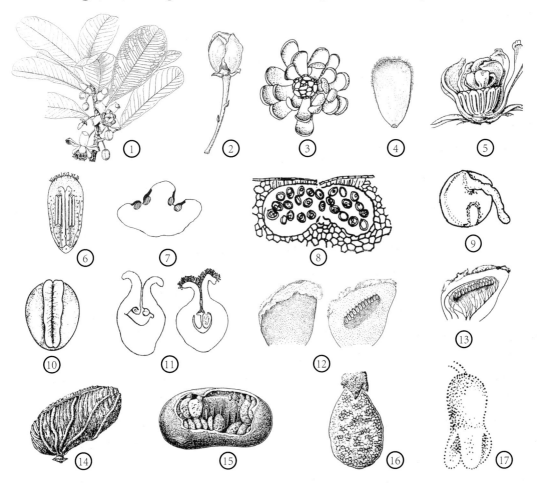

图11.11.2 单心木兰形态结构（2）

① 单心木兰（*Degeneria vitiensis*）具幼果的花枝，② 花蕾（3基数趋势）；③ *D. roseiflora* 花上面观，④ 花瓣（内面观），⑤ 花纵剖，⑥ 雄蕊远轴观，⑦ 雄蕊外向横切，露出药室，⑧ 花粉散布期药室，⑨ 具槽花粉粒萌发，⑩ 单心皮上面观，⑪ 以心皮纵切显示其不同的发育阶段，⑫ 花期的完整心皮及其纵切，⑬ 心皮的维管系统，⑭ 果，⑮ 揭掉近成熟果部分果皮，露出种子、胚珠、脊和内果皮，⑯ 种子及粘连内果皮附属物，⑰ 三子叶胚

雄蕊远轴面，退化雄蕊比可育雄蕊少，生于雄蕊群里面；花药壁绒毡层腺质，花粉粒释放时为2细胞。花粉粒表面光滑，槽（colpus）以不同的长度沿远极面扩展，有时环绕近整个花粉粒，外层（ectexine）是无形的，内层颗粒状，外壁非柱状，被解释为很原始的阶段；甲虫传粉。雌蕊只有单心皮，在开花时不完全包闭，开裂的柱头并列生在心皮的边缘。胚珠多数，倒生、双珠被、厚珠心，有块状珠柄珠孔塞，排列在心皮每边的近边缘；大孢子发育为单孢子蓼型胚囊，反足细胞短暂出现（同样在木兰科存在）；细胞型胚乳。果实多少新鲜，外果皮坚硬，沿腹缝线开裂。种子多数，有橘红色的肉质外种皮和木质的内种皮；胚乳丰富，油质，嚼烂状；胚很小。染色体数 $2n = 24$。尚无该科的化石记录。

本科1属，单心木兰属 *Degeneria* Bailey et Smith，2种；斐济特有。

第8目 帽花木目 Eupomatiales

帽花木科 Eupomatiaceae（图 11.12.1，图 11.10.3）

含1属2种的科。早期的系统，如 Bentham 和 Hooker f. 将它放在毛茛目 Ranales 作为番荔枝科 Annonaceae 的成员。现代的系统中，Dahlgren（1983）和 Thorne（2000）将该科放在番荔枝目 Annonales；Cronquist（1981）将它放在木兰目 Magnoliales；Takhtajan（1997）先将它单立一目，2009年的系统将它同番荔枝科组合作为番荔枝目成员；APG 系统将它作为木兰目 Magnoliales 的成员；八纲系统（Wu et al., 2002）将它和瓣蕊花科 Himantandraceae 放在同一个目，即组成帽花木目 Eupomatiales。两个科表现出有相似的花结构，无花被，花芽时由苞片形成的包被保护，有腺质的内退化雄蕊，花粉单沟，无覆盖层，外壁平滑。

灌木或亚灌木。木质部具长而细的导管，导管端壁偏斜，有40~120穿孔隔条（perforation bar）；管间纹孔式为梯纹；木射线为傍管薄壁细胞，单列射线或多列射线；幼轴髓部有分泌囊；筛管分子质体为 P 型。节有7（~11）叶迹。叶二列，单叶、全缘、羽状脉；无托叶；分泌异细胞散布在叶柄和叶片的叶肉中，叶柄薄壁细胞有小的成簇的结晶；气孔局限分布于叶片下表面，平列型或偶为环状辐射型（actinocytic type）。花生于叶腋或长枝的顶端，不形成花序，奶油色、黄色和红色；在芽时由1或2个半圆形苞片形成的帽所保护，花开放时脱落；花托坛状；花两性，辐射对称，螺旋状排列，无花被。雄蕊20~100枚，具4孢子囊，花丝短而宽，花药背着，纵缝开裂；内退化雄蕊花瓣状，40~80枚，雄蕊和退化雄蕊基部联合，形成一个合雄蕊群（synandrium）。花药壁由1表皮层、1内层、2中层和1腺质绒毡层组成，花粉释放时为2细胞。花粉粒近球形，具环状槽沟，径31~43μm，外壁无覆盖层、平滑。雌蕊有13~70枚心皮，超出一半以上合生，子房上位；花柱缺如；柱头内向，分离；每心皮有2~11枚胚珠。胚珠倒生、双珠被、厚珠心，珠孔由内珠被形成；甲虫传粉。浆果球形或陀螺状，淡绿色或黄色，有石细胞，径2cm，多可食，有2至多个种子。种子长2~6mm，褐色或黑色，内胚乳鲜油质、嚼烂状，胚小而直。单倍体数 $n = 10$。哺乳动物和鸟类传布。

在美国加利福尼亚的马斯特里赫特期，发现了一个小的2沟（环沟 zonacolpate）花粉，推测它与该科有关系，尚需深入研究。另外，从巴西早白垩世（晚阿布特期–早阿尔布期）发现一种具叶、小花的分枝，疑与该科有关，定名为 *Endressinia brasiliana*（Friis et al., 2011）。

本科1属，帽花木属 *Eupomatia* R. Brown，2种；分布于澳大利亚南部温带，沿东海岸到热带昆士兰和新几内亚。在新几内亚 *E. laurina* R. Br. 生于从海平面到海拔1300m。

图11.12.1　帽花木科形态结构

① 帽花木（*Eupomatia laurina*）树干，② 花枝，③ 盛开的花，④ 成熟果，⑤ 雌花期侧面观，露出里面展开的退化雄蕊及反折雄蕊；⑥*E. bennettii* 开花期的雌花，露出里面的退化雄蕊和柱头，⑦ 花粉粒，×1200；⑧*E. laurina* 花枝，⑨ 脱帽的花及其纵切，⑩ 花瓣，⑪ 花丝，⑫ 雄蕊及其腹面观，⑬ 花药横切，⑭ 心皮纵切和横切，⑮ 果，⑯ 果纵切和横切

瓣蕊花科 Himantandraceae（图 11.13.1，图 11.15.2）

一个单属仅 2 种的孑遗科。Bentham 和 Hooker f. 最早将它放在木兰亚目 Magnolineae 番荔枝科 Annonaceae，Thorne 继之将它置于番荔枝目 Annonales 番荔枝亚目 Annonineae，其余系统都将它放在木兰亚纲 Magnoliidae（或木兰超目 Magnoliiflorae），但 Young（1981）却将它放在木兰亚纲 Magnoliidae 毛茛超目 Ranunculanae 马兜铃目 Aristolochiales。Takhtajan（1997）将它列为木兰目 Magnoliales 的第 2 科，2009 年的系统将它单独立为瓣蕊花目 Himantandrales。我们（Wu et al., 2002）将它同帽花木科 Eupomatiaceae 组成一个目，即帽花木目 Eupomatiales，并认为它也是木兰进化干上的一个小盲枝。APG 系统（2003, 2009）将它放在木兰目 Magnoliales。

大乔木，高达 50m，枝条为二列叶序（实生苗为螺旋状叶序）。导管中等大小，单穿孔，或至少在幼枝木质部导管有梯纹穿孔板，管间纹孔互生；木薄壁细胞形成连续带，大多数 3~8 细胞宽，离管；射线大多数 3~4 列，异型。筛管分子质体 S 型。叶二列，单叶、全缘；无托叶；幼枝、花芽和叶片下面有铜色盾状腺鳞，有丰富的分泌细胞，下表面有成对的或成簇的分泌细胞，叶肉有或无石细胞，气孔平列型，叶维管（vasculature）为 3 叶隙 3 叶迹；羽状脉。花大型乳黄色，常常单生于营养叶的腋部，两性，辐射对称，螺旋状排列；在芽中花由 2 个同源于苞片的半圆形杯保护，花开放时脱落；花被片不存在，多数雄蕊生在浅杯状的花托上，外面 3~23 枚和里面 13~30 枚为退化雄蕊，外形相似，无孢子囊，中间 13~130 枚为可育雄蕊，2 药室在肋状雄蕊的基部，先端向上伸长为不育部分（药隔），药室 2 片开裂；花药壁达 7 层细胞，表皮下有 1 内层、3~4 中层和 1~2 腺质绒毡层，绒毡层细胞有 2 核和淀粉粒，小孢子母细胞分裂连续型，成熟花粉粒为 2 细胞。花粉粒球形，径约 40μm，单沟，无覆盖层，外壁薄、不连续，内壁厚、有管状结构。雌蕊有 7~28 枚心皮，心皮几乎分离，在果实发育时并生；每心皮有 1（~2）胚珠。胚珠倒生，双珠被、厚珠心，胚囊发育为蓼型，反足核稀形成细胞，珠孔由内珠被形成，内胚乳和胚的发育未知。果实为核果，每心皮形成一个分核果，每个具 1 个扁平的种子。种子内胚乳油质；胚直，小。染色体数 $2n = 24$。

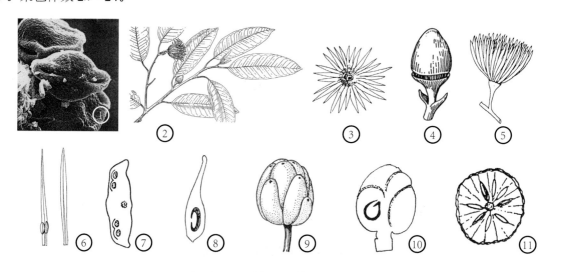

图11.13.1 瓣蕊花属形态结构

① 瓣蕊花（*Galbulimima baccata*）花粉粒，×1300；② *G. belgraveana* 开花幼枝，③ 叶上鳞片，④ 花蕾帽刚开启，⑤ 花，⑥ 雄蕊（左）和退化雄蕊（右）近轴观，⑦ 雄蕊横切，⑧ 心皮纵切，⑨ 果，⑩ 果纵切，⑪ 果横切

现在还没有指定到该科的化石。但有几个发现于白垩纪的花（*Cronquistiflora*、*Detrusandra*、*Endressinia*）的一些性状像瓣蕊花类（Friis et al., 2011）。

本科 1 属，瓣蕊花属 *Galbulimima* F. M. Bailey（Syn. *Himantandra* F. Muell. 1912），2 种；分布中心在新几内亚，出现在海拔 0~2700m 的雨林，扩散到新不列颠（太平洋）、印度尼西亚摩鹿加和苏拉威西、昆士兰（澳大利亚），南界在南昆士兰的北布里斯班。

第 9 目 林仙目 Winterales

林仙科 Winteraceae（图 11.14.1，图 11.14.2）

一个主要分布于南半球的科。该科曾被放在木兰科，以后的系统除 Thorne 列入番荔枝超目 Annoniflorae 番荔枝目 Annonales 之外，其他均作为木兰目的成员；Cronquist（1981）将它排列在被子植物系统的第 1 科；Takhtajan（1997）将它单立成一目：林仙目 Winterales，放在木兰目后相当原始的位置，在 2009 年的系统中将它同白樟科 Canellaceae 组合为白樟目 Canellales。我们（Wu et al., 2002）将它作为单独一目，认为它是在古南大陆东部起源的，虽与古北大陆起源的木兰目 Magnoliales 和八角目 Illiciales 有些平行进化趋势，但总的进化水平稍高。表现在为灌木或小乔木，有时附寄生，叶有时轮生，无托叶，花大多成花序，通常较小，且可至两侧对称，萼帽状（同帽花木科 Eupomatiaceae），花托通常较低矮，雄蕊可减至少数，药隔常不发育和伸出，心皮自离生至各式联合成 1~2 室子房，少至 1 室，果浆果状。其进化水平界于木兰目和八角目之间。APG 系统（1998）将它放在未确定系统位置的基部被子植物中，APG 系统（2009）将它同白樟科 Canellaceae 放在一起作为白樟目 Canellales 的成员。

常绿小灌木至小乔木，稀寄生（如 *Drimys*）或具木质块茎（如 *Drimys piperita*）；单轴分枝或合轴分枝。木材缺少导管，被认为是原始的，管胞有环状具缘纹孔，有时在端壁具梯状纹孔；木薄壁细胞稀疏，多星散状，有时成列；木射线为异型射线；单列和多列射线混杂；筛管具 S 型质体。节 3 叶隙 3 叶迹。无托叶。叶和树皮芳香；叶序以 2/5 螺旋状排列或有时近轮生；叶全缘，有明显的叶柄，下面常为灰色；气孔平列型，*Takhtajania* 大多数为无规则型；叶肉组织有或没有栅栏细胞层。花生于顶生或腋生的聚伞状花序，有时单生。花两性或单性（如 *Drimys*），两侧对称或辐射对称，虫媒或风媒传粉（如 *Drimys* Sect. *Tasmannia* 的一些种），*Pseudowintera* 有时自花授粉（autogamous）。萼片 2~4（~6）枚，镊合状排列，通常分离或在基部合生，花萼在 *Zygogynum* 形成帽状体（calyptrate），在 *Drimys* 完全合生成一个脱落的帽状体。花瓣的大小和质地变异很大，（2~）5 到多数，2 至多轮排列，分离，*Zygogynum* 的一些种外轮花瓣合生，包围分离的内轮花瓣。雄蕊多数，向心发生，但发育是离心的，在 *Zygogynum* 和 *Pseudowintera* 花丝相对粗，花药贴生，而在 *Drimys* 和 *Takhtajania* 花丝比较细，花药基着；花药纵缝开裂或侧外向开裂；花药壁内层十分发育，多为腺质绒毡层，*Pseudowintera colorata* 为变形绒毡层，小孢子分裂为同时型，花粉粒在 2 核阶段释放。本科花粉形态学有相当高的同源性，花粉粒大多数联合成四分同裂的四分体，每个花粉粒由它自己的外壁所包围（单孢体出现在 *Zygogynum* 的几个种）；四分体的分隔是连续的或中断的；花粉粒常具 1 孔，稀 1 沟；外壁在远轴部分发育，由网状覆盖层、柱状层和基层组成，有的分隔部分减化成只有基层；网脊直或波状；内壁薄，厚度向口部逐渐增加；孔不规则，直径 7~12μm；孔膜由 1 或 2 细胞厚内壁组成。心皮（1~）几个到稍多数，分离或稍合生（尤其在果时），对折（conduplicate）或常不封口（unsealed）；心皮呈环状发生，有时在近轴边开放，当环生长到包围室时，开放的边缘贴近，形成中间的裂缝，

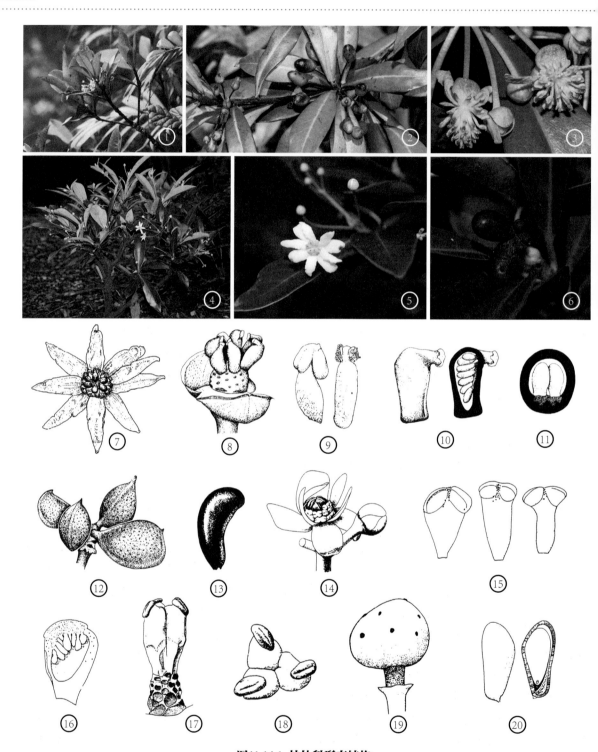

图11.14.1 林仙科形态结构

①*Drimys piperita* 枝条；②*D. insipida* 花蕾，③ 花，④*D. andina* 植株，⑤ 花，⑥ 果；⑦*D. winteri* 花上面观，⑧ 雄蕊和花瓣脱落的花，揭示它们螺旋状排列，⑨ 雄蕊不同面观，⑩ 心皮及其纵切，⑪ 心皮横切，⑫ 果，⑬ 种子；⑭*Zygogynum howeanum* 花，⑮ 雄蕊（左）、雄蕊前面观（中）及腺体（右），⑯ 均分心皮，露出胚珠及柱头；⑰*Z. baillonii* 雌蕊，⑱ 雌蕊及其顶面观；⑲*Z. bicolor* 果；⑳*Z. pomiferum* 种子及其纵切

由于近轴边和远轴边沿着缝的边缘形成不同，致心皮类型广泛变异；柱头由裂缝的外边缘形成，在心皮顶端的近轴边有时扩展达心皮的近基部（如 *Drimys* Sect. *Tasmannia*），有时因心皮稍伸长在柱头下形成花柱。胚珠1至几枚生在缝线的内边缘，或在心皮沿缝线稍下部的壁上。胚珠倒生，双珠被、厚珠心、蓼型胚囊，细胞型胚乳，胚胎发育不规则。果实浆果状，有时因有石细胞而变得很硬成蓇葖果，有时因多少合生形成多室的蒴果。种子有丰富的油质内胚乳，胚很小。该科有两类单倍体数：一类为 $n = 43$（包括 *Zygogynum*、*Pseudowintera* 和 *Drimys* Sect. *Drimys*）；一类为 $n = 13$（在 *Drimys* Sect. *Tasmannia*）。

早白垩世，尚未发现林仙科的繁殖器官化石。与该科有联系的化石可能是花粉四分体，定名为 *Walkeripollis*，Doyle 和 Endress（2000）发现于非洲加蓬的早白垩世阿普特期和以色列的晚阿普特期–早阿尔布期（Friis et al., 2011）。新生代林仙科的花粉化石比较广泛，在新西兰、澳大利亚、南非和南美都有发现。化石木材在美国加利福尼亚的晚白垩世马斯特里赫特期以及德国始新世都有发现，定名为 *Winteroxylon*（Friis et al., 2011）。

林仙科4属65~100（~120）种。间断分布在马达加斯加；东澳大利亚、新西兰及太平洋群岛，即从澳大利亚经东马来西亚北达菲律宾及中南美洲；现代分布区局限于南半球。

1. *Zygogynum* Baill. 约50种；分布于印度尼西亚摩鹿加到所罗门群岛（太平洋），澳大利亚东北部，洛德豪岛，新喀里多尼亚（太平洋）；大多数种生长在海拔0~3600m的不太冷的潮湿森林中。

2. *Pseudowintera* Dandy　3种；新西兰特有，生于海拔0~2000m的森林或灌丛。

3. *Takhtajania* Baranora et Leroy　1种；马达加斯加特有，生于海拔1700m沿河边的山地森林。

4. *Drimys* J. R. Forst. et G. Forst.（包括 *Tasmannia* R. Br.）11种；分布于中南美洲，菲律宾到澳大利亚塔斯马亚尼，生长在海拔0~4175m寒冷的地方。

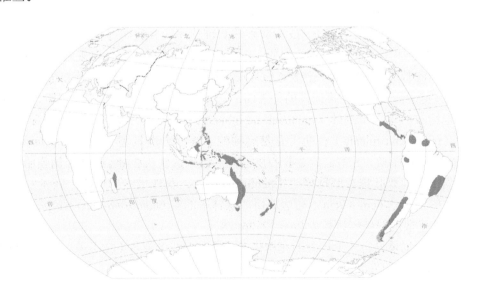

图11.14.2 林仙科 Winteraceae地理分布

第 10 目 白樟目 Canellales

白樟科 Canellaceae（图 11.15.1 图 11.15.2）

一个在中美、南美和非洲东部间断分布的木本科。早期 Bentham 和 Hooker f.（1862~1883）将它作为多瓣类 Polypetalae 的托花超目 Thalamiflorae 侧膜胎座目 Parietales 的成员；在近、现代系统中，有的将它置于木兰目 Magnoliales（Melchior, 1964; Cronquist, 1981），有的作为番荔枝目 Annonales 的成员（Thorne, 1983; Dahlgren, 1983）。常绿芳香乔木（稀灌木），叶互生，全缘，花序和着生部位、大小近于樟科 Lauraceae；花萼（1 轮）、花瓣（1~2 或 4 轮，甚至合生成管）近于番荔枝科 Annonaceae，但雄蕊为 3 数的 2~4 倍，合成管状，进化水平显然较樟科、番荔枝科为高而与肉豆蔻科 Myristicaceae 处于相近水平，和后者一样药室均 4 室，但纵向开裂，显然不同于樟科系列；子房 2~6 枚心皮、单室，侧膜胎座，有 2 至多数胚珠（亦近于大风子科 Flacourtiaceae），种子具丰富油质胚乳（仅 *Cinnamosma* 为嚼烂状）和小胚，花粉粒特征与肉豆蔻科相同，而不同于五味子科 Schisandraceae；染色体数 $2n=22$, 26（$n=11$, 13），显然处于番荔枝科和肉豆蔻科之间，故其进化位置似也在两者之间。由于其具油细胞和单槽花粉显示与木兰目有亲缘关系，所含化学成分补身烷（drimane）又与林仙科 Winteraceae 及肉豆蔻科相似（Behnke, 1988）。总之，本科处于番荔枝目 Annonales 和侧膜胎座目 Parietales 的联络线上。Takhtajan（1997）和 Wu 等（2002）系统将它单立为目：白樟目 Canellales，放在木兰亚纲。多基因序列分析表明白樟科和林仙科是姐妹群（Qiu et al., 1999; Soltis et al., 2000; APG, 2009），因此将它同林仙科放在同一目，即白樟目。Takhtajan（2009）在他最后修订的系统，也接受了这一处理。

常绿木本植物。导管长，梯纹穿孔板具多格条；最原始的导管分子出现在 *Cinnamodendron*，其导管有棱角，很长，有偏斜的端壁和穿孔板达 100 个格条；轴薄壁细胞从离管薄壁细胞到傍管薄壁细胞变化；射线十分窄狭；这种木材类型同帽花木科 Eupomatiaceae、八角科 Illiciaceae 和五味子科 Schisandraceae 最为相似。单叶互生，全缘，无托叶，普遍有腺点；节具 3 叶隙，而 *Cinnamosma* 的叶有皮下层，更令人注意的是 *Pleodendron* 和 *Canella* 缺乏栅栏组织；分布于旧世界的属叶气孔为毛茛型（ranunculaceous stomata），而新世界的属叶气孔为茜草型（rubiaceous stomata）。花序在 *Canella* 为有限的圆锥花序，其他属为腋生总状花序，也有单花出现的情况。花的结构在属间是比较相似的，十分符合 3 数花的式样，花规则；萼片 3 枚，覆瓦状排列；花瓣 4~12 枚，1 或 2（~4）轮排列（*Cinnamosma* 联合到中部）；雄蕊 6~12 枚，联合成筒，花药外向，具 4 孢子囊，贴生于雄蕊筒的外表面；花药壁具腺质绒毡层，花粉粒释放时具 2 细胞。花粉粒是相当精致的单沟单孢体（monosulcate monad）；5 个属中有 4 个属花粉粒约 10% 具三叉远极沟痕（trichotomosulcate）；萌发孔是远轴的；外壁一般具覆盖层，但 *Cinnamosma* 无覆盖层而呈网状。子房上位，1 室，具 2~6 心皮；花柱粗短，柱头 2~6 裂；2~6 侧膜胎座，每胎座有单列或 2 列 2 至多数胚珠。胚珠横生（hemitropous），双珠被、厚珠心，胚囊发育蓼型。浆果红色，最大的果实达 6cm × 9cm（马达加斯加森林中的 *Cinnamosma macrocarpa*），有 2 或多个种子；胚小。已报道的单倍体数为 $2n = 22$, 26, 28。

白樟科的化石记录只有一个可疑的花粉化石，发现于波多黎各（拉丁美洲）的早新生代（渐新世），指定到现存属 *Pleodendron*（Friis et al., 2011）。

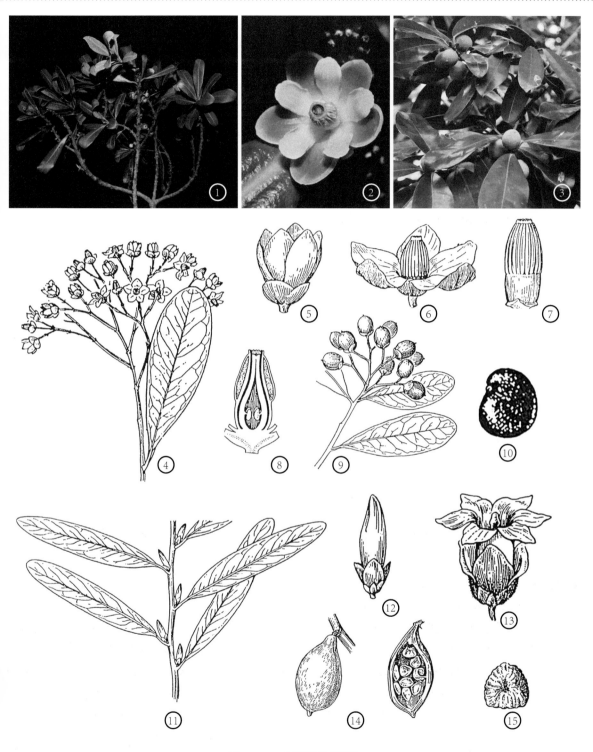

图11.15.1 白樟科形态结构

① 十数樟（*Warburgia stuhimanni*）果枝，② 椒叶樟（*W. ugandensis*）花，③ 幼果；④*Canella winterana* 花枝，⑤ 花，⑥ 花瓣展开，⑦ 雄蕊筒，⑧ 雌蕊群和雄蕊群纵切，⑨ 果枝，⑩ 种子；⑪*Cinnamosma fragrans* 花枝，⑫ 花蕾，⑬ 花，⑭ 果实及纵切，⑮ 种子

本科 5 属 15 种；间断分布于马达加斯加至东非和南美、加勒比地区及美国佛罗里达的热带潮湿或干燥森林中。从分布格局看，明显为西冈瓦纳古陆（南古大陆）起源，出现于非洲－南美洲板块分裂以前。

1. *Pleodendron* Tiegh. 2 种；分布于大安的列斯群岛。

2. *Cinnamodendron* Endl.（包括单种属 *Capsicodendron* Hoehne）5 种；分布于巴西南部到南美北部大安的列斯群岛。

3. *Canella P.* Browne 1（或 2）种；从美国佛罗里达经加勒比地区达南美北部。

4. *Warburgia* Engl. 3 种；分布于东非和南非。

5. *Cinnamosma* Baill. 3 种；马达加斯加特有。

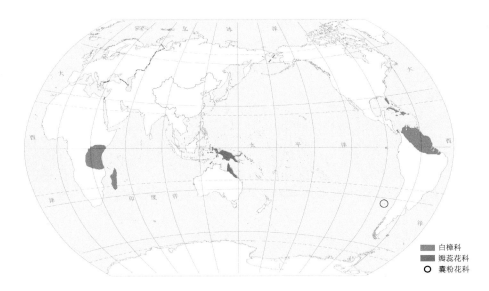

图11.15.2　白樟科Canellaceae、瓣蕊花科Himantandraceae和囊粉花科Lactoridaceae地理分布

第 11 目 囊粉花目 Lactoridales

囊粉花科 Lactoridaceae（图 11.16.1，图 11.15.2）

一个局限分布于智利海岛的单型科。它的系统位置存在较大分异，早期 Bentham 和 Hooker f. 将它放在微胚类 Micrembryeae 作为胡椒科 Piperaceae 的成员；Dalla Torre 和 Harms 将它置于毛茛目 Ranales 木兰亚目 Magnoliineae；Melchior（1964）将它置于胡椒目 Piperales；Thorne（1983）将它放在番荔枝目 Annonales 樟亚目 Laurineae；Young 将它放在樟目 Laurales；Dahlgren（1983）、Takhtajan（1997）和 Wu 等（2002）将它独立成单独一目：囊粉花目 Lactoriaales。分子系统学研究的结果将它恢复归入胡椒目（APG, 2003, 2009），Takhtajan 在 2009 年修订的系统也接受了这一处理。确定该科的亲缘关系的困难性是由于它少见的原始性状和进步性状的组合。它具有油细胞和无槽花粉清楚地指出同木兰类的关系；具 2 叶迹的单叶隙节同樟类有亲缘关系；托叶和木材解剖性状同胡椒类有亲缘关系，但是没有外胚乳又远离胡椒科。Lammer 等（1986）的分支分析表明它在木兰目中。可归属于囊粉花科的化石花粉四分体出现于晚白垩世，相似的化花粉单孢体发现于早白垩世到晚白垩世，因此该科至少在白垩纪的冈瓦纳古陆就比较分化了。

　　矮灌木，枝呈之字形，节部膨大。节部的髓和皮层组织比节间发达；节单叶隙 2 叶迹；导管极短，单穿孔；在轴组织中管胞缺如，射线在幼茎的节间区缺如，而存在于节部和老茎中。Carlquist（1990）揭示该植物的解剖学结构同胡椒科存在惊人的相似性。油细胞大量存在于叶肉、皮层和花中。叶互生，单叶、全缘，倒卵形；托叶同叶柄的近轴面彼此融合围绕枝形成一个鞘；叶片膜质，缺乏栅栏组织，有乳头状的下表皮细胞和缺乏薄壁细胞，反映了该植物湿生的习性。花单生或 2~4 花成总状；两性或雄花、雌花具退化雌蕊或雄蕊，常生在同一植株上，称为杂性花（polygamous）；花梗基部有近轴的先出叶（prophyll）；花结构呈严格 3 数花式样；萼片 3枚，没有花瓣；雄蕊 2 轮，各 3 枚，性的分布有很大变异，在一些花中内轮雄蕊成退化雄蕊，有的花有 2 轮退化雄蕊，有退化雌蕊的痕迹；花丝扁平，药室具 2 花粉囊，缝裂，药隔稍突出。花粉粒四分体时释放，花粉粒无槽，纹饰粗糙，基层是四分体的 4 个花粉粒的外壁，外壁的外面部分围绕着全部四分体，每个花粉粒不存在赤道区，里层颗粒状或不明显柱状，毗邻孔有一个明显的脊，这是由于基层同外壁的外部分开，形成一个气囊（saccus）（Kubitzki, 1993b）。花粉具气囊可能是裸子植物如 Caytoniales 等的遗迹。雌蕊 3 心皮，成 1 轮，基部合生，其余分离，子房变狭成一个短柱，有下延的柱头；每心皮有 4~8 枚胚珠。胚珠倒生，双珠被、弱的厚珠心，

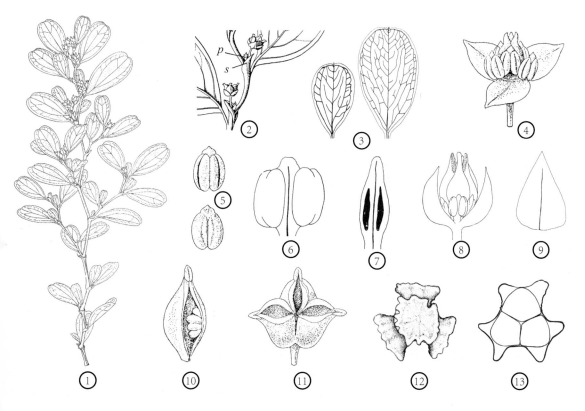

图11.16.1 囊粉花形态结构

① 囊粉花 Lactoris fernandeziana 植株，② 叶柄内托叶紧抱节部（近轴先出叶 p，叶柄内托叶 s），③ 植株的小叶（左）和大叶（右），其叶侧脉均汇聚于主脉，④ 花，⑤ 雄蕊不同面观（花丝极短，花药外向有 1 顶生突药隔），⑥ 雄蕊外侧观，⑦ 退化雄蕊，⑧ 花（具下延内摺的定向柱头），⑨ 花瓣，⑩ 心皮纵剖露出其胎座式样，⑪ 蓇葖果，⑫ 四分花粉体，⑬ 旋光前面观

具长的珠柄插生在突出的边缘胎座上。当心皮成熟时它们的内表皮发育成为纤维状细胞，可能在蓇葖果开裂时起作用。种子小，内壁的表皮稍增厚，消失的珠被保留细胞的结构；核型胚乳，油质，胚微小。

囊粉花科的化石很少且可疑。比较可靠的记录是离散的花粉四分体，发现于非洲西南部晚白垩世（土仑期－坎潘期），定名为 *Lactoripollenites africanus*，大小和形状相似于现代囊粉花属的花粉（Friis et al., 2011）。

单型属囊粉花属 *Lactoris* R. A. Philippi 1 种，囊粉花 *L. fernandeziana*；局限分布在智利太平洋岸 Juan Fernandez 岛 Masatierra 海拔 400~600m 山地森林。1962 年仅幸存一个居群 12 个个体，处于严重濒危状态。

第 12 目 番荔枝目 Annonales

番荔枝科 Annonaceae（图 11.17.1～图 11.17.7）

番荔枝科在原始被子植物中是种类最多的科之一。在 Bentham 和 Hooker f. 系统（1862~1883）中，本科放在托花超目 Thalamiflorae 毛茛目 Ranales；Engler 系统的子系统（Dolla Torre and Harms, 1900~1907; Melchior, 1964）最初将它放在毛茛目 Ranales 木兰亚目 Magnoliineae，而后放在木兰目 Magnoliales 木兰亚目 Magnollineae 中；Hutchinson 于 1927 年将其独立为目：番荔枝目 Annonales，列在木兰目之后。Takhtajan（1997）将它放在木兰超目 Magnolianae 第 7 目，2009 年修订的系统将该科同帽花木科 Eupomatiaceae 组合成番荔枝目；Young（1981）将它列为木兰目的第 5 科；Dahlgren 等（1983, 1985）与 Thorne（1983）一致，将番荔枝目排在被子植物第 1 目，前者将番荔枝科放在第 1 科，后者 1992 年将它放在木兰目的第 8 科。Dahlgren 认为番荔枝目是最原始的被子植物，同木兰科处于相似进化水平或者远为原始。分子系统学研究结果将它仍归入木兰目（APG, 2003, 2009），或作为木兰复合群 magnoliid complex 的第 1 目第 4 科（Judd et al., 2002）。我们的系统（Wu et al., 2002），将它独立成亚纲：番荔枝亚纲 Annonidae，认为它至少同木兰亚纲 Magnoliidae 处在同一演化水平，番荔枝科同肉豆蔻科 Myristicaceae 有密切的关系。

乔木、灌木，稀亚灌木或藤本皆有，木材有连续的同心薄壁细胞带；导管小，大多数单一或是 2~4 细胞群，导管的分布是散孔材型，直径从不到 50μm 到 200μm 以上，大多数情况导管相对较短，很少达 500μm，单穿孔，管间纹孔大多数互生，也出现向对生转变的过程；射线有同型射线和异型射线，单列和多列射线都有出现，但以多列射线为主；木薄壁组织全是离管的，由具 1~12 个细胞的纤维层分开；纤维相对短，长 0.6~1.8mm，无分隔；次生韧皮部射线楔形，韧皮部向外、射线向内；在许多种树皮有不同形状的石细胞。叶为异面叶，互生，无托叶，通常二列，稀螺旋状排列；表皮细胞常 1 层，有的种有几层厚；气孔单列型，一般出现在叶下表面，也有在叶两面的情况。节 3 叶隙 3 叶迹，中迹不久分裂成 2 个侧迹和 1 个中迹，结果叶柄基部有 5 个叶迹。单花或花序顶生、腋生或腋外生；花两性或稀单性，单生、成对生或少数多花簇生，通常有苞片。萼片（2~）3（~4）枚，在芽中镊合状或覆瓦状排列；花瓣 3~6（~12）枚，通常 3（或 2~4）枚成 2 轮排列，或 3、4 或 6 枚排成 1 轮，在芽中覆瓦状或镊合状排列，常与萼片互生，离生或多少在基部合生；雄蕊群大多数由多数雄蕊组成，也有 3~9 数，表面看既不是螺旋状也不是轮状排列，有从螺旋状向 3 数雄蕊轮生转化的倾向；花丝很短或甚至缺如，在大多数情况药隔变宽、截形，而从上面看药室隐蔽，有的属药隔伸长呈舌形或锥形，有的属群（如 Miliusa group）药隔伸出不明显；花药有 4 孢子囊，2 列，孢子囊外向或侧向、很少内向，纵缝开裂；花药发育为普通型，腺质绒毡层细胞 2 核（有时 4 核），小孢子发育为同时型或连续型，花粉粒具 2 细胞。花粉粒基本上有一个远极萌发孔，稀无萌发孔，舟形、三角形、盘状或球形，外壁纹饰有不同式样的变化；昆虫（一般为甲虫）传粉。雌蕊多数到 1 枚，分离或在基部合生，有时形成复合的子房；花柱短粗、分离，边缘（稀片状－侧生或侧膜）胎座，有 1 至多数胚珠。胚珠倒生或有时弯生，双珠被、厚珠心、蓼型胚囊，细胞型胚乳，胚胎发生为柳叶菜型。果实一般形成浆果状的聚合果（aggregate of berries），通常不开裂，少数呈蓇葖状开裂。种子有种脊环绕顶端；胚微小，胚乳丰富、嚼烂状。已报道的染色体基数为 $x = 7$，8，9，有几个属出现多倍体。

　　番荔枝科 127 属约 2230 种；分布于亚洲、大洋洲、非洲和美洲的热带和亚热带地区，极少数分布到温带，尤以旧大陆的热带地区为多，是世界热带植物区系的主要科之一。本科植物的生态习性在东西两半球显著不同。在东半球的热带和亚热带地区，它们有的是乔木或灌木，有的是攀缘或蔓生木质藤本；喜生于低海拔气温较高的潮湿林中，一般不生于海拔 2000m 以上地区，如在西非的热带雨林和马来西亚的热带雨林中，它们十分丰富；但在西非和较高处的热带稀树干草原地区，则几乎见不到它们的代表。在西半球的热带美洲，它们几乎都是灌木状或乔木状，多数生长在稀树干草原或空旷的草原（陈伟球，1999）。

　　关于番荔枝科的起源地问题，学者曾提出不同的观点。Takhtajan（1969）以该科绝大多数种类以及一些原始类群分布在亚洲热带，认为该地区是本科的起源中心，并因此支持被子植物作为一个整体起源于印度阿萨姆到斐济，而后扩散到非洲和美洲。Smith（1973）支持 Takhtajan 的观点，并试图解释番荔枝科从起源地东南亚能够到达南美是由于前番荔枝科分子的迁移。Walker（1971）根据花粉形态学，提出花粉的演化有从单沟花粉向四分体花粉（tetrad）和无沟孔花粉演化的倾向。他认为单沟花粉类群在南美最为分化；相反，大多数亚洲的类群，虽然种类丰富，但多为无沟孔花粉。因此他提出番荔枝科起源于南美亚马孙河流域或非洲－南美两大陆块还在联合着的时候，后来扩散到亚洲。Raven 和 Axelrod（1974）以番荔枝科作为证据之一，提出被子植物作为一个整体起源于西冈瓦纳大陆的观点。Le Thomas（1981）根据番荔枝科植物分布于非洲的许多群不仅具单沟花粉，而且花粉有颗粒状的外壁，这种结构被认为比柱状外壁结构原始，而柱状外壁类型在多数美洲植物的单沟花粉中发现，因此他也认为番荔枝科起源于非洲，现在的非洲是该科的残存中心。

　　我国学者陈伟球（1999）认为要找出番荔枝科最先共同的起源地，应当从现代世界各分布区所共有的属或跨新旧大陆的属来考虑，因为仅分布于某一大洲或某一地区的属是无法来解释其起源问题的。番荔枝科有 3 个属，即木瓣树属 Xylopia、蒙蒿子属 Anaxagorea 和番荔枝属 Annona，代表了不同的进化阶段。其中木瓣树属是世界各分布区共有的；蒙蒿子属是中、南美和热带亚洲所共有的；番荔枝属是中、南美和非洲所共有的。根据大陆漂移说和海底扩张板块构造理论，南美和非洲在白垩纪末期（70 百万~65 百万年前）完全分裂之前同属于西冈瓦纳古陆；在三叠纪末期，劳亚古陆和冈瓦纳古陆未分离之前，即 2 亿年前的联合古陆，又称泛古大陆（Pangaea）。加之，番荔枝属现代虽不分布于热带亚洲，但在我国云南景谷发现渐新世化石：羽脉番荔枝 Annona pinnatinervis Tao，理所当然地推测它们是起源于联合古陆。然而陈伟球基于

图11.17.1 番荔枝科形态结构（1）

① 紫玉盘（*Uvaria macrophylla*）枝叶，② 花；③ 假鹰爪（*Desmos chinensis*）花枝，④ 花；⑤*Xylopia arenaria* 果枝；⑥*Hexalobus grandiflorus* 花，⑦ 子房；⑧ 木瓣树（*Xylopia aethiopica*）花、果枝；⑨ 大花木瓣树（*X. grandiflora*）花纵切

图11.17.2　番荔枝科形态结构（2）

①细基丸（*Polyalthia cerasoides*）树干，②花蕾，③果；④澄广花（*Orophea hainanensis*）花；⑤ *Uvariodendron*
nisatum 果；⑥ *Asteranthe asterias* 花；⑦瓜馥木（*Fissistigma oldhamii*）果枝

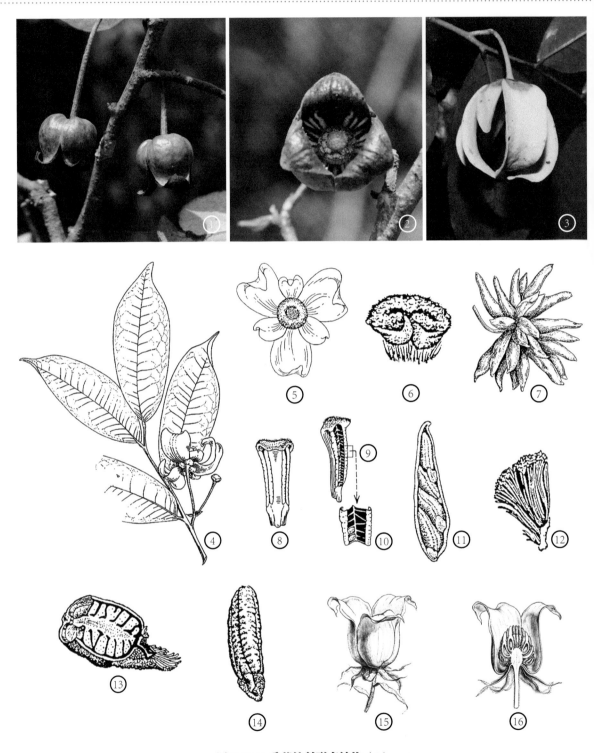

图11.17.3 番荔枝科形态结构（3）

① 中华野独活（*Miliusa sinensis*）花枝，② 花正面观；③*Mkilua fragrans* 花，④ 花枝及花背面观，⑤ 花前面观，⑥ 花柱，⑦ 果，⑧ 雄蕊正面观，⑨ 雄蕊花药开裂侧面观，⑩ 部分药室，⑪ 单心皮纵切，⑫ 假种皮，⑬ 带假种皮的种子纵切，⑭ 种子；⑮ 印度野独活（*M. indica*）花，⑯ 花纵切

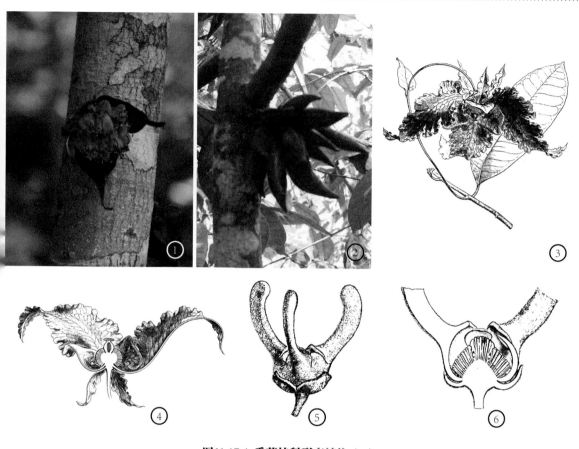

图11.17.4　番荔枝科形态结构（4）

① 景洪哥纳香（*Goniothalamus cheliensis*）树干上的花，② 果；③*Monodora myristica* 花，④ 花纵切；⑤*Rollinia mucosa* 花，⑥ 花纵切

大多数古植物学家认为被子植物起源于早白垩世或晚侏罗世，提出番荔枝科起源不晚于白垩纪末期的西冈瓦纳古陆。

　　吴征镒等（2003）认为：番荔枝科的起源时间可能早至第一次泛古大陆（1st Pangaea）还存在的时候（在 2 亿～1.8 亿年前）；而早期分化和进一步发展均在古南大陆（尤其是东南亚），这一带有近代的属群和多数广布的属群；非洲作为残遗中心可能是由于撒哈拉沙漠的旱化；而南美稀树草原和 Catinga 灌丛中番荔枝科植物的多样化则是早期热带雨林中心在扩散过程中适应干热条件的后期分化。

　　番荔枝科的花化石发现于日本本州晚白垩世康尼亚克期，定名为 *Futabanthus asamiga-vaensis*，花小，两性，辐射对称；有短梗；花被分离，两轮；雄蕊群有 90~100 枚雄蕊，花药和花丝不分化，药隔伸出；雌蕊群上位，心皮 100~120 枚。清楚地同现代番荔枝科有关，根据雄蕊群的特征，似乎应属该科冠群的成员。该科嚼烂状的种子化石在新生代的欧洲及埃及、巴基斯坦有报道；在非洲尼日利亚、塞内加尔晚白垩世马斯特里赫特期也有发现。在哥伦比亚古新生发现花粉化石（Friis et al., 2011）。

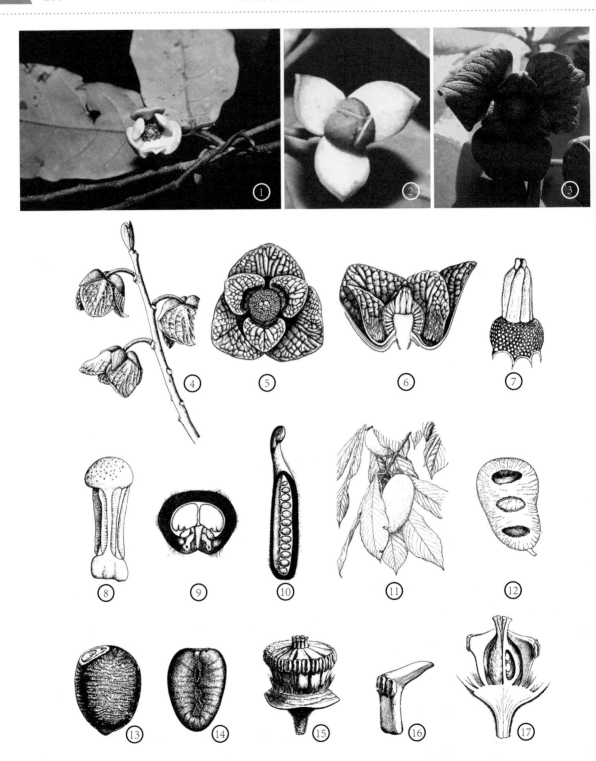

图11.17.5 番荔枝科形态结构（5）

①*Monanthotaxis trichocarpa*花枝；②*Melodorum gracile*花；③*Asimina triloba*花，④花枝，⑤花上面观，⑥花纵切，⑦花托上鳞片状雌蕊群呈螺旋状排列，⑧雄蕊，⑨子房横切，⑩雌蕊的子房纵剖，⑪果枝，⑫果纵切，⑬种子，⑭种子纵切；⑮*Monanthotaxis barteri*清除花被片的花，⑯单个雄蕊，⑰花纵切

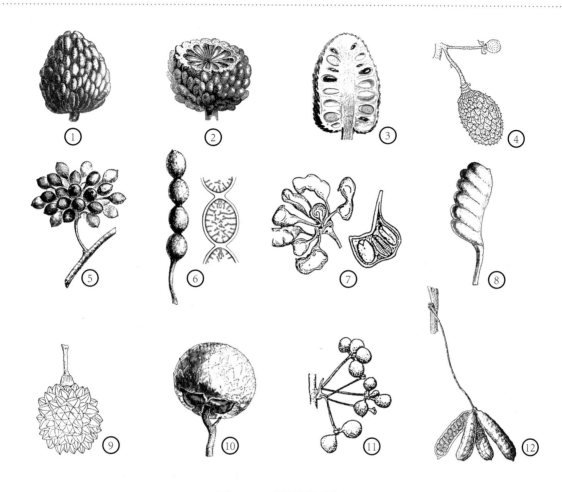

图11.17.6 番荔枝科果实

①*Annona squamosa* 果，②果横切；③*A. muricata* 果纵切；④*A. paludosa* 果；⑤*Guatteria Schomburgkiana* 果；
⑥*Xylopia discolor* 果及其部分纵切；⑦*Cymbopetalum brasiliense* 果及一个初果纵剖；⑧*C. obtusiflorum* 果；
⑨*Duguetia cauliflora* 果；⑩*D. longifolia* 果；⑪*Bocageopsis multiflora* 果；⑫*Uvariopsis congolana* 果中一枚初
果开裂，见到果皮上种子

按照 Kessler（1993a）的分类，番荔枝科分为 14 群，吴征镒等（2003）分述了 14 群的特征。
以下是各群所包含的属。

群 1. 紫玉盘群 Uvaria group。21 属，含
　　位置未定 3 属。
1. 紫玉盘属 *Uvaria* L. 约 110 种；旧
　世界热带分布。
2. *Balonga* Le Thomas 1 种；喀麦隆，
　加蓬分布。
3. *Tetrapetalum* Miq. 2 种；加里曼丹
　特有。

4. *Ellipeia* Hook. f. et Thomson 5 种；
　分布于马来半岛，加里曼丹，苏门
　答腊。
5. *Ellipeiopsis* R. E. Fr. 2 种；东印度，
　中南半岛分布。
6. *Sapranthus* Seem. 10 种；墨西哥，
　中美分布。
7. *Stenanona* Standl. 2 种；巴拿马，哥

斯达黎加分布。

8. *Afroguatteria* Boutique 1 种；中非，刚果分布。

9. *Tetrameranthus* R. E. Fr. 2 种；巴西亚马孙，哥伦比亚分布。

10. *Rauwenhoffia* R. Scheff. 5 种；泰国，印度支那，马来西亚,新几内亚分布。

11. *Sageraea* Dalzell 9 种；印度，缅甸，马来半岛，巽他群岛，菲律宾分布。

12. *Dendrokingstonia* Rauschert 1 种；马来半岛，爪哇分布。

13. *Stelechocarpus* (Blume) Hook. f. et Thomson 5 种；东印度，新几内亚分布。

14. *Dasoclema* J. Sinclair 1 种；泰国特有。

15. *Hexalobus* A. DC. 5 种；热带非洲分布。

16. *Cleistopholis* Pierre ex Engl. 3~4 种，热带西非分布。

17. *Greenwayodendron* Verdc. 2 种；热带非洲分布。

18. *Mkilua* Verdc. 1 种；肯尼亚，坦桑尼亚分布。

19. *Toussaintia* Boutique 3 种；刚果，加蓬，坦桑尼亚分布。

20. *Enicosanthum* Becc. 16 种；斯里兰卡，马来半岛，加里曼丹，菲律宾分布。

21. 暗罗属 *Enicosanthellum* Bân =*Polyalthia* Blume 2 种；中国分布。

群 2. 山指甲（假鹰爪）群 Desmos group。共 21 属。

22. 山指甲属 *Desmos* Lour. 25~30 种；印度阿萨姆,中国华南,菲律宾分布。

23. 皂帽花属 *Dasymaschalon* （Hook. f. et Thomson ）Dalla 15 种；东亚，菲律宾，巽他群岛分布。

24. *Cyathostemma* Griff. 8 种；马来半岛分布，1 种在加里曼丹，1 种在马达加斯加。

25. *Polyalthia* Blume 100 种；印度到澳大利亚分布，可能也在马达加斯加和非洲大陆分布。

26. *Polyaulax* Backer 1 种；苏门答腊，爪哇，加里曼丹，小巽他群岛，马六甲，新几内亚分布。

27. *Oncodostigma* Diels 3 种；马来半岛到新几内亚分布。

28. *Monocarpia* Miq. 1 种；泰国，马来半岛，加里曼丹，苏门答腊分布。

29. *Meiocarpidium* Engl. et Diels 1 种；喀麦隆，加蓬分布。

30. *Exellia* Boutique 1 种；加蓬，刚果，安哥拉分布。

31. *Piptostigma* Oliv. 12 种；喀麦隆，加蓬，科特迪瓦分布。

32. *Unonopsis* R. E. Fr. 27 种；洪都拉斯，西印度群岛到巴西西部分布。

33. *Uvariodendron* (Engl. et Diels) R. E. Fr. 12 种；喀麦隆，加蓬分布。

34. *Uvariastrum* Engl. et Diels 7 种；喀麦隆，加蓬，津巴布韦，安哥拉分布。

35. *Polyceratocarpus* Engl. et Diels 7 种；热带西非分布。

36. *Dennettia* Baker f. 1 种；南尼日利亚特有。

37. *Asteranthe* Engl. et Diels 2 种；肯尼亚和坦桑尼亚东部分布。

38. *Desmopsis* Saff. 17 种；中美洲，古巴分布。

39. *Guamia* Merr. 1 种；关岛，提尼安 Tinian，塞班 Saipan 分布。

40. *Haplostichanthus* F. Muell. 1 种；澳大利亚昆士兰特有。

41. *Monocyclanthus* Keay 1 种；加纳，

黄金海岸分布特有。

42. 蕉木属 *Chieniodendron* Tsiang et P. T. Li　1 种；中国海南特有。

群 3. Enantia group。有 5 属。

43. *Enantia* Oliv.　12 种；产于热带非洲。

44. *Woodiellantha* Rauschert　1 种；加里曼丹特有。

45. *Cleistochlamys* Oliv.　1 种；东非和中非分布。

46. *Disepalum* Hook. f.　6 种；马来半岛，加里曼丹，苏门答腊分布。

47. *Fenerivia* Diels　1 种；产于马达加斯加。

群 4. 木瓣树群 Xylopia group。含位置未定 4 属，共 11 属。

48. 木瓣树属 *Xylopia* L.　100~160 种；泛热带分布。

49. 蒙蒿子属 *Anaxagorea* A. St.-Hil.　23 种；20 种在热带美洲，3 种在热带东亚。

50. 鹰爪花属 *Artabotrys* R. Br.　100 种；古热带分布。

51. *Pseudartabotrys* Pellegr.　1 种；加蓬，刚果分布。

52. 杯萼树属 *Cyathocalyx* Champ. ex Hook. f. et Thomson　15 种；印度，东南亚，新几内亚分布。

53. *Drepananthus* Maingay ex Hook. f. et Thomson　10 种；马来半岛到新几内亚分布。

54. *Diclinanona* Diels　2 种；秘鲁特有。

55. *Neostenanthera* Exell　4 种；加蓬特有。

56. *Boutiquea* Le Thomas　1 种；喀麦隆特有。

57. *Marsypopetalum* Scheff.　1 种；马来半岛，爪哇，加里曼丹分布。

58. 茸木属 *Meiogyne* Miq.　8 种；印度，马来半岛，菲律宾，中国海南分布。

群 5. 金钩花群 Pseuduvaria group。约 9 属，位置未定含 9 属，共 18 属。

59. 金钩花属 *Pseuduvaria* Miq.　35 种；分布于印度，马来半岛，中南半岛，中国云南南部，新几内亚，澳大利亚。

60. 银钩花属 *Mitrephora* (Blume) Hook. f. et Thomson　40 种；分布于印度，中南半岛，中国南部，东马来，菲律宾。

61. 哥纳番属 *Goniothalamus* (Blume) Hook. f. et Thomson　50~115 种；分布于印度，中南半岛，中国（云南、海南）、菲律宾，新几内亚。

62. *Richella* A. Gray　3 种；分布于斐济，新喀里多尼亚，加里曼丹。

63. *Schefferomitra* Diels　1 种；新几内亚特有。

64. *Melodorum* Lour.　4~5 种；分布于中南半岛，马来半岛。

65. 尖花藤属 *Friesodielsia* Steenis　50~60 种；热带亚洲到非洲分布。

66. *Oreomitra* Diels　1 种；新几内亚分布。

67. *Petalolophus* K. Schum.　1 种；新几内亚东北部特有。

68. 嘉陵花属 *Popowia* Endl.　30 种；热带亚洲和澳大利亚分布。

69. *Neouvaria* Airy Shaw　2 种；印度到马来西亚分布。

70. *Anomianthus* Zoll.　1 种；泰国，爪哇，印度东北部分布。

71. *Trivalvaria* (Miq.) Miq.　5 种；分布于印度到马来西亚。

72. *Papualthia* Diels　8~20 种；菲律宾到新几内亚分布。

73. 亮花木属 *Phaeanthus* Hook. f. et Thomson　12 种；产于缅甸到菲律宾。

74. *Mitrella* Miq. 5 种；马来半岛到新几内亚分布。

75. *Pyramidanthe* Miq. 1 种；泰国，马来半岛，加里曼丹，苏门答腊分布。

76. 瓜馥木属 *Fissistigma* Griff. 60 种；东印度到东北澳大利亚分布。

群 6. 依兰群 Cananga group。含 4 属。

77. 依兰属 *Cananga* Maingay ex Hook. f. & Thomson 2~4 种；热带亚洲到澳大利亚分布。

78. *Bocageopsis* R. E. Fr. 3 种；巴西，圭亚那分布。

79. *Dielsiothamnus* R. E. Fr. 1 种；坦桑尼亚，莫桑比克，马拉维分布。

80. *Onychopetalum* R. E. Fr. 4 种；巴西特有。

群 7. 野独活群 Miliusa group。含 5 属，另 2 属位置未定。

81. 野独活属 *Miliusa* Lesch. ex A. DC. 40 种；印度，缅甸，中南半岛，中国华南，澳大利亚分布。

82. 蚁花属 *Mezzettiopsis* Ridl. 1~3 种；马来半岛，安达曼，爪哇，中国华南，加里曼丹分布。

83. 澄广花属 *Orophea* Blume 41 种；印度，马来半岛，中国，菲律宾分布。

84. *Phoenicanthus* Alston 2 种；斯里兰卡特有。

85. 藤春属 *Alphonsea* Hook. f. et Thomson 30 种；印度，斯里兰卡，马来半岛，中国华南，菲律宾，新几内亚分布。

86. *Platymitra* Boerl. 1 种；马来半岛，爪哇，菲律宾分布。

87. *Mezzettia* Becc. 4 种；产于马来半岛，苏门答腊，加里曼丹，马鲁古。

群 8. Monanthotaxis group。约 8 属。

88. *Monanthotaxis* Baill. 56 种；热带非洲，马达加斯加分布。

89. *Mischogyne* Exell 2 种；安哥拉，加蓬分布。

90. *Atopostema* Boutique 2 种；刚果，加蓬分布。

91. *Gilbertiella* Boutique 1 种；产于加蓬。

92. *Uvariopsis* Engl. 11 种；喀麦隆，坦桑尼亚，加蓬分布。

93. *Ambavia* Le Thomas 2 种；马达加斯加特有。

94. *Bocagea* A. St.-Hil. 2 种；产于巴西。

95. *Ophrypetalum* Diels 1 种；肯尼亚，坦桑尼亚分布。

群 9. Trigynaea group。约 6 属。

96. *Trigynaea* Schltdl. 5 种；厄瓜多尔，圭亚那分布。

97. *Cardiopetalum* Schltdl. 1 种；巴西，玻利维亚分布。

98. *Cymbopetalum* Benth. 11 种；秘鲁，巴西分布。

99. *Porcelia* Ruiz et Pav. 5 种；热带美洲分布。

100. *Hornschuchia* Nees 3 种；巴西产。

101. *Froesiodendron* R. E. Fr. 2 种；巴西，苏里南分布。

群 10. Oxandra group。约 6 属，均在中、南美洲。

102. *Oxandra* A. Rich. 22 种；西印度、巴拿马到巴西南部分布。

103. *Pseudoxandra* R. E. Fr. 6 种；巴西，圭亚那。

104. *Cremastosperma* R. E. Fr. 17 种；热带南美分布。

105. *Ephedranthus* S. Moore 约 4 种；巴西分布。

106. *Ruizodendron* R. E. Fr. 1 种；秘鲁东南部，玻利维亚分布。

107.*Malmea* R. E. Fr. 13 种；墨西哥到巴西分布。

群 11. Guatteria group。含 4 属。

108.*Guatteria* Ruiz et Pav. 250 种；中、南美和西印度分布。

109.*Guatteriella* R. E. Fr. 2 种；产于巴西中部。

110.*Guatteriopsis* R. E. Fr. 4 种；产于巴西北部。

111.*Heteropetalum* Benth. 1 种；巴西西北部，委内瑞拉南部分布。

群 12. Asimina group。含 5 属，其中 3 属位置未定。

112.*Asimina* Adans. 8 种；产于北美，尤其在美国佛罗里达。

113.*Deeringothamnus* Small 2 种；北美分布。

114.*Fitzalania* F. Muell. 1 种；产于热带澳大利亚东部，昆士兰。

115.*Tridimeris* Baill. 1 种；墨西哥产。

116.*Lettowianthus* Diels 1 种；东非产。

群 13. 番荔枝群 Annona group。约 10 属。

117. 番荔枝属 *Annona* L. 110 种；分布于热带美洲，热带非洲（4 种）。

118.*Anonidium* Engl. et Diels 5 种；热带非洲分布。

119.*Raimondia* Saff. 2 种；哥伦比亚到厄瓜多尔分布。

120.*Rollinia* A. St.-Hil. 65 种；中美洲，西印度到巴西南部，巴拉圭，阿根廷北部分布。

121.*Rolliniopsis* Saff. 4 种；产于巴西

122.*Pachypodanthium* Engl. et Diels 3 种；刚果，喀麦隆，安哥拉分布。

123.*Letestudoxa* Pellegr. 2 种；产于刚果。

124.*Duckeanthus* R. E. Fr. 1 种；巴西北部特有。

125.*Duguetia* A. St.-Hil. 70 种；热带南美分布。

126.*Fusaea* (Baill.) Saff. 3 种；圭亚那到秘鲁分布。

群 14. Monodora group。含 2 属。

127.*Monodora* Dunal 15 种；热带非洲分布。

128.*Isolona* Engl. 22 种；热带非洲，马达加斯加分布。

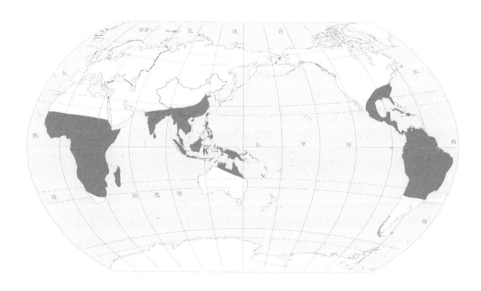

图11.17.7 番荔枝科Annonaceae地理分布

肉豆蔻科 Myristicaceae（图 11.18.1~ 图 11.18.5）

一个泛热带分布科。科的范围一直比较稳定，但系统位置多变化。Bentham 和 Hooker f. 将它放在单被花亚纲 Monochlamydeae 微胚类 Micrembryeae（目级），与胡椒科 Piperaceae、三白草科 Saururaceae、金粟兰科 Chloranthaceae 为伍。以后的系统长期放在木兰目 Magnoliales（Dalla Torre and Harms, 1900~1907; Melchior, 1964; Cronquist, 1981; Thorne, 1992; Kubitzki, 1993b）或番荔枝目 Annonales（Dahlgren, 1983）。Takhtajan（1997）则将它作为一个单科目：肉豆蔻目 Myristicales，放在番荔枝目和马兜铃目 Aristolochiales 之间，同属木兰亚纲 Magnoliidae。我们（Wu et al., 2002）则将番荔枝目作为亚纲级同木兰亚纲分开，肉豆蔻科则作为番荔枝亚纲 Annonidae 番荔枝目的成员。分子系统学的结果将本科同番荔枝科同归于木兰目 Magnoliales（APG, 2003, 2009）。根据 DNA 拓扑图，肉豆蔻科是其他木兰目成员的姐妹群（Sauquet et al., 2003）。

肉豆蔻科作为一个单系类群得到形态和分子证据的支持，但科内属之间的关系还不清楚。该科无疑是木兰类的成员，曾被假设为它的近缘科不下 10 个科。番荔枝科和白樟科 Canellaceae 表现出同它有最大的相似性，其共同特征有如胚乳嚼烂状；白樟科还具单体雄蕊群，与本科相似。Huber（1990）根据种皮的结构，主张肉豆蔻科和马兜铃科 Aristolochiaceae 为姐妹群。

本科多数为中等大小的乔木，偶然有灌木或藤本。木材表现出许多原始的性状：散孔材（wood diffuseporous）；有薄壁长管胞，存在纤维管胞，导管长，穿孔板偏斜，通常为梯状，也有单穿孔，射线（vessel-ray）纹孔梯状到互生，轴生薄壁细胞常形成离管带，射线单列或 2 列，异型，导管在横切面观单生或放射状成对。次生韧皮部一般以纤维或纤维和石细胞交叉层的出现为特征；韧皮部以及轴生薄壁细胞和射线的一个重要特征是出现有单宁的管（tanniniferous tube），有灰白色、黄色、粉色或红色的树脂；筛管分子没有明显的次生分隔，达 700μm 长，并伴有 1 或几个伴细胞。节 3 叶隙。叶互生，通常 2 列，有时假轮生，无托叶，叶片全缘。毛被单列、分枝、星状或 T 形。气孔单列型。花序圆锥状或簇生成总状（fasciculate-racemose），或有时表现出二歧式，多腋生，稀顶生。花小，雌雄异株，稀同株，辐射对称；苞片早落；花被片（2~）3（~5 枚，基部融合，革质到肉质。雄花有 2~40 枚雄蕊，花丝部分或完全融合；花药在长圆形、圆形或棒状的花丝柱（filamentous column）上合生，稀离生，具 4 孢子囊；花粉囊外向，偶侧向，纵缝开裂。肉豆蔻属 Myristica 孢子囊壁的结构为基本型，有 2 中层，小孢子母细胞分裂为连续型。花粉粒舟形到近球形，具槽或远极孔，萌发孔有时不明显，似乎无沟孔，花粉大小多数在 20~40μm；外壁多有覆盖层或半覆盖层。雌花具单心皮，子房上位，无柄或有短柄，花柱明显或缺如，柱头多少 2 裂，有 1 枚基生或半基生胚珠；胚珠倒生，稀直生或半直生，双珠被、厚珠心，胚囊发育蓼型，胚乳核型。果实稍肉质到革质或木质蒴果，沿背缝线或腹缝线 2 片裂；美洲属的果皮大多数无毛而亚洲属多被绒毛，非洲属的毛被多变化。种子的种皮由内、外珠被形成，胚乳嚼烂状，胚小。染色体数目被解释为高（古）多倍体，因属而异，$2n = 38, 42, 44, 50$ 52, 100, 102, 280。

肉豆蔻科的生物地理学分析类似于番荔枝科。该科最原始的成员 Mauloutchia 属分布于马达加斯加，该属多数雄蕊，花丝分离。Sinclair（1958）提出肉豆蔻科起源于亚洲。但是 Walker（1971）认为分布于亚洲的属花形态比较进步，提出最原始的成员应起源于非洲和南美，并得到 Raven 和 Axelrod（1974）的支持。Walker（1981）根据分布于马达加斯加的 Mauloutchia 和 Brochoneura，其花粉有原始的颗粒状外壁结构，进一步支持这个观点。

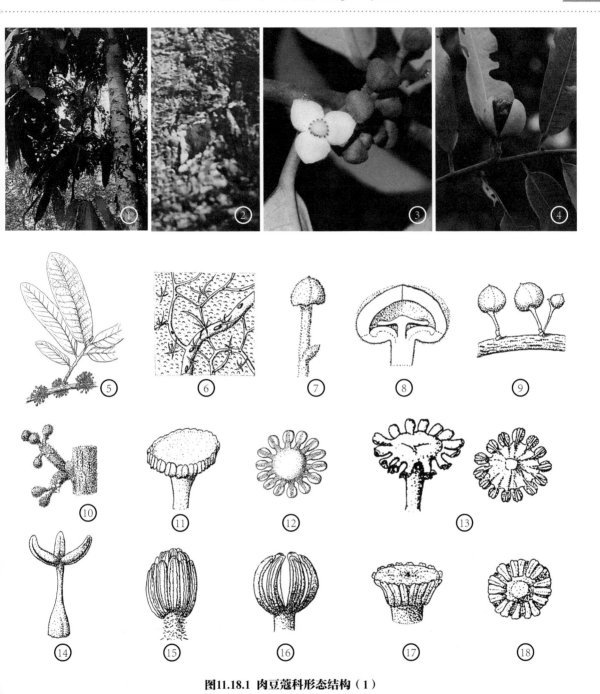

图11.18.1 肉豆蔻科形态结构（1）

① 红光树（*Knema furfuracea*）植株，② 树干上红色树脂；③ 小叶红光树（*K. globularia*）花；④ 假广子（*K. erratica*）果；⑤*K. pedicellate* 幼枝雄花序，⑥ 叶下表面的星形树状毛和叶脉中微小木栓瘤；⑦ 雄花蕾，⑧ 雄蕊群及其凸盘纵切；⑨ 未成熟果；⑩*K. tridactyla* 雄花序，⑪ 雄蕊群；⑫*K. pedicellat* 雄蕊群横切；⑬*K. ilosirensis* 雄蕊群及其横切；⑭*Otoba* sp. 雄蕊群侧面观；⑮*Mauloutchia coriacea* 雄蕊群侧面观；⑯*Compsoneura capitellata* 雄蕊群侧面观，⑰ 雄蕊群底面观，⑱ 雄蕊群横切

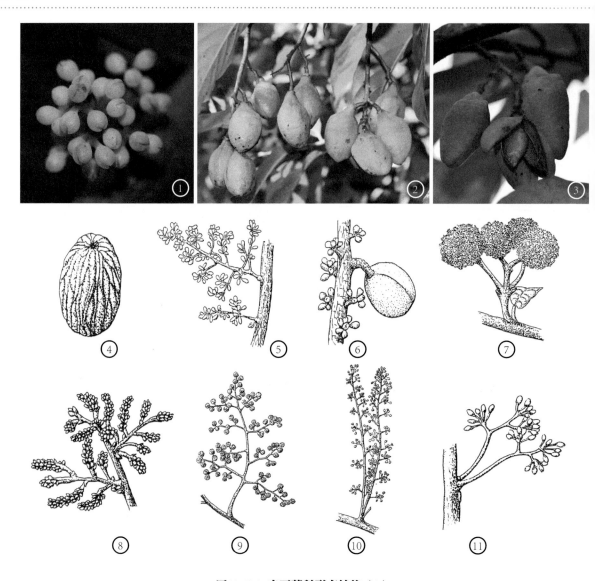

图11.18.2 肉豆蔻科形态结构（2）

①大叶风吹楠(*Horsfieldia kingii*)花序，②果枝，③成熟果；④*H. odorata*种子；⑤*H. superba*雄花序，⑥雌花序；肉豆蔻科的雄花序：⑦*Scyphocephalium ochocoa*，⑧*Mauloutchia heckelii*，⑨*Pycnanthus* sp.，⑩*Iryanthera sagotiana*，⑪*Osteophloeum platyspermum*

　　该科化石记录贫乏，保存较好的嚼烂状种子出自英国伦敦泥土早始新世、德国中中新世；最早的花粉记录发现于非洲晚始新世；化石木材发现于智利中中新世（Friis et al., 2011）。

　　本科（16~）17~19属（300~）370~440种；在热带各洲属的分布局限：亚洲6属、美洲5属、非洲及马达加斯加8属。除了肉豆蔻属 Myristica 和风吹楠属 Horsfieldia 从东南亚分布到澳大利亚昆士兰之外，没有跨洲和跨新、旧世界的属。说明其早期分化可能在各大洲轮廓基本形成以后。较大的属风吹楠属（100种）、争光木属（或红光树属）Knema（83~90种）、肉豆蔻属（72种）均在亚洲，Virola（95种）产于热带中美。狭域分布属马达加斯加3属，东、西非和南美北部各1属，都是小属，但形态并不原始。从种皮、雄蕊和花粉形态方面比较，马达加斯加3属同东非

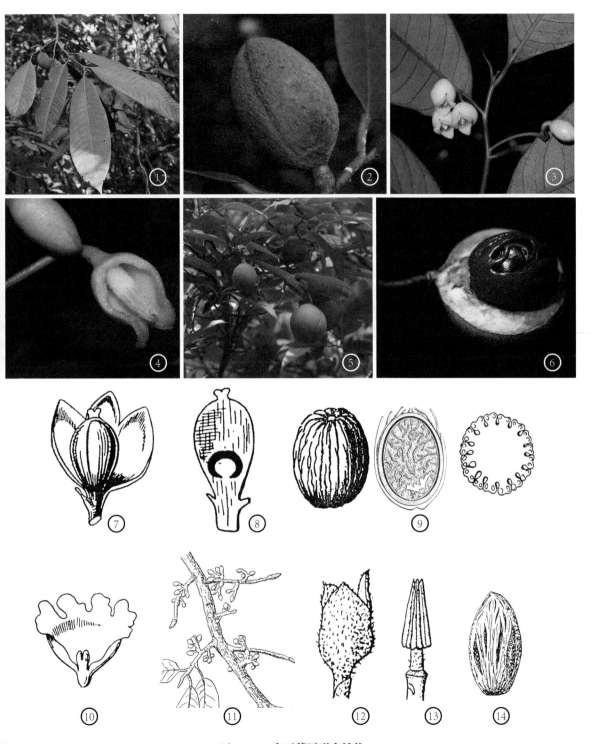

图11.18.3 肉豆蔻属形态结构

① 云南肉豆蔻（*Myristica yunnanensis*）果枝，② 果；③ 肉豆蔻（*M. fragrans*）花枝，④ 摘除花被片的花柱的花药，⑤ 果枝，⑥ 成熟果纵剖，假种皮紧包种子，⑦ 雌花，⑧ 子房纵切，⑨ 种子及其纵切和横切，⑩ 胚；⑪*M. maingayi* 雌花序，⑫ 雌花，⑬ 雄蕊柱，⑭ 具假种皮的种子

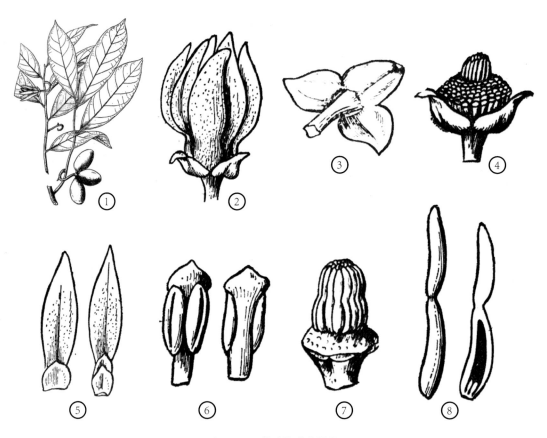

图11.18.4 鹰爪花形态结构

① 鹰爪花（*Artabotrys hexapetalus*）花枝和果枝，② 花，③ 花萼底面观，④ 去掉花瓣的雄蕊群，⑤ 外轮花瓣内面观和内轮花瓣内面观，⑥ 雄蕊的背面观和腹面观，⑦ 雌蕊群和花托，⑧ 心皮及其纵切

1个单种属相近，而木材解剖显示肉豆蔻属同 *Gymnacranthera* 间有相似处，二者均为热带亚洲分布。肉豆蔻属分布区最广，与分布区稍狭的风吹楠属比较接近，故可推断本科原出自古南大陆北部偏东的今日印度–马来区，但它在大洋洲的后期扩散较迟。

1. *Mauloutchia* Warb. 6 种；东马达加斯加特有。

2. *Brochoneura* Warb. 3 种；东马达加斯加特有。

3. *Cephalosphaera* Warb. 1 种；东非特有。

4. *Haematodendron* Capuron 1 种；马达加斯加特有。

5. *Scyphocephalium* Warb. 4 种；西非分布。

6. *Pycnanthus* Warb. 7 种；西、中和南非分布。

7. *Staudtia* Warb. 2 种；西非特有。

8. *Coelocaryon* Warb. 4 种；产于西、中非。

9. *Compsoneura* Warb. 12 种；中美和南美北部分布。

10. *Osteophloeum* Warb. 1 种；产于南美北部。

11. *Otoba* (A. DC.) H. Karst. 6 种；中美和南美北部分布。

12. *Virola* Aubl. 45 种；热带南美和中美

分布。

13.*Bicuiba* W. J. de Wilde　1 种；巴西特有。

14.*Iryanthera* (A. DC.) Warb.　24 种；南美北部和巴拿马分布。

15.红光树属 *Knema* Lour.　90 种；东南亚分布。

16.风吹楠属 *Horsfieldia* Willd.　100 种；印度，斯里兰卡，马来半岛，印度尼西亚，菲律宾，新几内亚，密克罗尼西亚分布。

17.内毛楠属 *Endocomia* W. J. de Wilde　4 种；中国华南，东南亚和新几内亚分布。

18.*Gymnacranthera* (A. DC.) Warb.　7 种；印度南部，马来半岛到新几内亚分布。

19.肉豆蔻属 *Myristica* Gronov.　72 种；印度，斯里兰卡，马来半岛，印度尼西亚，菲律宾，新几内亚，密克罗尼西亚，澳大利亚昆士兰分布。

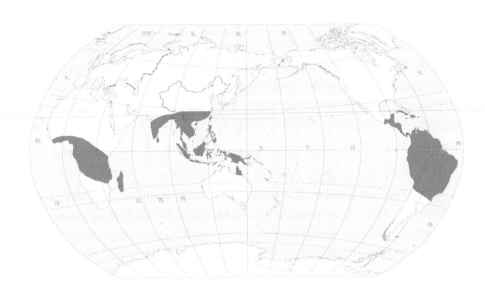

图11.18.5　肉豆蔻科Myristicaceae地理分布

第十二章　胡椒纲 Piperopsida

第 1 目 马兜铃目 Aristolochiales

马兜铃科 Aristolochiaceae（图 12.1.1~ 图 12.1.4）

一个分布于热带到暖温带的科。Bentham 和 Hooker f. 将本科归入陆生的单被花亚纲 Monochlamydeae 多胚珠类 Multiovulatae；Engler 的子系统将它放在古生花被亚纲 Archichlamydeae 马兜铃目 Aristolochiales；Thorne（1983）年以前将它放在番荔枝超目 Annoniflorae 马兜铃目马兜铃亚目 Aristolochiineae；Takhtajan 在 1997 年的系统单立马兜铃目放在木兰超目，而 2009 年的系统则将它作为胡椒目的成员；我们（Wu et al., 2003）在胡椒纲 Piperopsida 下新立马兜铃亚纲 Aristolochiidae，将马兜铃目同大花草目 Rafflesiales 和腐臭草目 Hydnorales 两个寄生目作为该亚纲的成员。APG 系统将它放在胡椒目 Piperales；Judd 等（2002）将它作为木兰复合群 magnoliid complex 胡椒目的成员。

该类群为藤状灌木或有根状茎的多年生草本。次生本质部导管为单穿孔，薄壁组织有傍管和离管的变异，木纤维有具缘纹孔；筛管分子质体极端变异，Behnke（1981a, 1981b, 1981c, 1988）指出有 5 种类型：P2c、Pc、Pcs、Pcs（f）和 S 型。叶互生或假对生（在细辛属 Asarum），无托叶，通常有柄，单叶，大多数不分裂、全缘、心形或肾形，偶尔 2~3 裂或鸟足状分裂，气孔无规则型。花单生或组成扇状聚伞花序（rhipidium），顶生或腋生，生于老枝的数量也不少；花完全，上位、半上位或近下位；花被经常单列而马蹄香属 Saruma 为二列，大多数合生，3 数、单数或极稀 6 数，辐射对称或者雄蕊完全同花柱融合形成合蕊柱（gynostemium）；花药有 4 孢子囊，常在药爿之上有突出附属物（药隔突出），外向或在外轮近侧向；小孢子母细胞分裂为同时型或连续型，花粉粒释放时 2 细胞。全科几乎都是无沟孔花粉，马蹄香属花粉粒却有退化的槽（sulcus），在细辛属的一些种发现有多孔或多沟花粉。子房为合心皮（仅马蹄香属为离心皮），4~6 室；花柱 3~6 裂或分裂成许多分枝（马蹄香属具多裂小花柱 styluli）；每室胚珠多数（Euglypha 为少数），中轴着生，水平生或下垂生。胚珠倒生或弯生，双珠被、厚珠心，蓼型胚囊，细胞型胚乳。果通常是蒴果，不规则开裂或室间开裂，马蹄香属为蓇葖果，而 Pararistolochia 为不开裂的厚壁干浆果，Euglypha 为分果（schizocarp）。种子具丰富的油质内胚乳，胚小但十分发育；种皮具来源于两层珠被的机械组织。染色体数在 3 数花被的类群一般为 2n = 24~52；马兜铃亚族 Aristolochiinae 2n = 8, 12, 14。

细辛亚科 Asaroideae 和 Isotrematinae 亚族为全北区（holarctic）分布，Bragantieae 族为印度至马来分布，马兜铃亚科 Aristolochioideae 为泛热带分布，后者似乎是于旧世界起源，但很早就到达巴西，发生了南（如 Euglypha）和北（如 Einomeia）的分化。地中海地区分布的马兜铃属 Aristolochia（狭义）似乎不属于北极－第三纪区系（Arcto-Tertiary flora）的后裔，而是非洲起源的（Huber, 1990；转引自 Kubitzki, 1993b）。根据马兜铃科的现代分布格局，该科应当是起源于联合古陆，至少那时它们的先驱已经起源，后来在不同陆块进一步分化。

马兜铃科推测性的叶痕化石发现于堪察加半岛晚白垩世的早三冬期，命名为 Aristolochites kamchaticus；木材化石 Aristolochioxylon prakashii 是在印度晚白垩世－早新生代描述的；指定为

图12.1.1　马兜铃科形态结构（1）

① 马蹄香（*Saruma henryi*）植株，② 花，③ 摘除花瓣的雌、雄蕊群；④ 大花细辛（*Asarum macranthum*）生境，⑤ 植株，⑥ 花；⑦ 南川细辛（*A. nanchuanense*）植株，⑧ 花被内面，⑨ 芽苞叶，⑩ 雄蕊群；⑪ 台湾细辛（*A. epigynum*）植株，⑫ 花，⑬ 雄蕊，⑭ 花柱及柱头，⑮ 芽苞叶

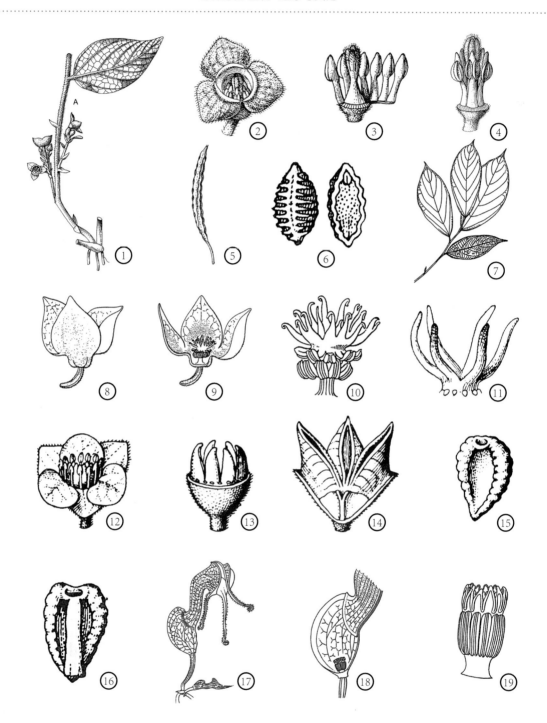

图12.1.2 马兜铃科形态结构（2）

①*Thottea tomentosa* 带花序的枝条和 A 叶背面，②花，③剖开的雄蕊轮和雌蕊，④花被脱落的花，⑤果，⑥种子及其纵切；⑦线果马兜铃（*T. penitilobata*）叶枝，⑧花，⑨前面花被片脱落的花，⑩合蕊柱；⑪*T. dependens* 柱头呈裂片状；⑫马蹄香（*Saruma henryi*）花，⑬花期的雌蕊群，⑭果期雌蕊群纵切，⑮种子背面观，⑯种子腹面观；⑰*Pararistolochia decandra* 幼花蕾和正开的花，⑱剪掉弯曲管状花被、剖开局部见到合蕊柱的胞果和管筒基部，⑲合蕊柱

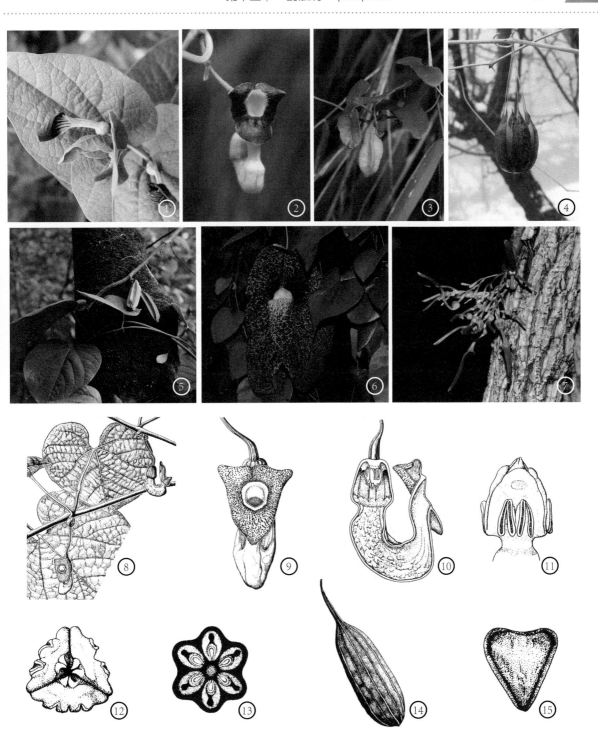

图12.1.3 马兜铃属形态结构

① 马兜铃（*Aristolochia rotunda*）花枝；② 台湾马兜铃（*A. shimadai*）花，③ 果枝；④ 北马兜铃（*A. contorta*）成熟果；⑤ *A. faviogonzalezii* 果藤；⑥ 巨花马兜铃（*A. gigantea*）花；⑦ 耳叶马兜铃（*A. tagala*）植株；⑧ 大叶马兜铃（*A. macrophylla*）叶，⑨ 花，⑩ 花纵切，⑪ 花药贴生于花柱的侧面观，⑫ 花柱顶面观，⑬ 子房横切，⑭ 成熟果，⑮ 种子

现代属马兜铃属的叶化石发现于北美早新生代（始新世－渐新世），俄罗斯阿布哈齐亚，格鲁吉亚，波兰晚新生代（中新世－上新世）。这些化石尚需进一步研究（Friis et al., 2011）。

本科 12 属 450~500 种，分 2 亚科。

亚科 1. 细辛亚科 Subf. Asaroideae。含 2 属。

  1. 马蹄香属 *Saruma* Oliv. 1 种；中国西南部特有。

  2. 细辛属 *Asarum* L. 70 种；北温带分布。

亚科 2. 马兜铃亚科 Subf. Aristolochioideae 分 2 族。

  族 1. Tribe Bragantieae

  3. *Asiphonia* Griff. 1 种；分布于马来半岛，苏门答腊和加里曼丹。

  4. 线果马兜铃属 *Thottea* Rottb. 25 种；分布于印度南部，斯里兰卡，东南亚，巽他群岛。

  族 2. 马兜铃族 Tribe Aristolochieae

  5. 关木通属 *Isotrema* Raf. 50 种；温带和热带亚洲以及北美到中美分布。

6. *Endodeca* Raf. 2 种；北美中部和东部分布。

7. *Pararistolochia* Hutch. et Dalziel 18 种；9 种在热带非洲，9 种在东马来西亚。

8. *Howardia* Klotzsch 150 种；分布于热带、亚热带美洲。

9. *Einomeia* Raf. 36 种；分布于墨西哥及周边的美国西南部，1 种扩散到佛罗里达及西印度群岛。

10. *Euglypha* Chodat et Hassl. 1 种；阿根廷北部和巴拉圭分布。

11. *Holostylis* Duch. 1 种；分布于巴西，玻利维亚，巴拉圭。

12. 马兜铃属 *Aristolochia* L. 120 种；分布于欧洲（主要在地中海地区），热带非洲，马达加斯加，暖温带、热带亚洲到澳大利亚北部。

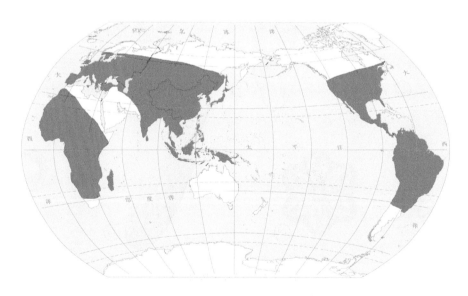

图12.1.4 马兜铃科Aristolochiaceae地理分布

第 2 目 胡椒目 Piperales

三白草科 Saururaceae（图 12.2.1～图 12.2.3）

该科在系统位置上是一个残遗的自然群。最早 Bentham 和 Hooker f. 将它放在胡椒科 Piperaceae，归入微胚类 Micrembryeae；Engler 的子系统均将它放在胡椒目 Piperales，现代的系统多跟随这一处理（Cronquist, 1981; Dahlgren, 1983; Takhtajan, 1997）。分子系统学的结果支持将本科和胡椒科 Piperaceae、马兜铃科 Aristolochiaceae 和囊粉花科 Lactoridaceae 一起归于胡椒目（APG, 1998, 2003, 2009; Judd et al., 2002），Takhtajan 2009 年的系统跟随了这一处理。Wu 等（2002）的系统，在胡椒纲 Piperopsida 下分立胡椒亚纲 Piperidae，包括本科和胡椒科。

具根状茎的多年生草本。除裸蒴属 Gymnotheca 外，其他属的薄壁组织有油细胞，且普遍出现草酸钙结晶；维管束 1 轮，三白草属 Saururus 有时有排列成 2 轮的外韧维管束；导管分子多为梯状穿孔；筛管分子质体为 S 型。单叶互生，气孔毛茛型；托叶贴生于叶柄。花序穗状，顶生或同叶对生，其基部有鲜艳的花瓣状苞片（总苞），看起来像一朵假花（pseudanthial flower）。花小，两性，没有花被；雄蕊 3、4 或 6（稀 8）枚，常常同心皮对生，分离或贴生于子房的下半部；花药大，有 4 孢子囊，纵缝开裂。花粉粒有远极单槽萌发孔，偶尔具远极三歧槽（trichotomosulcate）花粉，舟状椭圆形到圆形。雌蕊有 3~5 心皮，三白草属心皮基部联合、上部分离，其他属心皮联合成 1 室的复合子房，假银莲花属 Anemopsis 子房陷入花序轴；花柱明显，柱头下延；直生胚珠，每个胎座（1~）2~4（三白草属）或 6~10 枚胚珠（其他属）。胚珠双珠被、厚珠心或薄珠心，蓼型胚囊（假银莲花 Anemopsis、蕺菜属 Houttuynia 和三白草属）。三白草属的果实不开裂，每个心皮仅有 1 个种子；其他属为自顶端开裂的蒴果，有许多种子。种子的胚微小，内胚乳很少，外胚乳丰富。染色体数目：在假银莲花属 Anemopsis 和三白草属为 2n = 22，裸蒴

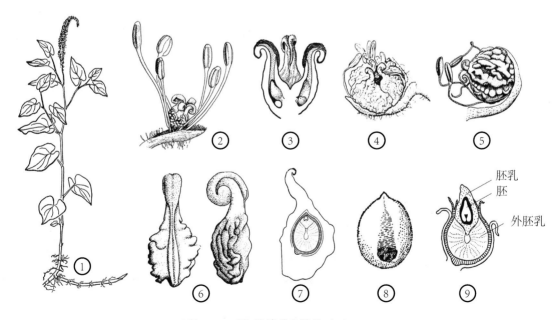

图12.2.1　三白草科形态结构（1）

① 美洲三白草（*Saururus cernuus*）完整植株，② 花，③ 雌花纵切，④ 具 4 心皮的幼果（该科内仅此属雌蕊为 4 基数），⑤ 成熟果侧面观，⑥ 成熟心皮垂直观（左）和侧面观（右），⑦ 心皮及其内种子纵切，⑧ 种子，⑨ 种子萌发期纵切

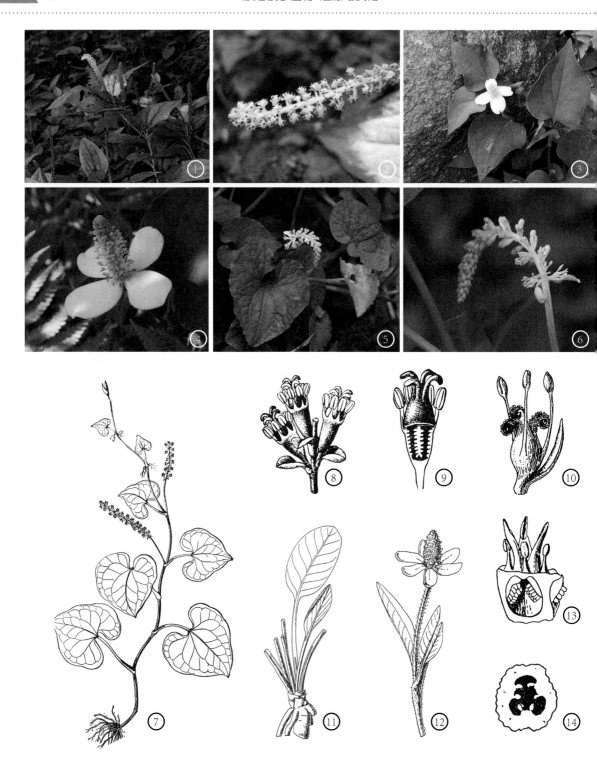

图12.2.2　三白草科形态结构（2）

①三白草（*Saururus chinensis*）生境，②花序；③鱼腥草（*Houttuynia cordata*）生境，④花序；⑤裸蒴（*Gymnotheca chinensis*）植株，⑥花序；⑦三白草完整植株，⑧一段花序，⑨一朵花部分纵剖；⑩鱼腥草一朵花；⑪假银莲花（*Anemopsis californica*）植株，⑫花序，⑬一朵花纵剖，露出子房，⑭子房横切

属为 $2n = 18$，蕺草属为 $2n = 96$。

最原始的三白草属间断分布于东亚（三白草 *Saururus chinensis*）和美国东部（美洲三白草 *S. cernuus*），蕺草属产于东亚和东南亚，*Anemopsis* 为美国加利福尼亚特有，裸蒴属为中国西南部特有。

梁汉兴（1999）根据多学科的证据，全面地论述了三白草科的系统演化、地理分布和起源。她基于 Tucker 等（1993）对胡椒目的分支系统学分析，表明三白草科和胡椒科是关系十分密切的两个单系类群，齐头绒属 *Zippelia* 是联系这两个科的纽带。齐头绒属具直生胚珠、基生胎座、茎双轮维管束等特征，决定了它系胡椒科的成员；齐头绒属同三白草属在形态上十分相似，主要是具 6 枚离生雄蕊和 4 枚心皮，排列位置相同，花具单花梗，排列成总状花序等。齐头绒属花解剖及花维管结构与三白草属的相似程度也远比与胡椒科其他属大；雄蕊发生顺序也十分相似于三白草属，但与胡椒属花的发生顺序差异较大。三白草科的现代类群中，尤其是三白草属在许多方面保留了比胡椒科更多的原始性状，它们都是十分古老的。两个科的共同祖先可能是在联合古陆完全分裂之前，大约在侏罗纪时期就有了它们的先驱。三白草科的起源地最有可能是在古北大陆东南部。

三白草科的果实和种子化石在欧洲与亚洲都有发现，多定名为 *Saururus biloba*，欧洲出现于始新世到中新世，亚洲则在渐新世到中新世。在加拿大不列颠哥伦比亚发现有果和花的花序轴，命名为 *Saururus tuckerae*（Friis et al., 2011）。

本科 4 属 6 种。

1. 三白草属 *Saururus* L. 2 种；1 种在东亚，1 种在美国东部。

2. 蕺菜属 *Houttuynia* Thunb. 1 种；分布于东亚和东南亚。

3. 假银莲花属 *Anemopsis* W. J. Hook. & Arnott 1 种；产于北美西南部。

4. 裸蒴属 *Gymnotheca* Decne. 2 种；中国西南部特有。

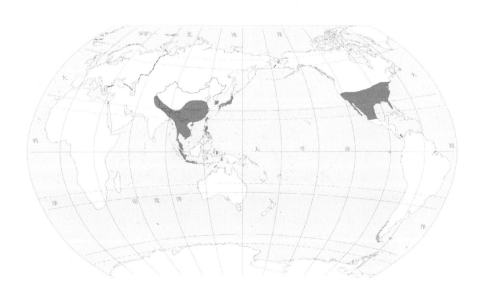

图12.2.3　三白草科Saururaceae地理分布

胡椒科 Piperaceae（图 12.3.1~ 图 12.3.6）

一个原始的热带科。Bentham 和 Hooker f. 将它归入微胚类 Micrembryeae 胡椒目 Piperales，胡椒科还包括了囊粉花科 Lactoridaceae 和三白草科 Saururaceae。Engler 的子系统及现代的被子植物分类系统，均将它同三白草科归于胡椒目，只有 Young 将它放在马兜铃目 Aristolochiales。Takhtajan（1997）跟随 Smith（1981）年的处理，采取了狭义的概念，将草胡椒属 Peperomia 等分出，另立草胡椒科 Peperomiaceae。Wu 等（2002）的系统采取较广义科概念，本科包括草胡椒科，并同三白草科一起归入胡椒亚纲 Piperidae 胡椒目。APG 系统（2009）将胡椒科同囊粉花科、腐臭草科 Hydnoraceae、马兜铃科和三白草科一起组成胡椒目，Takhtajan （2009）系统也跟随这样处理。

胡椒科植物生物学习性变异很大，乔木、灌木、藤木或草本，还有附生的，藤本种靠节上的不定根附着于其他植物上。圆形的油细胞星散分布在薄壁组织中。维管束排列常多于一轮或在茎中呈星散分布，像单子叶植物的维管束排列情况，但不同于单子叶植物的维管束为开放的，不被薄壁细胞鞘所包围；导管分子是梯纹穿孔板；筛管分子质体为 S 型；傍管木薄壁细胞普遍存在排水器（hydathode），从里面细胞向表皮细胞排水，当环境的湿度饱和时，排水细胞变得很活跃。营养芽侧生或顶生。叶形多变化，长度从小者 2mm 到大者 70cm 变化，圆形、卵形、长圆形、椭圆形、心形或戟形，有些种盾形，有的叶肉质；大多数气孔四轮列型或不等细胞型。花雌雄异株、同株或两性；花生于直立或俯垂的花序上，花序穗状、总状或小圆锥状；花微小，没有花被，每朵花仅由一苞片托着；雄蕊 2~6 枚，分离，花药具 4 孢子囊，成 2 片，或 2 孢子囊成单片（草胡椒属），纵向开裂。花粉粒球形，有覆盖层，2 核，单槽花粉或在草胡椒属为无沟孔花粉，覆盖层有微小的刺。子房上位，单室，有 1~4 个柱头；3~4 心皮由不同原基发生，或在草胡椒属仅有一个心皮，由单个原基发生。胚珠单独基生，直立，厚珠心、双珠被（草胡椒属为单珠被，胚囊 4 孢子型）。果实为浆果或核果。种子小，内胚乳缺乏，外胚乳丰富。染色体基数为草胡椒属 Peperomia $x = 11$；大胡椒属 Macropiper 和胡椒属 Piper $x = 13$；齐头绒属 Zippelia $x = 19$。

胡椒科和三白草科的姐妹科关系是由它们的共有性状决定的：花器官有成对发生的特点，并因而有了花两侧对称性；种子都有外胚乳；花粉粒具远极单沟萌发孔或无萌发孔，表面具小穴或瘤状突起；茎部维管束散生；叶互生，具掌状叶脉等。齐头绒属是联系两个科的纽带，雄蕊在近轴侧位的一对先发生，染色体基数 $x = 19$，胚囊发育为 Drusa 型，果实具锚状刺毛（见图 12.3.2 ⑦）等，可确定其系统位置，并得到胡椒目分支分析的支持（梁汉兴，1993）。由这两个科组成的胡椒目，过去学者认为是直接从木兰目来的。但是，它具有穗状花序、花被缺少、花两侧（bilateral）对称而不同于木兰类植物；加之，它们具有远极单沟花粉，支持将胡椒目作为一个自然群。另外，Burger（1977）将胡椒目同几个单子叶植物科（水蕹科 Aponogetonaceae、天南星科 Araceae、眼子菜科 Podomogetonaceae 和水麦冬科 Juncaginaceae）的性状进行比较，提出胡椒目和睡莲目 Nymphaeales 同单子叶植物有更密切的关系。在 Wu 等（2002）的系统中，以胡椒目和马兜铃目 Aristolochiales 为核心群，另立胡椒纲 Piperopsida，就是综合考虑到它在系统上的独立位置。

胡椒科植物是森林尤其是热带森林树荫下的成分。胡椒属多生于热带低海拔；Sarcorhachis 产于新热带；草胡椒属常发现在较高海拔的热带湿润森林中，且常附生；Macropiper 是南太平洋岛屿森林中大树；齐头绒属在中国西南热带森林下和爪哇山地雨林中呈间断分布。从姐妹科三白草科的古北大陆分布来判断，泛热带的胡椒科也有一种起源于古北大陆，或许经非洲而到达南美洲的说法（Raven and Axelrod, 1974）。本科化石发现于阿根廷始新世。胡椒属大多数具完全花，具 4~6 枚雄蕊的种类大都分布在南美，而单性花、具 2~3 枚雄蕊的种类则分布于旧世界，就已知的染色体数目而言，新世界种多为二倍体，旧世界的种则多为多倍体（或许多是古多倍体）。因此，吴征镒等（2003）推断只能从胡椒目的祖干上、可能在第一次泛古大陆*上开始分化直至古南大陆（即冈瓦纳古陆）和古北大陆（即劳亚古陆）分离，现存的新世界胡椒科这一分支，在西部非洲－美洲古陆分离后，保存了更多的原始类型，并获得新的大发展；而在古北大陆则由于以后几次洲际分合和巨大造山运动，只保留了三白草科这一分支及两个分支的纽带齐头绒

图12.3.1　胡椒科形态结构（1）

① 齐头绒（*Zippelia begoniifolia*）花序和叶；② 竹叶胡椒（*Piper bambusaefolium*）成熟果，③*P. kadsura* 花枝；④*P. betle* 未成熟果及其切剖；⑤ 山蒟（*P. hancei*）生境，⑥ 花；⑦ 豆瓣绿（*Peperomia tetraphylla*）生境；⑧*P. reflexa* 花序

　地球曾发生过 5 次或以上的陆地与大洋之间分布的大变化。最近的两次泛古大陆和泛古大洋各板块的聚散过程与被子植物大进化密切相关，于 2 亿~1.8 亿年前（即晚三叠纪至早侏罗世）的古大陆称被子植物发生和分化的第一次泛大陆（1st Pangaea）时期；而将 1.1 亿~0.65 亿年前（即白垩纪中期至晚白垩世末）的古大陆称为被子植物大分化的第二次泛大陆（2nd Pangaea）时期（吴征镒等，2003）。

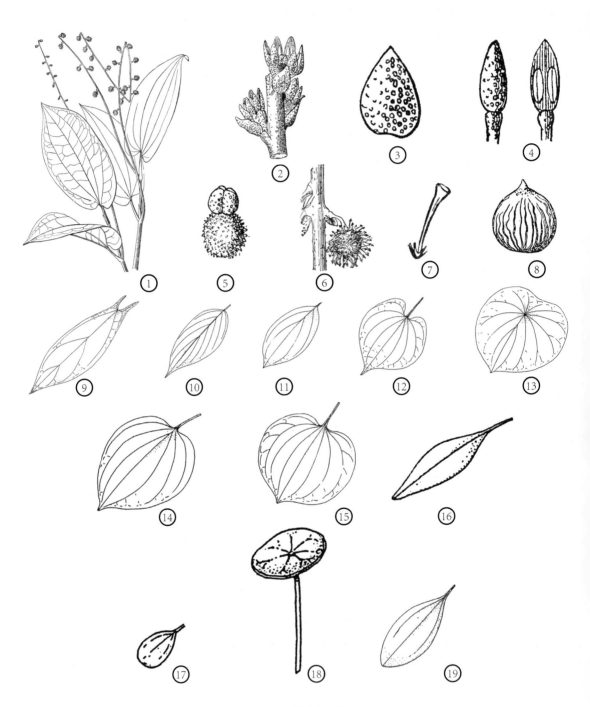

图12.3.2 胡椒科形态结构（2）

① 齐头绒（*Zippelia begoniifolia*）花果枝，② 一段花序，③ 苞片，④ 雄蕊外面观（左）和内面观（右），
⑤ 雌蕊，⑥ 果，⑦ 果的锚状刺毛，⑧ 种子；胡椒科叶形状：⑨*Piper sagittifolium*，⑩*P. aduncum*，⑪*P. nigrum*，⑫*P. marginatum*，⑬*P. peltatum*，⑭*Sarcorhachis incurva*，⑮*Macropiper latifolium*，⑯*Peperomia glabella*，⑰*P. deppeana*，⑱*P. umbilicata*，⑲*P. obtusifolia*

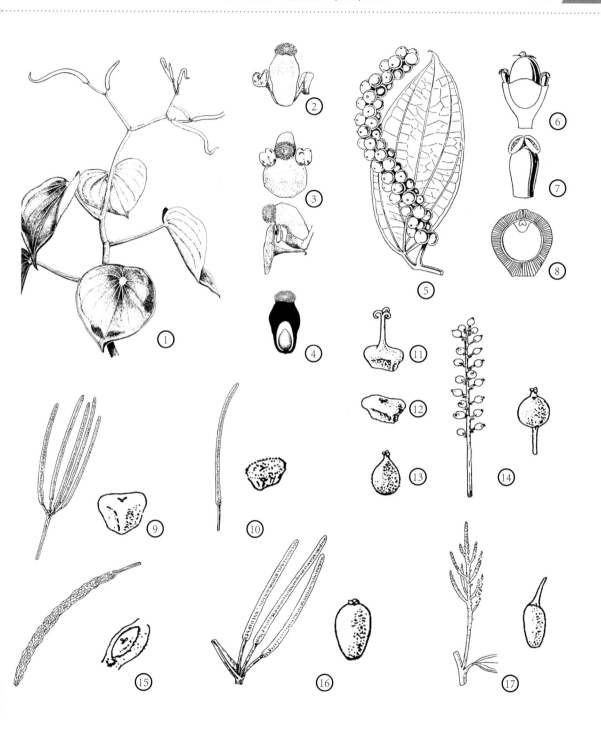

图12.3.3 胡椒科形态结构（3）

① 草胡椒（*Peperomia polybotrya*）植株，② 花，③ 具苞片花的正面观（上）和侧面观（下），④ 雌蕊部分纵切；⑤ 胡椒（*Piper nigrum*）果和叶，⑥ 花，⑦ 雄蕊，⑧ 果纵切；⑨*P. peltatum* 花序和果；⑩*P. hispidum* 花序和果；⑪*P. calcariformis* 果；⑫*P. obliquum* 果；⑬*P. amalago* 果；⑭*P. yucatanense* 花序和果；⑮*Sarcorhachis* ncurva 花序和果；⑯*Macropiper latifolium* 花序和果；⑰*Peperomia glabrella* 花序和果

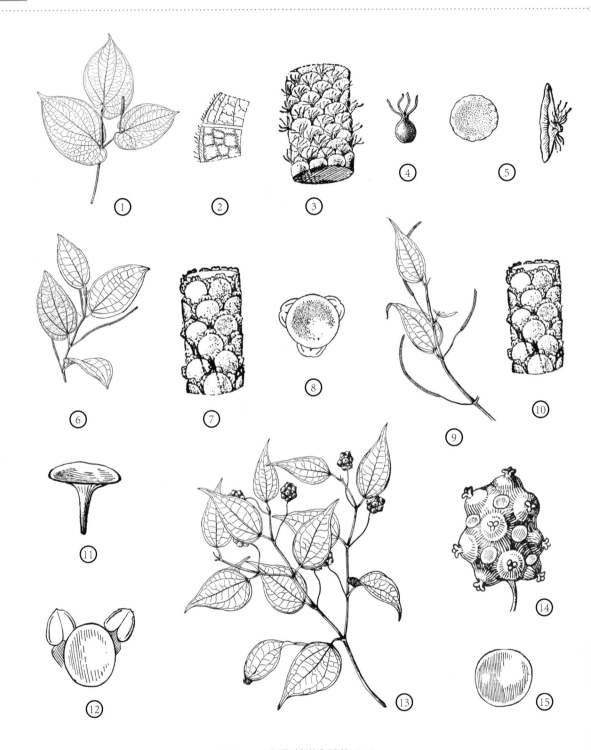

图12.3.4 胡椒科形态结构（4）

① 盈江胡椒（*Piper yinkiangense*）雌花枝，② 部分叶背面，③ 一段雌花序，④ 雌蕊，⑤ 雌花序的两种苞片；
⑥ 风藤（*P. kadsura*）雄花枝，⑦ 一段雌花序，⑧ 苞片和雄蕊；⑨ 线梗胡椒（*P. pleiocarpum*）雄花枝，⑩ 一
段雄花序，⑪ 雄花序上苞片，⑫ 苞片和雄蕊，⑬ 雌花序，⑭ 一段雌花序，⑮ 雌花序的苞片

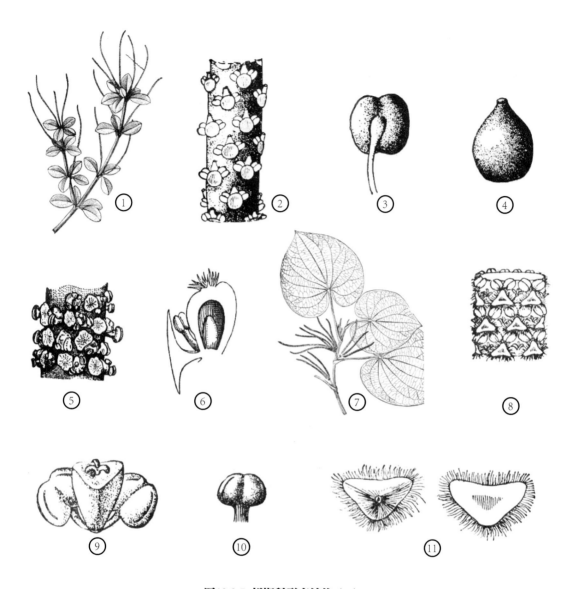

图12.3.5 胡椒科形态结构（5）

① 硬毛草胡椒（*Peperomia cavaleriei*）花枝，② 一段花序，③ 雄蕊，④ 果；⑤ *P. sandersii* 一段花序；⑥ *P. landa* 花托和苞片纵切；⑦ 大胡椒（*Macropiper subpeltata*）花枝，⑧ 一段花序，⑨ 花，⑩ 雄蕊，⑪ 苞片腹面观（左）和背面观（右）

属的残余分子。胡椒属和草胡椒属则继续分化，形成以热带东南亚为核心第二分化中心。

从白垩纪到新生代发现的几种叶化石，鉴定为现代属 *Piper*，因缺少叶脉和叶表皮研究，尚不能确定。从西伯利亚中新世发现的有网状纹饰的种子命名为 *Peperomia sibirica*；种子化石在欧洲新生代也有报道。

本科 5 属约 3000 种。

1. 齐头绒属 *Zippelia Blume* 1 种；中国西南部，中南半岛和爪哇分布。

2. 胡椒属 *Piper* L. 约 1000 种；泛热带分布。旧热带种为雌雄异株或同株（即单性花）；新世界种为两性花。

3. *Sarcorhachis* Trel. 4 种；新热带分布。

4. 大胡椒属 *Macropiper* Miq. 9 种；南太平洋分布。

5. 草胡椒属 *Peperomia* Ruiz et Pav. 约 1000 种；泛热带分布。

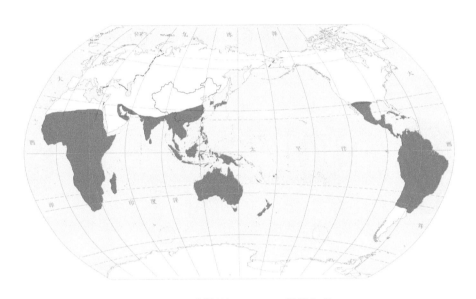

图12.3.6 胡椒科Piperaceae地理分布

第十三章　石竹纲 Caryophyllopsida

第1目 紫茉莉目 Nyctaginales

商陆科 Phytolaccaceae（图 13.1.1~图 13.1.5）

　　商陆科是石竹纲中系统位置和科的范畴存在争议的科。Bentham 和 Hooker f. 曾将它归入单被花亚纲 Monochlamydeae 弯胚类 Curvembryeae，包括了萝卜藤科 Agdestidaceae、商陆藤科 Barbeuiaceae、环蕊木科 Gyrostemonaceae、白籽树科 Stegnospermataceae；Engler 的子系统将它放在古生花被亚纲 Archichlamydeae 中央种子目 Centrospermae 商陆亚目 Phytolaccineae；Melchior（1964）在本科包括萝卜藤科 Agdestidaceae、商陆藤科 Barbeuiaceae、白籽树科 Stegnospermataceae；现代四大系统均将它放在石竹目 Caryophyllales；Cronquist（1981）采取了像 Bentham 和 Hooker f. 那样最广泛的概念，Rohwer（Kubitzki, 1993b）随之；Takhtajan（1997, 2009）采取了最狭义的概念，本科只含商陆属等 4 属，放在石竹亚纲起始的位置；APG 系统将其作为石竹目的成员，放在核心真双子叶植物（core eudicots），但并非是该目的基部成员。吴

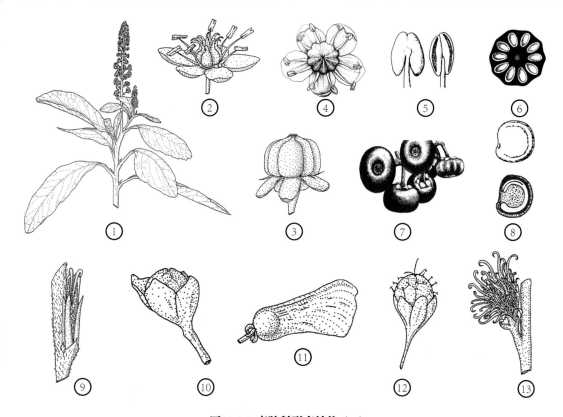

图13.1.1　商陆科形态结构（1）

①商陆（*Phytolacca acinosa*）开花嫩枝，②花，③果；④美洲商陆（*Ph. americana*）花，⑤花药不同面观，⑥子房横切，⑦果，⑧种子及其纵切；⑨*Petiveria alliacea* 果；⑩*Hilleria latifolia* 果；⑪*Seguieria aculeata* 果；⑫*Microtea debilis* 果；⑬*Monococcus echinophorus* 果

图13.1.2 商陆科形态结构（2）

① 商陆（*Phytolacca acinosa*）生境，② 花，③ 雌蕊群，④ 幼果，⑤ 成熟果；⑥ 七索藤（*Ercilla volubilis*）花；⑦ 数珠珊瑚（*Rivina humilis*）花枝；⑧*Ercilla spicata* 花枝，⑨ 花，⑩ 雌蕊群，⑪ 雄蕊，⑫ 子房纵切；⑬*Anisomeria coriacea* 植株，⑭ 花，⑮ 雄蕊不同面观，⑯ 心皮纵切，⑰ 成熟分果爿，⑱ 种子

征镒等（1998）新建立了石竹纲 Caryophyllopsida，将商陆科放在紫茉莉目 Nyctaginales 的第 1 科，采用较广义的概念，作为石竹纲的起始科，即第 1 科（Wu et al., 2002）。

　　商陆科基本上是一群草本植物，但有灌木、藤本甚至特大乔木。乔木树种的韧皮部和薄壁细胞丰富；木材为单穿孔；已知属的筛管分子质体为 P 型。叶通常互生（极稀对生），单叶、全缘，无托叶；气孔无规则型或平列型；叶肉组织有不同形状的钙状结晶。花序绝大多数为有限花序，呈总状或穗状。花小，两性，极稀单性，多辐射对称；花被为单被，花被片 4 或 5，分离，覆瓦状排列，呈不明显花瓣状，大多数绿色到淡白色，有时黄色或淡红色；雄蕊数多变化，（2～）4 到多数，花药背着，有 4 孢子囊，纵缝开裂；小孢子母细胞分裂为同时型，腺质绒毡层。花粉粒近扁球形或近圆球形，通常为 3 沟，也有散沟型。心皮数也多变化，如商陆亚科 Phytolaccoideae 的心皮多数，从分离到合生，而数珠珊瑚亚科 Rivinoideae 为单心皮雌蕊，每心皮有 1 枚胚珠；胚珠弯生，2 珠被、厚珠心；核型胚乳。果实通常不开裂，有的形成合心皮浆果或单心皮浆果。种皮壳状或膜质，成熟种子的外胚乳丰富或缺少；胚弓曲。染色体基数 $x = 9$。

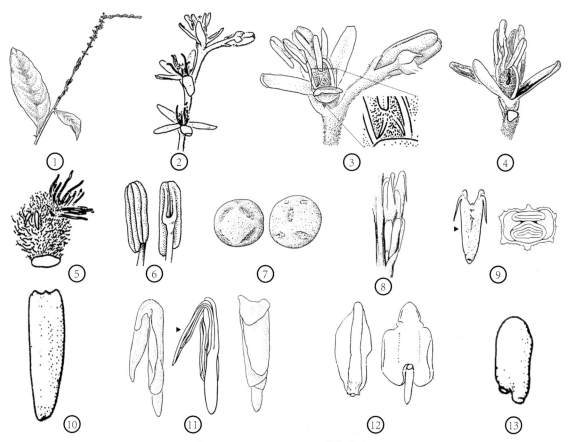

图13.1.3 *Petiveria alliacea* 形态结构

① *Petiveria alliacea* 花期花序轴自然下弯，② 花序顶端发生弯曲时花药形成，花药释放后花蕾下面两花脱落，③ 花序顶端的子房上有两个钩状物，④ 花近轴观，见到子房上柱头（黑色弯曲部分），无遮掩的三角区为幼花序脱落的疤痕，⑤ 雌蕊群侧面观，⑥ 花药不同面观，⑦ 花粉粒的极地面和赤道面观，×1000，⑧ 近成熟果（黑色三角示横切位，下同），⑨ 成熟果近轴侧面观及其横切，⑩ 自瘦果脱落的种子，⑪ 胚的侧面观（左）、垂直观（中）和远轴观（右），⑫ 胚具脱落的内长子叶（左）和外短子叶（右），⑬ 胚珠

大多数著者认为商陆科是中央种子目 Centrospermae 基部类群之一（Cronquist, 1981）；相反的观点认为该科并非是该群植物中最原始的类群。我们分析了石竹纲 Caryophyllopsida，认为商陆科特别是在多心皮类群中仍属原始的类群（吴征镒等，2003）。然而，Cronquist（1981）这样写到：对于商陆科既具有离生心皮又具有基底胎座的植物，我不能理解它是进化的。根据郑宏春等（2004）研究，基底胎座出现在单心皮属中是毫无疑问的，而在具多心皮的商陆属中胚珠不是从子房底部生出的，而是从心皮内侧靠轴的部位生出的。他认为这种胎座应称作中央边缘胎座（mediansubginal）。商陆科要从多心皮植物演化到石竹目具基底胎座和特立中央胎座是一个困难的演化过程。在心皮发育中，心皮之间的隔不向中央伸展，就会形成特立中央胎座；当中央的胚珠不是发生在顶生分生组织的周围，而是发生在分生组织的顶端时，就形成了基底胎座。商陆科作为石竹纲的基部群，它不可能起源于现存的任何植物类群，而是起源于原始被子植物。

商陆科是一个热带、亚热带的科。商陆属在世界上稍广布，其他属多有各自的局限分布区，它们多数在新世界。有广幅的生态域，从湿润的森林到干旱的草丛地区。

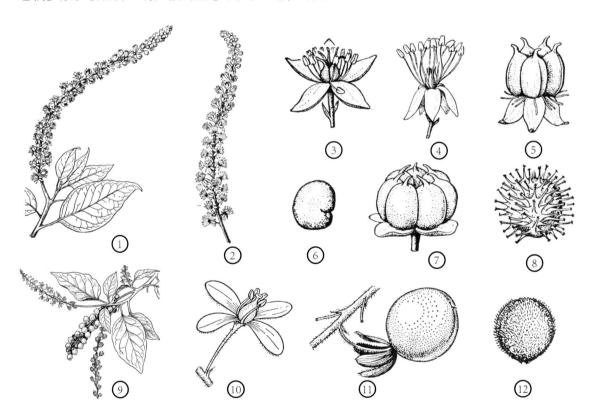

图13.1.4 商陆科形态结构（3）

①*Phytolacca dodecandra* 雌花序，②雄花序，③雌花、具退化雄蕊，④雄花，⑤果，⑥种子；⑦*P. heptandra* 果；⑧*Microtea maypurensis* 果；⑨*Rivina humilis* 花果枝条，⑩花，⑪果，⑫种子

本科分 3 亚科，15 属约 65 种。

亚科 1. 商陆亚科 Subf. Phytolaccoideae

1. *Anisomeria* D. Don 2~3 种；智利特有。

2. *Ercilla* A. Juss. 2 种（或 1 种）；智利特有。

3. 商陆属 *Phytolacca* L. 25 种（或稍少）；几乎世界分布，但以热带和亚热带为主。

4. *Nowickea* J. Martínezet & J. A. McDonald 2 种；墨西哥特有。

亚科 2. 数珠珊瑚亚科 Subf. Rivinoideae

5. *Gallesia* Casar. 1 种；主要分布在亚马孙流域外的热带南美。

6. *Seguieria* Loefl. 6 种；主要分布在亚马孙流域外的热带南美。

7. *Rivina* L. 1 种；热带、亚热带美洲分布。

8. *Trichostigma* A. Rich. 3 种；中、南美分布。

9. *Schindleria* H. Walter 2 种；分布于秘鲁，玻利维亚。

10. *Ledenbergia* Klotzsch ex Moq. 2 种；墨西哥到委内瑞拉分布。

11. *Hilleria* Vell. 3 种；分布于南美和热带非洲。

12. *Petiveria* L. 1 种；热带、亚热带美洲分布。

13. *Monococcus* F. Muell. 1 种；分布于澳大利亚东部，新喀里多尼亚，新赫布里底群岛（太平洋）。

亚科 3. Subf. Microteoideae

14. *Microtea* Swartz 9 种；中、南美洲，安的列斯群岛分布。

15. *Lophiocarpus* Turcz. 4 种；3 种在南非和西南非，1 种在莫桑比克。

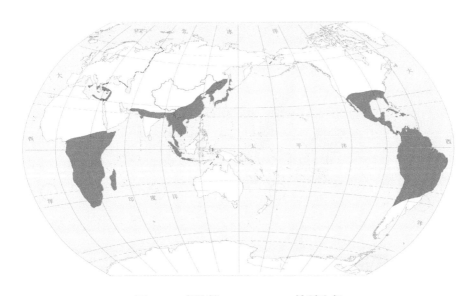

图13.1.5　商陆科Phytolaccaceae地理分布

第十四章　百合纲 Liliopsida

第1目 菖蒲目 Acorales

菖蒲科 Acoraceae（图 14.1.1，图 14.1.2）

菖蒲属 *Acorus* 通常归属于天南星科 Araceae，作为天南星科中较原始的亚科，即菖蒲亚科 Acoroideae；但不少作者主张将它从天南星科分出独立成科：菖蒲科 Acoraceae（Grayum, 1987, 1990; Thorne, 1992），这是基于形态学、化学成分和 DNA 序列性状。根据 *rbc*L 序列的分支分析，Chase 等（1993, 1995）提出菖蒲属 *Acorus* 是其他单子叶植物的姐妹群。APG 系统（2003, 2009）将它放在单子叶植物的第 1 目（科）。它不同于天南星目 Arales 在于：针晶体缺如，存在油细胞；叶柄中有两个分（除 *Gymnostachys* 外）还在于它没有佛焰苞状苞片，按照 Duvall 等

图14.1.1 菖蒲科形态结构

① 石菖蒲（*Acorus tatarinowii*）植株；② 金钱蒲（*A. gramineus*）花序；③ 菖蒲（*A. calamus*）植株，④ 肉穗花序，⑤ 花，⑥ 雌蕊群，⑦ 雌蕊群纵切和横切，⑧ 胚珠，⑨ 浆果及其横切，⑩ 未成熟种子

（1993）的观点，菖蒲属 *Acorus* 代表单子叶植物祖先最古老的残存的祖传系。Takhtajan（1997）认为这个假设主要根据其内共生有机体（endosymbiotic organism）、叶绿体的遗传组成（genetic constitution）。在他 1997 年的系统中，将该科独立目放在天南星超目 Aranae，在最后修订的系统（2009），将菖蒲科又归入天南星科。我们的系统（Wu et al., 2002）将菖蒲科放在天南星目，并提升为天南星亚纲 Aridae。考虑到与现代分子系统学一致的研究结果，本书采取了将它放在百合纲最基部的位置。

它们为多年生草本，有匍匐的根状茎，具芳香气味；有油细胞，但没有草酸钙结晶；根有导管，导管具梯纹穿孔板。叶互生，丛生（tufted）、围绕着根状茎的颈部，气孔平列型（paracytic）。花小，密生在圆柱状的肉穗花序上，没有佛焰苞苞状片，两性，3 数，花被片 6，2 轮，小而厚，向内弯曲，顶端截形；雄蕊 6，花丝线形；花药具 4 孢子囊，内向纵裂；花柱很短，柱头小；子房上位，3 室，每室有几枚顶生胚珠；胚珠直立，双珠被、厚珠心；蓼型胚囊；细胞型胚乳。浆果。种子长圆形，有内胚乳和 1 层放射状伸长的外胚乳细胞；胚直。染色体基数 $x = 6$。

菖蒲科没有可靠的化石记录，过去曾指定为该科的化石现在都已排除了。

菖蒲属 *Acorus* 2~4 种；分布于旧世界温带，尤其在东亚、北美，欧洲逸生 1 个三倍体种。

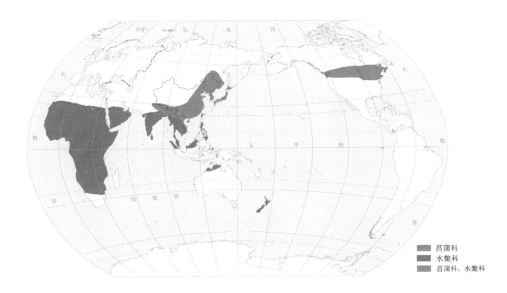

图14.1.2 菖蒲科Acoraceae和水鳖科Hydrocharitaceae地理分布

第 2 目 泽泻目 Alismatales

泽泻科 Alismataceae（图 14.2.1~ 图 14.2.4）

一群主要分布于北温带（个别种广布）淡水或沼泽环境中的植物。Bentham 和 Hooker f. 系统以及 Engler 各子系统，一般认为其是单子叶植物中最原始或较原始的类群；Hutchinson 将它同毛茛科 Ranunculaceae 联系起来（经由毛茛泽泻属 *Ranalisma*），提出单子叶植物起源的毛茛－泽泻假说；Dahlgren 等（1985）认为百合亚纲的原始类群是薯蓣目 Dioscoreales；Takhtajan（1997）则改变了以前将泽泻目 Alismatales 放在原始位置的顺序，而将藜芦目 Melanthiales 排在百合纲的最前面，在他 2009 年最后修订的系统中，将泽泻亚纲 Alismathidae 放在百合纲起始的位置；分子系统学的分析（APG, 2003, 2009），则将泽泻目排在较基部的位置，紧跟菖蒲目（科）。基于形态、分子和分布综合分析，我们认为本科和它的近缘科是百合纲基出的类群，把它们放在百合纲 Liliopsida 前面的位置。

　　一年生或多年生草本水生植物。根生于茎基部或茎部节上。茎短、直立、球状，常具根状茎，根状茎顶端偶尔呈块状。具漂浮叶或浮出叶，叶基生，无柄或有圆柱形或三角形的柄，柄具鞘状的基部；叶片线形、披针形、卵形或菱形，有平行的初生脉和网状的次生脉，叶面气孔普遍为平列型。花序梗和叶柄的维管束有十分发育的初生木质部腔隙，次生木质部呈 U 形排列；导管局限于根中，以一条中心束出现，大多数为单穿孔。花序有花葶，其大多数为直立的，稀漂浮，由轮生的分枝形成总状或圆锥状，稀伞状，没有佛焰苞，有轮生的苞片。花下位（子房上位），单性或两性，近无梗或有长花梗；花被片 6 枚，2 轮排列，外面 3 枚萼片状、绿色、宿存，内面 3 枚花瓣状；雄蕊 6、9 枚或多数，若为 6 枚则成对同花瓣互生，若为 9 枚则外轮 6 枚、内轮 3 枚，

图14.2.1 泽泻科形态结构（1）

① 东方泽泻（*Alisma orientale*）植株和花；② 皇冠草（*Echinodorus grisebachii*）植株和花序；③ 长喙毛茛泽泻（*Ranalisma rostratum*）花；④*Limnophyton obtusifolium* 植株，⑤ 花序；⑥ 慈姑（*Sagittaria trifolia* var. *sinensis*）花；⑦ 野慈姑（*S. trifolia*）幼果

若为多数则不规则排列；花药具 4 孢子囊，外向，基部着生，纵缝开裂；花药壁发育为单子叶型，变形绒毡层、单核，小孢子发育连续型，花粉粒释放时具 3 细胞；心皮 6 到多数，分离，排成 1 轮或不规则，每心皮具 1（~2）倒生胚珠，稀 2 至多数生在边缘胎座上；胚珠为薄珠心，胚囊发育为葱型，胚乳发育为核型或沼生型，胚的形成为石竹型。瘦果或稀蓇葖果，有 1 至几个种子；种子 U 形，成熟种子无内胚乳。染色体基数 $x = 5~13$，大多数为 $x = 7，8，11$。

　　泽泻科的毛茛泽泻属名称 *Ranalisma* 表明了早期的分类观点，认为泽泻科是从双子叶植物毛茛科发展来的，其主要特征是具有离生心皮和多雄蕊。前面已经提到这是 Hutchinson 的假说。但这一假说迄今没有得到支持。对该科的系统位置 Les 等（1993, 1997）曾作了讨论。在系统发育上，该科应放在单子叶植物相对原始的泽泻超目 Alismatanae，最密切的姐妹群可能是天南星科 Araceae。按照 Dahlgren 等（1985）的观点，黄花蔺科 Limnocharitaceae 同泽泻科有最密切的系统发育关系，其次是花蔺科 Butomaceae 和水鳖科 Hydrocharitaceae。现代的分子序列资料也都

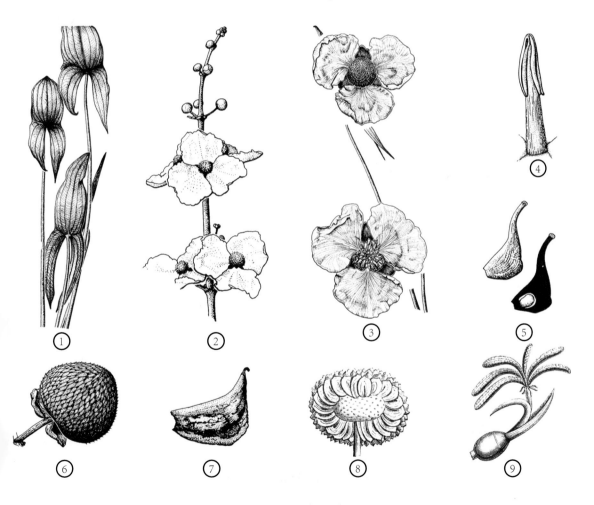

图14.2.2　泽泻科形态结构（2）

①*Sagittaria latifolia* 枝叶，②花序，③雌花（上）和雄花（下），④雄蕊，⑤雌蕊及其纵切，⑥子实体头状瘦果，⑦单瘦果；⑧欧洲慈姑（*S. sagittifolia*）清除部分果侧面观，⑨块茎萌发

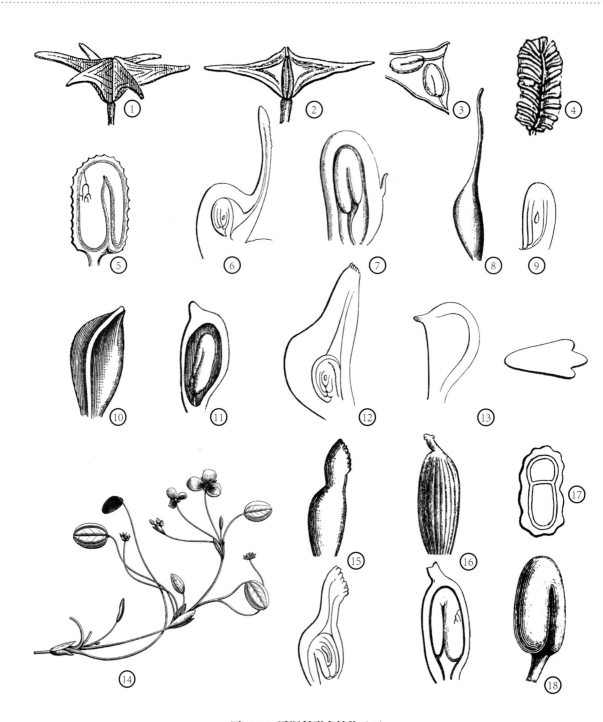

图14.2.3 泽泻科形态结构（3）

①*Damasonium alisma* 成熟果，②两个前方可脱离的心皮，③心皮纵切，④种子，⑤种子纵切；
⑥*Alisma plantago* 开花期心皮纵切，⑦成熟果纵切；⑧*Caldesia parnassifolia* 心皮，⑨种子；⑩*Echinodorus
ranunculoides* 心皮，⑪种子纵切；⑫*Sagittaria sagittifolia* 开花期心皮纵切；⑬*Burnatia enneandra* 心皮侧面观
及其基部形状；⑭欧泽泻 *Luronium natans* 植株浮水部分，⑮心皮及其纵切，⑯果实及其纵切，⑰果实横切，
⑱种子

支持黄花蔺科同泽泻科有密切的关系(Les, 1993; Les et al., 1997)。根据泽泻科现代分布格局分析，认为虽然其近代分布中心在新世界，但起源是在第一次泛古大陆，并在后来的古北大陆东部分化（吴征镒等 , 2003 ）。

泽泻科的果实和种子化石在晚始新世 – 早渐新世是普遍的。在加拿大中始新世发现的一个硅化叶柄化石 *Heleophyton* 既有泽泻科的特征也有花蔺科的特征。白垩纪的记录很少，仅从加拿大艾伯塔的晚白垩世坎潘期到马斯特里赫特斯期描述了一种叶化石，命名为 *Cardstonia tolmanii*（ Friis et al., 2011 ）。

本科 12 属。

1. *Damasonium* Mill. 3 种；间断分布于欧洲西部和南部，澳大利亚（包括塔斯马尼亚）的温带地区，美国加利福尼亚。

2. *Baldellia* Parl. 2 种；分布于欧洲，北非和加那利群岛（大西洋）

3. 泽泻属 *Alisma* L. 9 种；世界广布。

4. *Luronium* Raf. 1 种；欧洲分布。

5. 毛茛泽泻属 *Ranalisma* Stapf 2 种；旧世界热带分布。

6. *Echinodorus* Rich. ex Engelm. 27 种；全部分布在新世界地区，3 种扩散到北美。

7. 泽苔草属 *Caldesia* Parl. 4 种；分布于欧洲，非洲，亚洲和澳大利亚。

8. *Limnophyton* Miq. 2 种；分布于热带非洲，马达加斯加，南亚和东南亚。

9. *Astonia* S. W. L. Jacobs 1 种，澳大利亚昆士兰东北部特有。

10. 慈姑属 *Sagittaria* L. 25 种；主要在西半球分布，扩散到全球。

11. *Wiesneria* Micheli 3 种；分布于西非，中非，马达加斯加和印度。

12. *Burnatia* Micheli 1 种；分布于热带非洲。

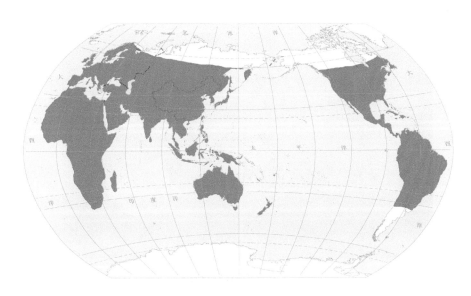

图14.2.4 泽泻科Alismataceae地理分布

黄花蔺科 Limnocharitaceae（图 14.3.1~ 图 14.3.3）

一个多年生水生具乳汁的草本科。Bentham 和 Hooker f. 将它放在泽泻科 Alismataceae；Engler 子系统将它归入花蔺科 Butomaceae；在现代系统中，Thorne 仍然将它归入泽泻科，APG 系统跟随之；其他系统多将它独立成科归在泽泻目 Alismatales（Takhtajan, 1997, 2009）。

该群植株挺出水面或漂浮于浅水。根生于根状茎或匍匐茎，其表皮薄壁细胞常发育成根毛，它的外皮层由 2 或 3 层细胞组成，皮层下为具腔隙的薄壁细胞；中柱由一个简单的次生木质部导管和几个初生木质部管胞组成，并同简单的筛管互生。根状茎有十分发育的皮层薄壁细胞，内皮层相似于根，中心木质部束不规则；茎维管系统有 6 个主要的维管束，没有纤维鞘，分泌腔丰富。叶基生或互生，螺旋状插生，有叶柄；叶柄圆柱形或三棱形，伸长，基部具鞘；叶片圆形到披针形，叶脉网状，从叶基发出的平行主脉达叶端；气孔平列型。花序有花葶，直立或漂浮，顶生，呈伞形，有总苞，总苞由几个膜质苞片组成。花下位（子房上位），两性，具梗；花被辐射对称，花被片 6，2 轮排列，外轮 3 枚萼片状、果期宿存，内轮 3 枚花瓣状、脱落；雄蕊分离，6 至多数，花药 2 室，背着，纵缝开裂；花药壁形成为单子叶型，药壁内层纤维化加厚，变形绒毡层，小孢子发育为连续型，小孢子四分体多变，四面体形、等面体形或稀丁字形，花粉粒释放时 3 细胞；花粉粒球形，3 散孔（pantoporate）或无孔，花粉外壁有刺；雌蕊由 3~20 枚心皮组成，分离或基部靠合，每心皮有多数胚珠，片状胎座；胚珠倒生到弯生，薄珠心，胚囊形成为葱型，内胚乳沼生型，胚胎发育石竹型。蓇葖果。种子呈马蹄形，有纹饰，没有内胚乳或外胚乳，胚弓曲。染色体基数 x=7，8。

长久以来，黄花蔺科同泽泻科和花蔺科的亲缘关系得到确认。三者应作不同的科处理。黄花蔺科以具乳汁管、叶有长柄和具扩展的叶片、花瓣脱落、弯生胚珠、种子的胚弓曲等不同于花蔺科；又以每心皮具多数胚珠、片状胎座和具开裂果实等不同于泽泻科，后者每心皮 1 至几枚胚珠、基生胎座和具不开裂果实。

图14.3.1 黄花蔺科形态结构（1）

① 水罂粟（*Hydrocleys nymphoides*）生境，② 花；③ 黄花蔺（*Limnocharis flava*）花

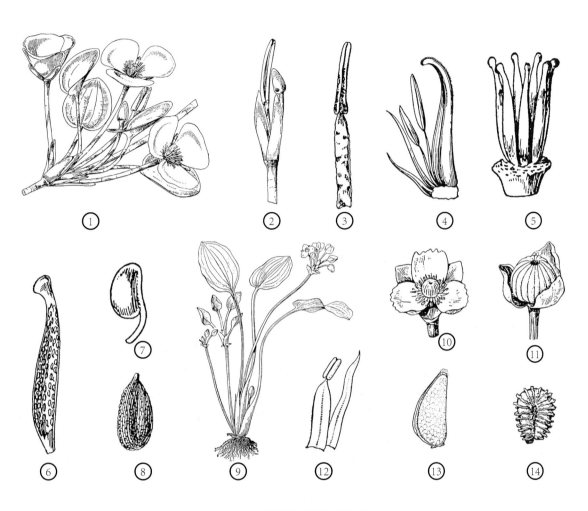

图14.3.2 黄花蔺科形态结构（2）

① 水罂粟植株，② 幼蕾，③ 雄蕊，④ 心皮内侧的两枚雄蕊和两枚退化雄蕊，⑤ 雌蕊群，⑥ 单心皮纵剖、胚珠散布于内表面，⑦ 胚珠，⑧ 种子；⑨ 黄花蔺植株，⑩ 花，⑪ 聚合蓇葖果，⑫ 雄蕊和退化雄蕊，⑬ 单蓇葖果，⑭ 种子

本科是一个泛热带科。依据对 3 属分布的分析，认为本科在南太平洋和印度洋扩张期间即已在古南大陆东部兴起，以后仅在南美略有发展，因沼生环境，变异不明显。Takhtajan（1997）认为黄花蔺科在泽泻目中是最少特化和最古老的科，这一观点似可接受。

本科 3 属（7~）8~12 种。

1. 黄花蔺属 *Limnocharis* Bonpl. 2 种；分布于新热带的阿根廷到墨西哥和加勒比地区。

2. 假花蔺属 *Butomopsis* Kunth 1 种；分布于热带非洲，南亚和东南亚，澳大利亚北部。

3. 水罂粟属 *Hydrocleys* Rich. 5 种；分布于阿根廷到墨西哥和加勒比地区

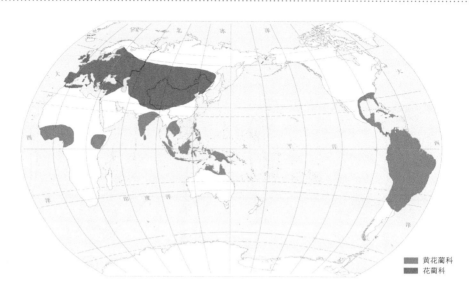

黄花蔺科
花蔺科

图14.3.3 黄花蔺科Limnocharitaceae和花蔺科Butomaceae地理分布

第3目 水鳖目 Hydrocharitales

水鳖科 Hydrocharitaceae（图 14.4.1~ 图 14.4.3, 图 14.1.2）

广布于全世界海洋和陆地各种水体的一群植物。Bentham 和 Hooker f. 系统将它放在微子类 Microspermae；Engler 的子系统 Dalla Torre 和 Harms（1900~1907）、Melchior（1964）均将它归入沼生目，与花蔺科 Butomaceae 组成花蔺亚目 Butomineae；Thorne 和 Dahlgren 则将它放在泽泻目；Cronquist（1981）和 Takhtajan（1997, 2009）确认它是和泽泻目并行的独立水鳖目 Hydrocharitales；APG 系统（2003, 2009）则仍将它放在广义泽泻目，并包括了茨藻科 Najadaceae（Judd et al., 2002）；我们的系统（Wu et al., 2002）将本科同花蔺科组合成水鳖目，成为与泽泻目并行的目。

多年生或一年生草本。根通常单生或分枝。茎单形、二形或多形，伸长或短缩，单一或分枝。只有很少的种作过解剖学研究，其明显的特征是在根中导管具有偏斜的梯纹穿孔板。叶异形，呈螺旋状、螺旋状二列、螺旋状三列或轮状排列，鳞片状或叶状；托叶膜质，单生在叶柄中部或成对生在叶柄两侧；叶柄短或伸长，挺直或折曲，有时下部呈鞘状，有翅或无翅；叶片膜质到革质，沉水、漂浮或稀挺水，从线形到圆形或心形，脉向尖端聚集（acrodromous）或减化成 1 或 3 条纵脉，全缘，有刺或无刺。花序有花葶或无柄，先出叶（即苞片）统称佛焰苞，佛焰苞挺水或沉水，膜质到革质，宿存或消失（evanescent），花序生 1~100 朵或更多的花，排列在 1~3 单歧或在顶生花之下排列成一个复杂的系统。花两性或单性，若单性则雌雄同株或异株，或两性同单性异株，辐射对称，但有些属的花在个体发育中有左右对称的倾向；两性花常常是闭花受精；花萼 3 或很少缺如，果时脱落或宿存；花瓣 3 或少于 3 或者缺如，由小到大而显艳，不宿存；雄蕊具可育的和退化的，3 枚（有时多于 3 枚，有的退化成 1 枚）轮状排列，可达 6 轮，退化雄蕊的数目、形式或功能均依传粉机制而变化；花药基着或背着，具 1~4 小孢子囊；孢子母细胞分裂为连续型，花粉粒在释放时一般为 3 细胞，稀为 2 细胞；花粉粒圆形，无沟孔，光滑或有纹饰，花粉壁薄或减化。花柱基部常有 3 个腺体；子房下位，具 3~20（或更多）心皮，有时心皮离生，侧生胎座；花柱有 3~20（或更多）分叉，柱头干，乳头状；胚珠几枚到多数，横生、倒生或直生，胚珠的位置多变化，双珠被、厚珠心，蓼型胚囊，沼生型胚乳。果实为浆果或成熟时不规则开裂成蒴果状。种子椭圆形或圆柱状，种皮光滑或具十分复杂的外种皮；胚乳几乎缺如。核型不对称，有大小染色体，从 $2n = 14$ 到 $2n = 132$，$x = 7$，8，9，11。

　　没有发现该科有可靠的白垩纪化石。可信的种子化石 *Stratiotes* 出现于欧洲晚古新世。

图14.4.1　水鳖科形态结构（1）

① 海菜花（*Ottelia acuminata*）生境，② 花；③ 水鳖（*Hydrocharis dubia*）生境，④ 叶正面观，⑤ 叶背面观，⑥ 果；
⑦ 水筛（*Blyxa japonica*）植株；⑧ 苦草（*Vallisneria natans*）花；⑨ 黑藻（*Hydrilla verticillata*）植株和花

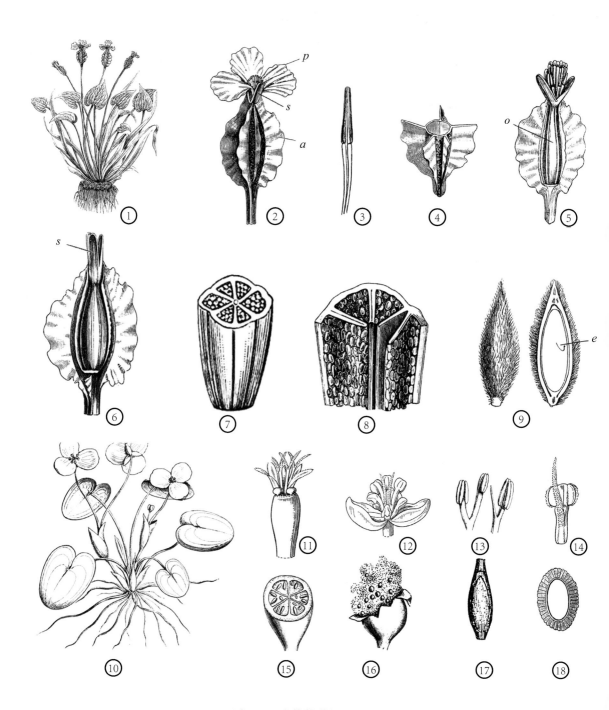

图14.4.2　水鳖科形态结构（2）

① 龙舌草（*Ottelia alismoides*）植株（不分枝）水平展开，水面传粉，② 花具佛焰苞 (*a*)、萼片 (*s*) 和花瓣 (*p*)，
③ 雄蕊，④ 佛焰苞横切，⑤ 去掉部分佛焰苞的花，其下部膨大、露出子房 (*o*)，⑥ 去掉部分佛焰苞的果，
⑦ 果横切，⑧ 果部分横切及纵切，⑨ 种子及其纵切（露出胚芽 *e*）；⑩ 水鳖（*Hydrocharis morsusranae*）雄植株，
⑪ 脱落花被片的雌花，露出花柱和具附属丝的退化雄蕊，⑫ 雄花，⑬ 叠生雄蕊（左）和畸形退化雄蕊（右），
⑭ 具附属物的内轮雄蕊，⑮ 果横切，⑯ 果总苞破裂，喷出被黏质包围的种子，⑰ 种子，⑱ 种子横切

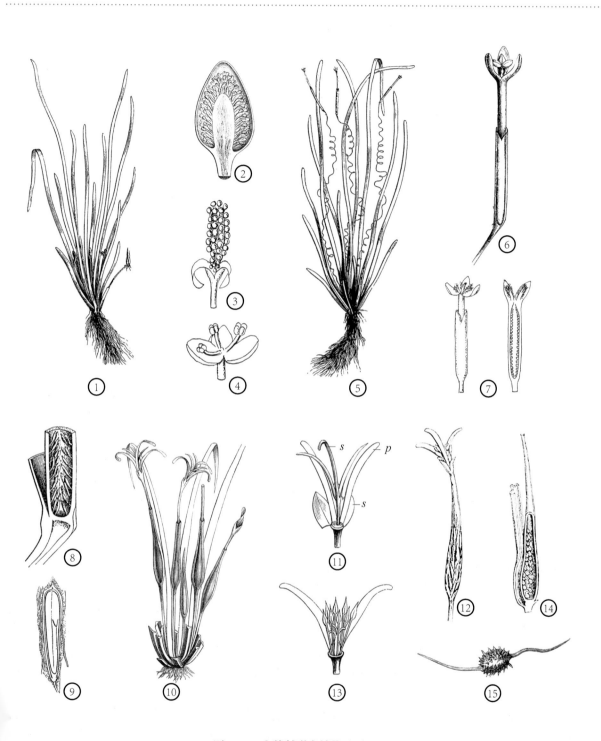

图14.4.3　水鳖科形态结构（3）

① 苦草（*Vallisneria spiralis*）雄株，② 雄佛焰苞纵剖，③ 雄花序，④ 雄花，⑤ 雌株，⑥ 雌花和它的佛焰苞，⑦ 雌花及其纵切，⑧ 子房部分纵切，⑨ 种子纵切；⑩ 水筛（*Blyxa octandra*）带茎基和雌花序的植株，⑪ 雌花，示花瓣（*p*）、萼片（*s*）和花柱（*g*），⑫ 雄花和雄佛焰苞，⑬ 雄花，⑭ 一枚雌佛焰苞部分纵剖露出果；⑮ *B. echinosperma* 种子

全科 15~17（~20）属 80~105 种；分 3 亚科。

亚科 1. 水鳖亚科 Subf. Hydrocharitoideae

1. 海菜花属 *Ottelia* Pers. 21 种；分布于热带和亚热带非洲，亚洲，澳大利亚和南美；1 种 *O. alismoides* 在欧洲和北美为逸化种。

2. *Stratiotes* L. 1 种；欧洲和中亚分布。

3. 水鳖属 *Hydrocharis* L. 3 种；分布于温带和亚热带欧亚，热带非洲。

4. 沼苹属 *Limnobium* Rich. 2 种；温带和热带美洲分布。

5. 水筛属 *Blyxa* Noronha ex Thouars 9 种；分布于热带旧世界，在北美和欧洲为逸化种。

6. *Apalanthe* Planch. 1 种；分布于热带南美。

7. *Egeria* Planch. 2 种；南美亚热带和温带分布，*E. densa* Planch. 几乎为全球分布。

8. *Elodea* Michx. 5 种；分布于温带美洲，在旧世界和澳大利亚的许多地方逸化而变成野生水草。

9. *Hydrilla* Rich. 1 种；旧世界分布，在美洲逸化，在美国南部变成危害严重的野草。

10. *Appertiella* C. D. Cook et Triest 1 种；马达加斯加特有。

11. 软骨草属 *Lagarosiphon* Harv. 9 种；分布于非洲大陆和马达加斯加；*L. major* 在欧洲和新西兰逸化成危害严重的水草。

12. 虾子草属 *Nechamandra* Planch. 1 种；分布于印度和东南亚。

13. *Maidenia* Rendle 1 种；澳大利亚西北部特有。

14. 苦草属 *Vallisneria* L. 6 种；世界热带到暖温带地区分布。

15. 海菖蒲属 *Enhalus* Rich. 1 种；印度海岸和西太平洋海岸。

亚科 2. 泰来藻亚科 Subf. Thalassioideae

16. 泰来藻属 Thalassia Banks ex K. D. Koenig 2 种；分布于加勒比海岸和印度–太平洋海岸。

亚科 3. 喜盐草亚科 Subf. Halophiloideae

17. 喜盐草属 *Halophila* Thouars 约 10 种；分布于热带到暖温带海水中。

花蔺科 Butomaceae（图 14.5.1，图 14.3.3）

一个单型的水生植物科。Bentham 和 Hooker f. 将它放在离生心皮类 Apocarpae 泽泻科；Engler 的子系统都将它放在沼生目 Helobiae，它包括了黄花蔺科 Limnocharitaceae；现代的系统都将它归入泽泻目 Alismatales；只有 Takhtajan（1997）将它独立成目：花蔺目 Butomales，在 2009 年修订的系统又复归入泽泻目；APG（2003, 2009）系统仍将它归入广义的泽泻目；我们（Wu et al., 2002）将它同水鳖科 Hydrocharitaceae 一起归入水鳖目 Hydrocharitales，成为与泽泻目并行的目。

该类群淡水生，是具根状茎的多年生植物。根状茎有背腹性，匍匐，单轴，腋芽有时发育成具短柄的珠芽（bulbil）。叶二列或近二列，生于根状茎的顶端，直立，线形，没有叶柄和叶片的分化，沉水或常常出水，基部稍膨大呈鞘状，长 1m 有余；气孔平列型，每气孔有 1 对侧生副卫细胞。花葶生于根状茎；花序由聚伞花序复合呈伞状，有（2~）3（~4）枚苞片。花有梗，完全花，子房上位，雄蕊先熟，辐射对称：花被片 6，花瓣状，成 2 轮排列，分离，白色或粉色；雄蕊 9 枚，外轮 6 枚、成对排列，内轮 3 枚，花丝扁，花药基着，2 药爿，纵向开裂；花药壁形成为单子叶型，花药内层壁有螺旋状加厚，变形绒毡层，小孢子发生为连续型；花粉粒单槽，网状；雌蕊具 6 心皮，每 3 枚交互排列成 2 轮，每轮心皮基部合生，每心皮向上变狭，腹面呈鸡冠状，柱头稍下延，心皮侧壁基部有腺体，片状胎座；胚珠多数，倒生，双珠被，厚珠心，蓼型胚囊，胚乳沼生型，胚胎发育为石竹型。蓇葖果，沿腹缝线开裂。种子多数，种皮有肋，胚直，胚乳几乎缺如。染色体数有 $2n = 16, 20, 22, 24, 26, 28, 30, 39, 40$ 和 42 的报道，三倍体植物 $3n = 39$ 广泛分布在欧洲。

本科仅花蔺 *Butomus umbellatus* L. 1 种。雌蕊群心皮分离，柱头下延，片状胎座，单沟花粉等性状是相当古老的；然而它的花序特化，导管单孔和种子仅留有残迹的胚乳，又使它表现出

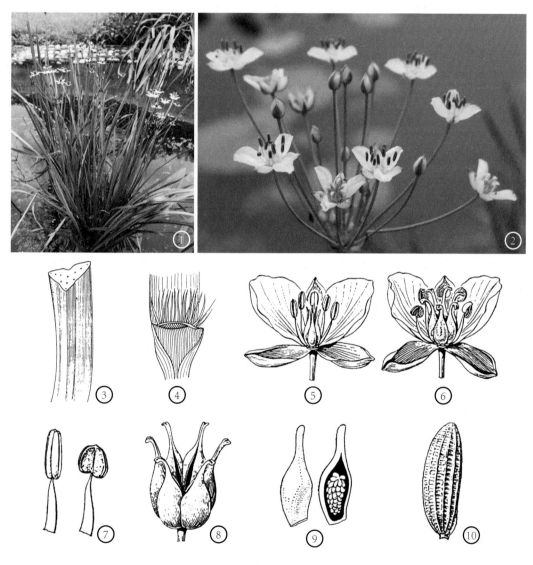

图14.5.1　花蔺科形态结构

① 花蔺（*Butomus umbellatus*）植株，② 花序，③ 叶横切，④ 叶基部具一列内基鞘鳞片，⑤ 花粉散发的雄花，⑥ 柱头授粉的雌花，⑦ 外轮雄蕊（左）和内轮雄蕊（右），⑧ 雌蕊群，⑨ 心皮及其纵切，露出片状胎座，⑩ 种子

相当进化。结合它的地理分布，它在欧洲北方广布，从欧洲大陆扩展到东亚的俄罗斯远东，朝鲜半岛，日本和中国的东北、华北、华东（江苏）、华中（湖北），个别居群可到达帕米尔高原。吴征镒观察到它在北美加拿大已逸为野生种，根据它的现代分布推测，该科的祖型在第一次泛古大陆古北大陆东部、北太平洋扩张前即已产生，因此它是一个古老的孑遗类群。相似于花蔺属 *Butomus* 的种子化石出现于欧洲渐新世。

第4目 无叶莲目 Petrosaviales

无叶莲科 Petrosaviaceae（图 14.6.1~图 14.6.3）

一个系统位置分歧较大的科。早期的系统该群植物归入广义百合科 Liliaceae，作为岩菖蒲族 Tofieldieae。Dahlgren 等（1985）在将广义百合科分解之后，将它归入藜芦科 Melanthiaceae，藜芦科分为 6 族，其中无叶莲族 Petrosavieae 含 2 腐生属：无叶莲属 *Petrosavia*（1 种）和 *Protolirion*（3 种）；岩菖蒲族 Tofieldieae，含 2 属，岩菖蒲属 *Tofieldia*（17 种，包含单型的 *Pleea* 和单型的 *Harperocallis*）。Tamura（Kubitzki, 1998）将它们归入肺筋草科 Nartheciaceae，该科下分两个亚科：岩菖蒲亚科 Tofieldioideae 和肺筋草亚科 Nartheciaceae，又将岩菖蒲亚科分为 3 族：族 1 无叶莲族 Petrosavieae 仅含无叶莲属 *Petrosavia*（3 种）；族 2 岩菖蒲族 Tofieldieae 含 4 属，*Pleea*、*Tofieldia*、*Isidrogalvia*、*Harperocallis*；族 3 Japonolirieae，仅含日本中、北部分布的单种属 *Japonolirion*。Takhtajan（1997）的无叶莲科 Petrosaviaceae 仅含 1 属：无叶莲属 *Petrosavia*（2 种），并提升为目，即无叶莲目 Petrosaviales，且和 Triuridales 目（含 Triuridaceae 1 科）组成亚纲 Subc. Triurididae；将岩菖蒲科 Tofieldiaceae、藜芦科 Melanthiaceae、Japonoliriaceae、Xerophyllaceae、肺筋草科 Nartheciaceae、Heloniadaceae、Chionographidaceae 7 科组成藜芦目 Melanthiales，归入百合亚纲 Subc. Liliidae，放在百合纲系统的起始位置。后来，Takhtajan（2009）最后一次修订，无叶莲目包括 4 科：Japonoliriaceae、无叶莲科、岩菖蒲科、肺筋草科，归于泽泻亚纲 Subc. Alismatidae，放在百合纲起始的位置，而将藜芦科单立为藜芦目放在百合亚纲的第 1 目（科），在 APG（2009）系统中被肢解了。无叶莲科单独立目，即狭义的无叶莲目；肺筋草科归入薯蓣目 Dioscoresles；藜芦科放在百合目。我们（Wu et al., 2002）将 Tamura 概念的无叶莲族和岩菖蒲族合并为无叶莲科，并作为单科目无叶莲目 Petrosaviales 置于泽泻亚纲 Subc. Alismatidae，作为陆生百合纲的最原始类群，它可能是在泽泻亚纲和百合亚纲的共同祖（主）干上发出的（吴征镒等，2003）。

该科为无叶绿素或有叶绿素的多年生草本。具细而直立的茎，根状茎匍匐；维管系统不发达，导管具梯纹穿孔板。叶大多数基生，2 列或简化成互生的鳞片，气孔无规则型。花小，常构成伞状、总状或穗状花序，亦有单生；有苞片或无苞片，两性，辐射对称，3 数，花被 6，覆瓦状排列，基部合生，宿存，有 2 轮无色的裂片；雄蕊 6 或稀 9（12），2 轮排列，花丝分离或贴生在花被裂片的基部，4 孢子囊，卵形，背着或基着，内向，纵缝开裂，药隔短突出；绒毡层腺质，小孢子发育为型；花粉粒释放时 2 细胞，1 沟或 2 沟，网状；雌蕊由 3 心皮组成，心皮分离或基部稍合生，有短的假花柱（stylodia），柱头稍 2 裂，近头状，子房半下位或近上位，多数胚珠生在基部接近边缘胎座，胚珠倒生到弯生，双珠被、弱的厚珠心，有分隔蜜腺；雌配子体发育为蓼型，内胚乳核型。蓇葖果或蒴果。种子多数，小，有肋，周围有翅或两端具附属物；胚不太分化，由胚体和基足组成，内胚乳丰富，种皮由内、外珠被形成。染色体基数 $x = 15$。

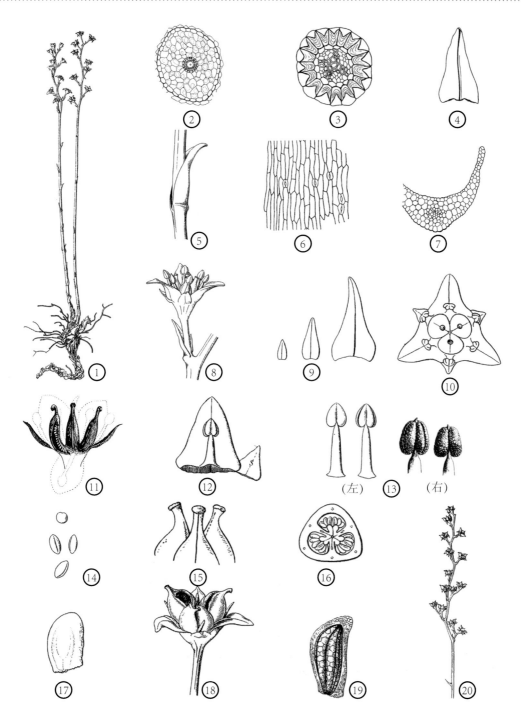

图14.6.1 无叶莲科形态结构（1）

① 无叶莲（*Petrosavia stellaris*）完整植株，② 茎横切，③ 中柱横切，④ 鳞片状叶展开，⑤ 鳞片状叶在花葶节上的位置，⑥ 叶上气孔，⑦ 叶横切，⑧ 具花梗、苞片和小苞片的花，⑨ 3 种苞片，⑩ 花的顶面观，⑪ 花部分纵剖，露出仅基部联合的心皮，子房部分纵剖，⑫ 基着于花瓣的雄蕊和萼片 (*s*)，⑬ 雄蕊（左）和花药的不同面观（右），⑭ 花粉粒，⑮ 子房上部分离，⑯ 子房基部横切，⑰ 胚珠，⑱ 蒴果开裂，⑲ 种子，⑳ 去年果期近散穗总状的果序

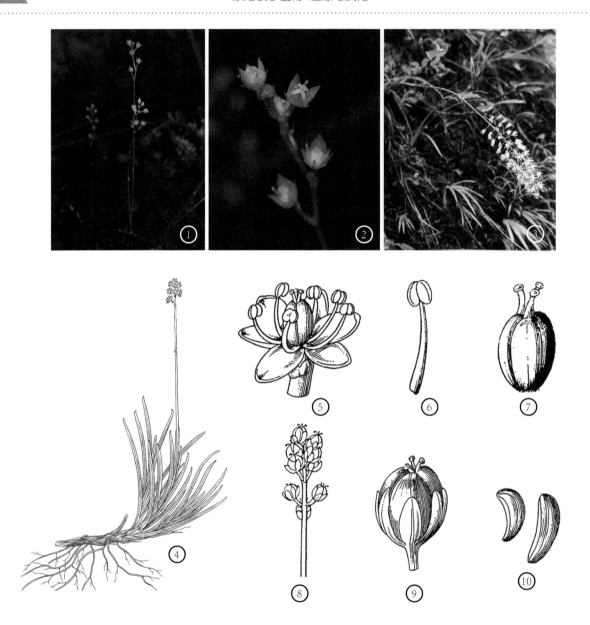

图14.6.2 无叶莲科形态结构（2）

① 疏花无叶莲（*Petrosavia sakurai*）植株，② 花；③ 岩菖蒲（*Tofieldia thibetica*）植株；④ *T. pusilla* 完整植株，⑤ 花，⑥ 雄蕊，⑦ 雌蕊，⑧ 果序，⑨ 蒴果，⑩ 种子

本科 5 属。

1. 无叶莲属 *Petrosavia* Becc. 3 种；分布于东亚和东南亚。

2. *Pleea* Michx. 1 种；分布于美国东南部海滨平原。

3. 岩菖蒲属 *Tofieldia* Huds. 20 种；北半球温带到亚极地区域分布。

4. *Isidrogalvia* Ruiz et Pav. 5 种；南美西北部分布。

5. *Harperocallis* McDaniel 1 种；美国佛罗里达西部分布。

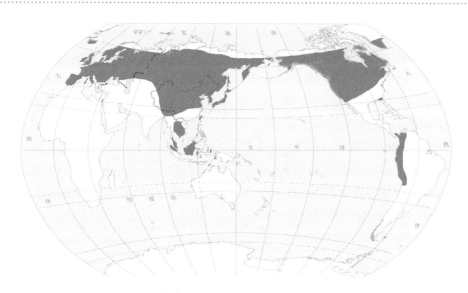

图14.6.3　无叶莲科Petrosaviaceae地理分布

第十五章 毛茛纲 Ranunculopsida

第 1 目 莲目 Nelumbonales

莲科 Nelumbonaceae（图 15.1.1~ 图 15.1.3）

一个有重要经济价值的水生植物科。尽管在 18 世纪曾被建立为莲科 Nelumbonaceae，但 Bentham 和 Hooker f. 至 Hutchinson（1927）及 Engler 各子系统还是将它归入毛茛目（Ranales 或 Ranunculales）睡莲科 Nymphaeaceae。李惠林（1955）承认其为独立科。后来，Dahlgren、Thorne、Takhtajan 在 20 世纪 80 年代几乎同时确定了它作为独立目的地位。Takhtajan（1997）将其提升为独立亚纲。莲科作为独立科已得到分支系统学、数量分类学、血清学、解剖学、胚胎学、孢粉学等多方面证据的支持。莲科和睡莲科所表现出的相似性，是适应水生习性趋同演化的结果。近年来分子系统学结果将它放在真双子叶植物基部三沟花粉类的山龙眼目 Proteales，同目成员包括悬铃木科 Platanaceae、山龙眼科 Proteaceae、昆栏树科 Trochodendraceae（含水青树科 Tetracentraceae）和黄杨科 Buxaceae（APG, 2003; Judd et al., 2002）。APG 于 2009 年修订的系统，山龙眼目只包括莲科、山龙眼科和悬铃木科，Takhtajan（2009）的系统接受了这样的处理。我们（Wu et al., 2002）将它作为毛茛纲 Ranunculopsida 中最基部的成员，并给予独立亚纲莲亚纲 Nelumbonoidae 的地位。

莲为多年生水生草本。有发达的水平生、多空洞（大型乳汁导管）、成节的根状茎（藕）或块茎，逐节生不定根。根茎上生一枚大型盾形营养叶和 2 枚肉质的芽苞叶，它们出水和漂浮，叶片圆形，上面稍凹，直径可达 1m，叶面淡蓝绿色，表面排水（荷叶）；有蜡质；叶柄圆柱形，伸长可达 2m，有皮刺；叶柄和花梗的维管系统由外韧维管束组成，没有形成层，维管束星散分布于基本组织；筛管分子有具单筛板的横向端壁，筛管分子质体为 S 型；似节的乳汁管出现在维管束和基本组织中；导管分子有近似梯纹穿孔端壁。大花单生，两性，规则，挺出水面（莲花），花被片螺旋状排列，萼片 2~5 和花瓣 20~30 枚，但界限不清，色泽鲜艳；雄蕊 200~300 枚，具长花丝，花药 4 室，药室侧向至内向纵裂，药隔爪状；花粉粒 3 沟，辐射对称，覆盖层具穿孔；雌蕊为 2~30 枚分离心皮，埋于倒圆锥形花托（莲蓬）平截顶部的下陷空穴中，柱头圆形，具中沟直达子房，子房 1 室，具 1 悬垂的倒生胚珠；胚珠双珠被、厚珠心，蓼型胚囊，胚乳发育沼生型，胚胎发育茄型。坚果（莲子），具心皮壁和种皮硬化过程形成的硬壁；胚有厚而肉质子叶及由薄叶状鞘包住的绿色胚芽（莲芯），胚根无功能。染色体数 $2n = 16$。

莲属 *Nelumbo* 或莲状化石的分布比现代广泛，从早白垩世至晚白垩世都曾有记录。现代莲的分布，1 种为亚洲 - 澳大利亚分布，西北达俄罗斯南部，东达夏威夷群岛；另 1 种分布于美国东部至南部，南达哥伦比亚。依据它的化石记录，莲科起源于泛古大陆，在古北大陆东部获得较大扩展，在非洲和欧洲绝迹是因第三纪非洲旱化和第四纪冰盖对欧洲（乃至北美西部）的巨大影响（吴征镒等，2003）。

确定莲科的历史主要是根据叶化石，通常鉴定到现代属莲属或绝灭属 *Nelumbites*，主要依据近乎圆形盾状叶的形态，叶全缘或有齿，主脉自叶柄着生处向四周呈辐射状散开。最早的化石记录 *Nelumbites* 是从美国弗吉尼亚白垩纪阿尔布期发现的，它系同茎、根一起的繁殖结构。

图15.1.1 莲科形态结构（1）

① 莲（*Nelumbo nucifera*）植株，② 叶柄，③ 花蕾，④ 花，⑤ 雄蕊群，⑥ 果

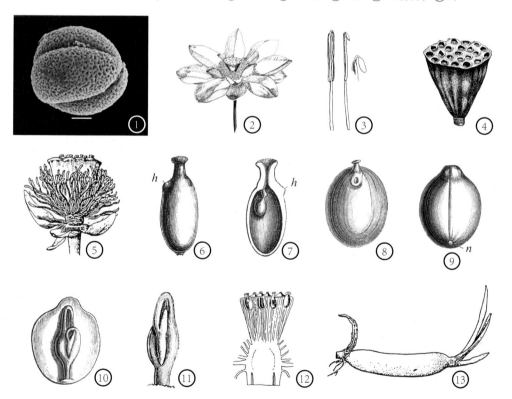

图15.1.2 莲科形态结构（2）

① 莲（*Nelumbo nucifera*）花粉粒，② 花，③ 雄蕊，④ 结果期的果托；⑤ *P. lutea* 花瓣脱落、萼片宿存的花，⑥ 雌蕊子房（*h* 为壁上突起），⑦ 子房纵切，见到下垂胚珠，⑧ 具硬化子房壁的果，⑨ 去掉果皮的胚（*n* 示种脐），⑩ 剥掉一半胚，露出胚芽，⑪ 胚芽和两枚子叶，⑫ 花托纵切，露出雌蕊群，⑬ 根状茎

花粉没有确切的记录，因为莲科花粉同许多真双子叶植物花粉难以区分。新生代莲的叶、根茎和果实化石在北半球有广泛分布（Friis et al., 2011）。

莲属 *Nelumbo* Adanson 2 种；1 种 *N. nucifera* 从俄罗斯远东至南亚、东南亚和澳大利亚北部，1 种 *N. lutea* 从美国南部经墨西哥、西印度群岛达哥伦比亚和巴西北部。

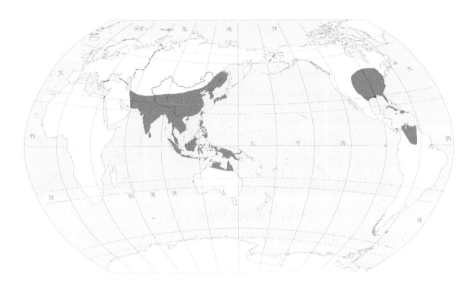

图15.1.3　莲科Nelumbonaceae地理分布

第 2 目 领春木目 Eupteleales

领春木科 Eupteleaceae（图 15.2.1，图 15.2.2）

这是一个系统位置十分孤立的二型科。早期的分类系统将它放在广义的毛茛目 Ranales，隶属于木兰科 Magnoliaceae（Bentham and Hooker f., 1862~1883）；Engler 早期的子系统 Dalla Torre 和 Harms（1900~1907）将它作为古生花被亚纲 Archichlamydeae 毛茛目 Ranunculales 昆栏树亚目 Trochodendrineae 昆栏树科 Trochodendraceae 成员；Melchior（1964）则将它放在木兰目 Magnoliales 领春木亚目 Eupteleineae, 承认领春木科的科级地位。现代的系统将它作为金缕梅亚纲 Hamamelididae（Cronquist, 1981; Takhtajan, 1997）或蔷薇超目 Rosanae（Dahlgren 1983; Thorne, 1992）的成员，但是 Dahlgren 将它放在连香树目 Cercidiphyllales，Cronquist 和 Thorne 将它放在金缕梅目 Hamamelidales，而 Takhtajan 则成立领春木目 Eupteleales，作为金缕梅亚纲 Hamamelididae 的成员。但 Takhtajan 2009 年的系统将该科改放在毛茛亚纲 Ranunculidae 毛茛超目 Ranunculanae 的第 1 目（科），发生这种改变是因为他接受了近年来分子系统学的研究结果。Wu 等（2002）则将它作为连香树目 Cercidiphyllales 的成员，认为其同连香树科 Cercidiphyllaceae 有近缘关系，并归于金缕梅纲 Hamamelidopsida。现代分子系统学的结果将它则作为真双子叶植物 eudicots 毛茛目 Ranunculales 的一个科（APG, 2009; Wang et al., 2009）。本书依据分子系统学的结果，将该科作为独立目归入毛茛纲。

落叶乔木或灌木。木材的导管壁薄，具偏斜端壁，具梯纹穿孔板，管间纹孔由横生到对生，稀互生；具离管木薄壁细胞，射线单列或多列，异型；筛管分子质体 S 型。枝有长、短枝之分。

图15.2.1 领春木科形态结构

① 领春木（*Euptelea pleiosperma*）生境，② 叶枝，③ 花枝，④ 花被、雄蕊群和雌蕊群，⑤ 果序，⑥ 花粉粒，×1700；⑦ 日本领春木（*E. polyandra*）具幼果的叶枝，⑧ 花，⑨ 花药开裂的雄花，⑩ 顶生柱头的心皮及其部分纵切，⑪ 幼果心皮部分纵剖，⑫ 种子

节单叶隙 5~11 叶迹。叶为单叶，螺旋状排列，长枝上的叶稍大于短枝上的叶，卵形或近圆形，先端渐尖，叶下面有无规则型气孔，叶缘齿为悬铃木型；无托叶。花生于短枝的芽苞叶（cataphyll）腋中，聚生成总状花序或看起来似簇生的，最下面的花有 2 先出叶（prophyll），上面的花无先出叶；两性，两侧对称，花被缺如；雄蕊 6~19，长约 1.5cm，花丝长、反折，花药顶端有小尖头（为药隔突出），4 孢子囊，侧向纵裂；花药壁由 1 层外壁、1 层内壁、2~3 层中层和 1 层绒毡层组成，绒毡层腺质，小孢子母细胞分裂为同时型，小孢子分裂四面体型或稀交互对生型；花粉粒在 2 细胞时释放，3 沟到多孔（pluri-aperture），有细网纹。心皮 8~31，分离，具子房柄，无花柱，柱头呈鸡冠状、具乳头状突起；心皮维管束分裂成背线维管束；胚珠每心皮 1~3（~4），侧面倒生或弯生，双珠被、厚珠心，蓼型胚囊，细胞型内胚乳；胚胎发育石竹型或茄型。果实具长柄，翅果扁平，约 15mm 长，4mm 宽；种子有丰富内胚乳，油质，胚直而小。单倍体数 $n = 28$。

各系统学家曾将它放在不同的大类，如木兰类、毛茛类、金缕梅类或蔷薇类，这就反映了它和各大类间有联系，也反映它处在一个十分孤立的位置。Endress（1969；转引自 Kubitzki，1993b）总结为：将它囊括入昆栏树目是因其缺乏花被，雄蕊具瓣裂痕迹和药隔尖突，心皮分离，花粉构造两者相似。化学性状以及木材解剖特征，最亲近于连香树科。本科是一个典型的东亚分布型，间断分布于日本和中国东部、中部、西南部，西达印度东北部和尼泊尔东部。显然它是在北太平洋扩张初期，日本尚未脱离东亚大陆之前即已分化，以后并未有所发展的古遗生物（epibiont）。可能和水青树属 *Tetracentron* 约略同时，从白垩纪－早第三纪的子遗祖先保留至今，但本科化石保留很少，仅在北美西部俄勒冈州第三纪有可疑记录 *Euptelea baileyana*（吴征镒等，2003）。而 Takhtajan（1997）根据其形态学上隔离情况，认为它足以分出成目的等级。

Friis 等（2011）认为领春木科没有白垩纪的化石记录，新生代也不多。指定为该科的花粉、叶、果实的记录来自欧洲古新世到中新世，亚洲始新世和中新世以及北美始新世到渐新世。

领春木属 *Euptelea* Sieb. et Zucc. 2 种；1 种 *E. polyandra* 为日本本州、四国和九州特有；另 1 种领春木 *E. pleiosperma* 分布于中国北部、东南部、西南部到印度东北部和尼泊尔东部。

图15.2.2 领春木科Eupteleaceae和大血藤科Sargentodoxaceae地理分布

第 3 目 木通目 Lardizabalales

木通科 Lardizabalaceae（图 15.3.1~ 图 15.3.4）

　　一个间断分布于东亚和南美的科。覃海宁曾有一本较完整的专著（Qin, 1997），吴征镒等（2003）作了比较全面的分析。据此作简要叙述。过去大多数系统将它置于毛茛亚纲 Ranunculidae 或毛茛目；少数如 Cronquist 将它置于广义的木兰亚纲 Magnoliidae；Thorne（1992）将它置于木兰超目 Magnolianae 小檗目 Berberidales 小檗亚目 Berberidineae 中；Takhtajan（1997, 2009）将本科独立为木通目 Lardizabalales，位于防己目 Menispermales 和小檗目之前，作为毛茛亚纲 Ranunculidae 毛茛超目 Ranunculanae 的第 1 目，2009 年的系统该目排在领春木目之后的第 2 目，包括本科和大血藤科 Sargentodoxaceae，认为它是毛茛类 ranunculids 最古老的成员；Kubitzki（1993；转引自 Mabberley, 1997）也将此科放在木兰亚纲的第 6 目毛茛目（包括罂粟目 Papaverales 在内，实即 Takhtajan 的毛茛亚纲）的第 1 科。在主要以分子证据为主的系统中（Judd et al., 2002; APG, 2009; Wang et al., 2009），本科作为真双子叶植物三沟花粉类（basal tricolpate）毛茛目的成员。吴征镒等（2003）的木通目（由木通科、大血藤科和防己科 Menispermaceae 组成）应放在毛茛亚纲首位，从主要形态特征看，无疑一方面和小檗科 Berberidaceae 有关系，另一方面通过大血藤属 Sargentodoxa 和五味子科 Schisandraceae 有联系。

　　缠绕木质藤本，稀灌木或小乔木状（如猫儿屎属 Decaisnea），常绿或落叶。幼茎的维管束十分发达（横切面观），常与木质部的髓射线分开；灌木的猫儿屎 D. insignis 的导管为梯纹穿孔板和梯状纹饰，半数以上为单列射线，髓部保留薄壁细胞；藤本属的导管为单穿孔，多列射线，髓部保留厚壁组织细胞；节 3 叶隙。芽有芽鳞。叶互生，掌状或羽状复叶（如猫儿屎），很少单叶，或具节的 3 小叶；托叶通常缺乏。气孔多数呈无规则型或稀环裂型（cyclocytic type）（如三叶野木瓜 Stauntonia brunnoniana）。花序总状或小圆锥状，猫儿屎属和南美木通属 Lardizabala 花序生于主轴的叶腋，其他属生在侧枝的叶腋，通常是俯垂的。花规则，环形排列，下位花（子房上位），3 数，由于败育而成单性，花托小（稀大呈肉质）；萼片（3~8 枚）通常 3+3，普遍为花瓣状，覆瓦状或外轮镊合状排列；花瓣 3 + 3，比萼片小，有腺体，或无瓣；雄花具（3~）6（~8）枚雄蕊，花丝分离或联合成管，花药分离，4 孢子囊和 2 片，外向，纵裂，通常有块状的药隔，有时存在退化雌蕊。花药壁绒毡层腺质。花粉粒一致的 3 沟，有完整的覆盖层，纹饰从蜂巢状到网状，沟被微小颗粒覆盖。雌花花被片 3 或 6~12 枚，每轮 3 枚，心皮分离，稀有多心皮呈螺旋状排列，有或没有 6 个不育雄蕊，花柱几乎缺如，室间柱头或盾状柱头；胚珠多数（偶尔少数）生在片状胎座上，多倒生，稀半倒生（如南美分布的 2 属 Lardizabala 和 Boquila），双珠被、厚珠心，蓼型胚囊，细胞型胚乳。果实有厚壁，皮质，蓇葖果沿腹缝线开裂。种子埋入白色果肉（如木通属 Akebia 和猫儿屎属 Decaisnea），其他属为皮质浆果，猫儿屎果皮有乳汁道系统。种子胚小，内胚乳丰富、肉质。染色体数 $2n = 28, 30, 32$。

　　木通科的分布较为奇特，东亚区从喜马拉雅到日本，向南到缅甸中部甚至达中南半岛，南美的安第斯山以西的温带，呈跨太平洋的洲际间断分布。Thorne 认为这是独一无二的。这种间断分布可能起源很早，应属环太平洋热亚 – 热美分布区型的一种变异。该科显然是古北大陆南部热带起源的古老成分，新第三纪喜马拉雅造山运动后，新世界分布区被隔离并缩小，在安第斯山隆起过程中，其西部地区大大缩小后形成的（吴征镒等，2003）。

　　木通科没有可靠的化石记录，从美国加利福尼亚晚白垩世获得的木材化石的描述指定到木

图15.3.1　木通科形态结构（1）

① 猫儿屎（*Decaisnea insignis*）生境，② 花序，③ 花，④ 果；⑤ 串果藤（*Sinofranchetia chinensis*）生境，⑥ 花，⑦ 果；⑧ 三叶木通（*Akebia trifoliata*）植株及雌雄花序，⑨ 雌花，⑩ 雄花，⑪ 果；⑫ 木通（*A. quinata*）植株，⑬ 雌花（下）和雄花（上）

图15.3.2 木通科形态结构（2）

① 八月瓜属一种（*Holboellia* sp.）生境；② 八月瓜（*H. grandiflora*）花序，③ 雌花，④ 雄花；⑤ *H. latifolia* 果纵切，⑥ 花粉粒

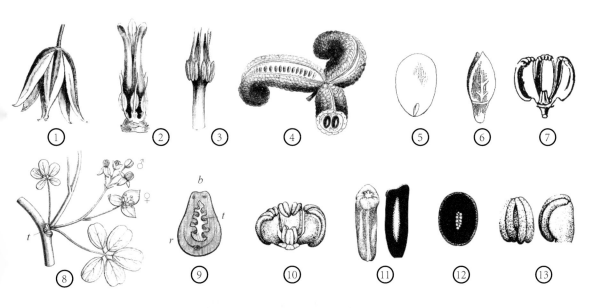

图15.3.3 木通科形态结构（3）

① 猫儿屎（*Decaisnea insignis*）花背面观，② 具雄蕊和子房的雌花，③ 雄蕊，④ 成熟果，⑤ 种子纵剖，⑥ 胚；⑦ *Akebia lobata* 果；⑧ 木通（*A. quinata*）一段花茎（叶柄脱落疤痕 *t* ），⑨ 子房纵切（腹面 *b*，背面 *r*，种子 *s* ），⑩ 三叶木通（*A. trifoliata*）雄蕊和退化雌蕊，⑪ 心皮及其纵切，⑫ 心皮横切，⑬ 雌花中的退化雄蕊

通科可能是可以确定的，但需要更进一步研究。德国中新世发现的种子化石，被鉴定为现存于亚洲的猫儿屎属和木通属 *Akebia*，值得开展深入的研究。

本科 9 属 35（45~47）种，分 2 亚科 4 族。

亚科 1. 猫儿屎亚科 Subf. Decaisneoideae
族 1. 猫儿屎族 Tribe Decaisneeae
　　1. 猫儿屎属 *Decaisnea* Hook. f. et Thomson 1 种；分布于东喜马拉雅到中国西南部和中部。

亚科 2. 木通亚科 Subf. Lardizabaloideae
族 2. 串果藤族 Tribe Sinofranchetieae
　　2. 串果藤属 *Sinofranchetia* (Diels) Hemsl. 1 种；从云南东北部向东北分布到河南、甘肃，向南到广西、湖南。

族 3. 木通族 Tribe Akebieae
　　3. 长蕊木通属 *Archakebia* C. Y. Wu, T. C. Chen et H. N. Qin. 1 种；陕西西南部、甘肃东南部、四川西北部的白水江（即白龙江）流域特有。
　　4. 木通属 *Akebia* Decne. 5 种； 东亚分布（在中国北达河北和山东，以及日本）。

　　5. 牛藤果属 *Parvatia* Decne. 2 种；中国－喜马拉雅分布。
　　6. 八月瓜属 *Holboellia* Wall. 约 10 种；从喜马拉雅到中国秦岭，最南到越南。
　　7. 野木瓜属 *Stauntonia* DC. 约 24 种；从缅甸到中国长江以南（达台湾）及日本南部。

族 4. 南美木通族 Tribe Lardizabaleae
　　8. 南美木通属 *Lardizabala* Ruiz et Pav. 1（或 2）种；智利中部到南部和胡安·费尔南德斯岛特有。
　　9. *Boquila* Decne. 1 种；智利中部到南部及毗邻的阿根廷分布。

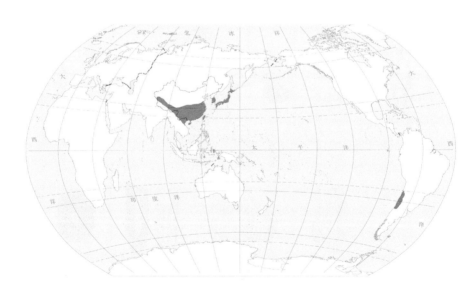

图15.3.4 木通科Lardizabalaceae地理分布

大血藤科 Sargentodoxaceae（图 15.4.1，图 15.4.2，图 15.2.2）

一个东亚特有的单型科。自 Hutchinson（1926）将大血藤属 *Sargentodoxa* 从木通科 Lardizabalaceae 分出单立为科后，现代以综合形态学为根据的四大系统（Cronquist, 1981; Dahlgren, 1983; Takhtajan, 1980a, 1997; Thorne, 1983, 1992）都将它作为靠近木通科的独立科。而 Takhtajan 于 2009 年又将其归入木通科，大概是接受了分子证据。依据分子证据的系统（APG, 2003, 2009; Judd et al., 2002; Wang et al., 2009）仍将它归入木通科，是木通科最早出现的支系。吴征镒等（Wu et al., 2002; 吴征镒等，2003）赞同它作为科的等级。它的心皮多数，离生，呈螺旋状着生在膨大的肉质花托上，具柄，每心皮有一枚近顶端、下垂的半倒生至倒生的胚珠，果期花托增大成肉质状，其上生着许多有柄仅含 1 个种子的浆果而不同于木通科。

该科植物为攀缘木质大藤本。幼茎有四个大维管束，外面有 8 个小维管束；导管为单穿孔，无穿孔的管状分子有具缘纹孔，被认为是管胞；木栓是从中柱鞘的最内层发出的。节 3 叶隙。叶互生，每柄具 3 小叶，无托叶。下垂的总状花序从有鳞片的腋芽中生出，雌雄异株；花小，规则，单性；萼片 6 枚，3 枚 1 轮，覆瓦状排列，绿色呈花瓣状；花瓣 6 枚，很小，鳞片状，绿色，有腺体。雄花有 6 枚分离雄蕊对生于花瓣，有退化心皮；花丝短，花药 2 爿，药隔宽，顶端伸出，花粉囊外向，纵向开裂；花粉粒 3 沟。雌花有 6 枚退化雄蕊，心皮多数，离生，生于膨大的花托上；种子具小的直生胚，胚乳丰富。染色体数 $2n = 22$。

本科 1 属 1 种，大血藤 *S. cuneata* (Oliv.) Rehd. et Wilson：分布于我国秦岭及长江中下游地区，向南至老挝和越南北部；它无疑源于该区域的古热带山地，其化石种子见于北美中新世（Tiffney,

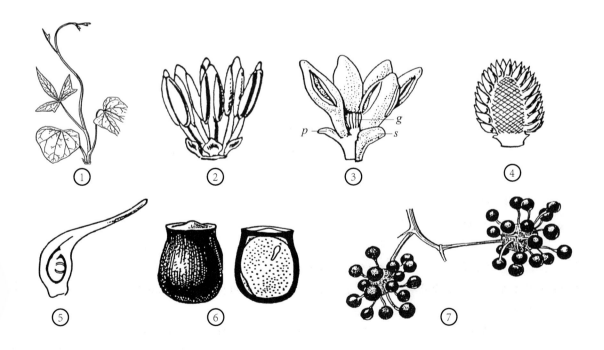

图15.4.1　大血藤形态结构（1）

① 幼嫩枝条，② 花瓣和雄蕊，③ 雄花纵剖露出雄蕊和萼片（*s*）、不发育的雌蕊群（*g*）以及不发育的花瓣（*p*），④ 去掉萼片和退化雄蕊的雌花纵剖，⑤ 心皮纵切，⑥ 种子及其纵切，⑦ 离生心皮果，生于肉质生殖托上

1993；转引自吴征镒等，2003），说明它在早第三纪以前已散布到北美，目前在欧美绝灭，应当是阿尔卑斯山、落基山和安第斯山等山系的形成和第四纪冰盖对欧美影响的结果（吴征镒等，2003）。

图15.4.2 大血藤形态结构（2）

① 大血藤（*Sargentodoxa cuneata*）生境，② 叶，③ 花序，④ 雌花，⑤ 雄花，⑥ 果

第 4 目 防己目 Menispermales

防己科 Menispermaceae（图 15.5.1~ 图 15.5.7）

一个基本上分布于泛热带、以藤本植物为主的科。自 Bentham 和 Hooker f. 以来的分类系统基本上都将它放在毛茛目（Ranales 或 Ranunculales）。分子系统学的结果（Judd et al., 2002; APG, 2009; Wang et al., 2009）也支持这一传统分类。Takhtajan（1997, 2009）将它单立一目，放在木通目和小檗目之间。

该类群为攀缘植物，稀为直立灌木或小乔木；极少数情况下，*Dioscoreophyllum* 和千金藤属 *Stephania* 的一些种出现了葫芦科 Cucurbitaceae 植物习性的近草本。木质部以非正常的次生加厚为特征，横切面上的维管束组织被薄壁细胞分隔成几个维管束；导管大小不等，多为单生，偶有碰触射线（touching ray）的导管分子都具单穿孔，平均长度230~500μm，侵填体（tylose）常常为薄壁和以流苏状（finger like）出现；髓和次生射线同型，宽为 10~25 个细胞，单列；薄壁细胞是离管的，星散或短带状的。单叶，稀 3 小叶，具柄，无托叶，全缘或裂片状，叶片通常呈两面性，仅木防己属 *Cocculus* 和 *Antizoma* 的某些种叶为单面性。雌雄异株。花序多样，总状、圆锥状或聚伞状，腋生，也出现向茎生的趋向（如单种属 *Penianthus*），花稀单生或双生。雄花：萼片 3~12 枚或更多，通常 3 枚 1 轮，分离或稍合生，常覆瓦状排列；花瓣 6~1 枚或缺如，分离或联合；雄蕊 3、6 或 12 枚，而 *Hypserpa* 可达 40 枚，*Odontocarya monandra* 仅 1 枚，不同的族均会发生雄蕊分离或合生的情况；花药具 4 孢子囊，花药壁发育为双子叶型，小孢子母细胞发生为同时型，小孢子四分体为四面体型或等面体型。花粉粒的基本类型为 3 沟花粉。雌花：其萼片和花瓣相似于雄花；有退化雄蕊或缺如；心皮 3、6 或 12 枚，分离，稀单心皮；胚珠 2，着生于腹缝线，倒生或弯生，受精后多少变为横生，双珠被或单珠被，胚囊发育为蓼型，核型胚乳，胚胎发生为柳叶菜型。核果，其大小变异大，直径 0.5~10cm（如 *Arcangelisia* 或 *Chlaenandra*）；外果皮通常革质，中果皮很薄或厚肉质；属间的不同主要是内果皮，有木质或骨质，胎座向外生长填入而造成形态上多变；胚直生或弓曲；内胚乳呈嚼烂状或否，或都不存在。单倍体数普遍为 $n = 13$，也有 $n = 11，12，22$。在毛茛目，大多数系统将防己科放在接近小檗科 Berberidaceae 和木通科 Lardizabalaceae 的位置。防己科淡黄绿色的木质部和导管结构相似于木本的小檗科；其藤本习性、雌雄异株、心皮分离、具内胚乳又与木通科（木通属 *Akebia*）十分相近。该科中的某些族有嚼烂状内胚乳，也有人认为接近于番荔枝科。

　　关于防己科起源地问题，过去多数学者认为西太平洋地区是其摇篮，科的第一次分化可能出现在该区域。Diels（1910；转引自吴征镒等，2003）认为印度－马来区产的最进化的蝙蝠葛族 Menispermeae 与已绝灭的北极第三纪植物区系之间有着最紧密的联系。与之相反，Thanikaimoni（1984；转引自吴征镒等，2003）则相信第三纪时发现的该科的内果皮化石更像是一些非洲属的，依据这一事实，结合欧－非联合始于古新世，故他假设防己科是非洲起源的（Kessler，1993；转引自吴征镒等，2003）。但是，Kessler 分析了分散分布于各大洲的相近属，显示本科空间进化必须有较高的传播容量，然而一族内并不是所有特征形状都是较原始的。因此他对 Thanikaimoni 的假设有了质疑，他提出防己科以古北大陆为中心是最可取的。我们同意这一观点（吴征镒等，2003），并且认为蝙蝠葛族 Menispermeae 并非是最进化而可能是最原始的：理由 1，防己科 Menispermaceae 自从脱离五味子科 Schisandraceae 和木通科 Lardizabalaceae 主干之后，形成一个相当自然的类群，近于小檗科 Berberidaceae 和木通科 Lardizabalaceae，它的起源地不可能在距离上述 2 科过远的地理环境；理由 2，现一般承认的本科的 5 个族的特征性状，可能是以番荔枝目 Annonales 的性状为前提，如胚乳有无、胚乳是否嚼烂状（ruminate）、子叶近肉质或薄而叶状等特征予以分类和排序的，其实事实可能并非如此；理由 3，蝙蝠葛族中最进化的千金藤属 *Stephania*、轮环藤属 *Cyclea* 和锡生藤属 *Cissampelos* 均表现出雄蕊减至少数，甚至联合，种系繁衍和分布区扩张较远，本科非常可能来自小檗目 Berberidales 和木通科 Lardizabalaceae 的共同主干上（吴征镒等，2003）。鉴于上述理由，防己科是值得进一步深入探索的科。

　　从中欧晚白垩世土仑期到马斯特里赫特期发现 1 种防己科的内果皮化石，鉴定为绝灭属 *Protonomiscium*，其具有明显的中肋（龙骨状突起），表明其同现代青牛胆族 Tinosporeae 有关系。另一个白垩纪的木材化石发现于印度，定名为 *Anamirta pfeifferi*，具有交互的木质部和韧皮部，表明是一种藤本植物。在新生代鉴定为该科的内果皮化石是普遍而多样的，达 19 属之多（包括现代属和绝灭属，Friis et al.，2011）。

图15.5.1 防己科形态结构（1）

① 毛青藤（*Sinomenium acutum* var. *cinereum*）生境，② 花；③*Burasaia madagascarensis* 植株，④ 叶；⑤ 连蕊藤（*Parabaena sagittata*）花序，⑥ 植株；⑦ 肾子藤（*Pachygone valida*）果枝，⑧ 果及其纵剖

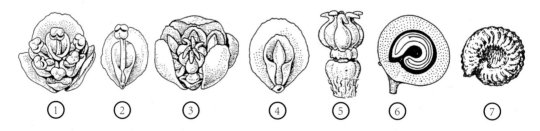

图15.5.2 木防己属花部形态结构

①*Cocculus carolinus* 雄花，② 单雄花具内萼片、抱茎花瓣和雄蕊，③ 外萼片脱落的雌花，④ 单雌花具内萼片、抱茎花瓣和退化雄蕊，⑤ 花托、雌蕊柄和雌蕊群，⑥ 果纵剖，可见螺旋状胚、胚乳（白色）和似骨的内果皮（黑色），⑦ 内果皮及其左下方珠孔

图15.5.3 防己科形态结构（2）

① 腺萼千金藤（*Stephania glandulifera*）生境，② 花；③ 千金藤（*S. japonica*）雌花和果，④ 花枝和叶；
⑤ 一文钱（*S. delavayi*）叶；⑥ 木防己（*Cocculus orbiculatus*）生境，⑦ 花序；⑧ 软毛青藤（*C. mollis*）花；
⑨ 蝙蝠葛（*Menispermum dauricum*）花序，⑩ 果，⑪ 种子

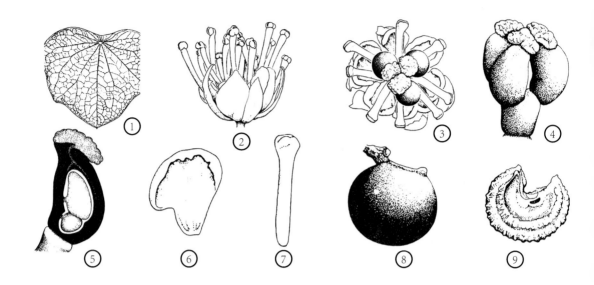

图15.5.4　防己科形态结构（3）

① 北美蝙蝠葛（*Menispermum canadense*）叶，② 雄花，③ 雌花，④ 雌花的雌蕊群，⑤ 雌蕊纵剖露出子房，
⑥ 花瓣，⑦ 雌花的退化雄蕊，⑧ 成熟果，⑨ 种子

图15.5.5　防己科植株形态的比较

Anamirta cocculus（左）与 *Jateorhiza palmata*（右）花序和枝叶的比较

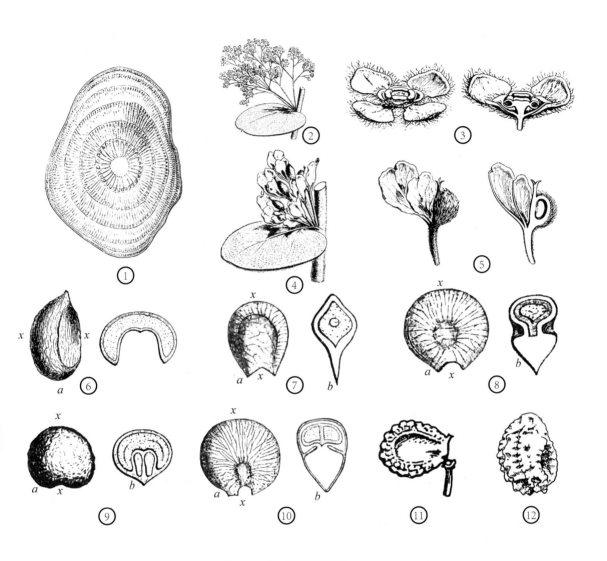

图15.5.6 防己科形态结构（4）

① 锡生藤（*Cissampelos pareira*）茎横切，皮层原始分生组织经多次分裂形成分生组织环，皮层组织自身增大、形成层维管束偏向一边，横切面显示出形成层带、石细胞环和皮层组织内的石细胞穴，② 雄花序，③ 雄花及其纵切，④ 雌花序，⑤ 雌花及其纵切；防己科的果（沿 *x* − *x* 方向平分切，*a* 侧面观，*b* 果背弯曲切面观）：⑥*Calycocarpum lyonii*，⑦*Pericampylus incanus*，⑧*Cocculus leaeba*，⑨*Anamirta cocculus*，⑩*Pachygone ovata*；⑪*Stephania tomentella* 核果，⑫ 连蕊藤（*Parabaena sagittata*）核果部分腹面观

本科分 5 族，约 71 属。

族 1. 蝙蝠葛族 Tribe Menispermeae

1. 千金藤属 *Stephania* Lour. 33 种；5 种热带非洲产，25 种印度南部，中国的中部和南部及新几内亚产。

2. 轮环藤属 *Cyclea* Arn. ex Wight 约 30 种；中国，马来西亚到菲律宾分布。

3. 锡生藤属 *Cissampelos* L. 约 20 种；分布于北美，南美，非洲和亚洲。

4. *Antizoma* Wiers　2 种；产于南非干旱区域。

5. *Rhaptonema* Miers　约 4 种；产于马达加斯加。

6. *Sarcopetalum* F. Muell.　1 种；产于热带澳大利亚。

7. *Strychnopsis* Baill.　1 种；产于马达加斯加。

8. *Legnephora* Miers　5 种；新几内亚和马达加斯加分布。

9. 秤钩风属 *Diploclisia* Miers　2 种；产于热带亚洲。

10. 木防己属 *Cocculus* DC.　8 种；北美，中美，非洲，从马达加斯加向东经印度到菲律宾分布。

11. *Limaciopsis* Engl. 1 种；产于刚果，加蓬。

12. 细圆藤属 *Pericampylus* Miers　4~6 种；分布于喜马拉雅到中国南部和马来西亚，印度尼西亚摩鹿加。

13. *Limacia* Lour.　3 种；缅甸到西马来西亚分布。

14. 夜花藤属 *Hypserpa* Miers　9 种；中国，东南亚，澳大利亚和玻利尼西亚分布。

15. 蝙蝠藤属 *Menispermum* L.　2~4 种；分布于欧亚大陆和北美。

16. 风龙属 *Sinomenium* Diels　1 种；日本，中国中部分布。

族 2. 天仙藤族 Tribe Fibraureeae

17. *Anamirta* Colebr.　1 种；产于印度，马来西亚。

18. 天仙藤属 *Fibraurea* Lour.　2 种；分布于缅甸，中国南部，马来西亚和菲律宾。

19. *Coscinium* Colebr.　2 种；印度，马来西亚和中南半岛分布。

20. 大叶藤属 *Tinomiscium* Miers ex Hook. f. et Thomson　1 种；分布于印度阿萨姆到中国南部和马来西亚。

族 3. 青牛胆族 Tribe Tinosporeae

21. *Calycocarpum* (Nutt. ex Torr. et A. Gray) Spach　1 种；产于北美。

22. 古山龙属 *Arcangelisia* Becc.　2 种；分布于中国海南，中南半岛，马来西亚到新几内亚。

23. *Disciphania* Eichler　25 种；分布于热带美洲。

24. *Synandropus* A. C. Sm.　1 种；产于巴西。

25. *Leichhardtia* F. Muell.　1 种；产于澳大利亚昆士兰。

26. *Syntriandrium* Engl.　1 种；尼日利亚，喀麦隆，刚果分布。

27. *Dialytheca* Exell et Mendonca　1 种；产于安哥拉。

28. *Odontocarya* Miers　30 种；热带、亚热带南美分布，4 种扩散到中美和小安的列斯群岛。

29. *Burasaia* Thouars　4 种；产于马达加斯加。

30. 球果藤属 *Aspidocarya* Hook. f. et Thomson　1 种；中国云南，不丹，印度东北部分布。

31. *Platytinospora* (Engl.) Diels　1 种；产于喀麦隆。

32. *Rhigiocarya* Miers　2 种；产于热带非洲。

33. *Jateorhiza* Miers　2 种；产于热带亚洲。

34. 青牛胆属 *Tinospora* Miers 32 种；7 种产于热带非洲，2 种产于马达加斯加，23 种；产于亚洲到澳大利亚，太平洋地区。

35. *Sarcolophium* Troupin 1 种；产于喀麦隆，加蓬。

36.*Dioscoreophyllum* Engl. 3 种；产于热带非洲。

37.*Chlaenandra* Miq. 1 种；产于新几内亚。

38.*Chasmanthera* Hochst. 2 种；分布于喀麦隆，加蓬到坦桑尼亚。

39.*Borismene* Barneby 1 种；分布于巴西，秘鲁，哥伦比亚，委内瑞拉。

40.*Kolobopetalum* Engl. 4 种；产于热带非洲。

41.*Leptoterantha* Louis et Troupin 1 种；分布于加蓬和安哥拉。

42. 连蕊藤属 *Parabaena* Miers 6 种；分布于亚洲东南部到所罗门群岛。

族 4. Tribe 4 Anomospermeae

43.*Tiliacora* Colebr. 19 种；产于热带非洲，2 种产于东南亚。

44.*Orthomene* Barneby et Krukoff 4 种；产于热带南美。

45.*Elephantomene* Barneby et Krukoff 1 种；产于圭亚那。

46.*Caryomene* Barneby et Krukoff 4 种；分布于巴西到玻利维亚。

47.*Abuta* Aubl. 32 种；分布于热带美洲。

48.*Anomospermum* Miers 6 种；巴拿马到巴西分布。

49.*Telitoxicum* Moldenke 6 种；秘鲁，巴西，哥伦比亚，圭亚那分布。

族 5. 粉绿藤族 Tribe Pachygoneae

50.*Albertisia* Becc. 12 种；产于热带和亚热带非洲，5 种产于东南亚。

51.*Macrococculus* Becc. 1 种；产于新几内亚。

52. 藤枣属 *Eleutharrhena* Forman 1 种；分布于中国云南，印度阿萨姆。

53.*Penianthus* Miers 4 种；分布于西非和中非。

54.*Sphenocentrum* Pierre 1 种；中非产。

55.*Synclisia* Benth. 1 种；产于中非。

56.*Ungulipetalum* Moldenke 1 种；产于巴西。

57.*Syrrheonema* Miers 3 种；产于非洲中部。

58.*Sciadotenia* Miers 20 种；中美到热带美洲分布。

59.*Chondrodendron* Ruiz et Pav. 3 种；分布于巴拿马到玻利维亚，巴西。

60.*Anisocycla* Baill. 3 种；产于热带非洲。

61. 密花藤属 *Pycnarrhena* Miers ex Hook. f. et Thomson 9 种；印度，马来西亚，新几内亚，澳大利亚昆士兰分布。

62.*Triclisia* Benth. 10 种；产于热带非洲。

63.*Carronia* F. Muell. 3 种；分布于澳大利亚新南威尔士和昆士兰，新几内亚。

64.*Pleogyne* Miers 1 种；产于澳大利亚北海岸和昆士兰。

65.*Haematocarpus* Miers 2 种；分布于印度阿萨姆，西马来西亚。

66.*Curarea* Barneby et Krukoff 4 种；产于热带南美。

67.*Beirnaertia* Louis ex Troupin 1 种；产于安哥拉，刚果。

68.*Cionomene* Krukoff 1 种；产于巴西。

69.*Hyperbaena* Miers ex Benth. 20 种；分布于中美和南美。

70.*Orthogynium* Baill. 和 *Spirospermum* Thouars 各 1 种；产于马达加斯加，其位置不确定。

71. 粉绿藤属 *Pachygone* Miers 10~12 种；分布于中国南部，马来西亚和印度。

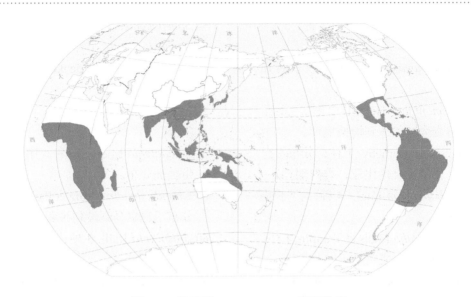

图15.5.7 防己科Menispermaceae地理分布

第 5 目 毛茛目 Ranunculales

毛茛科 Ranunculaceae（图 15.6.1~ 图 15.6.8）

一个主要分布于温带的草本科。早期的系统多采取广义的概念，如 Bentham 和 Hooker f.、Dalla Torre 和 Harms 的毛茛科包括了白根葵科 Glaucidiaceae 和芍药科 Paeoniaceae；Melchior（1964）还加上了星叶草科 Circaeasteraceae。现代的分类系统，它们都被作为独立科处理。只有分布于北美的黄毛茛属 *Hydrastis* 和我国特有的独叶草属 *Kingdonia* 是否应独立成科尚有不同意见。除 Thorne（1992）将毛茛科置于小檗目 Berberidales 小檗亚目 Berberidineae 外，其他系统多放在毛茛目 Ranunculales，只有 Dahlgren 和 Takhtajan 将它作为毛茛亚纲 Ranunculidae 与木兰亚纲 Magnoliidae 并列，而 Cronquist 则将它隶属于木兰亚纲。APG 系统将毛茛目作为真双子叶植物基部的三沟花粉类 basal tricolpates。无论如何，毛茛科是个以草本（稀藤本）和花 5 基数为主要特征的自然类群。我们主张回到 Hutchinson 的观点，草本亦非一定从木本衍生，而当作古草本看待，在我们的八纲系统中将毛茛类植物独立成一纲，即毛茛纲（吴征镒等，1998; Wu et al., 2002）。

常为多年生草本，通常有发达的根状茎，亦有一年生或二年生的半灌木或藤本。根有不定根，有时发育成主根。维管系统的木质部可围绕韧皮部形成周木维管束，其呈 V 形，有时木质部凹形，极少数呈同心圆状；在茎的横切面上，维管束不排列成环形；导管具单穿孔；侧生纹孔互生。单叶或复叶，通常有柄，无托叶或稀有托叶,叶形和叶分裂程度多变; 叶排成二列或呈螺旋状二列，对生或轮生；气孔为无规则型或平列型。节有 3、5 或多个叶隙，仅在独叶草发现单叶隙、6 或 8 叶迹。花序一般为有限花序，稀为无限花序，有时单花。花多两性或稀单性，辐射对称或两侧对称，下位花（子房上位），多为虫媒，稀风媒，单被花只具萼片或萼片和花瓣都有的称双被花，稀完全缺如。萼片 5 枚，有时少于或多于 5 数，覆瓦状或有时镊合状排列，宿存或脱落；花瓣

1~13 枚，多数为 5 枚，分离，基部常有蜜腺，它被看作是变态雄蕊，即雄蕊花瓣（andropetals）；雄蕊通常多数，螺旋状排列，向心发育或有的是向心发生而离心发育（如耧斗菜属 *Aquilegia*，Feng et al., 1995），花药具 4 孢子囊，纵裂，绒毡层腺质，小孢子分裂为同时型，稀连续型（如唐松草属 *Thalictrum*）；花粉粒有 2 细胞或 3 细胞，具 3、5 沟或 5 孔，多数属的花粉粒不止一种基本类型，如 3 沟花粉和 5 沟花粉同时出现在铁线莲属 *Clematis* 的不同种，5 沟和 5 孔花粉出现在毛茛属 *Ranunculus* 和银莲花属 *Anemone* 的不同种，黄连属 *Coptis* 的全部种都为 5 孔花粉，很少无沟孔；雌蕊的心皮离生，稀稍合生，心皮可由多数减少到 1 枚，假花柱（stylodia）或短或长，羽毛状；胚珠由多数减少到 1 枚，多为倒生，但毛茛族 Ranunculeae 为半倒生，双珠被或有时为单珠被，常厚珠心，稀为薄珠心，珠孔通常由内珠被形成，蓼型胚囊，核型胚乳（独叶草为沼生型），胚胎发育多数为柳叶菜型，有时茄型，稀石竹型。果多变，聚合或单一，蓇葖果或瘦果。每心皮具多数到 1 枚种子；种子胚小或大，内胚乳丰富到缺如。染色体基数 $x = 6\sim9$，多数 7 或 8；染色体有两种类型，大染色体称 R- 型（毛茛型）和小染色体称 T- 型（唐松草型）。

　　根据对毛茛科最原始的金莲花亚科 Helleboroideae 地理分布的研究（李良千，1999），该亚科（含 17 属约 885 种）的分布中心、特有类群和原始类群的保存中心，均在东亚植物区内，尤其是中国西南部，加之毛茛科的其他类群，如东亚特有的尾囊草属就是金莲花亚科乃至毛茛科的起源中心。该地区地史古老，地形复杂，生境多样，不仅使许多原始、古老类群得以保存，而且使其得到充分分化，造就了现今各式各样的类型，也就成为毛茛科植物分布的多样性中心。

　　毛茛科植物种子化石发现于墨西哥的坎潘期，定名为 *Eocaltha zoophilia*，它有点像现代驴蹄草属 *Caltha* 的种子。从加蓬（Gabon）白垩纪晚赛诺曼期发现的多孔花粉粒，定名为 *Cretacaeisporites scabratus*，十分相似于现存的银莲花属、黄连属和獐耳细辛属 *Hepatica* 的花粉。该科果实和种子化石在新生代丰富，叶化石却稀少（Friis et al., 2011）。

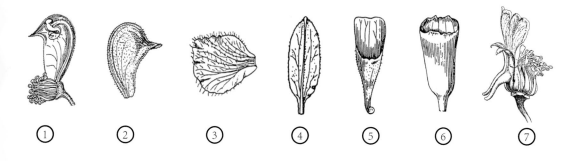

图15.6.1 毛茛科花形态结构

①*Aconitum anglicum* 侧萼和下萼脱落后存留的上花瓣纵剖，露出花瓣应在位置，②上盔状花瓣，③侧花瓣；④耧斗菜（*Aquilegia vulgaris*）萼片，⑤花瓣；⑥绿铁筷子（*Helleborus viridis*）花瓣；⑦*Delphinium staphisagria* 花

图15.6.2 毛茛科形态结构（1）

① 驴 蹄 草（*Caltha palustris*）植 株，② 花；③ 金 莲 花（*Trollius chinensis*）植 株，④ 花，⑤ 果；⑥ 铁破锣（*Beesia calthifolia*）植 株，⑦ 花；⑧ 铁筷子（*Helleborus thibetanus*）植 株，⑨ 花，⑩ 果；⑪ 升麻（*Cimicifuga foetida*）植 株，⑫ 花序，⑬ 果序；⑭ 太白乌头（*Aconitum taipeicum*）植 株；⑮ 翠雀（*Delphinium grandiflorum*）植 株，⑯ 花；⑰ 蜀侧金盏花（*Adonis sutchuenensis*）植 株，⑱ 花

图15.6.3　毛茛科形态结构（2）

①华银莲花（*Anemone cathayensis*）植株，②叶背面观，③花；④白头翁（*Pulsatilla chinensis*）植株，⑤花，⑥果；⑦西藏铁线莲（*Clematis tenuifolia*）植株，⑧花，⑨果序；⑩脱萼鸦跖花（*Oxygraphis delavayi*）植株，⑪花；⑫天葵（*Semiaquilegia adoxoides*）植株，⑬花，⑭果；⑮华北楼斗菜（*Aquilegia yabeana*）花正面观，⑯花侧面观；⑰纵肋人字果（*Dichocarpum fargesii*）花，⑱果；⑲日本黄连（*Coptis japonica*）植株，⑳花

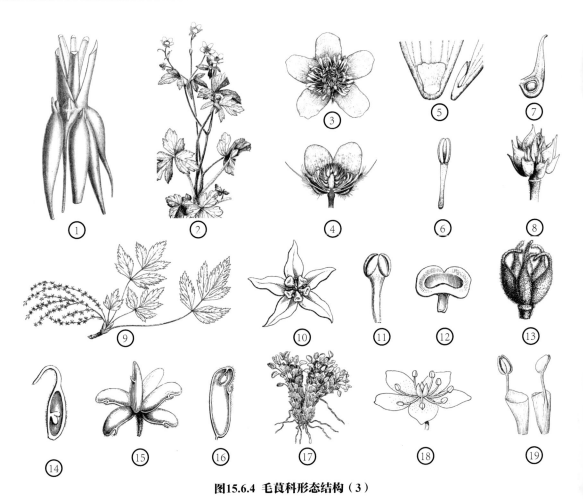

图15.6.4 毛茛科形态结构（3）

① 多叶毛茛（*Ranunculus millefoliatus*）块茎状根；②*R. hispidus* 地上枝叶和花，③ 花上面观，④ 花纵切，⑤ 花瓣基部鳞片状储蜜器的正面及侧面观，⑥ 雄蕊，⑦ 心皮部分纵剖，⑧ 头状瘦果；⑨*Xanthorhiza apiifolia* 花序和叶，⑩ 花上面观，⑪ 雄蕊，⑫ 储蜜器，⑬ 雌蕊群，⑭ 心皮纵剖，⑮ 果期雌蕊群，⑯ 果纵切，⑰*Caltha dionaeifolia* 完整植株，⑱ 花，⑲ 生于 2 托叶合生筒上的雄蕊正面观（左）和背面观（右）

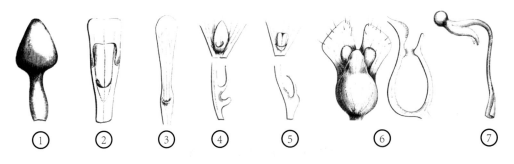

图15.6.5 毛茛科植物储蜜器

① 银莲花（*Anemone pulsatilla*），② 欧洲金莲花（*Trollius europaeus*），③ 蓝堇草（*Leptopyrum fumarioides*），④*Ranunculus plataginifolius* 正面观及其纵剖，⑤ 槭叶毛茛（*R. acer*）正面观及其纵剖，⑥ 黑种草（*Nigella damascena*）正面观及其纵剖，⑦*Aconitum napellus*

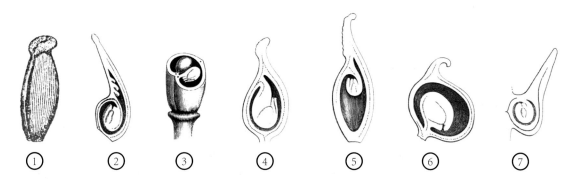

图15.6.6 毛茛科植物子房结构

① 类叶升麻（*Actaea spicata*）心皮；② 黑水银莲花（*Anemone amurensis*）心皮纵切；③*Delphinium consolida* 子房横切；④ 美花草（*Callianthemum rutifolium*）子房纵切；⑤ 唐松草（*Thalictrum minus*）子房纵切；⑥ 槭叶毛茛（*R. acer*）子房纵切；⑦*Myosurus minimus* 子房纵切

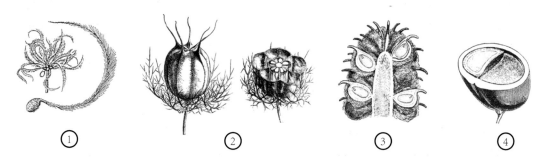

图15.6.7 毛茛科部分果形态结构

① 铁线莲（*Clematis vitalba*）果序及一枚瘦果；② 黑种草（*Nigella damascena*）果及其横切；③*Anemone virginiana* 聚心皮果纵切；④ 类叶升麻（*Actaea spicata*）果横切

按照 Tamura（1993）的分类系统（Kubitzki, 1993b），毛茛科分为 5 亚科。由于黄毛茛亚科 Hydrastidoideae 独立为黄毛茛科 Hydrastidaceae，故以下仅介绍 4 亚科。

亚科 1. 金莲花亚科 Subf. Helleboroideae

族 1. 金莲花族 Tribe Helleboreae。7 属。

1. 驴蹄草属 Caltha L. 约 12 种；南北半球温带分布，但以北半球为主。

2. 鸡爪草属 Calathodes Hook. f. et Thomson 3 种；中国－喜马拉雅特有。

3. 金莲花属 Trollius L. 31 种；分布于北半球温带到寒带。

4. Megaleranthis Ohwi 1 种；韩国特有。

5. 铁破锣属 Beesia Balf. f. et W. Sm. 2 种；东亚特有，产于中国西部到缅甸北部。

6. 铁筷子属 Helleborus L. 21 种；欧亚大陆分布，自地中海向欧洲扩散，亦和中国华中间断分布。

7. 菟葵属 Eranthis Salisb. 8 种；欧亚温带分布。

族 2. 升麻族 Tribe Cimicifugeae。4 属。

8. 黄三七属 Souliea Franch. 1 种，S. vaginata Franch.；东亚特有，中国西南到不丹，缅甸分布。

9. 垂果升麻属 Anemonopsis Siebold et

Zucc. 1 种；日本特有。

10. 升麻属 Cimicifuga L. ex Wernisch. 约 18 种；北半球温带到寒带分布。

11. 类叶升麻属 Actaea L. 8 种；北半球温带到亚寒带分布。

族 3. 黑种草族 Tribe Nigelleae。3 属。

12. Komaroffia Kuntze 2 种；中亚、伊朗－土兰区特有。

13. 黑种草属 Nigella L. 20 种；产于欧洲，亚洲西南部和中亚。

14. Garidella L. 2 种；欧洲南部，亚洲西南部和中亚分布。

族 4. 翠雀族 Tribe Delphinieae。3 属。

15. 乌头属 Aconitum L. 300 种；分布于欧亚，北非，北美。

16. 翠雀属 Delphinium L. 320 种；分布于欧亚，非洲，北美。

17. 飞燕草属 Consolida (DC.) Gray 43 种；分布于欧洲，亚洲。

亚科 2. 毛茛亚科 Subf. Ranunculoideae

族 1. 侧金盏花族 Tribe Adonideae。2 属。

18. 美花草属 Callianthemum C. A. Mey. 14 种；欧洲，亚洲分布，多半在高山、亚高山局部地区。

19. 侧金盏花属 Adonis L. 26 种；分布于欧洲，亚洲。

族 2. 银莲花族 Tribe Anemoneae。11 属。

20. 独叶草属 Kingdonia Balf. f. et W. W. Sm. 1 种；中国秦岭到西南部特有。

21. 银莲花属 Anemone L. 144 种；分布于欧洲、亚洲，南到苏门答腊，北美扩散到南美智利，东非。

22. 獐耳细辛属 Hepatica Mill. 7 种；欧洲、东亚和北美间断分布。

23. Barneoudia C. Gay 3 种；分布于智利，阿根廷。

24. Oreithales Schltdl. 1 种；产于安第斯山高山带，从厄瓜多尔到玻利维亚。

25. 毛茛莲花属 Metanemone W. T. Wang 1 种；中国云南特有。

26. Knowltonia Salisb. 8 种；南非到中非南部分布。

27. 白头翁属 Pulsatilla Mill. 38 种；分布于欧亚，北美。

28. 互叶铁线莲属 Archiclematis Tamura 1 种；产于中国藏南，尼泊尔。

29. 铁线莲属 Clematis L. 295 种；分布于欧亚，北美，南美，非洲，马达加斯加，大洋洲。

30. 锡兰莲属 Naravelia DC. 7 种；分布于热带亚洲，从印度到中国南部和马来西亚。

族 3. 毛茛族 Tribe Ranunculeae。16 属。

31. Trautvetteria Fisch. et C. A. Mey. 1 种；北美东、西部和亚洲东北部，温带到亚寒带分布。

32. Myosurus L. 15 种；分布于各大洲，以北美西部最丰富。

33. Kumlienia Greene 1 种；北美西部产。

34. Arcteranthis Greene 1 种；产于北美西北部。

35. Halerpestes Greene 10 种；分布于亚洲，北美和南美。

36. Cyrtorhyncha Nutt. 1 种；产于北美西部。

37. 鸦跖花属 Oxygraphis Bunge 5 种；分布于中亚，喜马拉雅，中国西部，西伯利亚到美国阿拉斯加。

38. Peltocalathos Tamura 1 种；南非特有。

39. Callianthemoides Tamura 1 种；产于南美南部。

40. Paroxygraphis W. W. Sm. 1 种；产于东喜马拉雅高山带。

41.*Hamadryas* Comm. ex Juss.　6 种；产于南美南部。

42.*Aphanostemma* A. St.-Hil.　1 种；分布于巴西南部到阿根廷中部。

43. 毛茛属 *Ranunculus* L.　约 600 种；全球分布。

44. 角果毛茛属 *Ceratocephala* Moench 3 种；分布于欧洲，北非，西亚，中国西北部，北非，新西兰。

45.*Krapfia* DC.　8 种；南美安第斯山特有。

46.*Laccopetalum* Ulbr.　1 种；秘鲁，安第斯山分布。

亚科 3. 扁果草亚科 Subf. Isopyroideae

族 1. 扁果草族 Tribe Isopyreae。7 属。

47. 拟扁果草属 *Enemion* Raf.　2 种；东北亚和北美西部温带到亚寒带分布。

48. 扁果草属 *Isopyrum* L.　4 种；分布于欧洲，亚洲。

49. 蓝堇草属 *Leptopyrum* Rchb.　1 种；分布于朝鲜，中国东北，西伯利亚。

50. 拟楼斗菜属 *Paraquilegia* J. R. Drumm. et Hutch.　5 种；分布于中国西部，喜马拉雅，中亚到伊朗。

51. 天葵属 *Semiaquilegia* Makino　1 种；中国，韩国，日本西部分布。

52. 尾囊草属 *Urophysa* Ulbr.　2 种；分布于中国，朝鲜，西伯利亚。

53. 楼斗菜属 *Aquilegia* L.　80 种；北半球广布。

族 2. 人字果族 Tribe Dichocarpeae。1 属。

54. 人字果属 *Dichocarpum* W. T. Wang et P. K. Hsiao　20 种；分布于喜马拉雅，中国到日本。

族 3. 黄连族 Tribe Coptideae。3 属。

55. 星果草属 *Asteropyrum* J. R. Drumm. et Hutch.　2 种；中国西部特有。

56. 黄连属 *Coptis* Salisb.　15种；东亚、北美西部间断分布。

57.*Xanthorhiza* Marshall　1 种；北美东部温带分布。

亚科 4. 唐松草亚科 Subf. Thalictroideae

58. 唐松草属 *Thalictrum* L.　80 种；分布于北美，南美，非洲，南欧和中国。

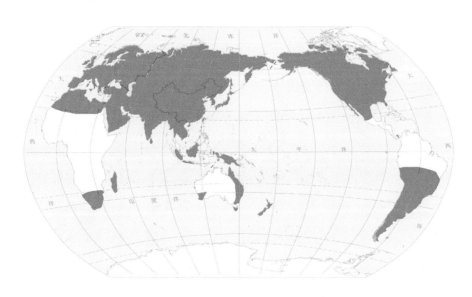

图15.6.8　毛茛科Ranunculaceae地理分布

第 6 目 星叶草目 Circaeasterales

星叶草科 Circaeasteraceae（图 15.7.1，图 15.7.2，图 15.8.2）

一个中国 – 喜马拉雅地区特有的单型科。Engler 的子系统 Dalla Torre 和 Harms 将它先置于金粟兰科 Chloranthaceae，后来 Melchior（1964）改放在毛茛科 Ranunculaceae，归入毛茛目；Hutchinson（1927）认为其与小檗科相近，置于其后，归入小檗目 Berberidales；现代系统多将其归入毛茛目。Takhtajan（1997, 2009）建立新目，即星叶草目 Circaeasterales，包括独叶草科 Kingdoniaceae 和星叶草科 2 科，强调开放的二叉脉序的重要性。我们（Wu et al., 2002）承认它作为单科目，将独叶草属 *Kingdonia* 放在毛茛科。APG 系统中本科仍旧在毛茛目，且包括独叶草属。

一年生小草本。具伸长的下胚轴，子叶线形、宿存，茎极短；节单叶隙单叶迹；导管有单穿孔板。叶呈莲座状，有叶柄，叶片楔状铲形或菱形，先端边缘有齿，具开放的二叉脉序。花序为具有短轴的顶生聚伞花序，包在莲座状叶丛之中，花序发育是离心的。花小，两性；萼片 2~3 枚，鳞片状，镊合状排列，宿存，无维管束，无瓣；雄蕊（1~）2（~3）枚，与萼片互生，花药具一对内向的花粉囊；花粉母细胞分裂为同时型；花粉粒具 3 沟，壁 2μm 厚，有不规则的条纹状覆盖层；雌蕊有（1~）2（~3）枚心皮，融合，有很短的假花柱，柱头稍长而偏斜，其上有瘤状突起；每心皮 2 胚珠，上面 1 枚败育；胚珠自心皮近顶端下垂，单珠被、薄珠心，胚囊形成为五福花型，胚乳细胞型。瘦果，长椭圆形，并被钩状毛；种子具丰富的胚乳，胚小。染色体基数 $x=15$，被认为是古多倍体。

本科 1 属 1 种，分布于青藏高原外围的亚高山针叶林林下（偶可在石荫下），海拔1200~5000m 的喜马拉雅山，西达尼泊尔及印度西北部，东达中国云南西北部及甘肃南部和陕西北部山区，新疆西部亦有分布。本科具有和独叶草 *Kingdonia uniflora* 相似的生境，早春融雪后它们出土共享阳光繁衍，但后者不及本种分布广，本种更能适应旱生的环境。尽管它同独叶草有相同的叶脉，但它们的茎叶和叶缘大小不相同，本科花又极端退化，故将二者合为一科是不可取的。将它独立成科却属必要。Foster 认为它是孤立的毛茛目衍生物似乎更可信。而同金粟兰科、三白草科、小檗科等可能有亲缘关系的看法应予排除。从其分布看，本科是随亚高山针

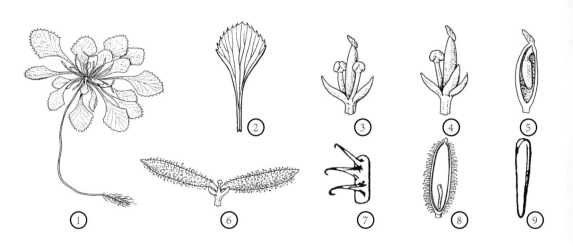

图15.7.1 星叶草科形态结构（1）

① 完整植株，② 叶二叉脉序，③ 花，④ 花，⑤ 心皮纵剖，⑥ 果，⑦ 果上皮刺，⑧ 瘦果纵剖，⑨ 胚

叶林的出现而出现，和新第三纪青藏高原隆起密切相关，本科虽保留有原始脉序但本身极端简化（新特有）则是肯定的。Takhtajan 将本科排列在毛茛科（目）后面是可以接受的（吴征镒等，2003）。该科尚未发现化石记录。

图15.7.2 星叶草科形态结构（2）

① 星叶草（*Circaeaster agrestis*）生境，② 居群，③ 单株，④ 植株，⑤ 未成熟果，⑥ 凋萎株

第 7 目 小檗目 Berberidales

南天竹科 Nandinaceae（图 15.8.1，图 15.8.2）

一个东亚特有的单型灌木科。自 Bentham 和 Hooker f. 以来，多数系统学家将它归入广义小檗科 Berberidaceae 作为南天竹亚科。Takhtajan（1997, 2009）和 Wu 等（2002）将它处理为独立科：南天竹科 Nandinaceae。

常绿灌木，无根状茎。茎多丛生而少分枝；导管侧纹孔对生。叶互生，集生于茎的上部，2~3 回羽状复叶，叶轴具关节；无托叶。大型圆锥花序顶生或腋生；花两性，辐射对称，萼片 18~54 枚，螺旋状排列在缩短的花托上，由外向内逐渐增大，3 枚 1 轮；萼片向心发生，当花原基变为稍三角形时，最外面的 1 轮萼片同时发生，排列成规则三角形，后第 2 轮在互生的位置

图15.8.1 南天竹科形态结构

① 南天竹（*Nandina domestica*）果枝，② 花序，③ 花，④ 果枝，⑤ 叶（叶形差异较大），⑥ 储蜜器，⑦ 花蕾 ⑧ 花，⑨ 外萼片（上）和内萼片（下），⑩ 花瓣，⑪ 花纵切，⑫ 雄蕊，⑬ 雌蕊

发生，依同样方式其他轮的萼片向内（向上）依次发生；花瓣 6 枚，2 轮，基部无蜜腺；雄蕊 6 枚，2 轮，对生于花瓣；随着全部萼片的发育，花顶端发生 6 个呈 2 轮互生的原基，称为花瓣－雄蕊（petal-stamen）共同原基，共同原基远轴面发生花瓣，近轴面发生雄蕊，花瓣较雄蕊发育迟缓，雄蕊原基开始呈片状，花药细胞沿边缘纵向分化，成熟雄蕊仅有极短的花丝，花药纵裂；小孢子母细胞分裂为同时型，小孢子四分体为四面体型，腺质绒毡层；花粉粒 3 沟，具覆盖层，外壁有网状雕纹；子房只有 1 枚心皮，1 室；心皮发生于顶端中央原基，开始呈半球状，随后呈短柱状，由于边缘组织加速分裂，顶端逐渐凹陷，形成中空的瓶状心皮，最后形成短花柱和柱头；胚珠 2 枚，通常 1 枚败育，下垂生，近边缘胎座。浆果，一般只 1 个种子。种子有内种皮，无外种皮；胚微小，不太分化，胚乳丰富、油质。单倍体数 $n = 10$。

　　本科不同于小檗目其他科的特点是：灌木状习性；叶为 2~3 回羽状复叶；小叶全缘，具叶枕；花被片多数，达 18~54 枚（以 3 数排列成 6~18 轮）；蜜腺缺如；雄蕊纵向开裂；胚珠一般 2 枚（1 枚常败育），下垂生；种子无外种皮。主要化学成分为阿朴啡（aporphine），包括原阿片碱（protopine）。南天竹科是第二次泛古大陆北太平洋扩张开始时的古遗生物（epibiont）（吴征镒等，2003）。

　　南天竹属 *Nandina* Thunb. 1 种；东亚分布。

图15.8.2　南天竹科Nandinaceae和星叶草科Circaeasteraceae地理分布

狮足草科 Leonticaceae（图 15.9.1，图 15.9.2）

　　现代多数系统将它放在小檗科 Berberidaceae（广义），作为狮足草族 Tribe Leonticeae（Spach）Kosenko，或狮足草亚科 Leonticoideae。Takhtajan（1997, 2009）将它置于鬼臼科 Podophyllaceae。该科由 Airy Shaw（1973）按 Spach 的概念分出，包含红毛七属 *Caulophyllum*、牡丹草属 *Gymnospermium* 和狮足草属 *Leontice*。

　　该类群为多年生草本。根状茎块状，近球形或横生，结节状。地上茎直立，草质，无毛。叶多基生，茎生 1 叶（如牡丹草属）或 2 至多叶，互生，2~3 回羽状深裂或复叶。总状花序或复

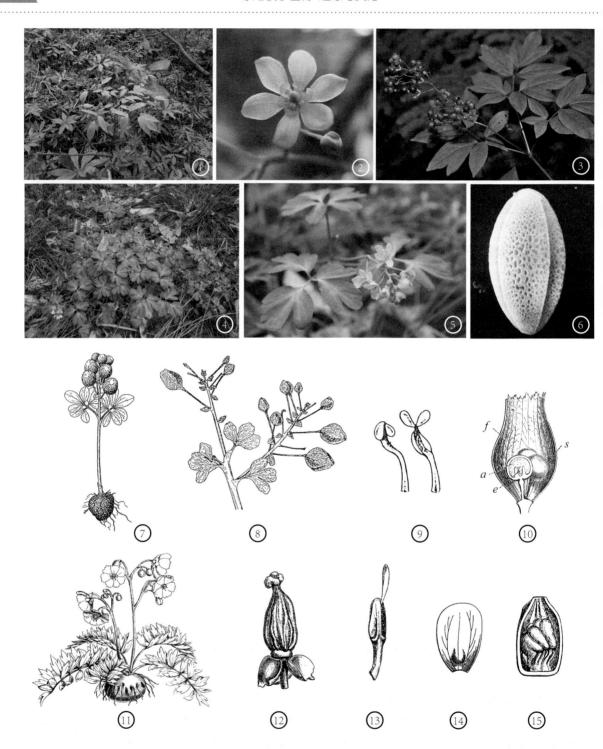

图15.9.1 狮足草科形态结构

① 红毛七（*Caulophyllum robustum*）生境，② 花，③ 果；④ 江南牡丹草（*Gymnospermium kiangnanense*）生境，
⑤ 花；⑥*Leontice leontopetalum* 花粉粒，×1400；⑦ 狮足草（*L. incerta*）植株；⑧*L. leontopetalum* 果序，⑨ 雄蕊，
⑩ 果纵剖，揭开果皮（*f*）露出胚乳（*a*）、胚（*e*）和种子（*s*）；⑪*L. chrysogonum* 植株，⑫ 雌蕊和萼片，⑬ 雄蕊，
⑭ 储蜜器，⑮ 子房纵切

聚伞花序顶生。花 3 数；萼片 6 枚，2 轮，花瓣状；花瓣 6 枚（或称假雄蕊、退化雄蕊），比萼片短，蜜腺状；雄蕊 6 枚，分离，与花瓣对生，花药瓣裂；腺质绒毡层，小孢子母细胞分裂为同时型，小孢子四分体为四面体型，也有十字交叉型和左右对称型，成熟花粉具 2 细胞；花粉粒 3 沟，有网状纹饰；雌蕊为单心皮，心皮瓶状发生，具短假花柱，柱头折迭状膨大；基生胎座，着生 2~4 枚倒生胚珠。胚珠为双珠被、厚珠心，蓼型胚囊，核型胚乳。蒴果瓣裂（牡丹草属）或瘦果囊状、有时顶端撕裂状（囊果草属），或者花后子房开裂，使胚珠和种子暴露（假裸子，红毛七属）。种子 2~4，扁压状，无假种皮或有薄假种皮。染色体基数 $x = 8$。其特征性化学成分为三萜皂苷（triterpene saponin）和喹喏里西啶（quinolizidine alkaloid）。

本科 3 属 14（~18）种。

1. 红毛七属 *Caulophyllum* Michx. 3 种；2 种分布于北美，1 种产于东亚。

2. 牡丹草属 *Gymnospermium* Spach 8 种；东欧－中亚和东亚（中国华东）间断分布。

3. 狮足草属 *Leontice* L. 3 种；亚洲西南部，欧洲东南部和非洲东北部干旱、半干旱区间断分布。

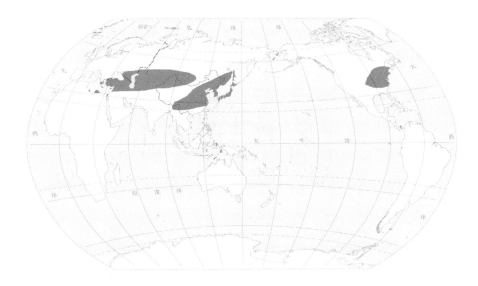

图15.9.2 狮足草科Leonticaceae地理分布

小檗科 Berberidaceae（图 15.10.1~3）

狭义小檗科 Berberidaceae，Wu 等（2002）系统包括 3 属，即兰山草属 *Ranzania*、十大功劳属 *Mahonia* 和小檗属 *Berberis*。兰山草属只有 1 种：兰山草 *R. japonica*，为日本特有，残留于本州濒临日本海的山区林下。

兰山草属形态学上介于红毛七属 *Caulophyllum* 和淫羊藿属 *Epimedium* 之间，但它的假雄蕊具蜜腺，花药瓣裂，单倍体数 $n = 7$ 等是狭义小檗科的特征。然而，多年生草本，具根状茎，茎单生，叶具 3 小叶、顶生，花簇生在茎顶端、紫色等特征又不同于小檗属和十大功劳属。Takhtajan（1997）强调其簇生花有 3 枚脱落苞片，花药裂片在近轴面翻卷，大多数染色体有近中部着丝点，胚珠侧生，花托有皮层维管束，柱头具腹背反弯的维管束，以及花粉粒有 6（~12）

图15.10.1 小檗科形态结构（1）

① 尼泊尔十大功劳（*Mahonia napaulensis*）植株；② 阔叶十大功劳（*M. bealei*）果序；③ 十大功劳（*M. fortunei*）花；
④ 黄芦木（*Berberis amurensis*）花序，⑤ 果；⑥ 假豪猪刺（*B. soulieana*）花

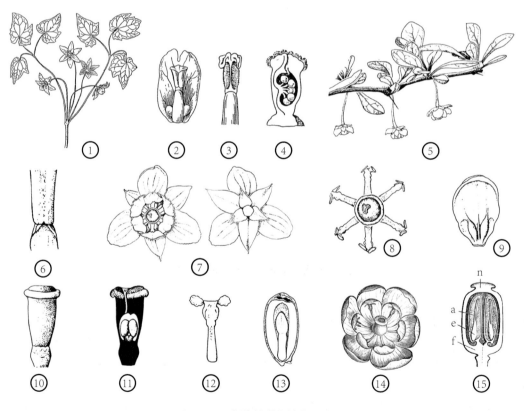

图15.10.2 小檗科形态结构（2）

① 兰山草（*Ranzania japonica*）花枝，② 具雄蕊和蜜腺的花瓣，③ 雄蕊花药活瓣开启，④ 雌蕊纵切；⑤ 小檗
（*Berberis thunbergii*）花枝，⑥ 叶基部关节，⑦ 花正面观和背面观，⑧ 雌蕊和雄蕊群，⑨ 花瓣的蜜腺，⑩ 雌蕊，
⑪ 雌蕊部分纵剖，⑫ 雄蕊花药活瓣开启，⑬ 种子纵切；⑭*B. vulgaris* 花，⑮ 果纵切，露出疤痕 (*n*)、胚乳 (*a*)、
胚 (*e*) 和果皮 (*f*)

泛沟萌发孔等。他同意 Nowicke 和 Skvarla 的意见，兰山草属和广义小檗科其余属的区别程度仅南天竹属 *Nandina* 可以超过。因此他将该属单立 1 科，即兰山草科 Ranzaniaceae。吴征镒等（2003）强调 Loconte 和 Estes（1989）所提出的它同狭义小檗科的共性，是把它视为较十大功劳属和小檗属更原始的类型，狭义小檗科作为一个原始族，即兰山草族 Ranzanieae，与小檗族 Berberideae 是可以并列的。

灌木，稀为多年生具根状茎草本（兰山草属），短枝具刺（小檗属）或否（十大功劳属），刺单生或分叉。多单叶（小檗属）、羽状复叶（十大功劳属）或 3 小叶（兰山草属），常绿或落叶。花序顶生，总状或圆锥状，或者簇生俯垂（兰山草属）。花 3 数，萼片 1~4 轮，均花瓣状；假雄蕊 2 轮，6 枚对萼，基部具成对蜜腺；雄蕊 6，花丝敏感，触心能内合，花药丁字着生，药室瓣裂；花粉具 3 沟孔或 6（~12）泛沟孔，壁结构不分化；雌蕊单心皮，柱头面在顶上，1 室，边缘胎座，具 15 或 18~1 或 20~30（兰山草属）枚胚珠。浆果。种子具外种皮。染色体基数 $x = 7$。小檗属和十大功劳属富含以小檗碱（berberine）为代表的双苄基异喹啉类生物碱，常作为提取黄连素的原料。

小檗科的化石记录很少，白垩纪没有记录。从加拿大土仑期报道的具螺旋状萌发孔的花粉 *Sigmopollis* 可以同现存小檗属的花粉相比较。新生代渐新世以后，在欧洲、亚洲和北美发现的叶化石，无疑是现代小檗属和十大功劳属（Friis et al., 2011）。

本科 2 族，3 属约 600 余种。

族 1. 兰山草族 Tribe Ranzanieae Wu et al.
  1. 兰山草属 *Ranzania* T. Ito 1 种；日本特有。
族 2. 小檗族 Tribe Berberideae
  2. 十大功劳属 *Mahonia* Nutt. 100 余种；间断分布于东亚（从喜马拉雅到日本），向南经中南半岛到苏门答腊，及北美达中美。
  3. 小檗属 *Berberis* L. 500 余种；分布于北美到南美达安第斯山，欧洲到非洲北部，热带非洲山区和亚洲。

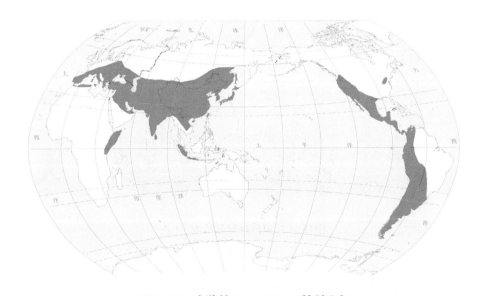

图15.10.3 小檗科Berberidaceae地理分布

鬼臼科 Podophyllaceae（图 15.11.1~ 图 15.11.3）

具根状茎的多年生草本科。原隶属于小檗科 Berberidaceae，作为鬼臼亚科 Podophylloideae（Thorne, 1983）；Takhtajan（1997, 2009）赞成分出作为单独的科，但包括了狮足草科 Leonticaceae 的成员；Wu 等（2002）采取了较狭义的鬼臼科概念，相当于 H. Loconte 的小檗亚科 Berberidoieae 淫羊藿亚族 Subt. Epimediineae；Takhtajan 系统的鬼臼科概念亦包括鬼臼亚科和淫草藿亚科 Epimedioideae。

该类群为具根状茎多年生草本。茎常单生；维管束数目多，大小不规则，呈散生排列，为外韧型，类似于单子叶植物的散生维管柱。叶基生或/和茎生（常2或1叶），叶型从三出复叶（如 *Vancouveria*、淫羊藿属 *Epimedium*）、羽状复叶（如 *Bongardia*）、三出叶（阿莲属 *Achlys*）、单叶二裂（山荷叶属 *Diphylleia*、*Jeffersonia*）到单叶（鲜黄连属 *Plagiorhegma*、山荷叶属、足叶草属 *Podophyllum*、桃儿七属 *Sinopodophyllum*）递减式简化。花序顶生，圆锥状、总状、穗状到聚伞、伞形至单花。花（2~）3（~4）数，分化为萼片和花瓣；萼片稀8~10枚，多至18枚（6轮排列，如 *Vancouveria*），稀退化至无（阿莲属）；花瓣6~9枚（2~3轮），在二数花中为4枚（如

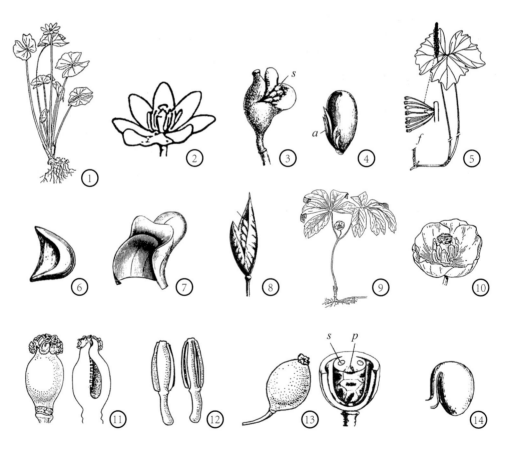

图15.11.1 鬼臼科形态结构（1）

①*Jeffersonia diphylla* 完整植株，②花，③果开裂露出种子 (s)；④具假种皮 (a) 的种子，⑤阿莲（*Achlys triphylla*）具花序的植株（*f* 花絮上的一朵花），⑥种子；⑦淫羊藿（*Epimedium elatum*）储蜜器，⑧果开裂（*s* 种子），⑨足叶草（*Podophyllum peltatum*）完整植株，⑩花，⑪雌蕊及其纵切，⑫雄蕊远轴观（左）和近轴观（右），⑬果及其横纵切（*s* 种子，*p* 胎座），⑭种子

图15.11.2 鬼臼科形态结构（2）

① 折瓣花（*Vancouveria hexandra*）植株，② 花；③ 短茎淫羊藿（*Epimedium brevicornum*）植株，④ 花序；
⑤ 强茎淫羊藿（*E. rhizomatosum*）花；⑥*Jeffersonia diphylla* 生境，⑦ 果；⑧ 鲜黄连（*Plagiorhegma dubium*）
生境；⑨ 山荷叶（*Diphylleia sinensis*）植株，⑩ 花，⑪ 果；⑫ 北美山荷叶（*D. cymosa*）花；⑬ 八角莲
（*Dysosma versipellis*）植株，⑭ 花；⑮ 足叶草（*Podophyllum peltatum*）植株，⑯ 花；⑰ 桃儿七（*Sinopodophyllum
hexandrum*）花，⑱ 果；⑲ 六角莲（*Dysosma pleiantha*）花，⑳ 叶

淫羊藿属），通常 6 枚排成 2 轮，仅淫羊藿亚科有蜜腺；雄蕊多 6 枚，2 轮排列（稀多至 15 枚，如阿荨属）或 18 枚（如足叶草属 *Podophyllum* 和桃儿七属 *Sinopodophyllum*），花药纵裂（鬼臼亚科）或瓣裂（淫羊藿亚科），花丝有时合生（*Vancouveria*）；花粉粒 3 沟，外壁多有条纹；雌蕊常为假单心皮（pseudomonomerous），胚珠多数到 1 枚（阿荨属），基生胎座或边缘胎座。浆果（鬼臼亚科），蓇葖果（淫羊藿亚科）、顶端开裂状囊果（*Bongardia*）或瘦果（阿荨属）。种皮为 7~9 层细胞，鬼臼亚科有外种皮、淫羊藿亚科具外、中种皮。染色体基数 $x = 6$。其特征性化学成分为鬼臼毒素类木脂素（鬼臼亚科）和淫羊藿苷类黄酮与木脂素（淫羊藿亚科）。

本科含 2 亚科，10 属。

亚科 1. 淫羊藿亚科 Subf. Epimedioideae。含 3 族。

族 1. 淫羊藿族 Tribe Epimedieae

1. *Vancouveria* C. Morren et Decne. 3 种；北美西海岸分布。

2. 淫羊藿属 *Epimedium* L. 25 种；亚洲，欧洲分布。

3. *Jeffersonia* Barton 1 种；产于北美洲东部。

4. 鲜黄连属 *Plagiorhegma* Maxim. 1 种；东北亚分布。

族 2. Tribe Bongardieae

5. *Bongardia* C. A. Mey. 1 种；产于西南亚。

族 3. 阿荨族 Tribe Achlydeae

6. 阿荨属 *Achlys* DC. 2 种；1 种在北美西北部，另 1 种在日本。

亚科 2. 鬼臼亚科 Subf. Podophylloideae

7. 山荷叶属 *Diphylleia* Michx. 3 种；北美 1 种 *D. cymosa* Michx.，日本 1 种，中国 1 种。

8. 鬼臼属 *Dysosma* Woodson 7 种；东亚分布。

9. 足叶草属 *Podophyllum* L. 1 种；北美东部特有。

10. 桃儿七属 *Sinopodophyllum* T. S. Ying 1 种；分布于中国西部、西南部和喜马拉雅地区分布。

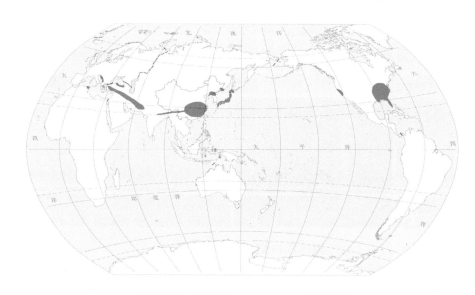

图15.11.3 鬼臼科Podophyllaceae地理分布

第8目 黄毛茛目 Hydrastidales

黄毛茛科 Hydrastidaceae（图 15.12.1，图 15.13.3）

北美特有的多年生单型草本科。在 20 世纪 80 年代以前，黄毛茛属 *Hydrastis* 传统上放在毛茛科 Ranunculaceae；日本学者 Tamura（Kubitzki, 1993b）将它作为毛茛科的亚科：黄毛茛亚科 Hydrastidoideae；Thorne（1992）承认它科的地位；Takhtajan（1997）不仅承认它科级等级，而且新成立了单科目，即黄毛茛目 Hydrastidales，其理由是它有许多特征不同于毛茛科：具双韧维管束，导管有梯纹穿孔和梯状侧纹孔，花维管束解剖特征，花粉粒形态，珠孔由外珠被和内珠被形成和染色体基数等。此外，它与小檗科 Berberidaceae 和狮足草科 Podophyllaceae 的最主要不同在于雌蕊多数，心皮对折及非 V 形木质部等。分子系统学研究表明黄毛茛属与白根葵属 *Glaucidium* 两者是姐妹群，从而支持了传统的观点；同时表明，它们也是毛茛科其他植物的姐妹群；因此，APG 系统仍将该二属纳入广义毛茛科中。吴征镒等（2002）的系统中采取了 Takhtajan 作为单型科（目）处理，放在毛茛亚纲 Subc. Ranunculidae。

该类群为多年生草本；有粗壮、匍匐、具节而黄色的根茎。双韧维管束，木质部在横切面上不呈 V 形；导管普遍具单穿孔，次生木质部有星散分布的梯纹或网格条数目通常 3~10，稀达 18；侧壁纹孔梯形；纤维有具缘纹孔。节多叶隙。叶互生，掌状分裂，通常基生叶 1 枚，茎生叶 2 枚、生在茎的近顶端；气孔无规则型。单花顶生，两性，辐射对称，没有蜜腺；萼片（2~）3（~4），花瓣状，早落；无花瓣；雄蕊多数，螺旋状排列；绒毡层腺质，小孢子发生同时型；花粉粒具 2 细胞，3 槽，覆盖层有条状网纹；雌蕊有 8~15 枚离生心皮，心皮对折状发生，有短假花柱，柱头 2 裂、有外倾边缘，每心皮有 2~4 胚珠；胚珠倒生，双珠被，珠孔由内、外珠被共同形成；

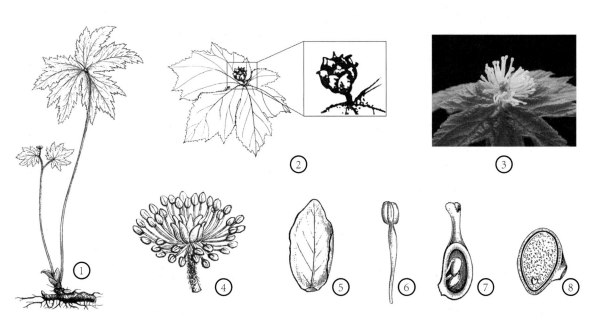

图15.12.1 黄毛茛科形态结构

① 黄毛茛（*Hydrastis canadensis*）完整植株，② 果，③ 花，④ 去掉萼片，示雄、雌蕊群，⑤ 萼片，⑥ 雄蕊，⑦ 心皮纵切，⑧ 种子纵切

蓼型胚囊，核型胚乳。果实为红色浆果状瘦果。种子小，球形，黑色，有外种皮，胚小、不太分化，胚乳丰富。染色体为 T- 型，其基数 $x = 13$。

Takhtajan（1997）认为黄毛茛科并不是介于毛茛科和广义小檗科之间的群，它是从毛茛科、小檗科可能还有星叶草科 Circaeasteraceae 的共同主干上很早就分化出来的一个残存原始类群。

本科 1 属 1 或 2 种；北美中部和东部的沟谷森林或灌丛中特有。

第 9 目 芍药目 Paeoniales

芍药科 Paeoniaceae（图 15.13.1~ 图 15.13.3）

这是一个系统位置分歧较大的单属科。Bentham 和 Hooker f. 以及 Engler 早期的子系统 Dalla Torre 和 Harms（1900~1907）都将它放在毛茛目 Ranales 毛茛科 Ranunculaceae；自发现其雄蕊离心发育后，曾将它处理为科；Hutchinson（1927）将它作为毛茛科的一个亚科；Melchior（1964）将它作为山竹子目 Guttiferales 五桠果亚目 Dilleniineae 的成员；Cronquist 根据雄蕊离心发育等性状将它放入五桠果亚纲 Dilleniidae；现代多数系统则承认它作为独立目：芍药目 Paeoniales 的地位。但是 Thorne（1983）将它放在番荔枝超目 Annoniflorae，Dahlgren（1983）则放在茶超目 Theiflorae，而 Takhtajan（1997, 2009）归入毛茛亚纲 Ranunculidae 毛茛超目 Ranunculanae。我们（Wu et al., 2002）将它放在毛茛纲 Ranunculopsida 成立的新亚纲芍药亚纲 Paeoniidae，它包括芍药目（科）和白根葵目（科）。APG 系统和 Judd 等（2002）则将芍药科归入真双子叶植物的蔷薇支（rosid clade）虎耳草目 Saxifragales。

多年生草本或小灌木。茎薄壁组织有星散的分泌细胞；外韧维管束，导管具梯纹穿孔，有 1~3（~7）或在次生木质部有 4~12 个格条（bar）；侧壁纹孔互生，纤维有具缘纹孔；射线同型或异型；木薄壁细胞星散状。节 5 叶隙。叶互生，羽状分裂或多裂。气孔无规则型。花大型，单朵顶生或几朵聚生，螺旋状或螺旋状环形，两性，辐射对称。萼片（3~）5（~7）枚，宿存；花瓣形态近似于萼片，多数 5 枚，稀 10（~13）枚；雄蕊多数，花丝联合成 5 束，绝大多数种雄蕊离心发育；花药具 4 孢子囊，外向，纵向开裂；腺质绒毡层，小孢子发生为同时型。花粉具 2 细胞，3 沟，覆盖层有细微的突起、条纹或孔。雌蕊具（2~）5，稀达 8 甚至 15 枚离生心皮；心皮粗糙而壁厚，几乎无花柱，柱头膨大，雌蕊围以肉质、分裂的腺质花盘，可能是雄蕊的变态。胚珠每心皮几枚或多数，倒生，双珠被，外珠被长于内珠被，厚珠心；蓼型胚囊，核型胚乳，胚胎发生单一型（unique type），合子到胚胎有游离核时期。果实为瘦果。种子中等大小，有比较发育的种阜，种皮由外珠被形成，胚微小，胚乳丰富。染色体基数 $x = 5$。

芍药属分 3 组，吴征镒等（2003）认为芍药组 Sect. Paeonia 虽系草本，但分布最广（近全属分布区），历史最久，最近于第一次泛古大陆北太平洋扩张以前的祖型。最原始的种花顶生，叶少分裂，小叶全缘无毛，白花，心皮无毛。而芍药 P. lactiflora 分布于俄罗斯远东、东西伯利亚，朝鲜半岛，中国东北、华北到华东和华中，应是最近于祖型的种。

芍药科化石白垩纪未有记录，新生代中新世在匈牙利发现可能的果实化石，定名为 *Paeoniaecarpum hungaricum*（Friis et al., 2011）。

本科仅芍药属 *Paeonia* L. 约 30 种；广泛分布于旧大陆温带地区，个别种可延伸至寒温带，在旧大陆（欧亚和非洲西北部）和北美之间呈间断分布。

图15.13.1　芍药科形态结构（1）

① 窄叶芍药（*Paeonia anomala*）花背面观，② 幼果；③ 黄牡丹（*P. lutea*）植株，④ 花，⑤ 草芍药（*P. obovata*）生境，⑥ 果；⑦ 川赤芍（*P. veitchii*）花

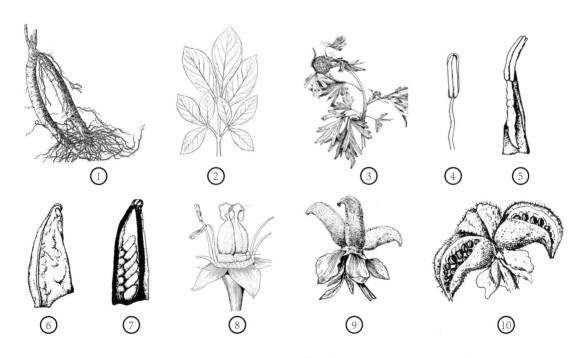

图15.13.2　芍药科形态结构（2）

① 芍药（*Paeonia lactiflora*）地下部分；② *P. mascula* 枝叶，叶全缘无毛；③ *P. californica* 地上部分，④ 雄蕊，⑤ 过渡的雄蕊 – 心皮，⑥ 心皮，⑦ 心皮纵切；⑧ 牡丹（*P. suffruticosa*）去掉花瓣的花（雌蕊群 *p*、萼片、花盘 *d*）；⑨ *P. mascula* 果；⑩ *P. peregrina* 成熟果开裂

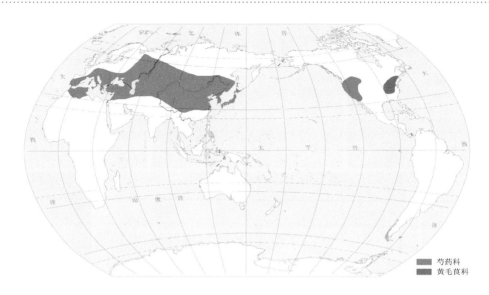

图15.13.3 芍药科Paeoniaceae和黄毛茛科Hydrastidaceae地理分布

第 10 目 白根葵目 Glaucidiales

白根葵科 Glaucidiaceae（图 15.14.1，图 15.17.3）

一个日本特有的单型科。早期的系统白根葵属 *Glaucidium* 都是作为毛茛科 Ranunculaceae 的成员；Tamura（1972）建立了新科白根葵科 Glaucidiaceae；但 Cronquist（1981, 1988）仍将它放在毛茛科；现代其他系统学家多单立为科；Thorne（1983, 1992）将它归入芍药目 Paeoniales；Dahlgren（1983）虽将它归入毛茛目 Ranunculales，但指出它的系统位置未定；Takhtajan（1997）和我们（Wu et al., 2002）将其单立为白根葵目 Glaucidiales。但 Takhtajan（1997）提出该科同黄毛茛科呈洲际间断分布，我们对这种提法有异议：白根葵科以染色体基数、花粉形态、雄蕊群离心发育、雌蕊群形态、蓇葖果独特的开裂类型、各心皮的胚珠数目、花维管解剖结构、珠孔形成式样、外珠被具维管束、具对折的叶脉序等来区别于黄毛茛科，将它们作为属级的姐妹群关系是不恰当的。我们赞同将它们作为不同的科（目）处理。分子证据亦显示白根葵属 *Glaucidium* 和黄毛茛属 *Hydrastis* 是广义毛茛科中最早分化的两个支系（APG, 2009；Judd et al., 2002; Wang et al., 2009, 2016）。

多年生草本，有十分发达的匍匐根状茎，根茎端长出具长柄的叶。茎 1 或 2，粗壮，具外韧维管束，木质部有外脊凹陷，但不成 V 形。根状茎中的导管绝大多数为单穿孔，有时具梯纹穿孔，稀为网纹穿孔，侧纹孔梯状，纤维有具缘纹孔。节多叶隙。叶少，互生，呈 2 分叉状，叶掌状分裂；无托叶。基生叶具长柄；茎生叶通常 2 片，稀 3 片，位于茎的最上部，肾形或心状圆形，脉序对折；气孔无规则型。花大，单顶生，两性，花被片螺旋状环形（spirocyclic）排列，辐射对称。苞片叶状，无柄，肾形到近圆形、心形，有锐齿。萼片 4 枚，交互生，倒卵状菱形，花瓣状，开展，早落；无花瓣；雄蕊数极多，达 350~500 枚，螺旋状排列，成簇，离心发生，花丝丝状，在花药下面稍增大而突然缢缩；花药具 4 孢子囊，纵向开裂。花粉粒具 2 细胞，3 槽，覆盖层有许多颗粒状小刺；心皮通常 2，稀 1 或 3 枚，由于花托组织的参与其基部稍合生；有短假花柱，柱头沿着腹缝线和背缝线分叉；每心皮具 15~30 个胚珠；胚珠倒生，双珠被、假厚珠心，外珠被具维管束，珠孔由内珠被形成；蓼型胚囊；核型胚乳。果期心皮两侧压扁，近四方形，沿复缝线和背缝线开裂。种子沿心皮上角两列下垂，两列种子规律地形成一条线。种子压扁状，有宽翅，倒卵形，1~5cm 长，褐色，具外种皮，胚微小，胚乳丰富；子叶有融合的倾向。染色体小，单倍体数 $n = 10$。

本科仅白根葵属 Glaucidium Sieb. et Zucc. 1 种；日本中部和北部山区特有。

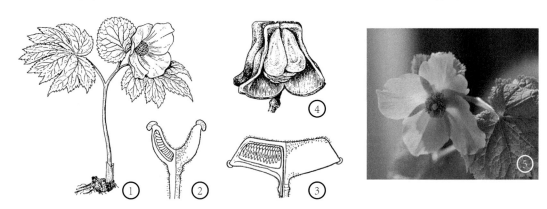

图15.14.1　白根葵科形态结构

① 白根葵（*Glaucidium palmatum*）完整植株，② 初花期雌蕊，③ 花后期雌蕊，④ 果开裂（种子未散布），⑤ 花

第 11 目 罂粟目 Papaverales

罂粟科 Papaveraceae（图 15.15.1~ 图 15.15.6）

一个广布而以北温带分布为主的科。广义罂粟科，包括狭义罂粟科、蕨叶草科 Pteridophyllaceae、角茴香科 Hypecoaceae 和紫堇科 Fumariaceae，即 Takhtajan（1997）概念的罂粟目 Papaverales。广义罂粟科在 Bentham 和 Hooker f.（1862~1883）的系统中放在多瓣类 Polypetalae 托花超目 Thalamiflorae 侧膜胎座目 Parietales，排在被子植物的第 10 科；Engler 早期的子系统 Dalla Torre 和 Harms（1900~1907）都放在古生花被亚纲 Archichlamydeae，归入 Rhoeadales 目 Rhoeadineae 亚目；而 Melchior（1964）系统则作为罂粟目。现代系统多承认它作为目的地位，只有 Thorne（1983, 1992）放在小檗目 Berberidales 罂粟亚目 Papaverineae，并将它的卫星科作为亚科处理，Dahlgren（1983）和 Cronquist（1981）只将紫堇科分出来。APG 系统仍采用广义科概念，将它归入真双子叶植物 eudicots 基部三沟花粉类（basal tricolpates）的毛茛目 Ranunculales（Judd et al., 2002）。Wu 等（2002）采用了狭义的罂粟科范畴。

该类群为一年生、二年生或多年生草本，稀常绿灌木或小乔木。植物各器官（除种子外）均具分泌乳汁的乳汁道。茎维管束大多数排列成 1 轮，稀 2 到几轮（如罂粟属 *Papaver*）；木本属的导管比较短，具单穿孔板；有韧型纤维，环管轴生薄壁细胞；筛管分子质体为 S 型。节具单叶隙到多叶隙（最高可达 8 个）。叶互生，稀对生或轮生，叶脉多羽状或稀掌状，有叶柄或无柄，有时发生基部抱茎现象；无托叶。花单生或多花排列成总状、聚伞状、圆锥状或伞形花序。花序通常在开花之前下垂。花两性，辐射对称，上位花（子房下位）或稀中位；萼片 2 或 3 枚，分离或稀合生，通常早落；花瓣通常 2 轮，每轮 2 或 3 枚，早落，覆瓦状排列或芽期皱褶状，有时缺如或多于 2 轮；雄蕊多数分离，向心发育，稀 4~6 枚 1 轮，或 6~12 枚、6 枚 1 轮，花药基着，2 爿，4 孢子囊，花丝丝状、棒状或侧面扩展；腺质绒毡层，小孢子发生为同时型，花粉释放时为 2 细胞型或有时 3 细胞型；花粉粒 3 沟、多沟或多孔，有时无沟孔，圆形，其直径为 14~60μm，外壁网状或小刺状；子房为合心皮，也有心皮间顶端分离的，由 2~20 枚心皮组

图15.15.1 罂粟科形态结构（1）

① 五脉绿绒蒿（*Meconopsis quintuplinervia*）生境，② 花；③ 金罂粟 (*Stylophorum diphyllum*) 植株；④ 四川金罂粟 (*S. sutchuenense*) 花；⑤ 白屈菜（*Chelidonium majus*）花；⑥ 血根草（*Sanguinaria canadensis*）生境，⑦ 花，⑧ 剥开果皮的幼果

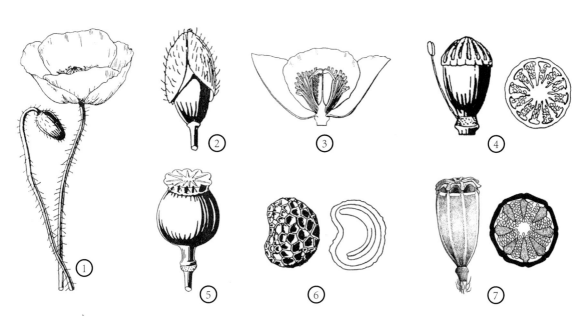

图15.15.2 罂粟属形态结构

① 虞美人（*Papaver rhoeas*）花蕾和花，② 花蕾的早落萼片，③ 花纵切，④ 子房及其横切，⑤ 蒴果，⑥ 种子及其纵切；⑦ 东方罂粟（*P. orientale*）果及其横切

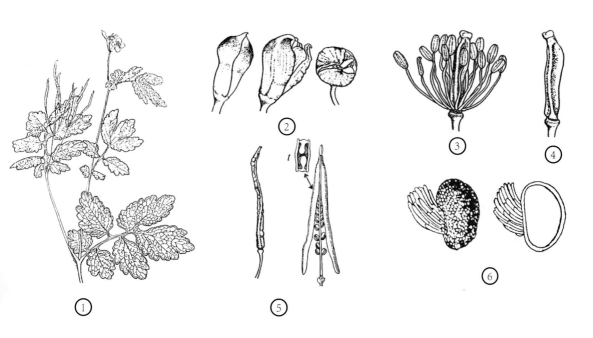

图15.15.3 白屈菜形态结构

① 白屈菜（*Chelidonium majus*）地上植株，② 不同时期花蕾，③ 花被片脱落的花，④ 雌蕊，⑤ 幼果（左）和成熟果开裂（箭头指子房横切段 *t*），⑥ 具假种皮种子及其纵切

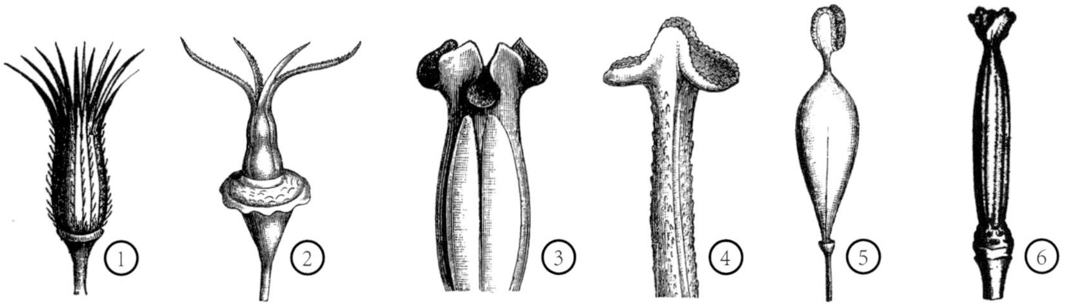

图15.15.4 罂粟科花柱形态

① 古罂粟（*Platystemon californicus*）；② 花菱草（*Eschscholzia californica*）；③ 蓟罂粟（*Argemone mexicana*）；④ 海罂粟（*Glaucium flavum*）；⑤ 博落回（*Macleaya cordata*）；⑥*Dendromecon rigida*

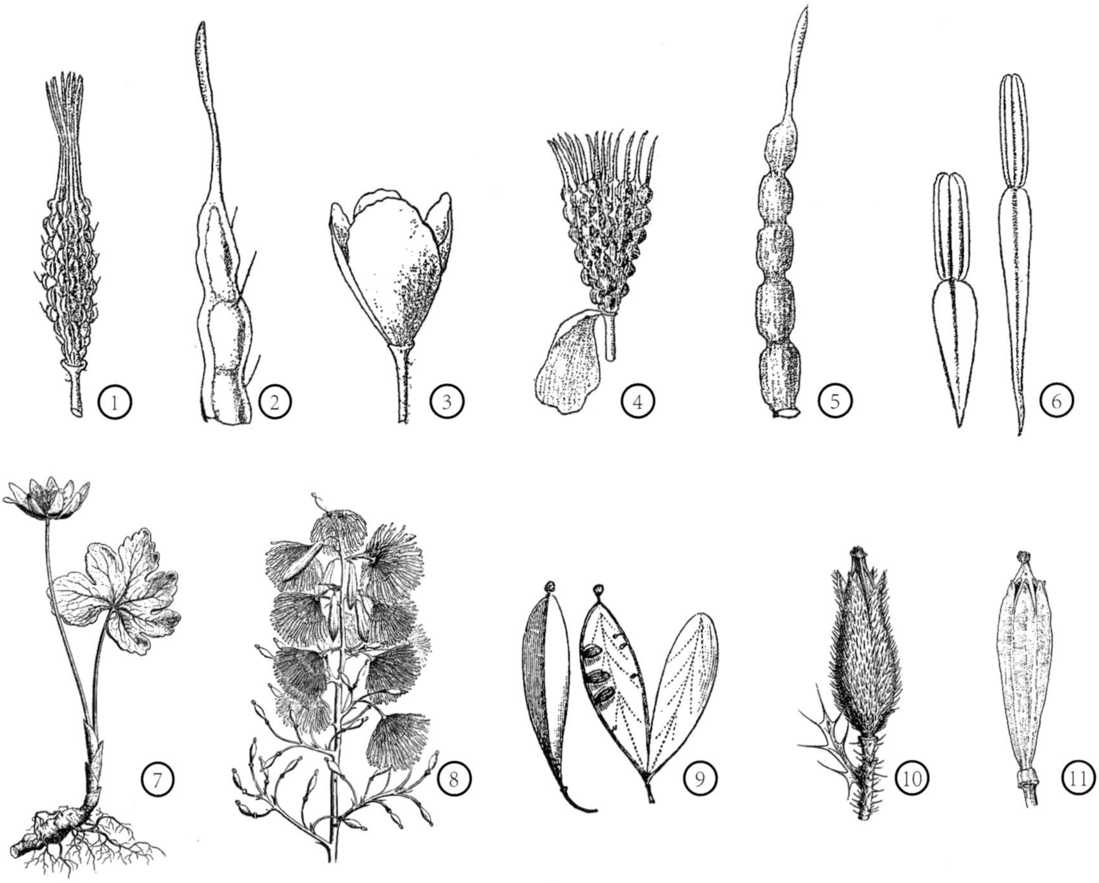

图15.15.5 罂粟科形态结构（2）

① 古罂粟（*Platystemon quercetorus*）多果，② 幼荮葖果，③ 花冠；④*P. nigricans* 多果，⑤ 幼荮葖果，⑥ 外雄蕊（左）和内雄蕊（右）；⑦ 血根草（*Sanguinaria canadensis*）完整植株；⑧ 博落回（*Macleaya cordata*）花果序，⑨ 单果及果开裂；⑩ 蓟罂粟（*Argemone mexicana*）果；⑪ 绿绒蒿（*Meconopsis cambrica*）果

成，1 室或极稀多室（*Romneya*），侧膜胎座，花柱近缺如或明显；胚珠多数或稀仅 1 枚，倒生或近弯生，双珠被、厚珠心、蓼型胚囊，核型胚乳，胚胎发育类型尚存争议，有报道蓟罂粟属 *Argemone*、花菱草属 *Eschscholzia* 和海罂粟属 *Glaucium* 具多胚现象，蓟罂粟属胚是由助细胞发育的，而花菱草属胚则是由多个大孢子发育的，但报道中种子的胚多是败育的。果实绝大多数为干蒴果，只有 *Platystemon* 个别种在心皮成熟时中果皮不开裂。种子具假种皮或无；内胚乳油质或稀颗粒状，胚有时败育。染色体基数 $x = 6, 7, 8, 9, 10, 11$，最高达 $2n = 84$（$x = 7$ 的 12 倍体）。

按照庄璇（1999）的观点：广义罂粟科中，最原始的是古罂粟族 Platystemoneae，特别是古罂粟属 *Platystemon*，它的较多枚心皮不完全联合、并在成熟时分离，从这一重要特征可以看出它与毛茛目有着较密切的亲缘关系，它可能自毛茛目分化而来，或者与毛茛目有共同的祖先。根据对该族 5 个属的地理分布及生态适应的分析，揭示了本科可能在白垩纪前就沿古地中海沿岸开始了它的早期分化，或许在南、北古陆完全分离前就已遍布联合古陆，较原始的古罂粟属的现代分布就是典型的证据。再根据花被 3 基数到 2 基数，雌蕊多心皮到 2 心皮、分离到联合，种子无种阜到有鸡冠状种阜，花序由单花到总状花序再到伞房花序。本书采取了狭义罂粟科的概念和范畴，相当于庄璇的罂粟亚科 Papaveroideae，即 4 族系统，其排列如下

族 1. 古罂粟族 Tribe Platystemoneae。含 6 属。

1. 古罂粟属 *Platystemon* Benth. 1 种；产于北美西部。

2. 蓟罂粟属 *Argemone* L. 32 种；分布于北美，西印度群岛，中美和南美。

3. *Romneya* Harv. 1 或 2 种；美国加利福尼亚到墨西哥北部分布。

4. *Canbya* Parry ex A. Gray 2 种；产于北美西部。

5. *Meconella* Nutt. 3 种；产于北美西部。

6. *Hesperomecon* Greene 1 种；产于北美西部。

族 2. 罂粟族 Tribe Papavereae。含 9 属。

7. 绿绒蒿属 *Meconopsis* Vig. 约 48 种；分布于中亚和南亚，1 种产于西欧。

8. 罂粟属 *Papaver* L. 约 80 种；广布于北半球，1 种产于南非，1 种在佛得角群岛。

9. *Dendromecon* Benth. 1 或 2 种；产于美国加利福尼亚到墨西哥北部。

10. 花菱草属 *Eschscholzia* Bernh. 12 种;产于北美西南部和墨西哥北部。

11. *Hunnemannia* Sweet 2 种；产于墨西哥东部。

12. 秃疮花属 *Dicranostigma* Hook. f. et Thomson 3 或 4 种；产于中亚。

13. 海罂粟属 *Glaucium* Mill. 23 种；分布于欧洲到中亚。

14. 疆罂粟属 *Roemeria* Medik. 3 种；分布于南欧，北非和西南亚。

15. *Stylomecon* G. Taylor 1 种；产于美国加利福尼亚到墨西哥北部。

族 3. 白屈菜族 Tribe Chelidonieae。含 6 属。

16. *Arctomecon* Torr. et Frém. 3 种；产于北美西部。

17. 金罂粟属 *Stylophorum* Nutt. 2~5 种;北美东部和东亚分布。

18. 荷青花属 *Hylomecon* Maxim. 3 种；产于东亚。

19. 白屈菜属 *Chelidonium* L. 1 种；分布于欧洲和亚洲。

20. 水血草属 *Eomecon* Hance 1 种；产于中国。

21. 血根草属 *Sanguinaria* Dill. ex L. 1 种；产于美国东部。

族 4. 博落加族 Tribe Bocconieae。含 2 属。

22. 博落回属 *Macleaya* R. Br.　2 种；产于东亚。

23. *Bocconia* L.　9 种；分布于热带中美和南美，西印度群岛。

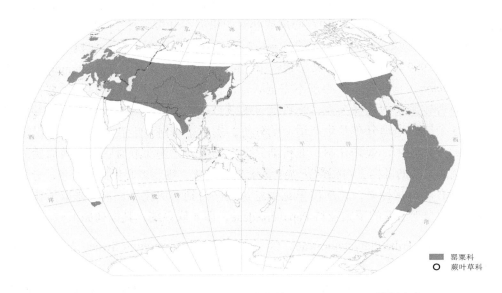

图15.15.6　罂粟科Papaveraceae和蕨叶草科Pteridophyllaceae地理分布

蕨叶草科 Pteridophyllaceae（图 15.16.1，图 15.15.6）

一个日本特有的单型草本科。通常作为罂粟科 Papaveraceae 的成员。Airy Shaw（1973）和 Lidén（Kubitzki, 1993b）承认其作为科的地位。根据该植物含生物碱，将它归于毛茛目 Ranunculales / 罂粟目 Papaverales 群。

它具 2 数花被显示同罂粟目有关系，但花序、花瓣和雄蕊外形预示它同毛茛目有关系。它与罂粟科明显不同是：植物没有乳汁，叶相似于蕨类呈篦齿状羽状叶，基部被圆形的鳞片包围；雄蕊固定为 4 枚，处于罂粟科和角茴香科 Hypecoaceae 的中间位置。我们将它独立成科（Wu et al., 2002），认为它的残遗特性源自毛茛目 / 罂粟目主干，并可能在古北大陆白垩纪早期发生。

它为具花葶的莲座状草本；没有乳汁道。叶轮廓为倒披针形，篦齿状羽叶，有 10~20 对，其在上表面和边缘有多细胞毛，叶肉无异细胞；气孔无规则型，分布于上表面。花序为疏散的聚伞圆锥花序，小聚伞由 1~4 朵花组成，基部有具齿的苞片；花有纤细花梗，上位花（子房下位）；萼片 2 枚，小而早落，瓣状；花瓣 4 枚，外面 2 枚在芽期覆瓦状排列，同内面 2 枚互生；雄蕊 4，同花瓣互生，花丝狭窄，花药 4 孢子囊，裂缝开裂，花粉粒 3 沟（稀 2 或 4 沟），覆盖层具孔，似乎有小刺；子房 2 心皮合生，具长花柱，柱头 2 裂；胚珠 2（稀 4），倒生或近弯生，厚珠心，珠孔由内珠被形成；核型胚乳。果实倒心形，蒴果 1 室，2 片开裂，裂片边缘有窄狭的肋，脱落时仍为绿色而柔软。种子 2 个，卵球形，淡褐色（具暗紫色斑点），有明显种脊；缺乏油质体（elaiosome）和草酸钙结晶；胚小型。单倍体数 $n=9$。

蕨叶草属 *Pteridophyllum* Sieb. et Zucc. 仅 1 种；日本本州特有，生长于海拔 1000~2000m 的针叶林中。

图15.16.1 蕨叶草科形态结构

① 蕨叶草（*Pteridophyllum racemosum*）生境，② 花序，③ 花和幼果，④ 植株及地上莲座，⑤ 一段耳状叶，⑥ 花侧面观，⑦ 花去掉3枚花瓣的正面观，⑧ 子房纵切，⑨ 胚珠，⑩ 种子不同面观

角茴香科 Hypecoaceae（图 15.17.1～图 15.17.3）

一个单属的草本小科。角茴香科 Hypecoaceae 通常置于广义罂粟科中，作为亚科角茴香亚科 Hypecoicodeae。若将较狭义罂粟科同紫堇科 Fumariaceae 分立，它常常放入紫堇科 Fumariaceae，但是其花冠和雄蕊群形态，胚胎学特征以及种皮解剖学性状不同于紫堇科。它不同于罂粟目的其他成员还在于花粉不直接着落于柱头上，而是着落于雄蕊同花柱相靠合的内花瓣中裂片上。Takhtajan（1997）认为它同罂粟科和紫堇科的区别不亚于后二者之间的区别，因此可分立为独立科。Wu 等（2002）接受了这一处理。

图15.17.1 角茴香科形态结构

① 角茴香（*Hypecoum erectum*）生境，② 花序，③ 花，④ 部分植株，⑤ 花，⑥ 果序，⑦ 果开裂，⑧ 种子；
⑨ 细果角茴香（*H. leptocarpum*）一段花枝和部分果

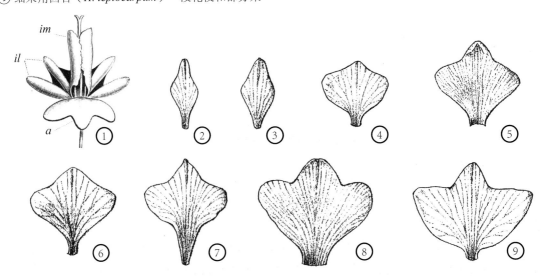

图15.17.2 角茴香属不同种的外花瓣

①*Hypecoum procumbens* 花（外花瓣 *a*，细裂片状侧花瓣 *il*，紧包花柱的中花瓣 *im*）；外花瓣的形态：
②*H. geslini*；③*H. pendulum*；④*H. leptocarpum*；⑤*H. albescens*；⑥*H. erectum*；⑦*H. aegyptiacum*；⑧*H. grandiflorum*；⑨*H. Trilobum*

一年生草本；茎纤细。叶披针形，具 2~4 回羽状深裂，裂片条形到狭倒卵形。花序聚伞状，多花，具叶状苞片。花辐射对称，2 数。萼片 2 枚，卵形到披针形，草质，边缘膜质；花瓣 4 枚，2 轮排列，外花瓣全缘到具 3 裂片，内花瓣 3 裂，侧裂片条形，中裂片柄状、螺卷、流苏状到有小齿；雄蕊 4 枚，花丝刺状，基部合生，沿边缘有腺体状组织，花药 2 室，长圆形；花粉粒 3 沟；雌蕊由 2 心皮组成，柱头长，分叉；胚珠生于侧膜胎座，弯生。果实成单种子节，细圆柱状，2 片裂。种子近方圆形，两面常有十字形突起。染色体数 $2n = 42$（$n = 21$ 或为 $n = 7$ 的古三倍体），16, 32（即 $n = 8$ 的 2 或 4 倍体）。

该科仅角茴香属 *Hypecoum* L. 10~20 种；从地中海分布到蒙古国和中国北部、西部，及东喜马拉雅。从分布看，它似乎有地中海和中国 – 喜马拉雅之间的对应分化，也似乎有古地中海向现代地中海的蜕变（吴征镒等，2003）。

白根葵科
角茴香科

图15.17.3 角茴香科Hypecoaceae和白根葵科Glaucidiaceae地理分布

紫堇科 Fumariaceae（图 15.18.1~ 图 15.18.4）

该科系草本。早期的系统将它放在罂粟科 Papaveraceae 中的一个亚科：烟堇亚科 Fumarioideae，现代系统多把它作为独立科。它们系多年生或一年生草本，植株通常无毛，偶有单细胞毛。多年生类群具合轴或单轴根状茎。叶披针形，扁平或丝状，通常出现在具块茎的紫堇属 *Corydalis* 和荷包牡丹属 *Dicentra* 的少数几种中。节单叶隙或稀多叶隙，具 1 至几个叶迹。筛管分子质体为 S 型。叶螺旋状排列，紫堇属中有的种叶对生，羽状或 3 出分裂；无托叶；有的叶柄基部具鞘或膜质；气孔为无规则型。花序一般顶生，有苞片，聚伞状或总状，极稀单生。科内的花结构比较一致，左右对称或不对称；萼片 2 枚，花瓣状，早落；花瓣 4 枚，内、外轮非常不同，具翅、关节和 / 或距；外花瓣中有 1 或 2 枚囊状伸展的长距，顶端具 2 个侧翅，紫堇属常在中间呈鸡冠状；内花瓣大小相等，在顶端贴合，基部多少同上面的雄蕊束及 1 枚花瓣融合，中间有曲折的节，顶端有 2 个侧翅；雄蕊群有 8 个药片，由 6 个维管束所支持；雄蕊 2、4 或 6；花药椭圆形到长圆形，裂缝开裂，花丝宽，透明或瓣状，通常基部有腺体；花药壁为腺质绒毡层，花粉在 2 细胞时期释放；多数类群花粉粒为 3 沟或泛沟孔（pantoaperture），覆盖层外壁具小柱；雌蕊由 2 合生心皮组成，侧膜胎座，胚珠 1 至多数；胚珠弯生，双珠被、厚珠心，核型胚乳。果实为坚果、蒴果或节荚果。种子的种脐区是组（Section）级分类的重要特征，种皮有显著的纹饰。染色体基数基本上为 $x = 8$。

　　该科有种子的化石记录，发现于新生代中新世，鉴定为现代属紫堇属（Collinson et al., 1993）。

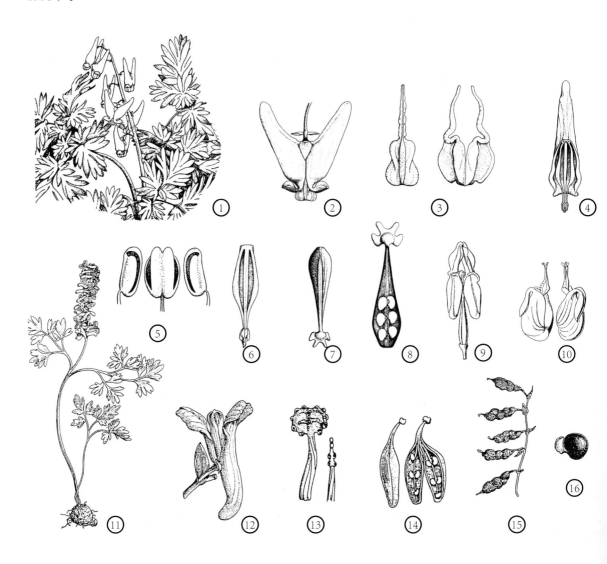

图15.18.1　紫堇科形态结构（1）

① 一种荷包牡丹（*Dicentra cucullaria*）地上植株，② 花，③ 内花瓣及其纵剖，④ 具三枚联合雄蕊的外花瓣部分纵剖，⑤ 雄蕊，⑥ 具靠合雄蕊的雌蕊，⑦ 雌蕊，⑧ 子房部分纵剖；⑨ 荷包牡丹（*D. spectabilis*）具子房和花柱的内花瓣，⑩ 具维管束和雄蕊的外花瓣；⑪ 一种紫堇（*Corydalis cava*）完整植株，⑫ 花，⑬ 柱头，⑭ 未成熟果及其纵剖，⑮ 果序，⑯ 种子

图15.18.2　紫堇科形态结构（2）

① 紫堇（*Corydalis edulis*）生境，② 花，③ 果；④ 川鄂黄堇（*C. wilsonii*）花粉，×1700；⑤ 珠果黄堇（*C. speciosa*）生境，⑥ 花序，⑦ 果；⑧ 紫金龙（*Dactylicapnos scandens*）部分植株，⑨ 花和果；⑩ 荷包牡丹（*Dicentra spectabilis*）植株，⑪ 花；⑫ 一种烟堇（*Fumaria schleicheri*）生境，⑬ 花，⑭ 果

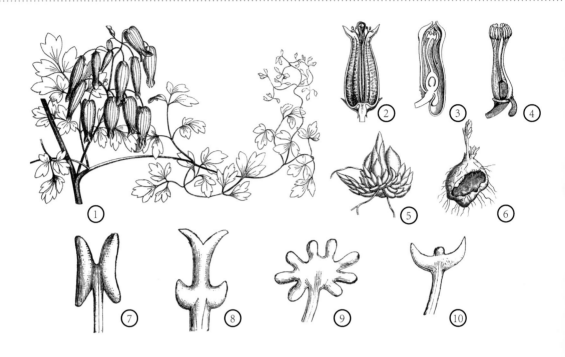

图15.18.3 紫堇科形态结构（3）

① 荷包藤（*Adlumia fungosa*）带花序和卷须的幼枝（枝腋的花序梗有刺），② 花纵剖；③ 烟堇（*Fumaria officinalis*）花纵剖，④ 雄蕊群和子房；⑤ 荷包牡丹（*Dicentra spectobilis*）冬季根状茎；⑥ *Corydalis cava* 块茎和幼苗；紫堇科植物柱头：⑦ *Dicentra spectabilis*，⑧ *D. eximia*，⑨ *Corydalis cava*，⑩ *Fumaria officinalis*

　　紫堇科是一个自然的科，同罂粟科有密切的亲缘关系，共同作为罂粟目 Papaverales 的成员。Lidén（1986, 1993b）为该科的分类奠定了基础，但他在该科中把角茴香科作为一个亚科处理，把紫堇亚科分成二族：紫堇族 Corydaleae 和烟堇族 Fumarieae。庄璇（1999）将荷包牡丹亚科 Fumarioideae 分成 3 族 16 属，我们综合了两位作者的系统，表述如下。

族 1. 荷包牡丹族 Tribe Dicentreae。含 4 属。

1. 荷包牡丹属 *Dicentra* Bernh. 12 种；分布于东亚和北美。

2. 紫金龙属 *Dactylicapnos* Wall. 10 种；分布于喜马拉雅，从印度北部到中国西南部。

3. 荷包藤属 *Adlumia* Raf. ex DC. 2 种；分布于美国东部，朝鲜半岛，中国东北。

4. *Capnoides* Mill. 1 种；产于北美北部。

族 2. 紫堇族 Tribe Corydaleae

5. 紫堇属 *Corydalis* DC. 约 400 种；分布于欧亚和北美，280 种在中国 − 喜马拉雅，1 种在东非。

6. *Pseudofumaria* Medik. 2 种；分布于巴尔干半岛北部，意大利北部。

7. *Sarcocapnos* DC. 4 种；分布于西班牙，摩洛哥，阿尔及利亚北部。

8. *Cysticapnos* Mill. 5 种；产于南非。

9. *Ceratocapnos* Durieu 3 种；分布于欧洲西南部，美洲西北部，东地中海地区。

族 3. 烟堇族 Tribe Fumarieae

10. 烟堇属 *Fumaria* L. 约 50 余；多数

分布于地中海地区，1 种在喜马拉雅，1 种在东非。

11. *Fumariola* Korsh. 1 种；产于中亚。

12. *Cryptocapnos* Rech. f. 1 种；产于阿富汗。

13. *Rupicapnos* Pomel 7 种；分布于非洲西北部，西班牙南部。

14. *Discocapnos* Cham. et Schltdl. 1 种；产于南非。

15. *Platycapnos* (DC.) Bernh. 3 种；西地中海地区分布。

16. *Trigonocapnos* Schltr. 1 种；产于南非。

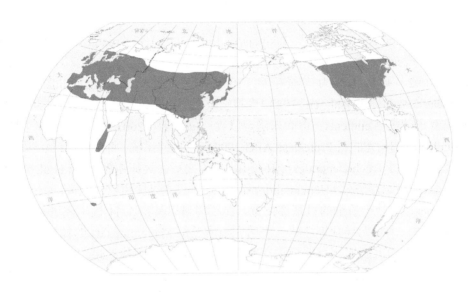

图15.18.4 紫堇科Fumariaceae地理分布

第十六章 金缕梅纲 Hamamelidopsida

第1目 昆栏树目 Trochodendrales

昆栏树科 Trochodendraceae（图 16.1.1，图 16.2.2）

东亚特有的单型科。最初，Siebold 和 Zuccarinii（1839；转引自吴征镒等，2003）将昆栏树属 *Trochodendron* 放在林仙科 Winteraceae。后来有的学者认为本科与毛茛目 Ranunculales 的亲缘关系近（Bailey and Nast, 1945）；Takhtajan（1997, 2009）和 Cronquist（1988）将由昆栏树科和水青树科 Tetracentraceae 组成的昆栏树目 Trochodendrales 归于金缕梅亚纲 Hamamelididae；Thorne（1983, 1992）则将它作为蔷薇超目（Rosanae）金缕梅目 Hamamelidales 昆栏树亚目 Trochodendrineae 的成员；而 Dahlgren（1983）也将它放在蔷薇超目，但把它独立成目。APG（1998）虽将它放在真双子叶植物 eudicots，但尚未确定位置；Judd 等（2002）则归于真双子植物基部三沟类 basal tricolpates 的山龙眼目 Proteales；APG 2009 年修订的系统，将昆栏树科（包括水青树科）单立一目，即昆栏树目 Trochodendrales，放在山龙眼目之后。吴征镒等（Wu et al., 1998, 2002）将金缕梅类另立新纲：金缕梅纲 Hamamelidopsida，纲下设立昆栏树亚纲 Trochodendridae 昆栏树目 Trochodendrales，它处于该纲的最基部位置。昆栏树科以具由 5~11 枚（或更多）侧面合生的心皮组成的雌蕊群，木材无导管等性状，表明它与木兰纲 Magnoliopsida 的林仙目 Winterales 有关系，而它具 3 沟花粉又表明比具单极沟花粉的林仙目较进化，基于此，该科应是联系木兰纲和金缕梅纲的中间类型。因它更接近于金缕梅类，所以我们把它放在金缕梅纲的第 1 科。

乔木。木材最显著特征是没有导管，但 Ren 等（2007）发现，木质部有螺纹导管，非只有管胞；管胞在径向壁上有具缘纹孔，在早材期呈梯状，晚材期呈环状，异型射线单列或多列，木薄壁细胞星散状；韧皮部筛管分子质体为 S 型。叶螺旋状排列，单叶，边缘有齿，羽状脉；无托叶；节具单到多叶隙、1~7 叶迹；气孔无规则型。花序总状。花两性，辐射对称，径 10mm，花个体发育早期阶段花被退化，开花期消失；雄蕊数多变，达 40~70 枚，花药基部着生，4 孢子囊，每药室 2 片开裂；花药外壁 1 层、内壁 1 层、中层 3 层、绒毡层 2 层；小孢子发生为同时型，小孢子四分体四面体型；花粉粒直径为 10~20μm，球形，3 沟，覆盖层棒纹状，沟具明显的颗粒；雌蕊群由 6~17 枚心皮组成，心皮合生，花柱分离，干柱头、具单细胞疣状突起，有 5 条主维管束，每心皮达 30 枚胚珠，2 列；胚珠倒生，双珠被、厚珠心，蓼型胚囊，胚乳细胞型，胚胎发育可能为石竹型。果实为纵向开裂蓇葖果，果期心皮分离部分开展，花柱变成水平展开。种子小，顶端、合点端和侧边翅状扩展。染色体数 $2n = 40$。

Heer（1870；转引自吴征镒等，2003）发现于晚白垩世的一种无柄分果状果序化石，定名为 *Nordenskioeldia borealis*，与昆栏树科有较近的亲缘关系。后来发现 *Nordenskioeldia* 的化石广泛分布在北半球白垩纪最晚期和早第三纪的地层中，后来研究证实该化石属的花为两性，由大约 15 个心皮和多数雄蕊组成，它的果序轴和营养枝的木质部中均无导管（Friis and Crane, 1989），它可能代表了昆栏树科和水青树科已灭绝的祖先类群，但和前者的关系更近。与昆栏树科有关的另一个化石属是拟昆栏树属 *Trochodendroides* E. W. Berry，曾分布于北美晚白垩世，俄罗斯晚白垩世至始新世及日本晚白垩世，中国吉林珲春和黑龙江嘉阴晚白垩世（叶化石）。都说明昆栏树科在晚白垩世时已普遍分布于北半球，它起源于劳亚古陆；根据花粉化石分析，起源时间至少可追溯到早白垩世。

昆栏树属 *Trochodendron* Sieb. et Zucc. 1 种；分布于日本和中国台湾。

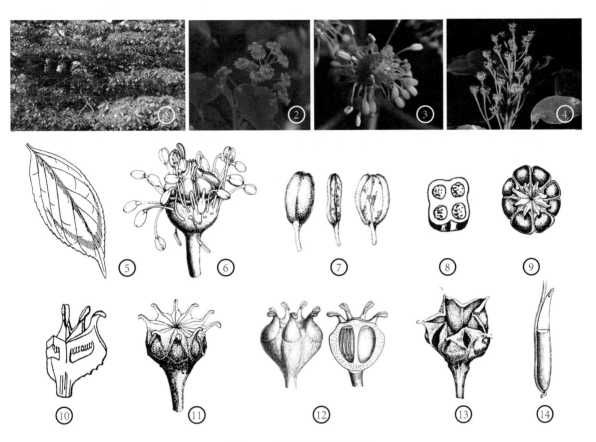

图16.1.1　昆栏树科形态结构

① 昆栏树（*Trochodendron aralioides*）植株，② 花序，③ 花，④ 果枝，⑤ 叶上面观，⑥ 花，⑦ 雄蕊（左）、雄蕊侧面观（中）及其腹面观（右），⑧ 花药横切，⑨ 雌蕊群上面观，⑩ 部分心皮纵切，⑪ 未成熟果，⑫ 成熟果及其纵切，⑬ 果开裂，⑭ 种子部分纵切，露出胚

水青树科 Tetracentraceae（图 16.2.1，图 16.2.2）

一个中国－喜马拉雅分布的单型科。早期的系统将水青树属 *Tetracentron* 放入木兰科 Magnoliaceae（Bentham and Hooker f., 1862~1883; Dalla Torre and Harms, 1900~1907）；Melchior（1964）则将它作为木兰目 Magnoliales 昆栏树亚目 Trochodendrineae 的成员；而 Thorne（1983, 1992）将它放入金缕梅目 Hamamelidales 昆栏树亚目；现代其他系统则将它作为昆栏树科的姐妹科放在昆栏树目 Trochodendrales；Endress（Kubitzki, 1993b）主张将水青树属归入昆栏树科。分子系统学研究则将它归入昆栏树科（Judd et al., 2002），放在基部三沟花粉类的山龙眼目 Proteales；APG 系统（2009）则将包括水青树属的昆栏树科单立为昆栏树目，放在山龙眼目之后。我们认为从形态学观察它足以独立成科，归入昆栏树目，作为金缕梅纲 Hamamelidopsida 中仅次于昆栏树科的最基部成员。

　　落叶乔木，全株无毛，枝有长、短枝之分。木质部有螺纹导管，并非只有管胞（任毅等，2007）。单叶在短枝上单生于顶端，在长枝上为互生，掌状脉，叶缘有齿；托叶与叶柄基部合生。花序穗状，多花，着生于短枝顶端。花两性，常每4朵成一簇生于下垂的花序上；花被片4枚，覆瓦状排列，宿存；雄蕊4枚，与花被片对生，花药基着，具4孢子囊，纵裂；花粉粒球形，3沟，覆盖层有明显的条纹，沟孔具粗糙的颗粒；雌蕊由4心皮组成，子房上位，心皮沿腹缝线合生，每心皮4胚珠；胚珠弯生，双珠被、厚珠心。果实为蓇葖果，室背开裂，果期果爿分离部分强烈反折，花柱宿存。种子小，狭长圆形，胚小，胚乳丰富。染色体数 $2n = 48$。

　　像昆栏树科那样，化石属 *Nordenskioeldia* 亦作为水青树科已灭绝的祖先类型，出现于晚白垩世。我国黑龙江晚白垩世，发现了化石种乌云水青树 *Tetracentron wuyungense* Tao 的叶化石，该类化石在日本晚第三纪和哈萨克斯坦早第三纪亦有发现。可见该科的祖先类型应追溯到早白垩世在劳亚古陆起源。

　　水青树属 *Tetracentron* Oliv. 1 种；中国中部到西南部，尼泊尔，缅甸北部和越南北部分布。

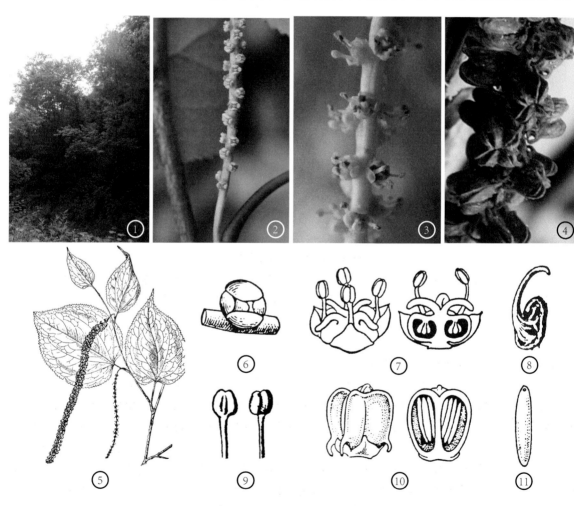

图16.2.1 水青树科形态结构

① 水青树（*Tetracentron sinensis*）植株，② 花序，③ 花，④ 果，⑤ 具花序和果序的枝条，⑥ 花蕾，⑦ 花及其纵剖，⑧ 单心皮，⑨ 雄蕊不同面观，⑩ 果及其纵剖，⑪ 无外种皮的种子

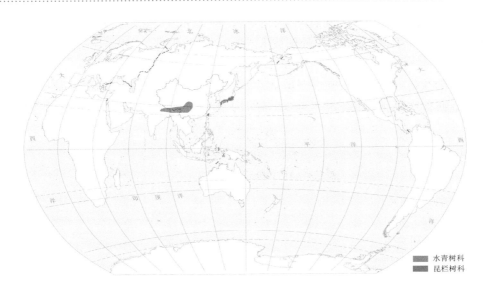

图16.2.2　水青树科Tetracentraceae和昆栏树科Trochodendraceae地理分布

第 2 目 连香树目 Cercidiphyllales

连香树科 Cercidiphyllaceae（图 16.3.1；图 16.5.3）

一个东亚东部特有的二型科。Dalla Torre 和 Harms（1900~1907）将它作为古生花被亚纲 Archichlamydeae 毛茛目 Ranales 昆栏树亚目 Trochodendrineae 昆栏树科 Trochodendraceae 的成员；Melchior（1964）将它放在木兰目 Magnoliales 连香树亚目 Cercidiphyllineae 作为独立科；Dahlgren（1983）则在蔷薇超目 Rosiflorae 下设立连香树目 Cercidiphyllales，它包括连香树科和领春木科 Eupteleaceae；Takhtajan（1997, 2009）则单立一目：连香树目，只含连香树科；Cronquist（1981）则将它作为金缕梅亚纲 Hamamelididae 金缕梅目 Hamamelidales 的一员；APG（1998, 2009）系统则把该科放在核心真双子叶植物虎耳草目 Saxifragales；Wu 等（2002）将其放在金缕梅纲 Hamamelidopsida 昆栏树亚纲 Trochodendridae 连香树目，并同领春木科合组一目。可见连香树科的系统位置在各家系统中存在很大分歧。

该科系落叶乔木，有长、短枝之分。木材的导管分子长有棱角，具偏斜的梯纹穿孔板，有 20~50 个格条，纤维有具缘纹孔，异型射线，具离管薄壁组织；筛管分子质体 S 型。长枝的节有 3 叶隙，短枝节具单叶隙。叶为单叶，二型叶；在长枝上的叶椭圆形或阔卵形，全缘或有细锯齿，羽状脉，对生、近对生或偶尔 3 枚轮生；由长枝的腋芽发育的短枝上的叶阔心形或肾形，掌状脉，有锯齿，互生或单生（每短枝的节生一枚叶）；有托叶，贴生于叶柄，脱落；气孔无规则型。雌雄异株；花密集于短枝先端的头状总状花序上，无花被片。雄花（序）有 16~35 枚雄蕊，由于没有花被和苞片，单个雄蕊很难区分，有细长花丝，花药长、先端有小尖头；花药具 4 孢子囊，基部着生，由侧面纵缝开裂；花药壁由表皮和药壁内层组成，内壁层的分化类型尚无报道，腺质绒毡层，小孢子四分体分裂为同时型；花粉粒 2 细胞时释放，3 沟孔，有细网纹，直径约 30μm，沟孔外壁粗糙。雌花序由 2~8 朵花组成呈头状，每朵花单心皮，心皮稍具柄，向上逐渐变狭成假花柱，冠以有单细胞小乳突的红色柱头；子房有 15~30 胚珠，生于片状－侧生胎座上，心皮有 3 条主维管束，中间 1 条，两侧各 1 条，3 条由次生维管束网结；胚珠倒生，双珠被、薄珠心，蓼型胚囊，细胞型胚乳，胚胎发育石竹型。蓇葖果，壁薄，长 1.5cm，径约 3mm，从腹面向下开裂约 1/4。种子有翅，种皮由外珠被形成，胚大，分化成子叶和长胚轴，内胚乳几乎缺如。单倍体数 $n = 19$。

　　该科最早的叶化石发现于最晚白垩世至最早古新世，定名为 *Trochodendroides*，这些叶化石同果实及离散的有翅种子相组合定名为 *Nyssidium*。在古新世这些绝灭的连香树状的植物在北半

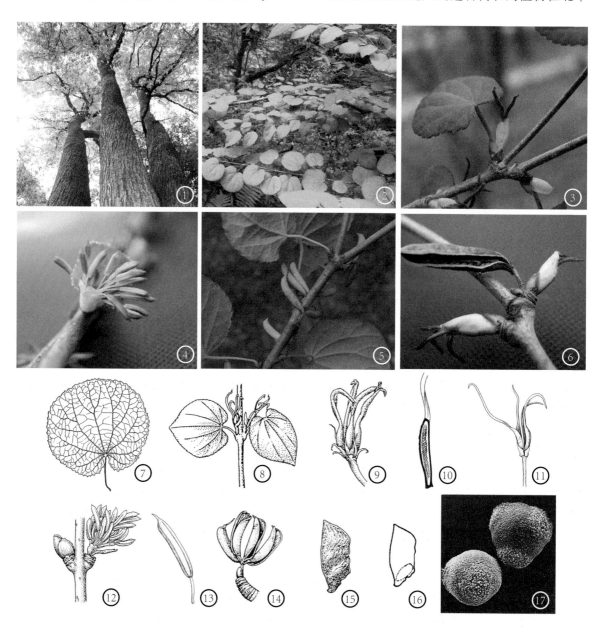

图16.3.1 连香树科形态结构

① 连香树（*Cercidiphyllum japonicum*）树干，② 枝叶，③ 雌花，④ 雄花，⑤ 幼果，⑥ 成熟果，⑦ 长枝上叶片，⑧ 雌花生于短枝叶腋，⑨ 雌花序，⑩ 心皮部分纵剖，⑪ 雌假花柱，⑫ 芽和雄花序，⑬ 雄蕊，⑭ 开裂蓇葖果果序，⑮ 种子，⑯ 种子轮廓中胚位置，⑰ 花粉粒，×1100

球的中、高纬度地带是普遍的。它不同于现代属是有粗壮的分枝果序和果实，果实含大量、有翅和具腔室结构的种子。最完整的连香树状的植物化石是从加拿大艾伯塔古新世发现的，定名为 *Joffrea speirsiae*。这种 *Joffrea* 状化石也在北美西部晚白垩世马斯特里赫特期发现，与它相似的现代属的叶化石也在北美西部渐新世发现（Friis et al., 2011）。

根据科特征结合其地理分布和化石分布，吴征镒等（2003）认为：它很可能出现于日本还没有和古北大陆（第一次泛古大陆）脱离之前，但也可能在康滇古陆和华夏古陆联合及四川盆地形成以前，看来无疑它是一个古老大类群的孑遗，可能带有与木兰纲和金缕梅纲相通的古老信息。

连香树属 *Cercidiphyllum* Sieb. et Zucc. 1 或 2 种；一种为日本和中国共有，另一种为日本特有。

第3目 金缕梅目 Hamamelidales

金缕梅科 Hamamelidaceae（图 16.4.1~图 16.4.7）

一个在热带至温带森林生态系统中占据优势或显著地位的科。早期的分类系统将它多放在蔷薇目 Rosales（Bentham 和 Hooker f.、Engler 的子系统 Dalla Torre 和 Harms）。现代分类系统将它放在金缕梅目，只是不同学者目的范畴有所不同。分子证据的结果又回到早期的分类，将该科放在蔷薇支虎耳草目 Saxifragales（APG, 2009），同虎耳草科 Saxifragaceae、鼠刺科 Iteaceae 等归入一类。吴征镒等（1998）和 Wu 等（2002）将金缕梅亚纲 Hamamelididae 提升到纲的地位，即金缕梅纲 Hamamelidopsida，根据该群的形态性状（广义）、化石历史及地理分布分析，它同样属于起源很早、已绝灭的被子植物祖先类群，早期就同木兰类 magnoliids 和蔷薇类 rosids 分道扬镳了。因此，将金缕梅科单立为金缕梅目无可非议。

该类群属木本植物，从大乔木到小灌木。木材性状表现出相对原始的组合：导管分子长而狭窄，具梯纹穿孔板；管间纹孔梯状到对生；散孔材具单孔；异型射线通常 2~3 细胞宽，稀单列射线；具离管木薄壁细胞。大多数属的节 3 叶隙 3 叶迹，有些属为多叶隙。筛管分子质体为 S 型。叶二列，稀螺旋状排列、近对生或对生，单叶或分裂，通常具星状毛，边缘有齿或全缘；有托叶。花小到中等大，大多数无柄，密集排列成穗状或头状花序，少数有短柄，排列成密集的圆锥状或总状花序，两性或雄花两性花同株，稀单性，辐射对称或稀左右对称，下位花（子房上位）到上位花（子房下位）；萼片（0~）4~5（~7）枚，镊合状排列，宿存，稀融合，在开花时脱落或开裂；花瓣 4~5 枚或缺如，通常为带状，其花芽呈拳卷式；雄蕊数在 1~24 枚间变化，多数为 4~5 枚，多雄蕊的属其雄蕊向心发生（如 *Matudaea*）或离心发生（如 *Fothergilla*），花药有突出的厚药隔，大多数为基部着生，花药 1 或 2 片开裂，只有几个风媒属为纵裂，金缕梅属 *Hamamelis* 和马蹄荷属 *Exbucklandia* 花药片是单孢子囊，其他属为 2 孢子囊；花药壁内层 1 层、中层 2~3 层、绒毡层 1~2 层；小孢子母细胞分裂为同时型，小孢子四分体为四面体型或交互对生型，花粉粒在 2 细胞阶段释放；花粉粒多数为 3 沟，少数为 6 槽（如山铜材属 *Chunia* 和 *Forthergilla*）到多槽或多孔，覆盖层柱状或网状。雌蕊由 2 心皮组成，子房合生，花柱及柱头分离，上位到下位；胚珠大多数 1 枚，稀达 40 枚以上，但多数不育；胚珠厚珠心、双珠被，倒生，单胚珠由子房顶端下垂，多胚珠沿心皮边缘排列，蓼型胚囊，被研究的几个属胚乳为核型（仅 *Parrotiopsis* 为细胞型），胚胎发育为藜型或茄型。果实为蒴果，具皮质外果皮和骨质内果皮，具 1 个种子，稀有几个种子。种子的胚直而小。染色体基数在金缕梅亚科 Hamamelidoideae 和红花荷亚科 Rhodoleioideae $x = 12$，在马蹄荷亚科 Exbucklandioideae 和枫香亚科 Liquidambaroideae $x = 8$。

金缕梅科 30 属 144 种，分布于亚洲西部、东部和东南部，非洲东部和南部，大洋洲的澳大利亚东北部以及中美和北美的东南部。根据张志耘和路安民（1999）的研究，金缕梅科属和种的分布统计表明：东亚区的南部和印度支那区的北部共有 19 属 102 种，分别占总属数的 63.3% 和总种数的 70.8%，该科的 6 个亚科在该地区均有代表。原始的双花木亚科、马蹄荷亚科和红花荷亚科，也集中分布在这个地区，只有少数种散布到马来西亚区；壳菜果亚科 2 属均是东亚区和印度支那区分布；枫香亚科 3 个属在这两个分布区都有代表；类群最多的金缕梅亚科，不同演化水平的 4 个族在东亚区和印度支那区都有代表分布。因此东亚区南部到印度支那区北部不仅是金缕梅科的多度中心，也是多样化中心，即它们的分布区中心。

金缕梅科的化石证据发掘得比较丰富，代表 5 个亚科的 14 个属有化石记录（路安民，

图16.4.1　金缕梅科的形态结构（1）

① 马蹄荷（*Exbucklandia populnea*）枝叶，② 花，③ 幼果；④ 红花荷（*Rhodoleia championii*）植株，⑤ 花；⑥ 缺萼枫香（*Liquidambar acalycina*）生境，⑦ 花，⑧ 云南蕈树（*L. yunnanensis*）果；⑨ *Altingia gracilipes* 花枝；⑩ *Trichocladus ellipticus* subsp. *malosanus* 花

1999）。最早的化石记录于晚白垩世普遍发现，如从美国 Georgia 晚白垩世三冬期发现的两个雄花化石，一个定名为 *Allonia decandra*，另一个定名为 *Androdecidua endressii*。花均为辐射对称，花瓣 5 枚，雄蕊 10 枚，2 轮，花丝较花药短，药隔伸长，花药具 4 孢子囊，花粉具 3 沟，相似于现代檵木亚族的花。另外，从欧洲晚白垩世发现的离散种子化石，定名为现代属双花木属 *Disanthus* 和红花荷属 *Rhodoleia* 的化石种子。新生代的化石记录普遍，主要是叶和种子化石。迄今在南半球没有发现金缕梅科的最原始类型。因此，金缕梅科植物起源于劳亚古陆得到了化石证据的支持。金缕梅科现代在南北两半球的分布格局，有一种解释是该科植物在冈瓦纳古陆

图16.4.2　金缕梅科的形态结构（2）

① 金缕梅（*Hamamelis mollis*）春季植株，② 花；③ 牛鼻栓（*Fortunearia sinensis*）花蕾，④ 花序，⑤ 成熟果；⑥ 山白树（*Sinowilsonia henryi*）植株，⑦ 雄花，⑧ 果开裂；⑨ 蚊母树（*Distylium racemosum*）花，⑩ 果

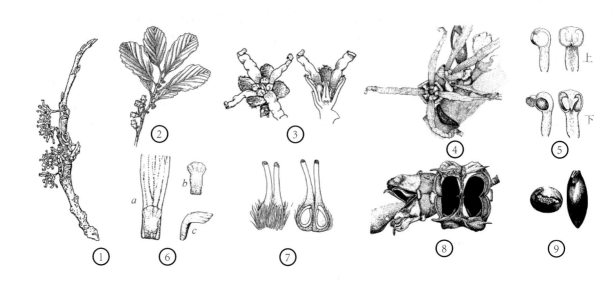

图16.4.3　金缕梅属形态结构

①一种金缕梅(*Hamamelis vernalis*)春季花枝，②秋枝上的未成熟果，③花及其纵剖；④*H. virginiana*枝条上花，⑤雄蕊的近轴观和远轴观(上)，花药开裂的近轴观和远轴观(下)，⑥退化雄蕊(*a*)，着生花瓣基部的雄蕊(*b*)和分离的退化雄蕊(*c*)，⑦雌蕊及其部分纵剖，⑧果室背裂，种子散出，⑨种子的顶面和侧面观

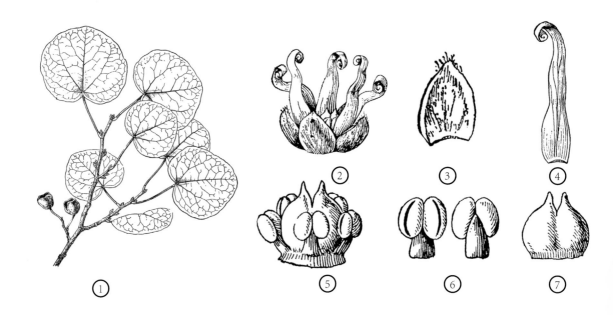

图16.4.4　双花木属形态结构

①长柄双花木(*Disanthus cercidifolius* var. *longipes*)果枝，②花，③萼片，④花瓣，⑤去掉萼片和花瓣的花，⑥花药背、腹面观，⑦子房

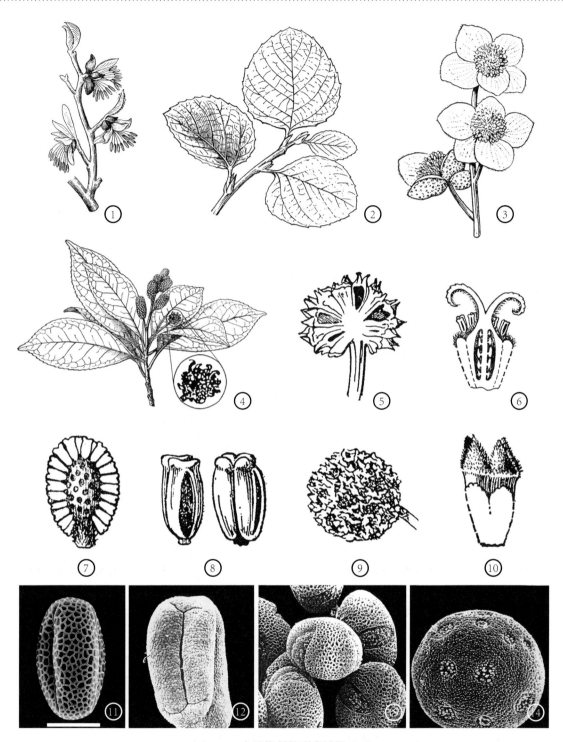

图16.4.5 金缕梅科的形态结构（3）

①*Parrotia persica* 花枝；②*Parrotiopsis jacquemontiana* 枝叶，③ 花；④ 蕈树（*Altingia chinensis*）具雄花序和雌花序（放大部分）的枝条，⑤ 雌花序横切，⑥ 雌花纵剖，⑦ 雄花序部分纵剖，⑧ 雄花不同面观，⑨ 球形果序，⑩ 蒴果；金缕梅科植物花粉：⑪ 金缕梅（*Hamamelis mollis*），⑫*Parrotiopsis jacquemontiana*，⑬*Neostrearia fleckeri*，⑭ 枫香（*Liquidambar styraciflua*）

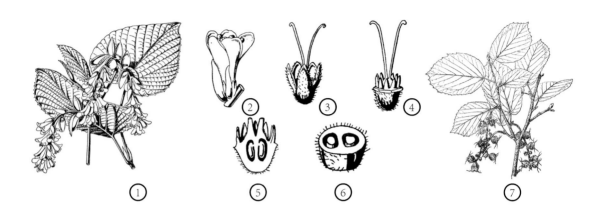

图16.4.6 蜡瓣花属形态结构

① 一种蜡瓣花（*Corylopsis spicata*）花枝，② 花，③ 花冠脱落的花，④ 子房，⑤ 子房纵切，⑥ 子房横切；
⑦ 蜡瓣花（*C. sinensis*）果枝

和劳亚古陆尚未分离之前就在联合古陆起源了，至少这里已出现了它们的祖先类型。根据地史资料，就必然会将金缕梅科的起源时间追溯到早侏罗世，甚至于晚三叠世。

按照张宏达（1979）系统，本科分 6 亚科，30 属。

亚科 1. 双花木亚科 Subf. Disanthoideae。
含 1 属。

　　1. 双花木属 *Disanthus* Maxim. 1 种；
分布于日本本州南部及四国，它的亚种长柄双花木产于中国浙江南部、江西中部和西北部以及湖南南部。

亚科 2. 马蹄荷亚科 Subf. Exbucklandioideae。含 1 属。

　　2. 马蹄荷属 *Exbucklandia* R. W. Br. 4 种；分布于东亚，马来西亚，苏门答腊。

亚科 3. 红花荷亚科 Subf. Rhodoleioideae。
1 属。

　　3. 红花荷属 *Rhodoleia* Champ. ex Hook. 10 种；分布区从中国贵州东南部、云南东南部及西部、广东、广西、海南，一直扩展到缅甸东北部，越南北部，马来半岛及苏门答腊和爪哇西部。

亚科 4. 壳菜果亚科 Subf. Mytilarioideae。含 2 属。

　　4. 壳菜果属 *Mytilaria* Lecomte 1 种；分布于中国云南东南部、广西西南部，从广东西部向南到老挝和越南北部。

　　5. 山铜材属 *Chunia* Hung T. Chang 1 种；中国海南特有。

亚科 5. 枫香亚科 Subf. Liquidambaroideae。3 属。

　　6. 枫香属 *Liquidambar* L. 5 种；间断分布于东亚、西亚和北美与中美。

　　7. 半枫荷属 *Semiliquidambar* Hung T. Chang 3 种；中国南部和西南部特有。

　　8. 蕈树属 *Altingia* Noronha 12 种；分布于中国南部和西南部，中南半岛，印度，不丹，苏门答腊和爪哇。

亚科 6. 金缕梅亚科 Hamamelidoideae

族 1. 金缕梅族 Tribe Hamamelideae。3 亚族 10 属。

亚族 1. 金缕梅亚族 Subt. Hamameli-dinae。1 属。

9. 金缕梅属 *Hamamelis* Gronov. ex L. 6 种；间断分布于东亚、北美到中美。

亚族 2. 檵木亚族 Subt. Loropetalinae 4 属。

10. 檵木属 *Loropetalum* R. Br. 4 种；分布于中国南部、西南部，东到日本本州，西到印度东北部。

11. 四药门花属 *Tetrathyrium* Benth. 2 种；广东沿海、广西西南部和云南思茅特有。

12. *Maingaya* Oliv. 1 种；马来半岛西南部特有。

13. *Embolanthera* Merr. 2 种；间断分布，1 种在菲律宾西部的巴拉望岛，另 1 种分布于中国北部湾东北部的越南和广西交界处。

亚族 3. Subt. Dicoryphinae。5 属，均南半球分布。

14. *Dicoryphe* Thouars 13 种；局限分布于马达加斯加和科摩罗群岛。

15. *Trichocladus* Pers. 5 种；非洲东南部到南部（苏丹－赞比亚区和开普区）分布。

16. *Ostrearia* Baill. 1 种；澳大利亚昆士兰特有。

17. *Neostrearia* L. S. Sm. 1 种；澳大利亚东北部特有。

族 2. 蜡瓣花族 Tribe Corylopsideae。含 1 属。

18. 蜡瓣花属 *Corylopsis* Siebold et Zucc. 29 种；分布于中国长江流域及其以南各地，东到朝 Trichocladus

Pers. 5 种；非洲东南部到南部（苏丹－赞比亚区和开普区）分布。

19. *Ostrearia* Baill. 1 种；澳大利亚昆士兰特有。

族 3. 秀柱花族 Tribe Eustigmateae。含 3 属。

20. 牛鼻栓属 *Fortunearia* Rehder et E. H. Wilson 1 种；产于四川东部、湖北西部、安徽、江苏、浙江，向北到陕西、河南。

21. 山白树属 *Sinowilsonia* Hemsl. 1 种；产于川东－鄂西及秦岭山地。

22. 秀柱花属 *Eustigma* Gardner et Champ. 4 种；分布于中国南部到西南部，越南北部。

族 4. 弗特吉族 Tribe Fothergilleae。8 属。

23. *Molinadendron* P. K. Endress 3 种；中美特有，分布于危地马拉，洪都拉斯和墨西哥。

24. *Fothergilla* L. 3 种；北美特有，美国北卡罗来纳州到亚拉巴马州。

25. *Parrotiopsis* (Nied.) C. K. Schneid. 1 种；分布于巴基斯坦北部和阿富汗东北部。

26. *Parrotia* C. A. Mey. 1 种；分布于里海南部沿岸，伊朗北部，外高加索地区。

27. 水丝梨属 *Sycopsis* Oliv. 9 种；分布于中国南部、西南部，缅甸，老挝, 越南，马来半岛，苏门答腊，加里曼丹，印度尼西亚苏拉威西，菲律宾及新几内亚。

28. 蚊母树属 *Distylium* Siebold et Zucc. 16 种；分布于中国东部、南部、西南部，向西到印度东北部，向东到朝鲜和日本小笠原群岛，向南到中南半岛、马来西亚及苏门答腊和爪哇。

29.*Matudaea* Lundell 2 种；分布于墨西哥，洪都拉斯，危地马拉。

30. 银缕梅属 *Shaniodendron* M. B. Deng, H. T. Wei et X. Q. Wang 1 种；中国江苏宜兴特有。

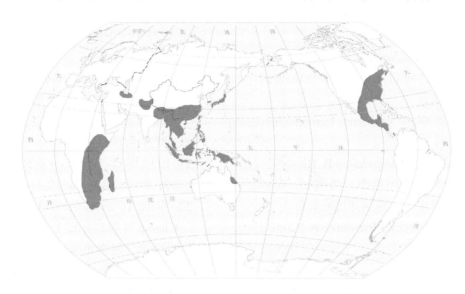

图16.4.7 金缕梅科 Hamamelidaceae地理分布

第 4 目 悬铃木目 Platanales

悬铃木科 Platanaceae（图 16.5.1～图 16.5.3）

一个起源古老的单属小科。Bentham 和 Hooker f. 将它归入单性目 Unisexuales；Engler 的子系统，早期 Dalla Torre 和 Harms 将它放在蔷薇目 Rosales 蔷薇亚目 Rosineae, 后来 Melchior（1964）将它作为蔷薇目金缕梅亚目 Hamamelidineae 成员。现代的几个分类系统均将它归入金缕梅目 Hamamelidales，认为它可能同金缕梅科 Hamamelidaceae 为姐妹群，有共祖起源。它比金缕梅科较原始的性状是具分离的且未完全封闭的心皮；但它的木材解剖性状、花和花序极适应于风媒传粉、胚乳极少等性状比金缕梅科进化。它和壳斗科存在一些共同性状，如衍生的染色体形态，不是中部着丝点（centromeres），而是以近顶部和顶部着丝点为主，有聚合射线及含三萜类化合物。从上述分析可见，悬铃木科性状演化是极不同步的（heterobathmic）。我们（Wu et al., 2002）将它独立成目：悬铃木目 Platanales。分子系统研究将它放在山龙眼目 Proteales, 作为莲科 Nelumbonaceae 山龙眼科 Proteaceae 的近缘群（APG, 2009）。

它为大乔木，树皮经常斑块状脱落。次生木质部的导管长度、导管穿孔板格条的数目和具梯纹穿孔导管的百分比存在着相关性；该类木材结构中最重要的性状是具聚合射线（aggregate ray）；筛管分子质体 S 型。叶互生，有柄，叶脉序变异大，多为掌状脉，多头悬铃木 *Platanus kerrii* 为羽状脉；托叶对生，有时联合。雌雄同株，风媒传粉。花序具长柄，由许多单性花组成球状或头状花序，下垂；每个花序球由环形苞片托着；花小，不显著，上位花，规则；花被片普遍为3~4（~7）枚，分离或基部合生；花瓣退化；雄花中雄蕊数同于萼片数并与之对生，花丝短，花药 2 爿，4 孢子囊，药隔的顶端增大呈盾状；花粉 3 沟，外壁具网状纹饰；雄花偶具退化雌蕊雌花具 3~4 枚退化雄蕊，3~8 枚心皮，不完全闭合，花柱线形，柱头内向；胚珠 1（~2）枚，直生，双珠被、厚珠心。小坚果隐埋于花序中，有冠刺毛；种子具薄种皮，内胚乳贫乏，胚细而直。染色体数 $2n = 14, 16, 21, 42$；基数可能是 $x = 7$ 和 8。

　　悬铃木科的化石记录出现在中白垩世的阿尔布期和赛诺曼期，其叶化石和生殖结构（包括花序、雄蕊、雌蕊、果序）是北半球地层中常见且分布最广的化石成分。白垩纪悬铃木状的叶化石为掌状分裂，指定到不同的化石属，大多数鉴定为 *Credneria*，该属首次是根据德国晚白垩世三冬期的化石描述的；也有不少晚白垩世化石指定为现代属悬铃木属。定名为已绝灭属达 12 个之多，如 *Aguia brookensis* 是从美国弗吉尼亚早至中阿尔布期发现的雄花序，发现于美国马里兰早赛诺曼期的小球状花序，命名为 *Hamatia elkneckensis*，球状花序排列在伸长的轴上，花有花被，雄蕊可能 5 枚，花药基着，4 孢子囊，花丝短，花药伸长，瓣状开裂，原位花粉小，3 沟。晚白垩世悬铃木类植物的花，在花被类型和雄蕊形态方面变异很大，但均为单性，心皮 5，雄蕊 5，亦分别有发育良好的花被片。现存植物花的不规则和不稳定排列方式可能与花被片的退化有关，而这种退化又可能与传粉方式的变化相联系（Friis and Crane, 1989）。现在分布于老挝、越南和中国边境的种 *Platatnus kerrii*，由于叶椭圆形、具羽状脉，芽不被叶柄基部所包，总花序轴伸长，具 10~12 个球形头状花序，木材比较原始，被认为是悬铃木属中最原始的种。因此，悬铃木科很可能是从古北大陆东南部起源而后扩散到古地中海和马德雷区的。

图16.5.1　悬铃木科形态结构（1）

① 欧悬铃木（*Platanus* sp.）部分植株；② 悬铃木栽培种（*Platanus* sp.）腋芽包藏于膨大的叶柄基部，③ 幼雌花序，④ 开放的雌花序，⑤ 部分雄花脱落的雄花序，⑥ 果枝

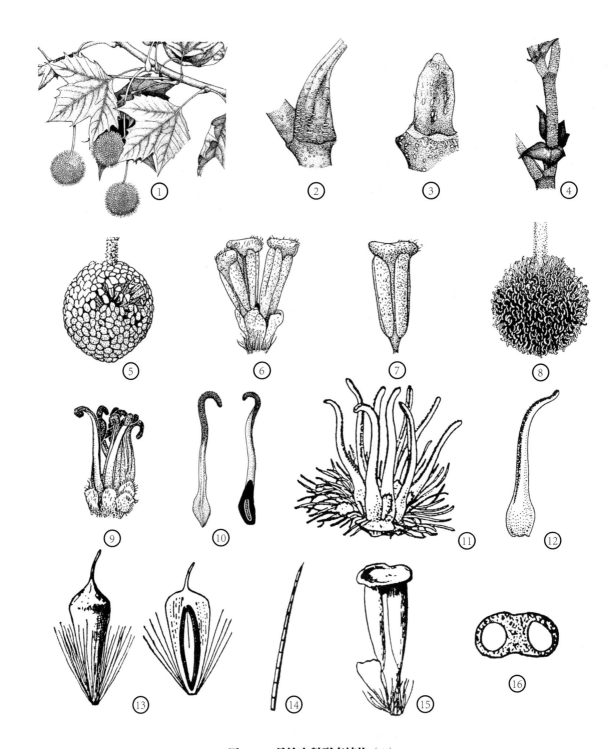

图16.5.1 悬铃木科形态结构（2）

①*Platanus acerifolia* 具头状花序的枝条，② 叶柄基部，③ 钟型叶柄脱落后露出头状腋芽，④ 托叶；⑤*P. occidentalis* 雄花序，⑥ 雄花，⑦ 雄蕊，⑧ 雌花序，⑨ 雌花，⑩ 雌蕊，⑪ 雌蕊部分纵剖露出子房；⑫*P. kerrii* 雌花；⑬*P. hybrida* 果及其纵切，⑭ 冠刺毛，⑮ 雄花，⑯ 花药横切

　　悬铃木属 *Platanus* L. 8 种，分 2 亚属；多序悬铃木亚属 Subg. Castaneophyllum，只有多头悬铃木 *P. kerrii* Gagnep. 1 种，老挝、越南和中国边境分布；悬铃木亚属 Subg. Platanus 7 种，北美、欧洲和西亚分布。

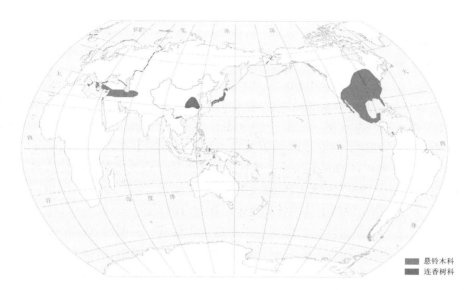

图16.5.3　悬铃木科Platanaceae和连香树科Cercidiphyllaceae地理分布

第十七章 蔷薇纲 Rosopsida

第 1 目 五桠果目 Dilleniales

五桠果科 Dilleniaceae（图 17.1.1~ 图 17.1.6）

一个泛热带分布科。早期 Bentham 和 Hooker f. 将它放在多瓣类 Polypetalae 托花超目 Thalamiflorae 的广义毛茛目 Ranales，当时还包括 Crossosomataceae；Dalla Torre 和 Harms 将它放在古生花被亚纲 Archichlamydeae 侧膜胎座目 Parietales 茶亚目 Theineae，还包括当时的猕猴桃科 Actinidiaceae；Melchior（1964）将它放在藤黄目 Guttiferales 五桠果亚目 Dilleniineae；Thorne 将它归于茶目 Theales 五桠果亚目 Dilleniineae；现代其他系统都一致地将它以自己的名称作为五桠果目 Dilleniales（Cronquist, 1981, 1988; Dahlgren, 1983; Takhtajan, 1997, 2009）；APG 系统（2009）将其放在核心真双子叶植物，但指出其系统位置未定在适合的目。

五桠果科既保留了一些原始特征，也发生了一些进化性状，表明性状演化极不同步。比较原始的性状如子房多少分离而对折，有时不完全闭合，雄蕊通常多数，药隔有时伸长，木材有梯纹穿孔，似乎和木兰科植物相似；在化学性状方面，木兰纲 Magnoliopsida 具特征性挥发油，不含苄基异喹啉生物碱，而五桠果科没有这样的化学性状。这样，五桠果科虽在五桠果亚纲内占据原始地位，但已失去和木兰纲的直接联系，故 Wu 等（2002）承认它是蔷薇纲 Rosopsida 早已分化的最原始成员。Takhtajan（1997, 2009）亦将它作为五桠果亚纲 Dillenidae 最原始的科，并排在该亚纲的第 1 科。

绝大多数为乔木和灌木，稀木质藤本，极稀为具木质根状茎的半草本。导管分子具棱角或呈环状，通常很长，具梯状穿孔，侧生纹孔梯状到对生；纤维有明显的具缘纹孔；异型射线；具离管轴生薄壁组织；筛管分子质体为 S 型。节间性状变异很大，具 3 叶隙或多叶隙（7~27 个），也有单叶隙，单叶迹或 2 叶迹的情况。叶通常互生，很少对生，全缘或有齿，稀羽状深裂或 3 裂，有羽状脉，常常具有明显平行的侧脉，偶尔减化呈针形或鳞片状；无托叶，但少数具小托叶状的叶柄；气孔类型多数为无规则型。花小到中等大，有时大型，呈聚伞花序或总状花序，有时单生；两性花，稀单性（雌雄同株或异株），辐射对称或左右对称；花托平或圆锥形；萼片 5 枚，稀多数（达到 15 枚）或少到 3 枚，覆瓦状排列，宿存；花瓣 5 枚或稍少，覆瓦状排列；雄蕊 50~500 枚，稀 10 枚或更少，花丝基部不同程度的融合，每束成员离心发生，或整个雄蕊群离心发育，雄蕊多融合成 5 束，稀 1~4 束，而每束雄蕊数也从几枚减少到 1 枚；花丝丝状或稀扁平；花药有 4 孢子囊，一般稍许埋藏于药隔组织，药隔稍伸出，纵缝开裂或顶端孔裂；绒毡层腺质；小孢子发生同时型；花粉粒释放时具 2 细胞，3、4 沟或 3 孔沟，具柱状覆盖层；雌蕊群通常 1~20 心皮，多数仅几枚心皮，离生，稀基部合生，合生至中部或达顶端更稀；心皮对折，偶有不完全缝合；假花柱（stylodia）细长，冠以头状柱头；每心皮 1 至多数胚珠；胚珠下转，倒生、横生到弯生，双珠被、厚珠心，蓼型胚囊；核型胚乳。果实为离心皮果或合心皮果，开裂或不开裂。种子具十分发育的种阜，种皮由内、外珠被形成内种皮和外种皮，胚乳丰富、含油质和蛋白质，有时嚼烂状。染色体基数 $x = 4, 5, 8, 9, 10, 12, 13$。

图17.1.1 五桠果科形态结构（1）

① 五桠果（*Dillenia indica*）花枝，② 花，③ 果开裂；④ 大花五桠果（*D. turbinata*）花枝，⑤ 花；⑥ 纽扣花（*Hibbertia scandens*）花枝，⑦ 花；⑧ 锡叶藤（*Tetracera sarmentosa*）植株

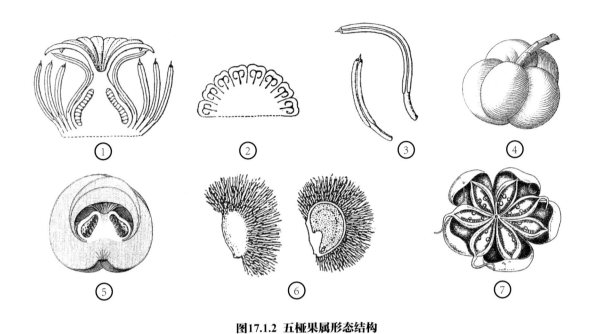

图17.1.2 五桠果属形态结构

① 五桠果（*Dillenia indica*）雄蕊群和雌蕊群纵切，② 一半雌蕊群横切，③ 外、内雄蕊；④ 果（被鲜萼片包裹），
⑤ 果纵切，⑥ 种子及其纵切；⑦*D. excelsa* 果开裂

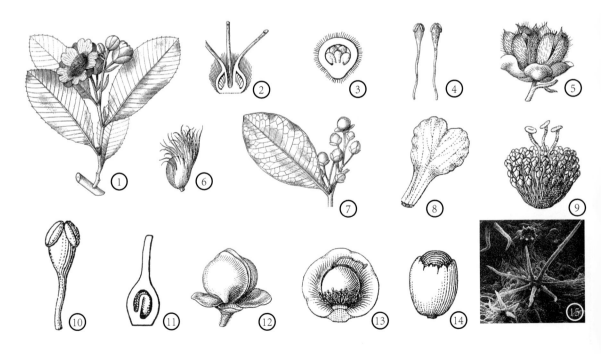

图17.1.3 五桠果科形态结构（2）

①*Tetracera boiviniana* 花枝，② 雌蕊群纵切，③ 心皮横切，④ 雄蕊，⑤ 蒴果，⑥ 具假种皮的种子；
⑦*Davilla flexuosa* 花枝，⑧ 花瓣，⑨ 雄、雌蕊群，⑩ 雄蕊，⑪ 心皮纵切，⑫ 果被内萼片包裹，⑬ 一枚萼片
脱落的果，⑭ 假种皮包裹的种子；⑮*Curatella americana* 叶背面不同的簇生毛，×400

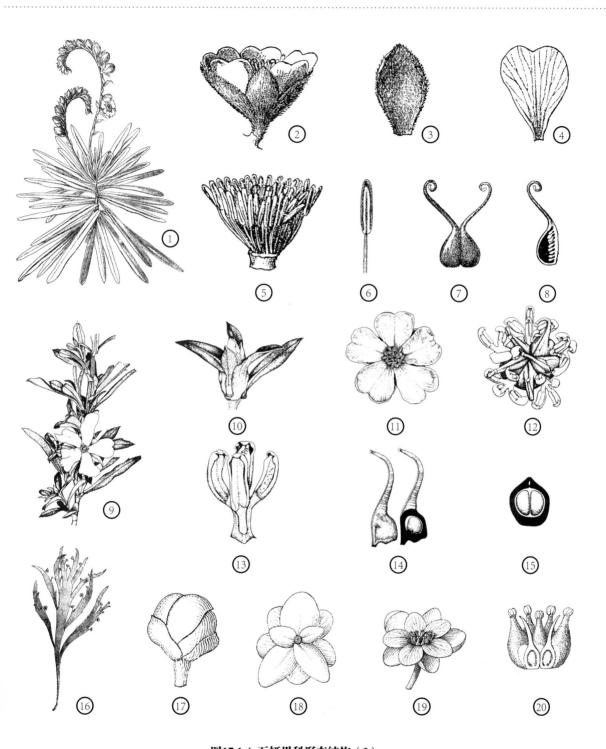

图17.1.4 五桠果科形态结构（3）

①*Hibbertia ngoyensis* 花枝，② 花，③ 萼片，④ 花瓣，⑤ 雄蕊群，⑥ 雄蕊，⑦ 雌蕊群，⑧ 心皮部纵切；
⑨*H. cuneiformis* 花枝，⑩ 花蕾，⑪ 花上面观，⑫ 雌蕊群和雄蕊群上面观，⑬ 雄蕊丛，⑭ 雌蕊、雌蕊部分纵
剖，⑮ 子房横切；⑯*Pachynema dilatatum* 植株；⑰*P. complanatum* 花蕾，⑱ 花蕾背面观，⑲ 花，⑳ 雄、雌
蕊群部分纵剖

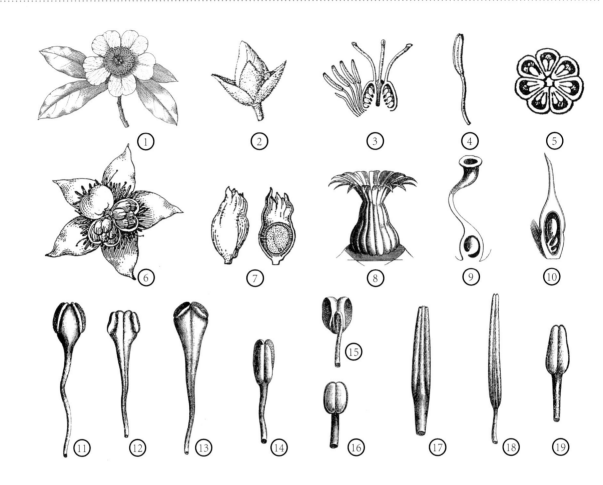

图17.1.5 五桠果科形态结构（4）

①*Hibbertia scandens* 花枝，② 花蕾，③ 部分雄蕊群和雌蕊群纵切，④ 雄蕊，⑤ 雌蕊群横切，⑥ 果，⑦ 具假种皮种子及其纵切。五桠果科的心皮变化：⑧*H. indica*，⑨*Davilla aspera* 部分纵剖，⑩*Tetracera lasiocarpa* 部分纵剖。五桠果科的花药变化：⑪*Davilla villosa*，⑫*Tetracera radula*，⑬*Tetracera* sp.，⑭*Hibbertia fasciculata*，⑮*H. stellaris*，⑯*Dillenia ochreata*，⑰*Acrotrema costatum*，⑱*A. thwaitesii*，⑲*A. uniflorum*

    本科分两亚科，约11属400种；多数分布于热带亚洲和热带美洲，少数分布于澳大利亚和热带非洲。

    亚科 1. 五桠果亚科 Subf. Dillenioideae。含 2 族。

    族 1. 五桠果族 Tribe Dillenieae。含 4 属。

    1. 五桠果属 *Dillenia* L. 60 种；分布于印度，马来西亚，印度洋岛屿，澳大利亚。

    2. *Schumacheria* Vahl 3 种；斯里兰卡产。

    3. *Didesmandra* Stapf 1 种；加里曼丹产。

    4. *Acrotrema* Jack 10 种；印度，马来西亚及斯里兰卡分布。

    族 2. Tribe Hibbertieae。含 2 属。

    5. *Hibbertia* Andrews 115 种；马达加斯加 1 种，马来西亚 2 种，澳大利

亚约 110 种，新喀里多尼亚、斐济 1 种。

6. *Pachynema* R. Br. ex DC. 7 种；澳大利亚西北部分布。

亚科 2. 锡叶藤亚科 Subf. Tetraceroideae。含 5 属。

7. 锡叶藤属 *Tetracera* L. 50 种；分布于墨西哥南部到巴拉圭，安的列斯，非洲热带地区，马达加斯加，斯里兰卡，印度南部，东南亚到澳大利亚东北部，新喀里多尼亚；大多数种在巴西。

8. *Curatella* Loefl. 2 种；产于热带美洲。

9. *Pinzona* C. Mart. et Zucc. 1~2 种；热带美洲分布。

10. *Doliocarpus* Rol. 40 种；热带美洲分布。

11. *Davilla* Vand. 20 种；热带美洲分布。

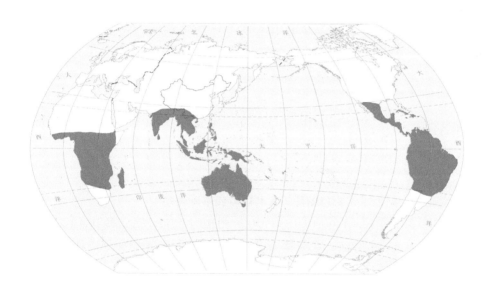

图17.1.6　五桠果科Dilleniaceae地理分布

附录I 第三篇图片提供者

黑白图片

Endress PK	图 11.12.1 ⑤~⑦，图 11.13.1 ①，图 15.2.1 ⑥，图 16.3.1 ⑰，图 16.4.6 ⑫~⑭
Erbar C	图 11.10.2 ⑬
Kubitzki K	图 17.1.3 ⑯
Lidén HP	图 11.1.1 ③，图 15.18.2 ④
Loconte H. et al.	图 15.9.1 ⑥
Philipson WR	图 10.2.1 ①
Takhtajan A	图 11.11.1 ①~③
毛礼米	图 10.1.1 ⑤，图 10.9.1 ⑦，图 11.4.2 ②，图 15.1.2 ①，图 15.3.2 ⑥，图 16.4.6 ⑪
孔宏智	图 10.3.1 ④

彩色图片（人名以姓氏笔画为序）

中国植物图像库	图 10.4.1 ①~③、⑥~⑨，图 10.4.7 ①~④，图 10.4.12 ①、②，图 10.4.15 ①、②，图 11.2.1 ①~③，图 11.7.1 ②、③，图 11.8.2 ①、②，图 11.17.2 ①~④，图 11.17.4 ①、②
马欣堂	图 14.2.1 ③，图 14.3.1 ①~③
王青锋	图 11.15.1 ②、③，图 11.17.1 ⑤，图 11.17.2 ⑤、⑥，图 11.17.3 ③，图 11.17.5 ①、②
王美林	图 10.3.1 ②，图 10.9.2 ①~③，图 11.5.1 ①、②，图 11.8.2 ③、④，图 11.10.1 ⑦，图 14.2.1 ⑦，图 14.5.1 ⑤，图 15.1.1 ③、⑤，图 16.4.1 ⑥、⑦，图 16.4.2 ①、②，图 16.5.1 ①
毛宗国	图 10.4.15 ①
叶建飞	图 10.3.1 ①，图 10.5.1 ③、④，图 10.7.1 ③~⑧，图 10.7.3 ②，图 10.9.2 ④，图 11.14.1 ④~⑥，图 11.15.1 ①，图 11.18.1 ④，图 12.1.3 ⑤~⑦，图 14.2.1 ④、⑤，图 14.6.2 ③，图 15.5.1 ③、④，图 15.7.2 ①、②、④~⑥，图 16.1.1 ②、③，图 16.4.1 ⑩
甘世南	图 11.10.1 ⑨
任　毅	图 10.4.16 ②，图 11.12.1 ②、③，图 11.17.1 ③、④，图 11.17.2 ⑦，图 11.17.5 ③，图 12.1.1 ②、③，图 12.1.3 ①，图 12.2.2 ②~④，图 12.3.2 ②、⑧，图 13.1.2 ①、⑤，图 14.1.1 ②，图 14.2.1 ⑥，图 15.1.1 ④，

图 15.2.1 ①、④、⑤，图 15.3.1 ①~③、⑤、⑥、⑨~⑬，图 15.3.2 ②~④，图 15.4.2 ①~⑥，图 15.5.1 ①、②，图 15.5.3 ⑧，图 15.6.2 ①、②、⑧~⑩、⑭、⑰、⑱，图 15.6.3 ⑦~⑨、⑫~⑯、⑲、⑳，图 15.7.2 ③，图 15.8.1 ③，图 15.9.1 ①~③，图 15.10.1 ⑥，图 15.11.2 ⑨~⑪、⑬、⑭，图 15.13.1 ③~⑦，图 15.15.1 ①、②、④、⑤，图 15.18.2 ②，图 16.2.1 ①~④，图 16.3.1 ①、②、④、⑥，图 16.4.1 ④、⑤，图 16.4.2 ③~⑧，图 16.5.1 ④、⑥，图 17.1.1 ②、③

朱仁斌	图 11.18.2 ②、③
朱鑫鑫	图 14.4.1 ⑨，图 17.1.1 ⑤~⑧
刘　冰	图 10.4.7 ⑤、⑥、⑧、⑨，图 10.4.8 ③、④，图 10.4.9 ②~④，图 10.4.10 ①~③，图 10.4.11 ①~③，图 10.4.13 ①~⑤，图 10.4.14 ④~⑧，图 10.4.15 ②~④，图 10.4.16 ④~⑥，图 10.4.17 ①、②、⑦，图 10.5.1 ⑥，图 10.7.4 ③、④，图 10.9.1 ⑤、⑥，图 11.4.2 ③、④，图 11.7.1 ①、④，图 11.9.1 ①、②，图 11.10.1 ①、②、⑤、⑥、⑧，图 11.15.1 ①，图 11.17.1 ①、②，图 11.17.2 ④，图 11.17.3 ①、②，图 11.18.3 ①、②，图 12.1.1 ①，图 12.1.3 ④，图 12.2.2 ①、⑤、⑥，图 12.3.1 ①、⑤~⑦，图 13.1.2 ②、④，图 14.2.1 ①，图 14.4.1 ①、②、⑧，图 14.5.1 ①，图 14.6.2 ①、②，图 15.1.1 ①、②、⑥，图 15.2.1 ②、③，图 15.3.1 ④、⑧，图 15.3.2 ①，图 15.5.1 ⑤~⑧，图 15.5.3 ④、⑨~⑪，图 15.6.2 ③~⑦、⑪~⑬、⑮、⑯，图 15.6.3 ①~⑥、⑩、⑪、⑰、⑱，图 15.8.1 ①、②，图 15.10.1 ②、③、⑤，图 15.11.2 ⑱，图 15.13.1 ①、②，图 15.17.1 ①~③，图 15.18.2 ①、③、⑤~⑭，图 16.3.1 ③、⑤，图 16.4.1 ①、③，图 16.4.2 ⑨、⑩
刘起衔	图 10.4.7 ⑦
刘　演	图 15.11.2 ⑲、⑳
杜　巍	图 11.3.1 ③
杨晓洋	图 11.14.1 ①，图 11.18.2 ①，图 11.18.3 ④~⑥，图 17.1.1 ④
苏俊霞	图 16.5.1 ②、③、⑤
张晓霞	图 14.4.1 ③~⑥
陈志豪	图 10.5.1 ②
林广旋	图 14.4.1 ⑦
赵　亮	图 15.12.1 ③，图 15.14.1 ⑤
贺善安	图 10.5.1 ①，图 11.10.1 ③、④，图 11.18.1 ①、②
徐晔春	图 11.18.1 ③，图 11.18.3 ③，图 13.1.2 ⑥、⑦
党高弟	图 15.3.1 ⑦，图 15.4.2 ⑥，图 16.4.2 ⑧
高贤明	图 10.8.1 ①~③
梁珀硕	图 10.4.1 ④、⑤，图 10.4.13 ⑤、⑥，图 10.4.14 ①~⑦，图 10.4.15 ⑤，图 10.4.16 ⑤，图 10.4.17 ③~⑥，图 11.3.1 ①、②、④，图 12.1.1

④~⑥，图 12.1.3 ②、③，图 15.5.3 ③、⑤~⑦，图 16.1.1 ①、④，图 17.1.1 ①

赖阳均　　　图 10.1.1 ①~④，图 10.3.1 ③，图 10.4.7 ⑩、⑪，图 10.4.8 ①、②，图 10.4.9 ①、③、⑤，图 10.4.16 ③、⑦，图 10.4.17 ③~⑤，图 10.5.1 ⑤，图 12.3.2 ③、④，图 13.1.2 ③，图 14.2.1 ②，图 15.3.2 ⑤，图 15.5.2 ①、②，图 15.9.1 ④、⑤，图 15.10.1①、④，图 15.11.2 ①~⑧、⑫、⑮~⑰，图 15.15.1 ③、⑥~⑧，图 16.4.1 ②、⑧、⑨，图 16.4.2 ⑧

廖文波　　　图 14.1.1 ①

薛建华　　　图 11.4.2 ①，图 11.5.1 ③、④

Carlor I　　　图 10.7.4 ②

Forlonge J　　　图 10.6.1 ①~③

Russell L. Barrett　　　图 10.7.3 ①、②，图 10.7.3 ①，图 10.7.4 ①，图 11.1.1 ①、②，图 11.6.1 ①~④，图 11.12.1 ①、④，图 11.14.1 ②、③

Yoneyama K　　　图 15.16.1 ①~③

附录II 第三篇墨线图来源

《中国植物志》

第31卷	图 10.4.10 ⑤~⑨（陈荞香绘），图 10.4.11 ④（何顺清绘），图 10.4.12 ③~⑦（曾孝濂绘），图 10.4.15 ⑤~⑩（肖溶绘）
第27卷	图 11.5.1 ⑩、⑪（何泉冬绘），图 11.8.3 ①~⑮（邓盈丰绘），图 11.8.1 ①~⑰（邓盈丰绘）
第24卷	图 12.1.1 ⑦~⑮（宗维诚绘）
第20卷	图 12.2.2 ⑦~⑨（黄少容绘），图 12.3.2 ①~⑧（唐俊生绘），图 12.3.4 ①~⑧（邓盈丰、黄少容绘），图 12.3.4 ⑨~⑮（黄少容绘），图 12.3.5 ①~⑪（黄少容绘）
第29卷	图 15.8.1 ⑤、⑦、⑨、⑩（冀朝祯绘），图 15.9.1 ⑦（冀朝祯绘）
第32卷	图 15.17.1 ④（张宝福绘），图 11.18.4 ①~⑧（陈国泽绘）
第35卷 (2)	图 16.4.4 ①~⑦（冯钟元绘），图 16.4.5 ④~⑩（冯钟元绘）

《秦岭植物志》

第1卷 (2)	图 16.2.1 ⑤、⑥、⑧、⑨

《天目山药用植物志》

上册	图 15.13.2 ①

Ali SI (1964)	图 15.9.1 ⑧、⑨
Bailey IW, Smith AC (1942)	图 11.11.2 ②、④、⑮、⑯
Bhandari NN (1971)	图 11.11.2 ⑧、⑨、⑰
Bogner J, Mayo SJ (1998)	图 14.1.1 ⑨、⑩
Brizicky GK (1959)	图 10.6.1 ⑦~⑩
Carlquist S (1964)	图 11.16.1 ③、⑥、⑨、⑫、⑬
Cronquist A (1981)	图 10.2.2 ②~⑯，图 10.4.18 ①~⑧，图 10.7.4 ⑤~⑫，图 10.8.1 ④~⑧，10.9.1 ①~⑩，图 11.2.1 ④~⑫，图 11.4.1 ①~⑦，图 11.7.1 ⑤~⑧、⑪、⑬，图 11.10.2 ①~⑦，图 11.12.1 ⑨、⑪~⑭，图 11.14.1 ⑦~⑬，图 11.17.5 ④~⑪，图 12.1.3 ⑧~⑮，图 12.2.1 ②、⑤、⑥，图 12.3.3 ①~⑧，图 13.1.1 ④~⑧，图 14.2.2 ①~⑦，图 14.6.1 ⑪、⑬（右），图 15.1.2 ②~④，图 15.2.1 ⑦~⑪，图 15.3.3 ⑩~⑬，

15.4.1 ①~⑦，图 15.7.1 ②、⑦、⑨，图 15.15.2 ①~⑥，
图 15.15.3 ⑥，图 15.18.1 ⑨、⑩，图 16.1.1 ⑤、⑩，图
16.3.1 ⑤、⑧、⑨，图 16.4.4 ①~⑦，图 16.5.2 ⑭~⑯

Keng H (1965)	图 11.7.1 ⑮
Kessler PJA (1993)	图 11.17.6 ④、⑦、⑨、⑪、⑫
Kubitzki K (1969)	图 10.5.3 ①~⑬，图 11.16.1 ②
Kühn U et al (1993)	图 11.18.1 ⑤~⑬
Lidén M (1986)	图 15.16.1 ⑥~⑩，图 15.18.1 ⑪~⑯
Makino T (1903)	图 14.16.1 ①、④、⑤、⑧~⑳
Melchior H (1964)	图 11.11.2 ⑦、⑩~⑭
Miller JM (1970)	图 11.11.2 ③
Nooteboom HP (1993)	图 11.10.2 ⑧~⑫
Ørgaard M (1991)	图 11.3.1 ⑤~⑩
Perkins J (1925)	图 10.7.3 ③~⑪
Philipson WR (1986)	图 10.2.1 ②、④~⑦
Rogers GK (1985)	图 13.1.3 ①~⑬
Rohwer JG (1993)	图 10.4.4 全图，图 13.1.1 ①~③、⑨~⑬
Ros-Craig S (1973)	图 14.4.2 ⑪、⑫，图 15.6.6 ①~⑥，图 15.6.7 ①
Schnidtoc (1935)	图 12.1.2 ①~⑥、⑪~⑯
Schneider EL et al (1993)	图 11.4.1 ⑰~⑳，图 11.5.1 ⑧、⑬
Sinclair J (1958)	图 11.18.2 ⑤、⑥，图 11.18.3 ⑪~⑭
Spongberg SA (1979)	图 16.3.1 ⑧、⑨、⑫、⑭~⑯
Stant MY (1970)	图 14.6.1 ②、③、⑥、⑦
Takhtajan A (1981, 1982)	图 10.1.1 ⑥~⑪，图 10.7.2 ①~③、⑦、⑫~⑯，图 11.4.1 ⑨~⑪、⑭，图 11.6.1 ⑤、⑦、⑩、⑫、⑬，图 11.9.1 ⑤、⑥、⑧，图 11.11.2 ①、⑤、⑥，图 11.13.1 ②、④、⑨，图 11.15.1 ④~⑮，图 11.16.1 ①、②、④、⑤、⑩、⑪，图 13.1.4 ①~⑫，图 14.3.1 ⑦、⑫~⑰，图 14.5.1 ③、⑤~⑩，图 15.4.1 ⑦、⑪~⑬，图 15.6.3 ⑰~⑲，图 15.7.1 ①、③~⑥、⑧，图 15.8.1 ④、⑧、⑪~⑬，图 15.10.2 ①~④，图 15.11.1 ⑨~⑬ (左)，图 15.13.2 ②、⑧~⑩，图 15.14.1 ①~④，图 15.17.1 ④~⑨，图 16.2.1 ⑦、⑩、⑪，图 16.3.1 ⑦，图 16.4.5 ①~③，图 16.5.2 ⑪、⑫
Tamura (1982)	图 11.4.1 ⑰~⑳，图 11.5.1 ⑧、⑬
Tebbs MC (1993)	图 12.3.1 ⑨~⑲，图 12.3.3 ⑨~⑰
Todzia CA (1993)	图 10.3.1 ⑮、⑱
Verdcourt B (1971)	图 10.3.1 ⑥~⑧，图 11.17.3 ④~⑮
Vink W (1993)	图 11.14.1 ⑭~⑳

Warburg O (1897)   图 11.18.1 ⑭~⑱，图 11.18.2 ④、⑦、⑨~⑪

Whetstone PD et al (1997)   图 15.11.1 ①、②、⑤

Whittemore AT et al (1997)   图 15.12.1 ②

Wood CE (1958)   图 11.7.1 ⑨、⑩、⑫，图 12.2.1 ①、③、④、⑦~⑨，图
                             15.1.2 ⑤、⑬

参考文献

陈海山，程用谦．1994．金粟兰科的起源．分化和地理分布研究．热带亚热带植物学报，2：31-44.

陈宜瑜．1983．系统发育系统学 // 周明镇，张弥曼，于小波等．分子系统学译文集．北京：科学出版社：1-12.

达尔文 C．2005．物种起源．舒德干等译．北京：北京大学出版社．

樊建华．2010．五味子科系统发育和传粉生物学研究．北京：中国科学院植物研究所博士学位论文．

冯旻，傅德志，梁汉兴等．1995．耧斗菜属花部形态发生．植物学报，37：791-794.

冯旻，路安民．1998．南天竹属的花部器官发生及其系统学意义．植物学报，40：102-108.

福斯特 AS，小吉福德 EM．1983．维管植物比较形态学．李正理，张新英，李荣敖等译．北京：科学出版社．

郭长禄，陈力耕，何新华等．2005．银杏同源基因的时空表达．遗传，27：241-244.

赫胥黎 J．1940．新系统学．胡先骕等译．钟补求，校．北京：科学出版社：375-386.

胡适宜．1988．被子植物双受精发现100年：回顾与展望．植物学报，40：1-13.

胡适宜．2002．被子植物受精作用研究的历史及双受精的起源 // 胡适宜，杨弘远．被子植物受精生物学．北京：科学出版社：1-15.

胡先骕．1950．被子植物的一个多源的新分类系统．中国科学，1：243-253，图版1.

胡先骕．1951．种子植物分类学讲义．上海：中华书局．

黄炳权．2002．胚囊的发育、组成和功能 // 胡适宜，杨弘远．被子植物受精生物学．北京：科学出版社：78-115.

克里什托夫·科利尔，巴瑞·托马斯．2003．植物化石．王祺，高天刚译．桂林：广西师范大学出版社．

孔昭宸，陈之端，陈灵芝．2001．生物多样性起源和变化 // 陈灵芝，马克平．生物多样性科学：原理与实践．上海：上海科学技术出版社：66-92.

李红芳，任毅．2005．领春木茎次生木质部中导管穿孔板的变异．植物分类学报，43：1-11.

李俊．2008．国产马兜铃科植物比较形态学研究．西安：陕西师范大学硕士学位论文．

李良千．1999．毛茛科金莲花亚科植物的地理分布 // 路安民．种子植物科属地理．北京：科学出版社．

李锡文．1985．云南植物区系．云南植物研究，7：361-382.

梁汉兴．1999．三白草科的系统演化和地理分布 // 路安民．种子植物科属地理．北京：科学出版社．

刘玉壶．1996．中国植物志 木兰科．北京：科学出版社：87-198.

刘玉壶，夏念和，杨惠秋．1999．木兰科的起源、进化和地理分布 // 路安民．种子植物科属地理．北京：科学出版社．

刘忠，路安民．1999．华中五味子（五味子科）雄花和雌花的形态发生．植物学报，41：1255-1258.

刘忠，路安民，林祁等．2001．五味子属雄花的形态发生及其系统学意义．植物学报，43：169-177.

路安民．1981．现代有花植物分类系统初评．植物分类学报，19：279-290.

路安民．1984．诺·达格瑞（R. Dahlgren）被子植物分类系统介绍和评注．植物分类学报，22：497-508.

路安民．1985．被子植物系统学的方法论．植物学通报，3：21-28.

路安民．1999．种子植物科属地理．北京：科学出版社．

路安民，张芝玉．1978．对于被子植物进化问题的述评．植物分类学报，16：1-15.

迈尔 E．1992．生物学哲学．涂长晟等译．沈阳：辽宁教育出版社．

潘开玉，路安民，温洁．1990．金缕梅科（广义）的叶表皮特征．植物分类学报，28：10-26.

潘开玉，路安民，温洁．1991．领春木的染色体数目及配子体的发育．植物分类学报，39：439-444.

浅间一男．1988．被子植物的起源．谷祖纲，珊林译．北京：海洋出版社．

山红艳．2006．三叶木通花发育相关基因的结构、功能和进化研究．北京：中国科学院植物研究所博士学位论文．

山红艳，孔宏智．2017．花是如何起源的？科学通报，21: 2323-2334.

塔赫他间 AL. 1981. 幼态成熟和有花植物的起源// 贝克CB. 被子植物的起源和早期演化．张芝玉等译．北京：科学出版社：134-141.

塔赫他间 AL. 1963. 高等植物 I. 匡可任等译．北京：科学出版社．

塔赫他间 AL. 1988. 世界植物区系区划．黄观程译．北京：科学出版社．

泰勒 TN. 1981. 古植物学．梅美棠，杜贤铭，李中明译．北京：科学出版社．

泰勒 TN. 1992. 古植物—化石植物生物学导论．梅美棠，杜贤铭，李中明等译．朱家柟等校．北京：科学出版社．

汤彦承，路安民．2003. 系统发育和被子植物"多系—多期—多域"系统—兼答傅德志的评论．植物分类学报，41: 199-208.

汤彦承，路安民，陈之端．1999. 一个被子植物"目"的新分类系统简介．植物分类学报，37: 608-621.

汤彦承，路安民，陈之端．2004. 生花植物概念简介及其名称的商榷．云南植物研究，26: 475-481.

汤彦承，路安民，陈之端等．2002. 现存被子植物原始类群及其植物地理学研究．植物分类学报，40: 242-259.

吴征镒．1965. 中国植物区系的热带亲缘．科学通报，10: 25-33.

吴征镒．1987. 西藏植物区系的起源及其演化// 吴征镒．西藏植物志．第五卷．北京：科学出版社：874-902.

吴征镒，路安民，汤彦承等．2003. 中国被子植物科属综论．北京：科学出版社．

吴征镒，汤彦承，路安民等．1998. 试论木兰植物门的一级分类——一个被子植物八纲系统的新方案．植物分类学报，36: 385-402.

杨永，傅德志，王祺．2004. 被子植物花的起源：假说和证据．西北植物学报，24: 2366-2380.

杨永，傅德志，温利华．2000. 麻黄属植物的双受精// 李承森．植物科学进展（第三卷）．北京：高等教育出版社：67-74.

张宏达．1979. 中国植物志 金缕梅科．北京：科学出版社：36-118.

张志耘，路安民．1999. 金缕梅科：地理分布、化石历史和起源// 路安民．种子植物科属地理．北京：科学出版社．

张志耘，温洁．1996. 金缕梅科的种子形态学及其系统学评价．植物分类学报，34: 538-546.

郑宏春，路安民，胡正海．2004. 商陆属植物的花器官发生．植物分类学报，42: 352-364.

周明镇，张弥曼，于小波等．1983. 分子系统学译文集．北京：科学出版社．

周浙昆．1993. 金粟兰科的起源演化及其分布．云南植物研究，15: 321-331.

庄璇．1999. 罂粟科植物的分类、进化与分布// 路安民．种子植物科属地理．北京：科学出版社．

Airy Shaw HK. 1973. A Dictionary of the Flowering Plants and Ferns: J. C. Willis. 8th ed. Cambridge: Cambridge University Press.

Albert VA, Oppenheimer DG, Lindqvist C. 2002. Pleiotropy, redundancy and the evolution of flowers. Trends Plant Sci, 7: 297-301.

Ali SI. 1964. Leonticaceae. In Ali SI ed: Flora of Libya. Tripoli: El-Fateh University.

Ambros V, Horvitz RH. 1984. Heterochronic mutants of nematode Caenorhabditis elegans. Science, 226: 409-416.

Angenent GC, Franken J, Busscher M, et al. 1995. A novel class of MADS-box genes is involved in ovule development in *Petunia*. Plant Cell, 7: 1569-1582.

Aoki S, Uehara K, Imafuku M, et al. 2004. Phylogeny and divergence of basal angiosperms inferred from APETA 3 and PISTILLATA-like MADS-box genes. J Plant Res, 117: 229-244.

APG (Angiosperm Phylogeny Group). 1998. An ordinal classification for the families of flowering plants. Ann MO Bot Gard, 85: 531-553.

APG (Angiosperm Phylogeny Group). 2003. An update of the angiosperm phylogeny group classification for the orders and families of flowering plants: APG II. Bot J Linn Soc, 141: 399-436.

APG (Angiosperm Phylogeny Group). 2009. An update of the angiosperm phylogeny group classification for the orders and families of flowering plants: APG III. Bot J Linn Soc, 161: 105-121.

APG (Angiosperm Phylogeny Group). 2016. An update of the angiosperm phylogeny group classification for the orders and families of flowering plants: APG IV. Bot J Linn Soc, 181: 1-20.

Arber EAN, Parkin J. 1907. On the origin of angiosperms. Bot J Linn Soc, 38: 29-80.

Arber EAN, Parkin J. 1908. Studies on the evolution of angiosperms: the relationship of the angiosperms to the Gnetales. Ann Bot, 22: 489-515.

Bailey IW. 1944. The development of vessels in angiosperms and its significance in morphological research. Ann Bot, 31: 421-428.

Bailey IW. 1956. Nodal anatomy in retrospect. J Arnold Arbor, 37: 269-287.

Bailey IW. 1957. The potentialities and limitations of wood anatomy in the phylogeny and classification of angiosperms. J Arnold Arbor, 38: 243-254.

Bailey IW, Nast CG. 1943. The comparative morphology of the Winteraceae II. Carpel. J Arnold Arbor, 24: 478-481.

Bailey IW, Nast CG. 1945. The comparative morphology of the Winteraceae VIII. Summary and conclusion. J Arnold Arbor, 26: 37-47.

Bailey IW, Smith AC. 1942. Degeneriaceae, a new family of flowering plants from Fiji. J Arnold Arbor, 23: 356-365.

Bailey IW, Swamy BGL. 1949. The morphology and relationships of *Austrobaileya*. J Arnold Arbor, 30: 211-220.

Bailey IW, Swamy BGL. 1951. The conduplicate carpel of dicotyledons and its initial trands of specialization. Amer J Bot, 38: 373-379.

Baldwin BG. 1996. Phylogenetics of the California tarweeds and the Hawaiian silversword alliance (Madiinae; Heliantheae sensu lato)//Hind DJN, Beentje HJ. Compositae: Systematics. Kew: Royal Botanic Gardens: 377-391.

Baranova MA. 1972. Systematic anatomy of leaf epidermis in the Magnoliaceae and some related families. Taxon, 21: 447-469.

Baranova MA. 1983. On the laterocytic stoma type in angiosperms. Brittonia, 35: 93-102.

Baranova MA. 1985. Classifications of the morphological types of stomata. Bot Zhurn, 70: 1585-1594.

Baranova MA. 1987. Historical development of the present classification of morphological types of stomates. Bot Rev, 53: 53-79.

Barrier M, Robichaux RH, Purugyanan MD. 2001. Accelerated regulatory gene evolution in an adaptive radiation. Proc Nat Acad Sci USA, 98: 10208-10213.

Baum DA, Hileman LC. 2006. A developmental genetic model for the origin of the flower//Ainsworth C. Flowering and ITS Manipulation. Sheffield, UK: Blackwell Publishing: 3-27.

Baum DA, Yoon HS, Oldham RL. 2005. Molecular evolution of the transcription factor LEAFY in Brassicaceae. Mol Phylogenet Evol, 37: 1-14.

Beck CB. 1976. Origin and Early Evolution of Angiosperms. New York: Columbia University Press.

Behnke HD. 1972. Sieve-element plastids in relation to angiosperm systematics: an attempt towards a classification by ultrastructural analysis. Bot Rev, 38: 155-197.

Behnke HD. 1981a. Siebelement-plastiden, phloem-protein und evolution der blütenpflanzen: II. Monokotyledonen. Ber Deutschen Bot Ges, 94: 647-662.

Behnke HD. 1981b. Swartzia: phloem ultrastructure supporting its inclusion into Leguminosae-Papilionoideae. Isleya, 2: 13-16.

Behnke HD. 1981c. Sieve element characters. Nord J Bot, 1: 381-400.

Behnke HD. 1988. Sieve element plastids, phloem protein, and the evolution of flowering plants: III. Magnoliidae. Taxon, 37: 699-733.

Behnke HD. 1991. Distribution and evolution of forms and types of sieve-element plastids in the dicotyledons. Aliso, 13: 167-182.

Behnke HD. 2000. Forms and sizes of sieve-element plastids and evolution of the monocotyledons//Wilson KL, Morrison DA. Monocots: Systematics and Evolution. Collingwood, Australia: CSIRO: 163-188.

Bell CD, Soltis DE, Soltis PS. 2005. The age of the angiosperms: a molecular timescale without a clock. Evolution, 59: 1245-1258.

Benson MJ. 1904. *Telangium scottii*, a new species of *Telangium* (Calymmatotheca) showing structure. Ann Bot, 13: 161-177.

Bentham G, Hooker JD. 1862-1883. Genera Plantarum. Vol. 3. London: Lovell Reeye.

Benzing DH. 1967. Developmental patterns in stem primary xylem of woody Ranales. Amer J Bot, 54: 805-820.

Bessey CE. 1915. The phylogenetic taxonomy of flowering plants. Ann MO Bot Gard, 2: 109-164.

Bhanderi NN. 1971. Embryology of the Magnoliales and comments on their relationships. J Arnold Arb, 52: 1-39.

Blazquez MA, Green R, Nilsson O, et al. 1998. Gibberellins promote flowering of *Arabidopsis* by activating the LEAFY promoter. Plant Cell, 10: 791-800.

Bogner J, Mayo SJ. 1998. Acoraceae//Kubitzki K. The Families and Genera of Vascular Plants. IV. Berlin: Springer-Verlag: 7-10.

Bowman JL, Smyth DR. 1999. CRABS CLAW, a gene that regulates carpel and nectary development in *Arabidopsis*, encodes a novel protein with zinc finger and helix-loop-helix domains. Development, 126: 2387-2396.

Bowman JL, Smith DR, Meyerowitz EM. 1991. Genetic interactions among floral homeotic genes of *Arabidopsis*. Development, 112: 1-20.

Bremer K, Bremer B, Thulin M. 2000. Introduction to Phylogeny and Systematics of Flowering Plants. Uppsala: Department of Systematic Botany and Evolutionary Biology Centre, Uppsala University.

Brizicky GK. 1959. Variability in the flora parts of *Gomortega* (Gomortegaceae). Willdenowin, 2: 200-207.

Brückner C. 2000. Classification of the carpel number in Papaverales, Caparales and Berberidaceae. Bot Rev, 66: 155-309.

Burger WC. 1977. The Piperales and the monocots: alternate hypotheses for the origin of monocotyledonous flowers. Bot Rev, 43: 345-393.

Busch MA, Bomblies K, Weigel D. 1999. Activation of a floral homeotic gene in *Arabidopsis*. Science, 285: 585-587.

Canright JE. 1955. The comparative morphology and relationships of the Magnoliaceae. IV. Wood and nodal anatomy. J Arnold Arbor, 36: 119-140.

Carlquist S. 1964. Morphology and relationships of Lactoridaceae. Aliso, 5: 421-435.

Carlquist S. 1982. *Exospermum stipitaturn* (Winteraceae): observations on wood, leaves, flowers, pollen, and fruit. Aliso, 10: 277-289.

Carlquist S. 1988. Comparative Wood Anatomy. Berlin: Springer.

Carlquist S. 1989. Wood anatomy of Tasmannia; summary of wood anatomy of Winteraceae. Aliso, 12: 257-275.

Carlquist S. 1990. Wood anatomy of *Ascarina* (Chloranthaceae) and the tracheid—vessel element transition. Aliso, 12: 687-684.

Carlquist S. 1990. Wood anatomy and relationships of Lactoridaceae. Am J Bot, 77: 1498-1504.

Carmichael JS, Friedman WE. 1995. Double fertilization in *Gnetum gnemon*: the relationship between the cell cycle and sexual reproduction. Plant Cell, 7: 1975-1988.

Carmichael JS, Friedman WE. 1996. Double fertilization in *Gnetum gnemon* (Gnetaceae): its bearing on the evolution of sexual reproduction within the Gnetales and the anthophyte clade. Amer J Bot, 83: 767-780.

Chamberlain CJ. 1935. Gymnorperms, Structure and Evolution. New York: The University of Chicago Press.

Chase MW, Soltis DE, Olmstead RG, et al. 1993. Phylogenetics of seed plants: an analysis of nucleotide sequences from the plastid gene rbcL. Ann MO Bot Gard, 80: 528-580.

Chase MW, Stevenson DW, Wilkin P, et al. 1995. Monocot systematics: a combined analysis//Rudall PJ, Cribb PJ, Cutler DF, et al. Monocotyledons: Systematics and Evolution. Kew: Royal Botanic Gardens: 685-730.

Chaw SM, Chang CC, Chen HL, et al. 2004. Dating the monocot-dicot divergence and the origin of core eudicots using whole chloroplast genomes. J Mol Evol, 58: 424-441.

Coen ES, Meyerowitz EM. 1991. The war of the whorls: genetic interactions controlling flower development. Nature, 353: 31-37.

Coiffard C, Mohr BAR, Bernardes-de-Oliveira MEC. 2013. *Jaguariba wiersemana* gen. nov. et sp. nov., an early Cretaceous member of crown group Nymphaeales (Nymphaeaceae) from northern Gondwana. Taxon, 62: 141-151.

Collinson ME, Boulter MC, Holmes PL. 1993. Magnoliophyta ('Angiospermae')//Benton MJ. The Fossil Record 2. London: Chapman & Hall: 809-841.

Colombo L, Franken J, Koetje E, et al. 1995. The petunia MADS-box gene FBP11 determines ovule identity. Plant Cell, 7: 1859-1868.

Corner EJH. 1949. The durian theory of the origin of modern tree. Ann Bot, 52: 367-414.

Corner EJH. 1976. The Seeds of the Dicotyledons. I, II. Cambridge: Cambridge University Press.

Crane PR. 1985. Phylogenetic analysis of seed plants and the origin of angiosperms. Ann MO Bot Gard, 72: 716-793.

Crane PR. 1993. Time for the angiosperms. Nature, 366: 631-632.

Crane PR, Friis EM, Pedersen KR. 1995. The origin and early diversification of angiosperms. Nature, 374: 27-33.

Crepet WL. 1979. Insect pollination: a paleontological perspective. Bio Science, 29: 102-108.

Crepet WL. 1983. The role of insect pollination in the evolution of angiosperms//Real L. Pollination Bio-logy. Orlando: Academic Press: 31-50.

Crepet WL, Friis EM. 1987. The evolution of insect pollination in angiosperms//Friis EM, Chaloner WG, Crane PR. The Origin of Angiosperms and Their Biological Consequences. Cambridge: Cambridge University Press: 181-201.

Crisci JV, Stuessy TF. 1980. Determining primitive character states for phylogenetic reconstruction. Syst Bot, 5: 112-135.

Croizat L. 1964. Thoughts on high systematics, phylogeny and floral morphogeny, with a note on the origin of the Angiospermae. Candollea, 19: 17-96.

Cronquist A. 1968. The Evolution and Classification of Flowering Plants. London: Thomas Nelson & Sons Ltd.

Cronquist A. 1981. An Integrated System of Classification of Flowering Plants. New York: Columbia University Press.

Cronquist A. 1988. The Evolution and Classification of Flowering Plants. 2nd ed. New York: The New York Botanical Garden.

Cronquist A, Takhtajan A, Zimmermann W. 1966. On the higher taxa of embryobionta. Taxon, 15: 129-134.

Cutler DF. 1969. *Hydatella* (Centrolepidaceae)//Metcalfe CR. Anatomy of the Monocotyledons, 4, Juncales. Oxford: Oxford University Press.

Dahlgren G. 1989a. The last dahlgrenogram: system of classification of the dicotyledons//Tan K, Mill RR, Elias TS. Plant Taxonomy, Phytogeography and Related Subjects. Edinburgh: Edinburgh University Press: 249-260.

Dahlgren G. 1989b. An updated angiosperm classification. Bot J Linn Soc, 100: 197-203.

Dahlgren G. 1995. On Dahlgrenogram—a system for the classification of angiosperms and its use in mapping characters. An Acad Bras Ci, 67 (Suppl. 3): 383-404.

Dahlgren R. 1975. A system of classification of the angiosperms to be used to demonstrate the distribution of characters. Bot. Notiser, 148: 119-147.

Dahlgren R. 1983. General aspects of angiosperm evolution and macro-systematics. Nord J Bot, 3: 119-149.

Dahlgren R. Clifford HT, Yeo PE. 1985. The Families of the Monocotyledons. Berlin: Springer-Verlag.

Dalla Torre CG, Harms H. 1900-1907. Genera Siphonogamarum and System Englerianum Conscripta. Leipzig: V. W. Englemann.

Darwin C. 1872. The Origin of Species. Reprinted from the Sixth London Edition, with All Additions and Corrections. Philadelphia: David Mckay.

Darwin F, Seward AC. 1903. More Letters of Charles Darwin: A Record of His Work in A Series of Hitherto Unpulished Letters. Vol. 2. London: John Murray: 20-21.

Davis PH, Heywood VH. 1963. Principles of Angiosperm Taxonomy. Edinburgh and London: Oliver and Boyd.

De Beer GR. 1954. Archaeopteryx and evolution. Adv Sci, 11: 160-170.

Degener O. 1949. Naturalist's South Pacific Expedition: Fiji. Honolulu: Paradise of the Pacific, Ltd.

Delevoryas T. 1962. Morphology and Evolution of Fossil Plant. New York: Holt, Rinehart and Winston, Inc.

Delpino F. 1868. Ulteriori osservazioni sulla dicogamia nel regno vegetale. Atti Della Soc Ital Della Sc Nat, 11: 12.

Dickinson WC. 1970. Comparative morphological studies in Dillenniaceae.V. Leaf anatomy. J Arnold Arb, 51: 84-113.

Dilcher DL. 1989. The occurrence of fruits with affinity to Ceratophyllaceae in lower and mid–Cretaceous sediments. Am J Bot, (Suppl. 6): 162.

Ditta G, Pinyopich A, Robles P, et al. 2004. The SEP4 gene of *Arabidopsis thaliana* functions in floral organ and meristem identity. Curr Biol, 14: 1935-1940.

Dollo L. 1893. "Les lois de l'évolution". Bull Soc Belge Geol Pal Hydr, 7: 164-166 (in French) .

Donoghue MJ, Doyle JA. 1989. Phylogenetic analysis of angiosperms and the relationships of Hamamelidae//Crane PR, Blackmore S. Evolution, Systematics, and Fossil History of the Hamamelidae. Oxford: Oxford University Press: 17-45.

Donoghue MJ, Doyle JA, Gauthier J, et al. 1989. The importance of fossils in phylogeny reconstruction. Ann Rev Ecol Syst, 20: 431-460.

Dornelas MC, Rodriguez AP. 2005. A FLORICAULA/LEAFY gene homolog is preferentially expressed in developing female cones of the tropical pine *Pinus caribaea* var. *caribaea.* Genet Mol Biol, 28: 299-307.

Doweld AB. 1996. On the origin of the carpel as evidenced by its vasculas skeleton. Phytomorph, 46: 387-394.

Doyle JA. 1978. Origin of angiosperms. Ann Rev Ecol Syst, 9: 365-392.

Doyle JA. 1994. Origin of the angiosperm flower: a phylogenetic perspective. Plant Syst Evol, 8(Suppl.): 7-29.

Doyle JA. 1996. Seed plant phylogeny and relationships of Gnetales. Int J Plant Sci, 157 (6 Suppl.): S3-S39.

Doyle JA. 1998. Phylogeny of vascular plants. Ann Rev Ecol Syst, 29: 567-599.

Doyle JA, Donoghue MJ. 1986. Seed plant phylogeny and the origin of angiosperms: an experimental cladistic approach. Bot Rev, 52: 321-431.

Doyle JA, Donoghue MJ. 1987. The importance of fossils in elucidating seed plant phylogeny and macroevolution. Rev Palaeobot Palynol, 50: 63-95.

Doyle JA, Donoghue MJ. 1992. Fossils and seed plant phylogeny reanalyzed. Brittonia, 44: 89-106.

Doyle JA, Donoghue MJ. 1993. Phylogenies and angiosperm diversification. Palaeobiology, 19: 141-167.

Doyle JA, Endress PK. 2000. Morphological phylogenetic analysis of basal angiosperms: comparison and combination with molecular data. Int J Plant Sci, 161 (6 Suppl.): S121-S153.

Doyle JA, Hickey LJ. 1976. Pollen and leaves from the mid-Cretaceous Potomac Group and their bearing on early angiosperm evolution//Beck CB. Origin and Early Evolution of Angiosperms. New York: Columbia Univ Press: 139-206.

Doyle JA, van Campo M, Lugardon B. 1975. Observations on exine structure of eucommiidites and lower cretaceous angiosperm pollen. Pollen Spores, 17: 429-486.

Drinnan AN, Crane PR, Friis EM, et al. 1990. Lauraceous flowers from the Potomac group (mid-Cretaceous) of eastern North America. Bot Gaz, 151: 370-384.

Eames A. 1961. Morphology of the Angiosperms. New York, Toronto, London: McGraw-Hill Publishing Company, Inc.

Edger E. 1966. The male flower of *Hydatella inconspicua* (Cheesem.) Cheesem. (Centrolepidaceae). N Z J Bot, 4: 153-158.

Eichler AW. 1875-1978. Blüthendiagramme Construirt und Erläutert. Vol. 2. Leipzig: Wilhelm Engelmann.

Eimer T. 1897. Die Entstechung der Arten. Leipzig: Wilhelm Engelmann.

Emberger L. 1960. Les végétaux vasculaires//Chaudefaut M, Emberber L. Trãtě de Botanigue. Vol. 2. Pairs: Masson.

Endress PK. 1977. Über blütenbau und verwandtschaft der Eupomatiaceae und Himantandraceae. Ber Dtsch Bot Ges, 90:

83-103.

Endress PK. 1980. The reproductive structures and systematic position of the Austrobaileyaceae. Bot Jahrb Syst, 101: 393-433.

Endress PK. 1984. The flowering process in the Eupomatiaceae (Magnoliales). Bot Jahrb Syst, 104: 297-419.

Endress PK. 1986. Reproductive structures and phylogenetic significance of extant primitive angiosperms. Plant Syst Evol, 152: 1-28.

Endress PK. 1993. Hamamelidaceae //Kubitzki K. The Families and Genera of Vascular Plants. II. Berlin: Springer-Verlag: 322-331.

Endress PK. 1994. Diversity and Evolutionary Biology of Tropical Flowers. Cambridge: Cambridge University Press.

Endress PK. 2001a. The flowers in extant basal angiosperms and inferences on ancestral flowers. Int J Plant Sci, 162: 1111-1140.

Endress PK. 2011b. Angiosperm ovules: diversity, development, evolution. Ann Bot, 107: 1465-1489.

Endress PK. 2011c. Evolutionary diversification of the flowers in angiosperms. Amer J Bot, 98: 370-396.

Endress PK, Doyle JA. 2009. Reconstructing the ancestral angiosperm flower and its initial specializations. Am J Bot, 96: 22-66.

Endress PK, Friis EM. 1994. Introduction-major trends in the study of early flower evolution. Plant Syst Evol, 8 (Suppl.): 1-6.

Endress PK, Igersheim A. 2000a. Gynoecium structure and evolution in basal angiosperms. Int J Plant Sci, 161 (6 Suppl.): S211-S223.

Endress PK, Igersheim A. 2000b. The reproductive structures of the basal angiosperm *Amborella trichopoda* (Amborellaceae). Int J Plant Sci, 161 (Suppl. 6): S237-S248.

Endress PK, Sampson FB. 1983. Floral structure and relationships of the Trimeniaceae (Laurales). J Arnold Arbor, 64: 447-473.

Engler A. 1887. Über die famile der Lectoridaceae. Bot Jahrb Syst, 8: 53-56.

Engler A, Prantl K. 1887-1915. Die Natürlichen Pflanzenfamilien. Leipzig: V. W. Engelmann.

Engler A, Prantl K. 1889. Die Natürlichen Pflanzenfamilien. II Teil. 1. Abteilung. Leipzig: V. W. Englemann.

Engler A, Prantl K. 1891. Die Natürlichen Pflanzenfamilien. III Teil. 2 Abteilung. Leipzig: V. W. Englemann.

Engler A, Prantl K. 1895. Die Natürlichen Pflanzenfamilien. III Teil. 6 Abteilung. Leipzig: V. W. Englemann.

Erbar C, Lein P. 1983. Zur sequenz von blutenorganen bei einigen Magnoliiden. Bot Jahrb Syst, 103: 433-449.

Erdtman G. 1969. Handbook of Palynology. Copenhagen: Munksgaard.

Ernst WR. 1963. The genera of Hamamelidaceae and Platanaceae in the southeastern United States. J Arnold Arb, 44: 193-210.

Esau K. 1977. Anatomy of Seed Plants. 2nd ed. New York: John Wiley and Sons.

Fahn A. 1974. Plant Anatomy. 2nd ed. Oxford: Pergamon Press Ltd.

Fedde F. 1909. Papaveraceae-Hypecoideae et Papaveraceae-Papaveroideae//Engler A. Das Pflanzenreich. Leipzig: V. W. Englemann: 1-430.

Feild TS, Arens NC, Dawson TE. 2003. The ancestral ecology of angiosperms: emerging perspectives from extant basal lineages. Int J Plant Sci, 164 (3 Suppl.): S129-S142.

Finet C, Floyd SK, Conway SJ, et al. 2016. Evolution of the YABBY gene family in seed plants. Evol Dev, 18: 116-126.

Forman LL. 1988. A synopsis of thai Menispermaceae. Kew Bull, 43: 369-407.

Fourquin C, Vinauger-Douard M, Fogliani B, et al. 2005. Evidence that CRABS CLAW and TOUSLED have conserved their roles in carpel development since the ancestor of the extant angiosperms. Proc Natl Acad Sci USA, 102: 4649-4654.

Friedman WE. 1990a. Sexual reproduction in *Ephedra nevadensis* (Ephedraceae): further evidence of double fertilization in a nonflowering seed plant. Amer J Bot, 77: 1582-1592.

Friedman WE. 1990b. Double fertilization in *Ephedra*, a nonflowering seed plants: bearing on the origin of angiosperm. Science, 247: 951-954.

Friedman WE. 1991. Double fertilization in *Ephedra trifurca*, a nonflowering seed plant: the relationship between fertilization events and the cell cyle. Protoplasma, 165: 106-120.

Friedman WE. 1992a. Double fertilization in nonflowering seed plants and its relevance to the origin of flowering plants. Int Rev Cyt, 140: 319-355.

Friedman WE. 1992b. Evidence of a pre-angiosperm origin of endosperm: implications for the evolution of flowering plants. Science, 255: 336-339.

Friedman WE. 1994. The evolution of embryology in seed plants and the developmental origin and early history of endosperm. Amer J Bot, 81: 1468-1486.

Friedman WE. 1998. The evolution of double fertilization and endosperm: an "historical" perspective. Sex Plant Reprod, 11: 6-16.

Friedman WE. 2001. Developmental and evolutionary hypotheses for the origin of double fertilization and endosperm. C R Acad Sci Paris, 324: 559-567.

Friedman WE, Gallup WN, Williams JH. 2003. Female gametophyte development in *Kadsura*: implications for Schisandraceae, Austrobaileyales, and the early evolution of flowering plants. Int J Plant Sci, 164: S5, S293-S305.

Friedman WE, Williams JH. 2003. Modularity of the angiosperm female gametophyte and its bearing on the early evolution of endosperm in flowering plants. Evolution, 57: 216-230.

Friedman WE, Williams JH. 2004. Developmental evolution of the sexual process in ancient flowering plant lineages. Plant Cell, 16 (Suppl.): S119-S132.

Friis EM, Crane PR. 1989. Reproductive Structures of Cretaceous Hamamelidae//Crane PR, Blackmore S. Evolution, Systematics, and Fossil History of the Hamamelidae. Oxford: Clarendon Press: 153-174.

Friis EM, Crane PR, Federsen KR. 2011. Early Flowers and Angiosperm Evolution. Cambridge: Cambridge University Press.

Friis EM, Doyle JA, Endress PK, et al. 2003. *Archaefructus*-angiosperm precursor or specialized early angiosperm? Trends Plant Sci, 8: 369-373.

Friis EM, Pedersen KR, Crane PR. 2005. When earth started blooming: insights from the fossil record. Curr Opin Plant Biol, 8: 5-12.

Frohlich MW. 2001. A detailed scenario and possible tests of the mostly Male theory of flower evolutionary origins// Zelditch M. Beyond Heterochrony: The Evolution of Development. New York: Wiley-Liss: 59-104.

Frohlich MW. 2002. The mostly theory of flower origins: summary and update regarding the Jurassic Pteridosperm petroma//Cronk QCB, Bateman RM, Hawkins JA. Developmental Genetics and Plant Evolution, Systematics Assosiation Special Volume Series 65. London: Taylor and Francis: 85-108

Frohlich MW. 2003. An evolutionary scenario for the origin of flowers. Nat Rev Gen, 4: 559-566.

Frohlich MW. 2006. Recent developments regarding the evolutionary origin of flowers. Adv Bot Res, 44: 64-116.

Frohlich MW, Chase MW. 2007. After a dozen years of progress the origin of angiosperms is still a great mystery. Nature, 450: 1184-1189.

Frohlich MW, Parker DS. 2000. The mostly male theory of flower evolutionary origins: from genes to fossils. Syst Bot, 25: 155-170.

Frost FH. 1930. Specialization in secondary xylem in dicotyledons. I. Origin of vessel. Bot Gaz, 89: 67-94.

Fujii K. 1896. On the different views hitherto proposed regarding the morphology of the flowers of *Ginkgo biloba* L. Bot Mag (Tokyo), 10: 7-8, 13-15, 104-110.

Gamalei Yu V. 1988a. The structural and functional evolution of leaf minor veins. Bot Zhurn, 73: 1513-1522.

Gamalei Yu V. 1988b. The taxonomical distribution of the leaf minor vein types. Bot Zhurn, 73: 1662-1672.

Gamalei Yu V. 1989. Structure and function of leaf minor veins in trees and herbs. Trees, 3: 96-110.

Gentry AH. 1982. Neotropical floristic diversity: phytogeographical connections between Central and South America, Pleistocene climatic fluctuations, or an accident of the Andean orogeny? Ann MO Bot Gard, 69: 557-593.

Goebel K. 1933. Organographic der Pflanzen Part III. Samenpflanzen. 3rd ed. Jena: Fischer.

Goldberg A. 2003. Character variation in angiosperm families. Smithsonian Institution Contributions from the United States National Herbarium, 47: 1-85.

Gottlieb OR, Kaplan MAC, Kubitzki K, et al. 1989. Chemical dichotomies in the Magnolialean complex. Nord J Bot, 8: 437-444.

Gottsberger G. 1988. The reproductive biology of primitive angiosperms. Taxon, 37: 630-643.

Gould RE, Delevoryas T. 1977. The biology of Glossopteris: evidence from petrified seed-bearing and pollen-bearing organs. Alcheringa, 1: 387-399.

Grant V. 1982. Punctuated equilibria: a critique. Biol Zentralbl, 101: 175-184.

Grant V. 1985. The Evolutionary Process: A Critical Review of Evolutionary Theory. New York: Columbia University Press.

Graur D, Li WH. 2000. Fundamentals of Molecular Evolution. 2nd ed. Sunderland: Sinauer.

Grayum MH. 1987. A summary of evidence and arguments supporting the removal of *Acorus* from Araceae. Taxon, 36: 723-729.

Grayum MH. 1990. Evolution and phylogeny of the Araceae. Ann MO Bot Gard, 77: 628-697.

Gundersen A. 1950. Families of Dicotyledons. Waltham, MA: Chronica Botanica.

Hallier H. 1912. L'origine et le système phylétique des Angiosperms. Arch Neerl Sci Exactes Nat, ser 3B 1: 146-234.

Hamann U. 1975. Neue untersuchungen zur embryologie und systematik der Centrolepidaceae. Bot Jahrb Syst, 96: 154-191.

Hamann U. 1998. Hydatellaceae//Kubitzki K. The Families and Genera of Vascular Plants. IV. Berlin: Springer-Verlag: 231-234.

Harder R, Schumacher W, Fibas F, et al. 1965. Strasburger's Textbook of Botany. 28th ed. Translated by Bell P, Coombe D. London: Longmans, Green and Co, Ltd.

Harper JL, Ogden J. 1970. The reproductive strategy of higher plants: I. The concept of strategy with special reference to *Senecio vulgaris* L. J Ecol, 58: 681-698.

Harris TM. 1969. The Yorkshire Jurassic Flora. 3. Bennettitales. London: British Museum.

Hegelmaier F. 1874. Zur entwicklungsgeschichte monokotyler keime, nebst bemerckungen über die bildung der samendeckels. Bot Zeit, 32: 631-639, 648-671, 673-686, 689-700, 705-719.

Heywood VH. 1984. The current science in plant taxonomy//Heywood VH, Moore DM. Current Concept in Plant Taxonomy. London: Academic Press: 3-21.

Hickey LJ. 1971. Evolutionary significance of leaf architectural features in the woody dicots. Amer J Bot, 58: 469.

Hickey LJ, Doyle JA. 1972. Fossil evidence on evolution of angiosperm leaf venation. Amer J Bot, 59: 661.

Hickey LJ, Taylor DW. 1996. Origin of angiosperm flower//Taylor DW, Hickey LJ. Flowering Plant Origin, Evolution and Phylogeny. New York: Chapman and Hall: 176-231.

Himi S, Sano R, Nishiyama T, et al. 2001. Evolution of MADS-box gene induction by FLO/LFY Genes. J Mol Evol, 53: 387-393.

Holttum RE. 1955. Growth-habits of monocotyledons-variations on the theme. Phytomorph, 5: 399-413.

Honma T, Goto K. 2001. Complexes of MADS-box proteins are sufficient to convert leaves into floral organs. Nature, 409: 525-529.

Hu HH. 1950. A polyphyletic system of classification of angiosperms. Sci Record, 3: 221-230.

Huala E, Sussex IM. 1992. LEAFY interacts with floral homeotic genes to regulate *Arabidopsis* floral development. Plant Cell, 4: 901-913.

Huber H. 1990. Angiospermen. Stuttart: Gustav Fischer.

Huber H. 1993. Aristolochiaceae//Kubitzki K. The Families and Genera of Vascular Plants. II. Berlin: Springer-Verlag: 129-137.

Hufford L, Crane PR. 1989. A preliminary phylogenetic analysis of the "lower" Hamamelidae//Crane PR, Blackmore S. Evolution, Systematics and Fossil History of the Hamamelidae. Vol. 1. Sys. Assoc. Special Vol. 40A. Oxford: Clarendon Press: 175-192.

Hughes C, Eastwood R. 2006. Island radiation on a continental scale: exceptional rates of plant diversification after uplift of the Andes. Proc Nat Acad Sci USA, 103: 10334-10339.

Hutchinson J. 1926. The Families of Flowering Plants. Vol. I. London: Macmillan and Co., Ltd.

Hutchinson J. 1927. Contributions towards a phylogenetic classification of flowering plants. Kew Bull, 6: 100-118.

Hutchinson J. 1934. The Families of Flowering Plants. Vol II. London: Macmillan and Co., Ltd.

Hutchinson J. 1959. The Families of Flowering Plants. 2nd ed. Vol. I and II. Oxford: Oxford University Press.

Hutchinson J. 1973. The Families of Flowering Plants. 3rd ed. Oxford, England: Clarendon Press.

Huxley J. 1952. The New Systematics. Oxford: Oxford University Press.

Jeffrey EC. 1917. The Anatomy of Woody Plants. Chicago: University of Chicago Press.

Jiao Y, Wickett NJ, Ayyampalayam S, et al. 2011. Ancestral polyploidy in seed plants and angiosperms. Nature, 473: 97-100.

Judd WS, Campbell CS, Kellogg EA, et al. 2002. Plant Systematics: A Phylogenetic Approach. 2nd ed. Sunderland: Sinauer.

Kato M. 1988. The phylogenetic relationship of Ophioglossaceae. Taxon, 37: 381-386.

Kato M. 1990. Ophioglossaceae: a hypothetical archetype for the angiosperm carpel. Bot J Linn Soc, 102: 303-311.

Kato M. 1991. Further comments on an ophioglossoid archetype for the angiosperm carpel: ovular paedomorphosis. Taxon, 40: 189-194.

Kaufmann K, Melzer R, Theigen G. 2005. MIKC-type MADS-domain proteins: structural modularity, protein interactions and network evolution in land plants. Gene, 347: 183-198.

Kellogg EA. 2000. The grasses: a case study of macroevolution. Ann Rev Ecol Syst, 31: 217-238.

Kellogg EA. 2002. Are macroevolution and microevolution qualitatively different? Evidence from Poaceae and other families//Cronk QCB, Bateman RM, Hawkins RM. Developmental Genetics and Plant Evolution. London: Taylor and Francis: 70-84.

Keng H. 1965. Observations on the flowers of *Illicium*. Bot Bull Acad Sin, 6: 61-73.

Kessler PJA. 1993. Annonaceae//Kubitzki K. The Families and Genera of Vascular Plants. II. Berlin: Springer-Verlag: 93-129.

Kidner CA, Martienssen RA. 2005. The role of ARGONAUTE1 (AGO1) in meristem formation and identity. Dev Biol, 280: 504-517.

Kishino H, Hasegawa M. 1989. Evaluation of the maximum likelihood estimate of the evolutionary tree topologies from DNA sequence data, and the branching order in Hominoidea. J Mol Evol, 29: 170-179.

Kramer EM, Dorit RL, Irish VF. 1998. Molecular evolution of genes controlling petal and stamen development: duplication and divergence within the APETALA3 and PISTILLATA MADS-box gene lineages. Genetics, 149: 765-783.

Krassilov VA. 1972. Mesozoic Flora of the Bureya River (Ginkgoales and Czekanowskiales). Moscow: Nauka (in Russian).

Krassilov VA. 1977. The origin of angiosperms. Bot Rev, 43: 143-176.

Krassilov VA. 1989. The Origin of Angiosperms and Early Evolution of Flowering Plants. Moscow: Nauka (in Russian).

Krassilov VA. 1991. The origin of angiosperms: new and old problems. Trends Ecol Evol, 6: 215-220.

Kress WJ. 1986. Exineless pollen structure and pollination systems of tropical *Heliconia* (Heliconiaceae)//Blackmore S, Ferguson IK. Pollen and Spores: Form and Function. London: Academic Press: 329-345.

Kubitzki K. 1969. Monographic der Hernandiaceae. Bot Jahrb Syst, 60: 78-209.

Kubitzki K. 1993a. Gomortegaceae//Kubitzki K. The Families and Genera of Vascular Plants. Vol. II. Berlin: Springer-Verlag: 318-320.

Kubitzki K. 1993b. The Families and Genera of Vascular plants. Vol. II. Berlin: Springer-Verlag.

Kubitzki K. 1997. System for arrangment of vascular plants//Mabberley DJ. The Plant-Book. 2nd ed. Cambridge: Cambridge University Press: 771-781.

Kubitzki K. 1998. The Families and Genera of Vascular Plants. Vol. IV. Berlin: Springer-Verlag.

Kuhn U, Kubitzki K. 1993. Myristicaceae//Kubitzki K. The Families and Genera of Vascular Plants. II. Berlin: Springer-Verlag: 457-467.

Lam HJ. 1948. A new system of the cormophyta. Blumea, 6: 282-289.

Lam HJ. 1950. Stachyospory and phyllospory as factors in the natural system of the cormophyta. Svensk Bot Tidskr, 44: 517-534.

Lam HJ. 1959. Taxonomy: general principles and angiosperms//Turrill WB. Vistas in Botany. London: Pergamon Press Ltd: 3-75.

Lamb RS, Hill TA, Tan QK, et al. 2002. Regulation of APETALA3 floral homeotic gene expression by meristem identity genes. Development, 129: 2079-2086.

Lammers TG, Stuessy TF, Silva MO. 1986. Systematic relationships of the Lactoridaceae, an endemic family of the Juan Femandez Islands, Chile. Pl Syst Evol, 152: 243-266.

Le Thomas A. 1981. Ultrastructural characters of the pollen grains of African Annonaceae and their significance for the phylogeny of primitive angiosperms. Pollen Spores, 23: 5-36.

Leppik EE. 1960. Early evolution of flower types. Lloydia, 26: 91-115.

Leppik EE. 1977. Floral Evolution in Relation to Pollination Ecology. New Delhi: Today and Tomorrow's Printers and Publishers.

Les DH. 1988. The origin and affinities of the Ceratophyllaceae. Taxon, 37: 326-345.

Les DH. 1993. Ceratophyllaceae//Kubitzki K, Rohwer JG, Bittrich V. The Families and Genera of Vascular Plants. II. Berlin: Springer: 246-249.

Les DH, Cleland MA, Waycott M. 1997. Phylogenetic studies in Alismatidae, II: evolution of marine angiosperms (seagrasses) and hydrophily. Syst Bot, 22: 443-463.

Li HF, Chaw SM, Du CM, et al. 2011. Vessel elements present in the secondary xylem of *Trochodendron* and *Tetracentron* (Trochodendraceae). Flora, 206: 595-600.

Li L, Yu X, Guo C, et al. 2015. Interactions among proteins of floral MADS-box genes in *Nuphar pumila* (Nymphaeaceae) and the most recent common ancestor of extant angiosperms help understand the underlying mechanisms of the origin of the flower. J Syst Evol, 53: 285-296.

Li WH. 1997. Molecular Evolution. Sunderland: Sinauer.

Li WH, Graur D. 1991. Fundamentals of Molecular Evolution. Sunderland: Sinauer.

Li WH, Tanimura M. 1987. The molecular clock runs more slowly in man than in apes and monkeys. Nature, 26: 93-96.

Lidén M. 1986. Synopsis of Fumarioideae (Papaveraceae) with a monography of the tribe Fumarieae. Opera Bot, 88: 1-133.

Lidén M. 1993a. Fumariaceae, Pteridophyllaceae//Kubitzki K, Rohwer JG, Bittrich V. The Families and Genera of Vascular Plants. Vol. II. Berlin: Springer-Verlag: 310-319, 556.

Lidén M. 1993b. Pteridophyllaceae//Kubitzki K. The Families and Genera of Vascular Plants. Vol. II. Berlin: Springer-Verlag: 556-557.

Lister G. 1883. On the origin of the placentas in the tribe Alisncae in order Caryophyllcae. Linn Soc J Bot, 20: 423-429.

Liu C, Zhang J, Zhang N, et al. 2010. Interactions among proteins of floral MADS-box genes in basal eudicots: implications for evolution of the regulatory network for flower development. Mol Biol Evol, 27: 1598-1611.

Loconte H, Estes JR. 1989. Generic relationships within Leonticeae (Berberidaceae). Can J Bot, 67: 2310-2316.

Lu AM. 1989. Explanatory notes on R. Dahlgren's system of classification of the angiosperms. Cathaya, 1: 149-160.

Lu AM. 1990. A preliminary cladistic study of the families of the superorder Lamiiflorae. Bot J Lin Soc, 103: 39-57.

Luo YB, Li ZY. 1999. Pollination ecology of *Chloranthus serratus* (Thunb.) Roem. et Schult. and *Ch. fortunei* (A. Gray) Solms-Laub. (Chloranthaceae). Ann Bot, 83: 489-499.

Mabberley DJ. 1997. The Plant-Book. 2nd ed. Cambridge: Cambridge University Press.

Magallón S, Sanderson MJ. 2001. Absolute diversification rates in angiosperm clades. Evolution, 55: 1762-1780.

Maizel A, Busch MA, Tanahashi T, et al. 2005. The floral regulator LEAFY evolves by substitutions in the DNA binding domain. Science, 308: 260-203.

Makino T. 1903. Observation on the flora of Japan. Bot Mag, 17: 191-202.

Manchester SR, O'Leary EL. 2010. Phylogenetic distribution and identification of fin-winged fruits. Bot Rev, 76: 1-82.

Marsden MPF, Bailey IW. 1955. A fourth type of nodal anatomy in dicotyledons, illustrated by *Clerodendron trichotomum* Thunb. J Arnold Arbor, 36: 1-50.

Mayr E. 1969. Principles of Systematic Zoology. New York: McGraw-Hill, Inc.

Mayr E. 1988. Toward A New Philosophy of Biology: Observations of an Evolutionist. Cambridge: Belknap Press of Harvard University Press.

Mayr E. 2001. What Evolution Is. New York: Basic Books, A Member of the Perseus Books Group.

Mcloughlin S. 2001. The breakup history of Gondwana and its impact on pre-Cenozoic floristic provincialism. Aust J Bot, 49: 271-300.

Meeuse ADJ. 1962. The multiple origin of the angiosperms. Adv Front Plant Sci, 1: 105-127.

Meeuse ADJ. 1963. From ovule to ovary: a contribution to the phylogeny of the megasporangium. Acta Biotheor, 16: 127-182.

Meeuse ADJ. 1965. Angiosperms—past and pressent. Adv Front Plant Sci, 11: 1-228.

Meeuse ADJ. 1966. Fundamentals of Phytomorphology. New York: The Ronald Press Company.

Meeuse ADJ. 1972. Sixty-five years of theories of the multiaxial flower. Acta Biotheor, 21: 167-202.

Meeuse ADJ. 1975a. Changing floral concept: anthocorms, flowers, and anthoids. Acta Bot Neerland, 24: 23-36.

Meeuse ADJ. 1975b. Floral evolution as the key to angiosperms descent. Acta Bot Indica, 3: 1-8.

Melchior H. 1964. A Engler's Syllabus der Pflanzenfamilien II. Angiospermae. 12 Aufl. Berlin: Gebr Üder Borntraeger.

Mellerowicz EJ, Horgan K, Walden A, et al. 1998. PRELL-a *Pinus radiata* homologue of FLORICAULA and LEAFY is expressed in buds containing vegetative and undifferentiated male cone primordia. Planta, 206: 619-629.

Melville R. 1960. A new theory of the angiosperm flower. Nature, 188: 14-18.

Melville R. 1962. A new theory of the angiosperm flower I. The gynoecium. Kew Bull, 16: 1-50.

Melville R. 1983. Glossopteridae, Angiospermidae and the evidence for angiosperm origin. Bot J Linn Soc, 86: 279-323.

Meyen S. 1988. Origin of the angiosperm gynoecium by gamoheterotopy. Bot J Linn Soc, 97: 171-178.

Miller JM. 1970. A new species of *Degeneria* (Degeneriaceae) from the Fiji Archipelago. J Arnold Arb, 69: 275-280.

Money LL, Bailey IW, Swamy BGL. 1950. The morphology and relationships of the Monimiaceae. J Arnold Arbor, 31: 372-404.

Morley RJ. 2001. Why are there so many primitive angiosperms in the rain forest of Asia-Australasia? //Metcalfe I, Smith JMB, Morwood M, et al. Faunal and Floral Migrations and Evolution in SE Asia-Australasia. Lisse: A. A. Balkema Publishers: 185-200.

Mouradov A, Glassick T, Hamdorf B, et al. 1998. NEEDLY, a *Pinus radiata* ortholog of FLORICAULA/LEAFY genes, expressed in both reproductive and vegetative meristems. Proc Nat Acad Sci USA, 95: 6537-6542.

Moyroud E, Monniaux M, Thévenon E, et al. 2017. A link between LEAFY and B-gene homologues in *Welwitschia* mirabilis sheds light on ancestral mechanisms prefiguring floral development. New Phytol, 216: 469-481.

Nägeli CW. 1884. Mechanische-Physiologische Theorie der Abstanmungslehre. München und Leipzig: R. Oldenburg.

Nandi OI, Chase MW, Endress PK. 1998. A combined cladistic analysis of angiosperms using *rbc*L and nonmolecular data sets. Ann MO Bot Gard, 85: 137-212.

Nei M. 1987. Molecular Evolutionary Genetics. New York: Columbia University Press.

Nei M. 2005. Selectionism and neutralism in molecular evolution. Mol Biol Evol, 22: 2318-2342.

Nixon KC, Crepet WL, Stevenson D, et al. 1994. A reevolution of seed phylogeny. Ann MO Bot Gard, 81: 484-533.

Nooteboom HP. 1993. Magnoliaceae//Kubitzki K. The Families and Genera of Vascular Plants. Vol. II. Berlin: Springer-Verlag: 392-401.

Ørgaard M. 1991. The genus *Cabomba* (Cabombaceae)—a taxonomic stady. Nord J Bot, 11:179-203.

Parcy F, Nilsson O, Busch MA, et al. 1998. A genetic framework for floral patterning. Nature, 395: 561-566.

Parkin J. 1914. The evolution of the inflorescence. J Linn Soc Bot, 42: 511-553.

Parkin J. 1923. The strobilus theory of angiospermous descent. Proc Linn Soc London Bot, 135: 51-64.

Parkin J. 1951. The protrusion of the connective beyond the anther and its bearing on the evolution of stamen. Phytomorphology, 1: 1-8.

Parkin J. 1953. The durian theory a-criticism. Phytomorphology, 3: 80-88.

Parkin J. 1955. A pica for a simpler gynoccium. Phytomorphology, 5: 46-57.

Parkinson CL, Adams KL, Palmer JD. 1999. Multigene analyses identify the three earliest lineages of extant flowering plants. Curr Biol, 9: 1485-1488.

Pelaz S, Ditta GS, Baumann E, et al. 2000. B and C floral organ identity functions require SEPLLATA MADS-box genes. Nature, 405: 200-203.

Perkins J. 1925. Übersicht über der Gattungen der Monimiaceae. Leipzig: W. Engelmann.

Pfannebecker KC, Lange M, Rupp O, et al. 2017. An evolutionary framework for carpel developmental control genes. Mol Biol Evol, 34: 330-348.

Philipson WR. 1986. Trimeniaceae. Fl Males I, 10: 327-333.

Punt W, Hoen PP, Blackmore S, et al, 2006. Glossary of Pollen and spore terminology. Rev Palaeob Palyn. 143: 1-81.

Qin HN. 1997. A taxonomic revision of Lardizabalaceae. Cathaya, 8-9: 1-214.

Qiu YL, Chase MW, Les DH, et al. 1993. Molecular phylogenetics of the Magnoliidae: cladistic analyses of nucleotide sequences of the plastid gene rbcL. Ann MO Bot Gard, 80: 587-606.

Qiu YL, Dombrovska O, Lee J, et al. 2005. Phylogenetic analyses of basal angiosperms based on nine plastid, mitochondrial, and nuclear genes. Int J Plant Sci, 166: 815-842.

Qiu YL, Lee J, Bernasconi-Quadroni F, et al. 1999. The earliest angiosperms: evidence from mitochondrial, plastid and nuclear genomes. Nature, 402: 404-407.

Qiu YL, Lee J, Bernasconi-Quadroni F, et al. 2000. Phylogeny of basal angiosperms: analyses of five genes from three genomes. Int J Plant Sci, 161 (6 Suppl.): S3-S27.

Ramshaw JAM, Richardson DL, Meatyard BT, et al. 1972. The time of origin of the flowering plants determined by using amino acid sequence data of cytochrome C. New Phytol, 71: 773-779.

Raven PH, Axelrod DI. 1974. Angiosperm biogeography and past continental movement. Ann MO Bot Gard, 61: 539-673.

Ren D. 1998. Flower-associated Brachycera flies as fossil evidence for Jurassic angiosperm origins. Science, 280: 85-88.

Ren Y, Chen L, Tian XH, et al. 2007. Discovery of vessels in *Tetracentron* (Trochodendraceae) and its systematic significance. Plant Syst Evol, 267: 155-161.

Ren Y, Li ZJ, Chang HL, et al. 2004. Floral development of *Kingdonia* (Ranunculaceae s.l., Ranunculales). Plant Syst Evol, 247: 145-153.

Retallack G, Dilcher DL. 1981. Arguments for a glossopterid ancestry of angiosperms. Paleobiology, 7: 54-67.

Richter HG. 1981. Anatomie der sekundären xylems und der Rinde der lauraceae. Sonderb Naturwiss Vereins Hamburg, 5: 1-148.

Roberrson C. 1904. The structure of the flowers and the mode of pollination of the primitive angiosperms. Bot Gaz, 37: 294-298.

Rodenburg WF. 1971. A revision of the genus *Trimenia* (Trimeniaceae). Blumea, 19: 3-15.

Rogers GK. 1985. The genera of Phytolacaceae in the Southeastern United Sates. J Arnold Arb, 6: 1-37.

Rohwer JG. 1993. Lauraceae//Kubitzki K. The Families and Genera of Vascular Plants. Vol. II. Berlin: Springer-Verlag: 266-391.

Ros-Craig S. 1943. Drawing of British Plants. Vol. 1. London: Bell & Sons.

Ros-Craig S. 1972. Drawing of British Plants. Vol. 29. London: Bell & Sons.

Ros-Craig S. 1973. Drawing of British Plants. Vol. 30-31. London: Bell & Sons.

Rothwell GW, Serbet R. 1994. Lignophyte phylogeny and the evolution of spermatophytes: a numerical cladistic analysis. Syst Bot, 19: 443-482.

Ruelens P, Zhang Z, van Mourik H, et al. 2017. The origin of floral organ identity quartets. Plant Cell, 29: 229-242.

Rutschmann F. 2006. Molecular dating of phylogenetic trees: a brief review of current methods that estimate divergence times. Divers Distrib, 12: 35-48.

Saarela JM, Rai HS, Doyle JA, et al. 2007. Hydatellaceae identified as a new branch near the base of the angiosperm phylogenetic tree. Nature, 446: 312-315.

Sampson FB. 1969. Studies on the Monimiaceae I. Floral morphology and gametophyte development of *Hedycarya arborea* J. R. et G. Forst. (subfamily Monimioideae). Aust J Bot, 17: 403-424.

Sanderson MJ. 2003. Molecular data from 27 proteins do not support the Precambrian origin of land plants. Amer J Bot, 90: 954-956.

Sanderson MJ, Doyle JA. 2001. Sources of error and confidence intervals in estimating the age of angiosperms from rbcL and 18S rDNA data. Amer J Bot, 88: 1499-1516.

Sanderson MJ, Thorne JL, Wikström N, et al. 2004. Molecular evidence of plant divergence. Am J Bot, 91: 1656-1665.

Sauquet H. 2003. Androecium diversity and evolution in Myristicaceae (Magnoliales), with the description of a new Madagasy genus, *Doyleanthus* gen. nov. Am J Bot, 90: 1293-1305.

Sauquet H, von Balthazar M, Magallón S, et al. 2017. The ancestral flower of angiosperms and its early diversification. Nat Commun, 8: 16047.

Savolainen V, Fay MF, Albach DC, et al. 2000. Phylogeny of the eudicots: a nearly complete familial analysis based on rbcL gene sequences. Kew Bull, 55: 257-309.

Schnarf K. 1929. Die embryologie der Liliaceae und ihre systematische Bedeutung. Sitzungsber. Akad. Wien Math-Naturwiss. Kl Abt, 138: 69-92.

Schneider EL, Williamson PS. 1993. Nymphaeaceae//Kubitzki K. The Families and Genera of Vascular Plants. II. Berlin: Springer-Verlag: 266-391.

Schuster RM. 1976. Plate tectonics and its bearing on the geographical origin and dispersal of angiosperms//Beck CB. Origin and Early Evolution of Angiosperms. New York: Columbia University: 48-138.

Serebryakov IG. 1952. Morphology of Vegetative Organs of Higher Plants. Moscow: Sov. Nauka (in Russian).

Sessions A, Yanofsky MF. 1999. Dorsoventral patterning in plants. Genes Dev, 13: 1051-1054.

Shan HY, Zahn L, Guindon S, et al. 2009. Evolution of plant MADS box transcription factors: evidence for shifts in selection associated with early angiosperm diversification and concerted gene duplications. Mol Biol Evol, 26: 2229-2244.

Shindo S, Sakakibara K, Sano R, et al. 2001. Characterization of a FLORICAULA/LEAFY homologue of Gnetum parvifolium and its implications for the evolution of reproductive organs in seed plants. Int J Plant Sci, 162: 1199-1209.

Siegfried KR, Eshed Y, Baum SF, et al. 1999. Members of the YABBY gene family specify abaxial cell fate in Arabidopsis. Development, 126: 4117-4128.

Simpson GG. 1961. Principle of Animal Taxonomy. New York: Columbia University Press.

Sinclair J. 1958. A revision of the Malayan Myristicaceae. Gard Bull Singapore, 16: 205-472.

Singh H. 1978. Embryology of Gymnosperms. Berlin: Gebrüder Borntraeger.

Sinnot EW, Bailey IW. 1914. Investigations on the phylogeny of the angiosperms. 3. Nodal anatomy and the morphology of stipules. Amer J Bot, 1: 441-453.

Sitholey RV, Bose MN. 1971. *Weltrichia santalensis* (Sitholey & Bose) and other bennettitalean male fructifications from India. Palaeontographica, 8131: 151-159.

Smith AC. 1947. The families Illiciaceae and Schisandraceae. Sargentia, 7: 1-224.

Smith AC. 1967. The presence of primitive angiosperms in the Amazon Basin and its significance in indicating migrational routes. Atas do Simposio Sobre a Biot Amazonica, 4 (Botanica): 37-59.

Smith AC. 1970. The Pacific as a key to flowering plant history. Honolulu: University of Hawaii, Harold L. Lyon Arboretum Lecture Number One: 1-26.

Smith AC. 1971. An appraisal of the orders and families of primitive extant angiosperms. Indian Bot Soc, 50A: 215-226.

Smith AC. 1973. Angiosperm evolution and the relationship of the floras of Africa and South America//Meggers BJ, Ayensu ES, Duckworth WD. Tropical Forest Ecosystems in Africa and South America: A Comparative Review. Washington: Smithsonian Institution: 49-61.

Smith AC, Wodehouse RP. 1937. The American species of Myristicaceae. Brittonia, 2: 393-510.

Smith FH, Smith EC. 1942. Anatomy of the inferior ovary of *Darbya*. Amer J Bot, 29: 464-471.

Sokoloff DD, Remizowa MV, Macfarlane TD, et al. 2008. Classification of the early-divergent angiosperm family Hydatellaceae: one genus instead of two, four new species and sexual dimorphism in dioecious taxa. Taxon, 57: 179-200.

Sokoloff DD, Remizowa MV, Bateman RM, et al. 2018. Was the ancestral angiosperm flower whorled throughout? Amer J Bot, 105: 5-15.

Soltis DE, Smith SA, Cellinese N, et al. 2011. Angiosperm phylogeny: 17 genes, 640 taxa. Am J Bot, 98: 704-730.

Soltis DE, Soltis PS, Chase MW, et al. 2000. Angiosperm phylogeny inferred from 18S rDNA, rbcL, and atpB sequences. Bot J Linn Soc, 133: 381-461.

Soltis DE, Soltis PS, Endress PK, et al. 2005. Phylogeny and Evolution of Angiosperms. Sunderland: Sinauer.

Spongberg SA. 1979. Cercidiphylaceae hardy in temperate North America. J Arnold Arb, 60: 367-376.

Sporne KR. 1954. A note on nuclear endosperm as a primitive character among dicotyledons. Phytomorphology, 4: 275-278.

Sporne KR. 1967. Nuclear endosperm: an enigma. Phytomorphology, 17: 248-251.

Sporne KR. 1974. The Morphology of Angiosperms. London: Hutchinson University Press.

Sporne KR. 1976. Character correlations among angiosperms and the importance of fossil evidence in assessing their significance//Beck CB. Origin and Early Evolution of Angiosperms. New York: Columbia University Press: 312-329.

Sporne KR. 1980. A re-investigation of character correletions among dicotyledons. New Phytol, 85: 419-449.

Stant MY. 1970. Anatomy of *Petrosavia stellaris* Becc, a saprophytic monocotyledon. Bot J Linn Soc, 1: 147-161.

Stebbins GL. 1951. Variation and Evolution in Plants. New York: Columbia University Press.

Stebbins GL. 1974. Flowering Plants, Evolution above the Species Level. Cambridge, Massachusetts: Belknap Press of Harvard University Press.

Stebbins GL. 1999. A brief summary of my ideas on evolution. Amer J Bot, 68: 1207-1208.

Stebbins GL, Ayala FJ. 1981. Is a new evolutionary synthesis necessary? Science, 213: 967-971.

Strickberger MW. 2000. Evolution. 3rd ed. Boston: Jones and Barlett Publisher, Inc.

Stuessy TF. 2004. A transitional-combinational theory for the origin of angiosperms. Taxon, 53: 3-16.

Sun G, Dilcher DL, Zheng SL, et al. 1998. In search of the first flower: a Jurassic angiosperm, *Archaefructus*, from northeast China. Science, 282: 1692-1695.

Sun G, Ji Q, Dilcher DL, et al. 2002. Archaefructaceae, a new basal angiosperm family. Science, 296: 899-904.

Swamy BGL. 1953. The morphology and relationships of Chloranthaceae. J Arnold Arbor, 34: 375-408.

Swamy BGL, Parameswaran N. 1963. The Helobial endosperm. Biol Rev, 38: 1-50.

Takhtajan A. 1948. Morphological Evolution of the Angiosperms. Moscow: Nauka (in Russian).

Takhtajan A. 1959. Die Evolution der Angiospermen. Jena: Gustav Fischer.

Takhtajan A. 1964. Foundations of the Evolutionary Morphology of Angiosperms. Moscow: Nauka (in Russian).

Takhtajan A. 1966. Systema et Phylogenia Magnoliophytorum. Moscow: Nauka (in Russian).

Takhtajan A. 1969. Flowering Plants: Origin and Dispersal. Washington DC: Smithsonian Institution Press.

Takhtajan A. 1976. Neoteny and the origin of flowering plants//Beck CB. Origin and Early Evolution of Angiosperms. New York: Columbia University Press: 207-219.

Takhtajan A. 1980a. Outline of the classification of flowering plants (Magnoliophyta). Bot Rev, 46: 225-359.

Takhtajan A. 1980b. Plant Life. Magnoliophyta or Angiospermae. Vol. 5a. Moscow: Prosweshenie (in Russian).

Takhtajan A. 1981. Plant Life. Magnoliophyta or Angiospermae. Vol. 5b. Moscow: Prosweshenie (in Russian).

Takhtajan A. 1982. Plant Life. Magnoliophyta or Angiospermae. Vol. 6. Moscow: Prosweshenie (in Russian).

Takhtajan A. 1987a. Flowering plant origin and dispersal: the cradle of the angiosperms revisited//Whitmore TC. Biogeographical Evolution of the Malay Archipelago. Oxford: Clarendon Press: 26-31.

Takhtajan A. 1987b. Systema Magnoliophytorum. Leninopdi: Officina Editoria (in Russian).

Takhtajan A. 1991. Evolutionary Trends in Flowering Plants. New York: Columbia University Press.

Takhtajan A. 1997. Diversity and Classification of Flowering Plants. New York: Columbia University Press.

Takhtajan A. 2009. Flowering Plants. Netherlands: Springer.

Tamura M. 1982. Relationship of *Berclaya* and classification of Nymphaeales. Acta Phytotaxon Geobot, 33:336-345.

Tanahashi T, Sumikawa N, Kato M, et al. 2005. Diversification of gene function: homologs of the floral regulator FLO/LFY control the first zygotic cell division in the moss Physcomitrella patens. Development, 132: 1727-1736.

Taylor DW, Hickey LJ. 1990. An Aptian plant with attached leaves and flowers: implications for angiosperm origin. Science, 247: 702-704.

Taylor DW, Hickey LJ. 1992. Phylogenetic evidence for the herbaceous origin of angiosperms. Plant Syst Evol, 180: 137-156.

Taylor DW, Hickey LJ. 1995. Flowering Plant Origin, Evolution and Phylogeny. New York: Chapman and Hall.

Taylor DW, Hickey LJ. 1996. Evidence for and implications of an herbaceous origin for angiosperms//Taylor DW, Hickey LJ. Flowering Plant Origin, Evolution and Phylogeny. New York: Chapman and Hall: 232-266.

Taylor TN, Taylor EL. 1993. The Biology and Evolution of Fossil Plants. New Jersey: Prentice-Hall. Inc.

Tebbs MC. 1993. Piperaceae//Kubitzki K. The Families and Genera of Vascular Plants. Vol. II. Berlin: Springer-Verlag: 516-520.

Theissen G. 2001. Development of floral organ identity: stories from the MADS house. Curr Opin Plant Biol, 4: 75-85.

Theissen G, Becker A. 2004. Gymnosperm orthologues of class B floral homeotic genes and their impact on understanding flower origin. Cri Rev Plant Sci, 23: 129-148.

Theissen G, Becker A, Winter KU, et al. 2002. How the land plants learned their floral ABCs: the role of MADS-box genes in the evolutionary origin of flowers//Cronk QCB, Bateman RM, Hawkins J. Developmental Genetics and Plant Evolution. London: CRC Press: 173-206.

Theissen G, Melzer R. 2007. Molecular mechanisms underlying origin and diversification of the angiosperm flower. Ann Bot, 100: 603-619.

Theissen G, Saedler H. 2001. Plant biology: floral quartets. Nature, 409: 469-471.

Thien LB. 1980. Patterns of pollination in the primitive angiosperms. Biotropica, 12: 1-13.

Thien LB, Bernhardt P, Devall MS, et al. 2009. Pollination biology of basal angiosperms (ANITA grade). Amer J Bot, 96:

166-182.

Thomas HH. 1931. The early evolution of angiosperms. Ann Bot, 14: 647-672.

Thomas HH. 1936. Palaeobotany and the origin of the angiosperms. Bot Rev, 2: 397-418.

Thomas HH. 1958. *Lidgettonia*, a new type of fertile Glossopteris. Bull Brit Mus, 3: 177-189.

Thorne RF. 1958. Some guiding principles of angiosperm phylogeny. Brittonia, 10: 72-77.

Thorne RF. 1983. Proposed new realignments in the angiosperms. Nord J Bot, 3: 85-117.

Thorne RF. 1992. Classification and geography of the flowering plants. Bot Rev, 58: 225-348.

Thorne RF. 1999. Eastern Asia as a living museum for archaic angiosperms and other seed plants. Taiwania, 44: 413-422.

Thorne RF. 2000a. The classification and geography of the monocotyledon subclasses Alismatide, Liliidae and Commelinidae//Nordenstam B, El-Ghazaly G, Kassas M, et al. Plant Systematics for the 21st Centuruy. London: Portland Press: 75-124.

Thorne RF. 2000b. The classification and geography of the flowering plants: dicotyledons of the class angiospermae. Bot Rev, 66: 441-647.

Thorne RF, Reveal JL. 2007. An updated classification of the Magnoliopsida ("Angiospermae"). Bot Rev, 73: 67-182.

Tobe H, Jaffré T, Raven PH. 2000. Embryology of *Amborella* (Amborellaceae): descriptions and polarity of character states. J Plant Res, 113: 271-280.

Troll W. 1939. Die morphologische natur der karpelle. Chron Bot, 5: 38-41.

Troll W. 1957. Praktische Einführung in die Pflanzenmorphologie. Zweiter Teil: Die blühende Pflanze; Jena: Gustav Fischer.

Troll W. 1964. Die Infloreszenzen. Typologie und Stellung im Aufbau des Vegetationskörpers. Vol. 1. Stuttgart: Gustav Fischer.

Tucker SC, Douglas AW, Liang HX. 1993. Utility of ontogenetic and conventional characters in determinning phylogenetic relationships of Saururaceae and Piperaceae (Piperales). Syst Bot, 18: 614-641.

van der Pijl L. 1960. Ecological aspects of flower evolution. I. Phyletic evolution. Evolution, 14: 403-416.

van der Pijl L. 1961. Ecological aspects of flower evolution. II. Evolution, 15: 44-59.

van Tieghem P. 1868. Recherches sur la structure du pistil. Ann Sci Nat, 12: 127-226.

Vazquez-Lobo A, Carlsbecker A, Vergara-Silva F, et al. 2007. Characterization of the expression patterns of LEAFY/FLORICAULA and NEEDLY orthologs in female and male cones of the conifer genera *Picea*, *Podocarpus*, and *Taxus*: implications for current evo-devo hypotheses for gymnosperms. Evol Dev, 9: 446-459.

Verdcourt B. 1971. Annonaceae//Milne-Redhead E, Polhil RM. Flora of Tropical East Africa. Cambridge: Crown Agents: 1-131.

Verdcourt B. 1985. A synopsis of the Moringaceae. Kew Bull, 40: 20-21.

Villanueva JM, Broadhvest J, Hauser BA, et al. 1999. INNER NO OUTER regulates abaxial-adaxial patterning in *Arabidopsis* ovules. Genes and Development, 13: 3160-3169.

Vink W. 1993. Winteraceae//Kubitzki K. The Families and Genera of Vascular Plants. II. Berlin: Springer-Verlag: 630-638.

Wagner D, Sablowski RWM, Meyerowitz EM. 1999. Transcriptional activation of APETALA1 by LEAFY. Science, 285: 582-584.

Walker JW, Waker AG. 1981. Comparative pollen morphology of Madagascan genera of Myristicaceae (*Mauloutchia*, *Brochoneura* and *Haematodendron*). Grana, 20: 1-7.

Walker JW, Walker AG. 1984. Ultrastructure of lower Cretaceous angiosperm pollen and the origin and early evolution of flowering plants. Ann Mo Bot Gard, 71: 464-521.

Walker JW. 1971. Pollen morphology, phytogeography, and phylogeny of the Annonaceae. Contr Gray Herb, 202: 1-131.

Wallis M. 1996. The molecular evolution of vertebrate growth hormones: a pattern of near-stasis interrupted by sustained bursts of rapid change. J Mol Evol, 43: 93-100.

Wang W, Lin L, Xiang XG, et al. 2016. The rise of angiosperm-dominated herbaceous floras: insights from Ranunculaceae. Sci Rep, 6: 27259.

Wang W, Lu AM, Ren Y, et al. 2009. Phylogeny and classification of Ranunculales: evidence from four molecular loci and morphological data. Perspect Plant Ecol Evol Syst, 11: 81-110.

Warburg O. 1897. Monograpie der Myristicaceae. Nova Acta Acad. Caes Leop-Carol. 68: 1-680.

Weberling F. 1988. Inflorescence structure in primitive angiosperms. Taxon, 37: 553-657.

Wei XX, Wang XQ. 2004. Recolonization and radiation in *Larix* (Pinaceae): evidence from nuclear ribosomal DNA paralogues. Mol Ecol, 13: 3115-3123.

Weigel D, Alvarez J, Smyth DR, et al. 1992. LEAFY controls floral meristem identity in *Arabidopsis*. Cell, 69: 843-859.

Wernham HF. 1913. Catalogue of Talbot's Nigerian plants. London: British Museum Natural History.

Wieland GR. 1929. Antiquity of the angiosperms. Proc Int Cong Plant Sci, 1: 429-456, pls.1-V.

Whetstone PD, Atkinson TA, Spaulding DD. 1997. Berberdaceae in Fl North Amer. New York Oxford: Oxiford Uni Press, 3: 289, 292.

Whittemore AT, Parfitt PD. 1997. Ranunculaceae in Fl North Amer. New York Oxford: Oxiford Uni Press, 3: 89.

Wikström N, Savolainen V, Chase MW. 2001. Evolution of the angiosperm: calibrating the family tree. Proc Roy Soc B, 268: 2211-2220.

Wikström N, Savolainen V, Chase MW. 2003. Angiosperm divergence times: congruence and incongruence between fossils and sequence divergence estimates//Donoghue PCJ, Smith MP. Telling the Evolutionary Time. Boca Raton: CRC Press: 142-165.

Willemstein SS. 1987. An Evolutionary Basis for Pollination Ecology. Reiden Botanical Series. Vol. 10. Leiden: E. J. Brill.

Williams JH, Friedman WE. 2002. Identification of diploid endosperm in an early angiosperm lineage. Nature, 45: 522-526.

Williams JH, Friedman WE. 2004. The four-celled female gametophyte of *Illicium* (Illiciaceae; Austrobaileyales): its implications for understanding the origin and early evolution of monocots, eudicots and eumagnoliids. Amer J Bot, 91: 332-351.

Wood CE. 1958. The genera of wood Ranales in the Southeastern United States. J Arnold Arb, 39: 296-345.

Wood CE. 1971. The Saururaceae in the Southeastern United States. J Arnold Arb, 52: 479-485.

Wu CI, Ting CT. 2004. Genes and speciation. Nat Rev Gen, 5: 114-122.

Wu ZY, Lu AM, Tang YC, et al. 2002. Synopsis of a new polyphyletic-polychronic-polytopic system of the angiosperms. Acta Phytotax Sin, 40: 298-322.

Wu ZY, Lu AM, Tang YC. 1998. A comprehensive study of "Magnoliidae" sensu lato with special consideration on the possibility and the necessity for proposing a new "polyphyletic-polychronic-polytopic"system of angiosperms// Zhang AL, Wu SG. Floristic Characteristic and Diversity of East Asian Plants. Beijing/Berlin: China Higher Eduction Press / Springer-Verlag: 269-334.

Wu ZY, Wu SG. 1998. A proposal for a new floristic kingdom (realm): the E. Asiatic Kingdom, its delimitation and characteristics//Zhang AL , Wu SG. Floristic Characteristics and Diversity of East Asian Plants. Beijing/Berlin: China Higher Education Press/Springer-Verlag: 3-42.

Yakovlev MS. 1946. The monocotyledonous character in light of embryological data. Sov Bot, 14: 351-362.

Yamada T, Ito M, Kato M. 2003. Expression pattern of INNER NO OUTER homologue in *Nymphaea* (water lily family, Nymphaeaceae). Dev Genes Evol, 213: 510-513.

Yang XN. 1988. A critical review of punctuated equilibrium model. Acta Palaeontol Sin, 27: 514-520.

Young DA. 1981. Are the angiosperms primitively vesselless? Syst Bot, 6: 313-330.

Yu X, Duan X, Zhang R, et al. 2016. Prevalent exon-intron structural changes in the APETALA1/FRUITFULL, SEPALLATA, AGAMOUS-LIKE6, and FLOWERING LOCUS C MADS-box gene subfamilies provide new insights into their evolution. Front Plant Sci, 7: 598.

Zahn LM, Kong H, Leebens-Mack JH, et al. 2005. The evolution of SEPLLATA family of MADS-box genes: a pre-angiosperm origin with multiple duplications throughout angiosperm history. Genetics, 169: 2209-2223.

Zahn LM, Leebens-Mack JH, Arrington JM, et al. 2006. Conservation and divergence in the AGAMOUS subfamily of MADS-box genes: evidence of independent sub- and neofunctionalization events. Evol Dev, 8: 30-45.

Zanis MJ, Soltis DE, Soltis PS, et al. 2002. The root of the angiosperms revisited. Proc Natl Acad Sci USA, 99: 6848-6853.

Zimmer EA, Qiu YL, Endress PK, et al. 2000. Current perspectives on basal angiosperms: introduction. Int J Plant Sci, 161 (6 Suppl.): S1-S2.

致　谢

自林奈 1735 年建立自然分类系统以来，生物系统学已经历了 280 余年的发展。植物系统学从宏观形态学到微观形态学积累了丰富的文献，为系统学研究提供了极为丰富的资料。达尔文《物种起源》发表之后，分类学家逐渐建立了生物形态、结构和系统关系演化的思想，提出了各种理论、观点，对植物各个类群的起源和演化、各种形态性状的发生与分化提出了各种各样的假说，出现了许多十分对立的观点。本书试图对在被子植物及其形态的起源和演化研究中提出的主要理论与观点予以综合介绍及详述，供研究植物系统学和形态学的读者参考。

为了准确地介绍各家学说或学术观点，第一篇基本上采用了学者发表的原图；第二篇作为研究举例，图版和插图主要采用我们研究组和陕西师范大学任毅教授领导的研究组研究原始被子植物，特别是在木材解剖和花的形态发生方面取得的部分研究成果；第三篇植物形态墨线图精选并重组了一些经典著作，如 A. Engler 和 K. Prantl（1889，1891，1895）、A. Cronquist（1981）、J. Hutchinson（1973）、H. Melchior（1964）、A. Takhtajan（1980~1982）、《中国植物志》以及多位专家的插图，有的虽已出版上百年，但仍然不失为植物科学绘画的典范，我们以表推崇和纪念，组合了部分插图。

陈之端、任毅、王伟三位博士通读了原稿，提出了许多好的建议，他们还分别在书稿运作、图版提供、编排和文献统一方面给予了很大帮助；张强博士起草第三章第一节，山红艳博士修改了第三章；孔昭宸研究员审阅了花粉粒；杨永、鲁丽敏、刘冰三位博士分别审读了第一、第二和第三篇；冯旻博士绘制了性状分布底图；裴云花、张强录入文字稿；张晓霞、董聪聪、娄树茂、刘端完成了文献统编、配图制作、排版；韩芳桥协助查找文献；任妙珍、董凯麟进行校对；任毅、刘冰、赖阳均、梁珆硕、叶建飞、Russell L. Barrett 等多位博士和专家提供了植物彩色图片。我对他们的贡献深表感谢。

感谢科学出版社王海光副编审对本书编辑工作的全程指导。

最后，我要特别感谢王美林编审，我们相伴六十载，她是我生活中的精神支柱，承担了我应尽的家庭义务和责任，使我专注于学业和事业。我的主要著作，她多是第一位读者和评论者，她的建议常常为文稿增色不少。在本书中，她承担了第三篇植物类群的选图和组图以及全书编排等繁重工作。

路安民

2020 年 8 月 6 日